高等财经院校"十四五"精品系列教材

互联网＋经管学科数学基础

概率论与数理统计 （第三版）

概率论与数理统计课程组 编

 中国财经出版传媒集团

经济科学出版社
Economic Science Press

图书在版编目（CIP）数据

概率论与数理统计/概率论与数理统计课程组编
. --3 版 . --北京：经济科学出版社，2022.5
高等财经院校"十四五"精品系列教材
ISBN 978 - 7 - 5218 - 3659 - 2

Ⅰ.①概⋯　Ⅱ.①概⋯　Ⅲ.①概率论 - 高等学校 - 教
材②数理统计 - 高等学校 - 教材　Ⅳ.①O21

中国版本图书馆 CIP 数据核字（2022）第 074540 号

责任编辑：宋　涛
责任校对：隈立娜
责任印制：范　艳

概率论与数理统计

（第三版）

概率论与数理统计课程组　编
经济科学出版社出版、发行　新华书店经销
社址：北京市海淀区阜成路甲 28 号　邮编：100142
总编部电话：010 - 88191217　发行部电话：010 - 88191522
网址：www. esp. com. cn
电子邮箱：esp@ esp. com. cn
天猫网店：经济科学出版社旗舰店
网址：http：//jjkxcbs. tmall. com
北京密兴印刷有限公司印装
787 × 1092　16 开　21 印张　380000 字
2022 年 10 月第 3 版　2022 年 10 月第 1 次印刷
印数：00001—10000 册
ISBN 978 - 7 - 5218 - 3659 - 2　定价：44.00 元
（图书出现印装问题，本社负责调换。电话：010 - 88191510）
（版权所有　侵权必究　打击盗版　举报热线：010 - 88191661
QQ：2242791300　营销中心电话：010 - 88191537
电子邮箱：dbts@ esp. com. cn）

前言（第三版）

　　本书于 2009 年 1 月初版，历经多年教学实践的检验，得到了广大师生的认可，同时我们在教学中也发现了一些值得改进的地方。本次修订工作坚持精益求精打造精品，力求与时俱进，注重吸收国内外概率论与数理统计教材建设中的优点，使得新版教材更适合当前教与学的需要。与第二版比较，本次修订主要体现在以下几个方面：

　　1. 关于一些概念作了仔细推敲，按照认知的可接受性、前后衔接的连贯性和语言的通俗性，对概念的引入和叙述解释几经阅读与讨论才确定下来，目的是使学生易学、教师易教。

　　2. 关于语言文字表达力求确切简洁流畅，对一些记号和术语的采用做到科学规范统一。

　　3. 对例题习题的配置作了一些必要的调整。

　　4. 丰富了与教材纸质内容相关的数字化资源。增加的数字资源主要是典型例题和习题微视频，目的是进一步提升学生的学习效果。

　　本次修订工作由刘贵基、张慧主持完成。韩建新、黄秋灵、周玉珠参与了正文部分的修订，王晓杰、林英、杨广芬参与了新增数字资源的建设，视频录制整理由宋浩副教授完成。本版教材获山东财经大学优秀教材培育项目立项资助，参考和借鉴了国内外有关资料，也得到了同行专家的帮助和经济科学出版社的大力支持，在此谨致以诚挚的谢意。

　　限于编者水平，书中难免有错误及不足之处，殷切希望广大读者批评指正。

编　者

2022 年 4 月

前言（第二版）

　　本书第二版是在第一版的基础上，根据我们多年的教学改革实践，按照新形势下教材改革的精神，进行全面修订而成的。在修订中，我们保留了本书第一版的优点和特色，进一步优化章节体系，重点放在概念和方法的叙述解释上，同时注意吸收国内外概率论与数理统计教材建设中的一些优秀成果，力求体现新的育人理念，激发学生自主学习，使得新版教材更适合当前教与学的需要。与第一版相比，本次修订主要体现在以下几个方面：

　　1. 优化了教材内容结构体系。一是，按照概率论与数理统计课程的基本教学要求，对超过基本要求的部分内容作了适当的精简；二是，对三个大数定律调整了叙述次序，使得大数定律的叙述和证明更加自然；三是，将第一版的第二章拆分为两章，这样更便于满足不同层次的教学需要；四是，按节配置习题，章后配置复习题，做到了内容知识点与练习题的协调统一。

　　2. 提高了教材的教与学适应度。教材内容尽量以提出问题、讨论问题、解决问题的方式来展开，教学内容环环相扣、循序渐进、由浅入深，解析详细，既适合讲授，又便于读者自学。特别是关于大数定律、区间估计和假设检验等方面的叙述解释汇集了作者多年的教学经验。

　　3. 注重了培养学生以"统计思想"去思考和用"统计方法"去处理遇到的问题。概念和思想方法尽量从一些简单例子引出，注重了基本概念、基本理论和基本方法的需求和产生过程的阐释，努力使读者收获的不只是知识，还有解决科学问题的过程和方法。

4. 强化了教材例题、习题配置。本次修订努力吸收国内外一些优秀概率论与数理统计教材在例题习题配置方面的优点，对本书第一版的例题习题做了较大的调整。配合内容的展开，注意介绍引用概率统计发展史中的经典范例，又引入与实际生活息息相关的实例，以便增强学生的学习兴趣，有利于概率统计思维的训练；习题按节配置，章后配置复习题，遴选的习题注重应用和解决问题能力训练，很多习题饶有趣味，来自现实社会和经济管理领域的方方面面，这些习题本身就给读者提供了解决实际问题的方法，有助于提高读者对实际问题的分析推断能力。

5. 丰富了数学史与数学文化的教育内容。在教材中，以脚注的形式介绍了有关概念和理论的发展历史及书中出现的有关名家的生平、学术成就，同时制作了内容更为丰富的音频文件，读者可以通过扫描二维码听音频。目的是希望读者了解概率统计发展历程，并用科学家们成长的道路和成功的故事给予读者以引导、激励和启发。

6. 增加了与教材纸质内容相关的数字化资源。数字资源包括针对课程的难点和重点的微视频，延伸拓宽视野的名家生平简介等，读者在有互联网的前提下的任何时间和任何地点都可以通过扫描二维码在电脑或者智能手机上来观看微视频，目的是在提升教学效果的同时，为读者提供思维和探索的空间，增强读者对教材的体验感和参与感。

本教材按概率论、数理统计的顺序分 9 章叙述。第 1 章至第 5 章为概率论；第 6 章至第 9 章为数理统计。本书适合作为高等院校经济管理类各专业该课程的教材或参考书，讲授全书共需 68 课时，还可根据专业需要和不同的教学要求删减部分内容，供 51 课时讲授使用。

本套互联网＋经管学科数学基础，包括《微积分》《线性代数》《概率论与数理统计》，由山东财经大学陈晓兰、安起光任总主编。本教材是省级精品课程优化升级建设的成果之一，由刘贵基、张慧任主编，王晓杰、韩建新、郭洪峰任副主编，并由刘贵基教授审定和统稿。微视频、音频由宋浩副教授录制整理，参加编写的人员还有周玉珠、黄秋灵、郭磊、谭香、姜计荣、林英。在修订过程中，参考和借鉴了国内外有关资料，得到了同行专家的帮助和经济科学出版社的大力支持，在此谨致以诚挚的谢意。

限于编者水平，书中难免有错误及不足之处，殷切希望广大读者批评指正。

编　者

2017 年 10 月

前言（第一版）

概率论与数理统计是高等学校经济类、管理类各本科专业的学科基础课，它在自然科学、社会科学和工程技术的各个领域都具有极为广泛的应用，特别是近 20 年来，随着电子计算机的普遍使用，使得概率论与数理统计在经济、管理、金融、保险、生物、医学等领域的应用更是得到长足发展。正如科学巨匠拉普拉斯所说："生活中最重要的问题，其中绝大多数实质上只是概率问题。"通过本课程的学习，使学生初步掌握处理随机现象的基本思想和方法，培养学生运用概率论的知识分析和解决实际问题的能力，培养学生以"统计思想"去思考和用"统计方法"去处理学习和工作中遇到的随机数据，从而能做出正确的统计推断，同时，为学生在以后专业课的学习中提供必要的数学基础。

本教材是根据教育部颁布的财经类专业核心课程《经济数学基础》教学大纲、教学改革的需要以及教学实际情况编写而成的，对于超过教学基本要求的内容，均采用＊号标出，在教材体系、内容和例题的选择等方面汲取了国内外优秀教材的优点，也汇集了作者多年的教学经验。

本教材具有以下特点：

1. 本教材结构体系严谨，语言准确，解析详细，易于学生阅读。在引入概念时，注意了概念产生的实际背景，尽量以提出问题、讨论问题、解决问题的方式来展开教材，使读者也知其所以然。

2. 教材内容的深度和广度合理。既注意了适应目前的教学实际和本课程的基本要求，又兼顾了报考硕士研究生的学生的需求，例题、习题的配置注意层次，以满足不同读者的需求。

3. 教材中适量融入了数学史与数学文化的教育。介绍了有关概念和理论的发展历史及有关名家的学术成就，以激发读者去思考，去发现，去创新。

本教材适合作为高等院校经济管理类各专业该课程的教材或参考书。讲授全书共需 68 课时，还可根据专业需要和不同的教学要求删减部分内容，供 51 课时讲授使用。

本教材由刘贵基、姜庆华主编，并由刘贵基审定和统稿。参加编写的人员还有王晓杰、陈传国、郭俊艳、张爱、黄秋灵、周玉珠、丁伟华、孙杰、李秀红。在编写过程中，参考和借鉴了国内外有关资料，得到了许多同行专家的帮助和经济科学出版社的大力支持，在此谨致以诚挚的谢意。

限于编者水平，书中难免有错误及不足之处，殷切希望广大读者批评指正。

编　者

2008 年 12 月

目　录

第1章
随机事件及其概率

在自然界和社会生活中有许多现象是具有必然性的,例如"每天早晨,太阳从东方升起","向空中掷一块石头,石头会落地"这些都是必然会发生的."没有水分,种子会发芽","没有电源,电灯会亮"等,则是必然不会发生的现象.在一定条件下必然发生或必然不发生的现象叫**确定性现象**或**必然现象**.对于必然现象的研究,大都使用代数、微积分、微分方程等工具.

在自然界和社会生活中还大量存在着这样的现象,它们在一定条件下可能发生,也可能不发生,这种现象叫**随机现象**,或称为**偶然现象**.例如,在抽样检查工业产品时,随意抽取一个产品,"抽到次品"就是一个随机现象,它可能发生,也可能不发生.又如,某学生凭猜测答一道四选一的选择题,"猜对"是一随机现象,因为可能猜对,也可能猜不对.

对于随机现象,一方面呈现不确定性;另一方面人们经过长期的反复实践并深入研究之后发现,它们又具有某种规律性.例如,掷一枚硬币出现正面或出现反面是不确定的,但当投掷次数很多时,就会发现出现正面和出现反面的次数几乎相等.历史上有位数学家曾掷硬币12000次和24000次,结果是出现正面的次数分别为6019次和12012次;个别孕妇生男孩或女孩是不确定的,但根据各个国家各个时期人口的统计资料,新生婴儿中男孩和女孩的比例总是约为1.08:1;对一目标进行射击,弹着点是不确定的,但当射击次数非常多时就可发现,弹着点的分布呈现一定的规律性:弹着点关于目标的分布略呈对称性,且越靠近目标的弹着点越密,越远离目标的弹着点越稀.这种在大量重复观察或实验中呈现出的固有规律性,称为随机现象的**统计规律性**.

由于随机现象是大量的、随处存在的,而且对人类的生产和生活影响巨大,特别是地震、龙卷风、海啸这些灾害性天气给人类带来的往往是毁灭性打击.买彩票、股票和期货虽不如灾害性天气影响那么大，却也可能会使一个人一夜暴富，也许会造成轻生、犯罪和人格扭曲．所以，人们几百年来对随机现象给予了特别的关注，要研究它的规律性，既要利用这种规律性为人类造福，也要防止它对人类的伤害．概率论①与数理统计就是研究和揭示随机现象统计规律性的一门数学学科，一方面对随机现象发生的可能性大小做出定量的描述；另一方面根据观察得到数据，对研究对象做出种种合理的估计和判断．概率论与数理统计的应用几乎遍及所有科学领域、工农业生产及国民经济各部门．

概率论的起源与
发展

本章将主要介绍随机事件、随机事件的概率、概率的基本性质、条件概率及计算概率常用到的几个重要公式．

§1.1 随机事件

1.1.1 随机试验与样本空间

1. 随机试验

对随机现象的研究总是要进行大量的观察、测量、调查或做各种科学实验，为了叙述方便，我们把它们统称为试验，具有下述三个特征的试验，称为**随机试验**（random experiment）.

（i）试验可在相同条件下重复进行；

（ii）试验的所有可能结果不止一个，但在试验之前可以明确所有可能的结果；

（iii）每次试验之前不能确切预言该次试验出现哪种结果．

例如，观察掷一枚骰子出现的点数，检查从 100 件产品中任取 10 件产品其中次品个数，观察向靶射击时弹着点的位置，记录某电话交换台在一小时内接到的呼叫次数等，都是随机试验．随机试验简称为**试验**，用字母 E 表示．以后，本课程所说的试验都是指随机试验．

---

① 概率论的起源与赌博问题有关．16 世纪，意大利的学者吉罗拉莫·卡尔达诺（Girolamo Cardano，1501 – 1576）开始研究掷骰子等赌博中的一些简单问题．17 世纪中叶，有人对博弈中的一些问题发生争论，其中的一个问题是"赌金分配问题"，法国数学家帕斯卡（Pascal）和费马（Fermat）基于排列组合方法，研究了这些较复杂的赌博问题．荷兰数学家惠更斯（Huygens，1629 – 1695）也参加了他们的讨论，企图自己解决这一问题，并把讨论结果写成了《论机会游戏的计算》（1657 年）一书，这就是最早的概率论著作．

2. 样本空间

对于随机试验，尽管在每次试验之前不能确切预言试验的结果，但试验的全部可能的结果是已知的．我们把相对于试验目的每个不可再分的试验结果称为**样本点**，记作 ω，全体样本点所组成的集合称为试验的**样本空间**（sample space），用 Ω 表示．下面看几个试验的样本空间．

例 1　试验 E_1：掷一枚骰子，观察出现的点数．用 i 表示"出现点数为 i"（$i = 1$，2，$\cdots$，6），则 E_1 的样本空间为

$$\Omega_1 = \{1，2，3，4，5，6\}.$$

例 2　试验 E_2：将一枚骰子掷两次，观察出现的点数．(i, j) 表示"第一次掷出点数为 i，第二次掷出点数为 j"，则 E_2 的样本空间为

$$\Omega_2 = \{(i, j) \mid i, j = 1，2，\cdots，6\}.$$

例 3　试验 E_3：记录某大型超市一天内进入的顾客人数．用 k 表示"一天内有 k 位顾客进入超市"，则 E_3 的样本空间为

$$\Omega_3 = \{k \mid k = 0，1，2，\cdots\}.$$

例 4　试验 E_4：在一大批电视机中任意抽取一台，测试其寿命（单位：小时）．用 t 表示寿命，则 E_4 的样本空间为

$$\Omega_4 = \{t \mid t \geqslant 0\}.$$

例 5　试验 E_5：向一目标射击，记录弹着点偏离目标中心的距离（米）．设 r 表示距离，则 E_5 的样本空间为

$$\Omega_5 = \{r \mid r \geqslant 0\}.$$

若向一目标射击，观察命中目标与否．用 ω_1 表示"命中目标"，ω_2 表示"未命中目标"，则试验的样本空间为

$$\Omega = \{\omega_1，\omega_2\}.$$

上面例子中的样本空间 Ω_1 和 Ω_2 所含样本点的个数是有限的，样本空间 Ω_3 所含样本点的个数是无限可列的，这类样本空间称为**离散样本空间**；样本空间 Ω_4 和 Ω_5 所含样本点个数是无限不可列的，这类样本空间称为**连续样本空间**．显然，对于任何试验 E 来说，在每次试验中，有且仅有其样本空间 Ω 中的一个样本点出现．需要强调的是，样本空间是概率论中一个基本概念，样本空间的结构随着试验的要求不同而有所不同，正确地确定不同试验的样本空间是极为重要的．

1.1.2　随机事件

在进行随机试验研究随机现象时，人们除了关心试验的结果本身

（样本点）外，往往还对试验的结果是否具有某一指定的可观察的特征感兴趣．例如，在 1.1.1 小节的例 4 中，若规定电视机的寿命超过 10000 小时为合格品，则我们感兴趣的是电视机的寿命是否大于 10000 小时，显然，具有这一特征的试验结果（样本点）组成 Ω_4 的一个子集 $A = \{t \mid t > 10000\}$．我们称该集合为试验 E_4 的一个事件．

一般地，由试验 E 的某些样本点所构成的集合称为试验的**事件**（event）．事件是概率论中最基本的概念，常用大写字母 A，B，C，…表示．在 1.1.1 小节的例 1 中，我们可以给出许多事件，例如，由样本点 1，3，5 构成的集合 $A = \{1, 3, 5\}$，它表示"出现奇数点"这一事件，即 $A = \{1, 3, 5\} = $"出现奇数点"；由样本点 2，4，6 构成的集合 $B = \{2, 4, 6\}$ 是事件"出现偶数点"，又 $C = \{3, 6\}$ 是事件"出现 3 的倍数点"．如上所述，事件可以用集合表示，也可用明白无误的语言描述．

由事件的定义可知，任一事件 A 都是样本空间 Ω 的某个子集，A 中的元素 $\omega \in A$ 称为 A 的**有利样本点**（或 A **包含的样本点**）．对于事件 A，当且仅当试验中出现的样本点属于 A，我们称事件 A 在该次试验中**发生**．例如，在 1.1.1 小节的例 4 中，若测试出电视机的寿命 $t = 11000$ 小时，则说事件 $A = $"电视机为合格品"，即 $A = \{t \mid t > 10000\}$ 在该次试验中发生了；若测试出电视机的寿命 $t = 7000$ 小时，则说事件 A 在该次试验中没有发生．

显然，要判断一个事件是否在一次试验中发生，只有当该次试验进行完毕后才能知道．

我们把只包含一个样本点的样本空间的子集称为**基本事件**；包含 2 个或 2 个以上样本点的样本空间的子集称为**复合事件**．样本空间 Ω 有两个特殊子集：一个是 Ω 本身，由于它包含了所有样本点，它在每次试验中总是发生，故称为**必然事件**，记作 Ω；另一个是不包含任何样本点的空集，它在每次试验中一定不会发生，故称为**不可能事件**，记作 Φ．

需要指出的是，必然事件、不可能事件在试验中发生与否都是确定性的，除此之外的其他事件，在某次试验中可能发生也可能不发生，其是否发生取决于机遇，故在概率论中，常称事件为**随机事件**或**偶然事件**．为方便计，我们也将必然事件、不可能事件看作是两个特殊的随机事件．

1.1.3 事件间的关系与运算

在同一个试验中的几个事件之间往往是相互联系的，研究事件间的关系不仅可以帮助人们更深入地认识事件，还可以简化一些复杂事件．由于事件是集合，因而事件间的关系与运算就按集合之间的关系与运算来规定．下面我们给出事件间的关系与运算以及这些关系与运算在概率论中的提法和含义．

设试验 E 的样本空间为 Ω，且事件 A，B，$A_k(k=1，2，3，\cdots)$ 是 Ω 的子集．

1. 事件的包含与相等

如果属于事件 A 的样本点都属于事件 B，则称**事件 A 包含于事件 B**，或称**事件 B 包含事件 A**，记作 $A\subset B$ 或 $B\supset A$. 显然，$A\subset B$ 当且仅当事件 A 发生必然导致事件 B 发生，所以 $A\subset B$ 用概率论语言表述为：事件 A 发生必然导致事件 B 发生．

由定义易知，对任何事件 A，有 $\varPhi\subset A\subset\Omega$.

如果 $A\subset B$ 且 $B\subset A$，即 A 与 B 包含相同的样本点，则称**事件 A 与 B 相等**，记作 $A=B$. 显然，$A=B$ 意味着：事件 A 发生必然导致事件 B 发生，且 B 发生也必然导致发生 A.

例如在 1.1.1 小节的例 2 中，以 A 记事件"两次掷骰子的点数之和为奇数"，以 B 记事件"两次掷骰子的点数一奇一偶"，则很明显：A 发生必然导致 B 发生，且 B 发生也必然导致发生 A，即 $A=B$.

2. 事件的并

事件 $\{\omega\mid\omega\in A\ 或\ \omega\in B\}$ 称为事件 A 与事件 B 的**并**（或**和**），记作 $A\cup B$ 或 $A+B$. 显然，事件 $A\cup B$ 发生当且仅当事件 A 与 B 至少有一个发生．所以事件 $A\cup B$ 用概率论语言表述为"事件 A 与 B 至少有一个发生"或"事件 A 发生或事件 B 发生"．

例如，在观察掷一枚骰子出现点数的试验中，用 A 表示"奇数点"，B 表示"点数小于 4"，则 $A\cup B=\{1，2，3，5\}$.

显然，对任何事件 A，B，有
$$A+B\supset A,\ A+A=A,\ A+\Omega=\Omega.$$
类似地，"事件 A_1，A_2，$\cdots$，A_n 中至少有一个发生"这一事件，称为事件 A_1，A_2，$\cdots$，A_n 的并（和），记作 $\bigcup\limits_{i=1}^{n}A_i$ 或 $\sum\limits_{i=1}^{n}A_i$. 同样，无限可列个事件 A_1，A_2，$\cdots$，A_n，$\cdots$ 的并（和）记作 $\bigcup\limits_{i=1}^{\infty}A_i$ 或 $\sum\limits_{i=1}^{\infty}A_i$，它表示这可列个事件至少有一个发生的事件．

3. 事件的交

事件 $\{\omega\mid\omega\in A\ 且\ \omega\in B\}$ 称为事件 A 与事件 B 的**交**（或**积**），记作 $A\cap B$ 或 AB. 显然，事件 $A\cap B$ 发生当且仅当事件 A 与 B 同时发

生．所以，把事件 $A \cap B$ 表述为"事件 A 与 B 同时发生"．

很显然，对任何事件 A、B，有

$$AB \subset A, \ AA = A, \ A\Phi = \Phi, \ A\Omega = A.$$

类似地，"事件 A_1，A_2，$\cdots$，A_n 同时发生"这一事件，称为 A_1，A_2，$\cdots$，A_n 的交（积），记作 $\bigcap\limits_{i=1}^{n} A_i$. 同样，无限可列个事件 A_1，A_2，$\cdots$，A_n，$\cdots$ 的交记作 $\bigcap\limits_{i=1}^{\infty} A_i$，它表示这可列个事件同时发生的事件．

4. 事件的差

事件 $\{\omega \mid \omega \in A \ \text{且} \ \omega \notin B\}$ 称为事件 A 与事件 B 的**差**，记作 $A - B$. 显然，事件 $A - B$ 发生当且仅当事件 A 发生而事件 B 不发生．所以，把事件 $A - B$ 表述为"事件 A 发生而事件 B 不发生"．

如在观察掷一枚骰子出现点数的试验中，以 A 记事件"出现奇数点数"，即 $A = \{1, 3, 5\}$，以 B 记事件"出现的点数小于4"，即 $B = \{1, 2, 3\}$，则 $A - B = \{5\}$.

由定义易得，$A - B = A - AB$.

5. 互不相容

如果事件 A 与事件 B 没有共同的样本点，则称事件 A 与事件 B **互不相容**（或**互斥**）．否则，称 A 与 B **相容**．显然，A 与 B 互斥意味着：事件 A 与事件 B 不能同时发生．

如在测试电视机寿命的试验中，"寿命小于10000小时"与"寿命大于30000小时"是两个互不相容的事件，因它们不能同时发生．

由定义可知，若事件 A 与事件 B 互不相容，则其交必为不可能事件，即 $AB = \Phi$，反之亦然．显然，任意两个基本事件是互不相容的．

若 n 个事件 A_1，A_2，$\cdots$，A_n 中任意两个事件都互不相容，即 $A_i A_j = \Phi$，$1 \leqslant i < j \leqslant n$，则称事件 A_1，A_2，$\cdots$，A_n **两两互不相容**（或**两两互斥**）．这一概念还可推广到可列个事件的情形．

6. 对立事件

事件 $\{\omega \mid \omega \in \Omega \ \text{且} \ \omega \notin A\}$ 称为事件 A 的**对立事件**，记作 $\bar{A}$，即 $\bar{A} = \Omega - A$. 这时，在每次试验中，若事件 A 不发生，则 $\bar{A}$ 必发生，反之亦然．故我们通常也将 $\bar{A}$ 称为"A 不发生"．

显然，对于事件 A 与事件 $\bar{A}$，有 $A = \Omega - \bar{A}$，即 $\bar{A}$ 的对立事件是 A，即 $\bar{\bar{A}} = A$，故事件 A 与 $\bar{A}$ 互为对立事件．

由定义易知，若两个事件 A 与 B 在每次试验中有且仅有一个发生，即 A，B 满足 $A \cap B = \Phi$ 且 $A \cup B = \Omega$，则 A 与 B **互为对立事件**，记为 $\bar{A} = B$，$\bar{B} = A$.

如在观察掷一枚骰子出现点数的试验中，事件 $A = \{1, 3, 5\}$ 的对立事件是 $\bar{A} = \{2, 4, 6\}$. 又若事件 B 表示"某公司今年年底结算将不亏损"，则 $\bar{B}$ 表示"某公司今年年底结算将亏损".

根据事件差和对立事件的定义，显然有 $A - B = A\bar{B}$.

7. 完备事件组

若事件 A_1，A_2，$\cdots$，A_n 两两互不相容，且 $\sum_{i=1}^{n} A_i = \Omega$，则称 A_1，A_2，$\cdots$，A_n 构成一个**完备事件组**，或称事件 A_1，A_2，$\cdots$，A_n 是样本空间 Ω 的一个**划分**.

显然，A 与 $\bar{A}$ 构成一个完备事件组. 完备事件组的概念可推广到可列多个事件的情形.

由以上所述，概率论中事件间的关系与运算和集合论中集合间的相应关系与运算是完全一致的. 所以，事件、事件间的关系与运算就可以用集合论中维恩[①]图来表示. 现将上面所定义的事件间的关系与运算用维恩图表示如下（见图 1 - 1，平面上的矩形区域表示样本空间 Ω，矩形内每一点表示样本点，矩形内的区域表示事件）:

维恩

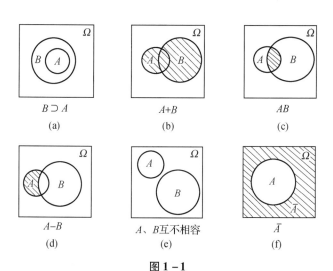

图 1 - 1

注：$A + B$，AB，$A - B$，$\bar{A}$ 分别为图中画有斜线的区域.

事件的维恩图表示清楚直观，可以在事件的运算和证明中作为直观说明.

应该指出的是，虽然事件间的关系与运算用集合论的方式表达显得简练、方便，但在概率论中很重要的一点是学会用概率论中的语言

来表述事件间的关系与运算，并用这些关系与运算来表示各种各样的事件.

由于事件、事件间的关系和运算与集合、集合间的关系和运算一致，所以根据集合运算所满足的运算规律，可得事件运算满足以下规律：

（i）交换律：$A \cup B = B \cup A$，$AB = BA$；

（ii）结合律：$(A \cup B) \cup C = A \cup (B \cup C)$，$(AB)C = A(BC)$；

（iii）分配律：$(A \cup B) \cap C = AC \cup BC$，$(A \cap B) \cup C = (A \cup C) \cap (B \cup C)$；

（iv）德摩根[①]对偶律：

$$\overline{\bigcup_{i=1}^{n} A_i} = \bigcap_{i=1}^{n} \overline{A_i}, \quad \overline{\bigcap_{i=1}^{n} A_i} = \bigcup_{i=1}^{n} \overline{A_i}.$$

对偶律可推广到可列个事件的情形.

德摩根

例1 从一批产品中每次取出一个产品进行检验（每次取出的产品不放回），事件 A_i 表示"第 i 次取到合格品"（$i = 1,2,3$）. 试用事件的运算符号表示下列事件：三次都取到了合格品；三次中至少有一次取到合格品；三次中恰有两次取到合格品；三次中最多有一次取到合格品.

解 三次都取到了合格品：$A_1 A_2 A_3$；

三次中至少有一次取到合格品：$A_1 + A_2 + A_3$；

三次中恰有两次取到合格品：$A_1 A_2 \overline{A_3} + A_1 \overline{A_2} A_3 + \overline{A_1} A_2 A_3$；

三次中最多有一次取到合格品：$A_1 \overline{A_2} \overline{A_3} + \overline{A_1} A_2 \overline{A_3} + \overline{A_1} \overline{A_2} A_3 + \overline{A_1} \overline{A_2} \overline{A_3}$ 或 $\overline{A_1} \overline{A_2} + \overline{A_1} \overline{A_3} + \overline{A_2} \overline{A_3}$.

例2 一名射手连续向某个目标射击三次，事件 A_i 表示"第 i 次射击时击中目标"（$i = 1,2,3$），试描述下列事件：

$A_1 + A_2$；$\overline{A_2}$；$A_1 + A_2 + A_3$；$A_1 A_2 A_3$；$A_2 - A_3$；$\overline{A_1 + A_3}$；$\overline{A_1} + \overline{A_3}$.

解 $A_1 + A_2$：前两次射击中至少有一次击中目标；

$\overline{A_2}$：第二次射击没击中目标；

$A_1 + A_2 + A_3$：三次射击中至少有一次击中目标；

$A_1 A_2 A_3$：三次射击都击中目标；

$A_2 - A_3 = A_2 \overline{A_3}$：第二次射击命中目标而第三次没有击中目标；

$\overline{A_1 + A_3} = \overline{A_1} \overline{A_3}$：第一次射击和第三次射击都没击中目标；

$\overline{A_1} + \overline{A_3}$：第一次射击和第三次射击中至少有一次没击中目标.

习题 1-1

1. 从资料查找或自己给出两个随机现象的例子，说明大量随机现象蕴含的规律.

---

① 德摩根（De Morgan，1806-1871），英国数学家和逻辑学家.

2. 圆周率 π 是一个无限不循环小数，我国数学家祖冲之第一次把它计算到小数点后 7 位，这个纪录保持了 1000 多年．1873 年，英国学者沈克公布了一个 π 的数值，它的数目在小数点后一共 707 位之多！但几十年后，曼彻斯特的费林生对它产生了怀疑．原因是他统计了 π 的 608 位小数，得下表：

数字	0	1	2	3	4	5	6	7	8	9
出现次数	60	62	67	68	64	56	62	44	58	67

试说明他怀疑的理由？

3. 写出以下试验的样本空间．

（1）将一枚硬币连抛三次，观察正反面出现情况；

（2）连续抛一枚硬币，直至出现正面为止；

（3）口袋中有黑、白、红球各一个，先从中取出一球，放回后再取一个；

（4）口袋中有黑、白、红球各一个，先从中取出一球，不放回再取一个．

4. 写出下列随机试验的样本空间及表示下列事件的样本点集合．

（1）5 件产品中有 2 件是不合格品，从中任取两件中有一件不合格品；

（2）先抛一枚硬币一次，再抛一枚骰子一次．硬币出现正面时，骰子出现偶数点．

（3）将一枚硬币抛两次，观察正反面出现情况．事件 A，B，C 分别表示"第一次出现正面"，"两次出现同一面"，"至少一次出现正面"．

5. 试叙述下列事件的对立事件．

（1）$A_1 =$ "掷两枚硬币，均出现正面"；

（2）$A_2 =$ "射击三次，均击中目标"；

（3）$A_3 =$ "加工 4 个零件，至少有一个合格品"；

（4）$A_4 =$ "甲产品畅销，乙产品滞销"．

6. 两个事件互不相容与两个事件对立有何区别？举例说明．

7. 某人投篮三次，以 A_i 表示第 i 次投中（$i = 1$，2，3）．（1）用事件的运算符号表示下列事件．

1）只有第二次投中；

2）前两次投中而第三次没投中；

3）三次中至少有一次投中；

4）三次中恰有一次投中；

5）三次中恰有两次投中；

6）三次中至少有两次投中；

7）三次都投中；

8）三次中至少有两次没投中；

9）三次中至多投中一次．

（2）用概率语言描述下列事件：

1）$\bar{A}_1 + \bar{A}_2 + \bar{A}_3$；2）$\overline{\bar{A}_1 + \bar{A}_2}$；3）$A_1 A_2 \bar{A}_3 + \bar{A}_1 A_2 A_3$．

8. 同时掷两枚骰子，用数对（x，y）表示第一枚、第二枚两枚骰子出现的点数，用样本点的集合表示下列事件：

A = 两枚骰子出现点数之和为奇数；

B = 点数之差为零；

C = 点数之积不超过 20；

并求 $B - A$；BC；$B + \bar{C}$.

习题选讲

9. 从某厂的产品中随机地抽取三件产品. 设 A 表示"三件产品中至少有一件是废品"，B 表示"三件中至少有两件是废品"，C 表示"三件都是正品"，试解释 $\bar{A}$，$\bar{B}$，$A \cup B$，AB，$A \cup C$，AC，$A - B$ 各表示什么事件？

10. 设 A、B、C 是同一随机试验中的三个随机事件，判断下列命题是否成立？

(1) $(A \cup B) - B = A - B$；

(2) $A - (B - C) = (A - B) \cup C$；

(3) $(A - B) \cup B = A$；

(4) $(A \cup B) - C = A \cup (B - C)$；

(5) $A \cup B = A\bar{B} \cup \bar{A}B$；

(6) 若 $A \subset B$，则 $\bar{B} \subset \bar{A}$；

(7) 若 $ABC = \Phi$，则 $AB = \Phi$.

11. 化简下列各式.

(1) $(A \cup B) - (A - B)$；

(2) $(A \cup B)(A \cup \bar{B})$；

(3) $(A - \bar{B})(\overline{A \cup B})$；

(4) $(\overline{\overline{AB} \cup C})(\overline{AC})$.

12. 指出下列各式成立的条件，并说明条件的意义.

(1) $ABC = A$；(2) $A + B + C = A$；(3) $A + B = AB$；(4) $(A + B) - A = B$；
(5) $A + B = \bar{A}$；(6) $AB = \bar{A}$.

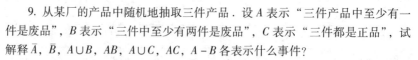

§1.2　事件的概率

概率论研究的是随机现象的统计规律性. 因此，对事件不仅要知道其发生与否，更要着重研究其发生可能性的大小，以便使我们能更好地认识客观事物，进行准确的比较和分析以得出科学的论断. 例如，知道了某食品在每段时间内变质的可能性大小，就可以合理地制定该食品的保质期；知道了个别意外事件发生可能性的大小，就可以合理确定这些意外事件的保险费和赔偿费，等等.

1.2.1　概率的初等描述

对于随机事件来说，它在一次试验中可能发生，也可能不发生；并且不同的事件，有的发生的可能性大些，有的发生的可能性小些. 为了刻画事件这一特点，人们往往用百分比（0 到 1 之间的一个数）

对事件发生可能性的大小进行度量. 例如, 中奖的可能性大小用中奖率来度量; 产品质量的好坏用不合格品率来度量; 新生婴儿是男孩儿的可能性用男婴出生率来度量等. 在概率论中, 把用来刻画事件发生可能性大小的数量指标称为事件的**概率**[①]（probability）. 事件 A 的概率用记号 $P(A)$ 表示.

例如, 在观察掷一枚硬币正反面出现情况的试验中, 用 A 表示"出现正面", B 表示"出现反面". 如果硬币质地均匀、形状对称, 那么人们都会说事件 A 和事件 B 发生的可能性一样大, 各占 50%, 即

$$P(A) = \frac{1}{2}, \ P(B) = \frac{1}{2}.$$

由于必然事件在每次试验中必定发生, 或者说, 它发生的可能性是 100%, 所以它的概率是 1. 不可能事件发生的可能性是零, 所以它的概率是 0, 即有

$$P(\Omega) = 1, \ P(\Phi) = 0 \qquad (1.2.1)$$

而任一事件 A 发生的可能性不会小于 0, 也不会大于 100%, 所以 A 概率介于 0 与 1 之间, 即有

$$0 \leqslant P(A) \leqslant 1 \qquad (1.2.2)$$

应该指出的是, 事件的概率是客观存在的, 是由事件本身结构所决定的; 但直接计算事件的概率有时是非常困难的, 甚至是不可能的, 仅在比较特殊的情况下才可以直接计算事件的概率.

确定事件的概率是概率论中最基本的问题之一, 下面我们将给出在两类特定的试验——古典概型、几何概型中计算事件概率的方法.

1.2.2　古典概型

1. 古典概型与概率的古典定义

先让我们看几个试验.

E_1: 掷一枚匀称硬币, 观察正反面出现情况. 试验 E_1 的样本空间只有两个样本点, 并且两个样本点发生的可能性是相等的.

E_2: 从编号为 1, 2, $\cdots$, 10 的完全相同的 10 个球中任取一球, 观察球的号码. 试验 E_2 的样本空间有 10 个样本点, 并且各个样本点发生的可能性是相等的.

E_3: 从含 6 件废品的 200 件同型号产品中任取 3 件进行检查. 从 200 件产品中任取 3 件有 C_{200}^3 种不同取法, 每一种取法就得到一个基

---

① 概率, 又称或然率、几率或可能性, 它是概率论的基本概念. 在概率论的历史上, 概率的定义有概率的描述性定义、概率的统计定义和描述基本属性的概率公理化定义以及基于主观判断给出的"主观概率", 也有特定试验中概率的古典定义和几何定义.

本事件（即样本空间中的一个样本点），并且各基本事件发生的可能性是相等的.

上述试验具备如下两个特点：

（i）试验的样本空间只有有限个样本点；

（ii）试验中各个样本点发生的可能性相等.

我们把具有（i）、（ii）两个特点的试验，称为**古典概型**，它是概率论发展初期的主要研究对象.

在古典概型中，如何获得事件的概率呢？先看一个例子. 在上面试验 E_2 中，用 A 表示"球的号码不大于 7"，B 表示"球的号码为偶数"，则事件 A、B 的有利样本点分别是 7 个和 5 个. 由于 10 个球中任一球被取到的机会是均等的，所以取到"球的号码不大于 7"的可能性显然是 $\dfrac{7}{10}$，取到"球的号码为偶数"的可能性显然是 $\dfrac{5}{10}$，即

$$P(A) = \frac{7}{10}, \ P(B) = \frac{5}{10}.$$

这样来计算事件的概率是很自然、直观且符合实际的. 一般地，设试验 E 是古典概型，其样本空间 Ω 含 n 个样本点，事件 A 的有利样本点为 m 个，则

$$P(A) = \frac{A\text{的有利样本点数}}{\Omega\text{中样本点总数}} = \frac{m}{n} \qquad (1.2.3)$$

式（1.2.3）给出了古典概型下计算事件概率的具体方法，它是法国数学家拉普拉斯[①]于 1812 年作为概率的一般数学定义提出来的，现称其为**概率的古典定义**.

例 1 将一枚硬币抛三次作为一次试验，观察正反面出现情况. 设 A_0 表示"正面不出现"，A_1 表示"出现一次正面"，A_2 表示"第一次出现正面"，求 $P(A_0)$，$P(A_1)$，$P(A_2)$.

解 以 H 和 T 分别表示抛掷一次硬币出现正面和出现反面，则试验的样本空间为 $\Omega = \{(H, T, T), (T, H, T), (T, T, H), (H, H, T), (H, T, H), (T, H, H), (H, H, H), (T, T, T)\}$. Ω 中包含 8 个样本点，且每个样本点发生的可能性相同，故试验属古典概型.

事件 $A_0 = \{(T, T, T)\}$ 包含 1 个样本点，事件 $A_1 = \{(H, T, T), (T, H, T), (T, T, H)\}$ 包含 3 个样本点，事件 $A_2 = \{(H, T, T), (H, H, T), (H, T, H), (H, H, H)\}$ 包含 4 个样本点，所以

拉普拉斯

---

① 拉普拉斯（Laplace，1749 – 1827），法国天文学家、数学家和物理学家，他对数学、物理学和天文学都有成果卓著的研究，主要著作有《宇宙体系论》《天体力学》《概率论的解析理论》等.

$$P(A_0) = \frac{1}{8}, \quad P(A_1) = \frac{3}{8}, \quad P(A_2) = \frac{4}{8} = \frac{1}{2}.$$

需要注意的是,在古典概型下计算事件 A 的概率 $P(A)$,只需计算样本空间 Ω 所含的样本点总数和事件 A 所包含的样本点数,而不必像例 1 那样将样本空间所含样本点和事件 A 所包含的样本点罗列出来.

2. 基本计算原理与排列组合公式

上面提到,在古典概型下计算事件概率实质上是一个计数问题,下面就先介绍需要用到的两个基本计数原理及基于计数原理的排列与组合公式,然后再举例应用排列组合的思想和公式确定古典概型中事件的概率.

(1) 基本计数原理.

1) **加法原理**. 设完成一件事有 m 种不同的方式,第 i 种方式中有 $n_i(i=1, 2, \cdots, m)$ 种不同的方法,其中任何一种方法都可以一次完成这件事,则完成这件事共有 $\sum\limits_{i=1}^{m} n_i$ 种不同的方法.

加法原理又称分类加法计数原理,主要针对的是"分类问题",其中各种方法相对独立,而其中任何一种方法都可以完成这件事情.

2) **乘法原理**. 设完成一件事需要经先后 m 个不同步骤,其中完成第 i 个步骤有 $n_i(i=1, 2, \cdots, m)$ 种不同方法,则完成这件事共有 $\prod\limits_{i=1}^{m} n_i$ 种不同方法.

乘法原理又称分步乘法计数原理,主要针对的是"分步问题",各个步骤中的方法相互依存,只有各个步骤都完成才算完成这件事情.

(2) 排列组合公式.

1) **不重复排列**. 从 n 个不同的元素中任取 $m(1 \leqslant m \leqslant n)$ 个不同的元素,按照一定的顺序排成一列,称为从 n 个不同元素中取 m 个元素的一个**排列**. 此种排列的总数记为 P_n^m,由乘法原理知,

$$P_n^m = n(n-1)\cdots(n-m+1) = \frac{n!}{(n-m)!}.$$

若 $m = n$,则称为**全排列**,这时排列的总数为 P_n^n,且

$$P_n^n = n(n-1)(n-2)\cdots321 = n! \ .$$

2) **重复排列**. 从 n 个不同的元素中有放回地(每次取出一个,放回后再取下一个)取 m 个元素,按照一定的顺序排成一列,称为从 n 个不同元素中取出 m 个元素的一个**重复排列**. 由乘法原理知,此种排列总数为 n^m. 注意,这里的 m 可以大于 n.

3) **组合**. 从 n 个不同的元素中任取 $m(1 \leqslant m \leqslant n)$ 个元素,不管顺序如何组成一组,称为从 n 个不同元素中取 m 个元素的一个**组合**.

此种组合的总数记为 C_n^m，由乘法原理知，

$$C_n^m = \frac{P_n^m}{m!} = \frac{n!}{m!\,(n-m)!}.$$

规定 $0! = 1$.

例2 一套五卷选集，随机地放到书架上，求各册自左向右或自右向左卷号为 1，2，3，4，5 顺序的概率.

解 试验的基本事件是这 5 本书的一个排列，因此试验的基本事件总数为 $n = 5! = 120$.

设 A 表示"各册自左向右或自右向左卷号为 1，2，3，4，5 顺序"，显然，A 包含的基本事件数为 $m = 2$. 所以

$$P(A) = \frac{2}{120} = \frac{1}{60}.$$

例3 将两封信随机地向标号为 Ⅰ，Ⅱ，Ⅲ，Ⅳ 的 4 个邮筒内投寄. 求（1）邮筒 Ⅰ，Ⅱ 内各投入 1 封信的概率；（2）邮筒 Ⅱ 中恰好投入 1 封信的概率.

解 将两封信投入 4 个邮筒，共有 4^2 种方法，每种方法对应一个样本点，于是样本空间含有 4^2 个样本点.

（1）设 A 表示"邮筒 Ⅰ，Ⅱ 中各有 1 封信"，则 A 包含 2 个样本点，所以

$$P(A) = \frac{2}{4^2} = \frac{1}{8}.$$

（2）设 B 表示"邮筒 Ⅱ 中恰有 1 封信"，则 B 包含 6 个样本点，所以

$$P(B) = \frac{6}{4^2} = \frac{3}{8}.$$

例4 在工业生产中，进行质量检查是必不可少的. 进行质检的常用方法是，从一批产品中随机地抽取一定数量的样品（称为抽样），然后通过样品的质量情况确定整批产品的质量. 这个方法叫作抽样检查. 抽样的方法，通常采用放回抽样和不放回抽样两种方法. 所谓放回抽样，是指抽取部分产品，检查后再放回整批产品中，然后再抽取再放回. 不放回抽样则是一次性抽足样品数，或每次抽一个，不放回再抽下一个，直到抽足样品数为止.

设一批产品有 200 件，其中 6 件废品，从中任取 3 件，求（1）3 件中恰有 1 件废品的概率；（2）3 件全是合格品的概率.

解 从 200 件产品中任取 3 件，共有 C_{200}^3 种不同取法，每一种取法对应一个样本点，则试验的样本空间 Ω 共含 $n = C_{200}^3$ 个样本点.

（1）设 A_1 表示"3 件中恰有 1 件废品"，则由于这 1 件废品是从 6 件废品中抽取的，其不同取法有 C_6^1 种；其余 2 件合格品是从 194

件合格品中抽取的，其不同取法有 C_{194}^2 种．故取到的 3 件产品中恰有 1 件废品的不同取法共有 $C_6^1 \cdot C_{194}^2$ 种，即 A_1 包含的样本点数为 $m_1 = C_6^1 \cdot C_{194}^2$．于是

$$P(A_1) = \frac{C_6^1 C_{194}^2}{C_{200}^3} \approx 0.0855.$$

（2）设 A_0 表示"3 件全是合格品"，由于 3 件合格品是从 194 件合格品中选取的，有 C_{194}^3 种不同取法，即 A_0 包含的样本点数为 $m_0 = C_{194}^3$，所以

$$P(A_0) = \frac{C_{194}^3}{C_{200}^3} \approx 0.9122.$$

例 5　在例 4 中，其他条件不变，仅将抽样方式由一次取 3 件产品改为一次取 1 件产品，不放回连取三次，对于事件 A_1，A_0，求 $P(A_1)$ 和 $P(A_0)$．

解　从 200 件产品中不放回取 3 件，共有 $C_{200}^1 \cdot C_{199}^1 \cdot C_{198}^1$ 种不同取法，每种取法对应的 3 件产品作为一个样本点，这时试验样本空间样本点的总数为 $C_{200}^1 \cdot C_{199}^1 \cdot C_{198}^1$．事件 A_1 的 3 件产品中的 1 件废品可能是在三次取产品中第一次或第二次或第三次取到的，于是 A_1 所包含的样本点数为 $C_6^1 \cdot C_{194}^1 \cdot C_{193}^1 + C_{194}^1 \cdot C_6^1 \cdot C_{193}^1 + C_{194}^1 \cdot C_{193}^1 \cdot C_6^1 = 3 C_6^1 \cdot C_{194}^1 \cdot C_{193}^1$，故

$$P(A_1) = \frac{3 C_6^1 C_{194}^1 C_{193}^1}{C_{200}^1 C_{199}^1 C_{198}^1} \approx 0.0855.$$

事件 A_0 所包含的样本点数为 $C_{194}^1 \cdot C_{193}^1 \cdot C_{192}^1$，于是

$$P(A_0) = \frac{C_{194}^1 C_{193}^1 C_{192}^1}{C_{200}^1 C_{199}^1 C_{198}^1} \approx 0.9122.$$

比较例 4 与例 5，可以看出一次性同时取 3 件产品与不放回地逐一取出 3 件产品，结果是完全一致的．因此，在选择不放回抽样方法时，通常选用前一种方法，原因是其操作和计算过程都比较简单．

在例 4 中，若将抽样方式改为有放回抽样，连取三次，请读者试求 $P(A_1)$ 和 $P(A_0)$．

例 6　一种福利彩票称为幸运 35 选 7，即购买时从 01，02，…，35 中任选 7 个号码，开奖时从 01，02，…，35 中不重复地选出 7 个基本号码和一个特殊号码．中各等奖的规则如表 1-1 所示．

表 1-1

中奖级别	中奖规则
一等奖	7 个基本号码全中
二等奖	中 6 个基本号码及特殊号码
三等奖	中 6 个基本号码
四等奖	中 5 个基本号码及特殊号码
五等奖	中 5 个基本号码
六等奖	中 4 个基本号码及特殊号码
七等奖	中 4 个基本号码，或中 3 个基本号码及特殊号码

试求若购买一张福利彩票，中各等奖的中奖概率.

解 从 35 个号码中不重复地选 7 个号码，共有 C_{35}^7 种不同选法，因此样本空间 Ω 含有 C_{35}^7 个样本点. 要中奖应看成从 7 个基本号码、1 个特殊号码和 27 个无用号码这三类号码中抽取 7 个号码，设 $A_i (i = 1, 2, \cdots, 7)$ 表示中 i 等奖，则

$$P(A_1) = \frac{C_7^7 C_1^0 C_{27}^0}{C_{35}^7} = \frac{1}{6724520} = 1.49 \times 10^{-7},$$

$$P(A_2) = \frac{C_7^6 C_1^1 C_{27}^0}{C_{35}^7} = \frac{7}{6724520} = 1.04 \times 10^{-6},$$

$$P(A_3) = \frac{C_7^6 C_1^0 C_{27}^1}{C_{35}^7} = \frac{189}{6724520} = 2.8106 \times 10^{-5},$$

$$P(A_4) = \frac{C_7^5 C_1^1 C_{27}^1}{C_{35}^7} = \frac{567}{6724520} = 8.4318 \times 10^{-5},$$

$$P(A_5) = \frac{C_7^5 C_1^0 C_{27}^2}{C_{35}^7} = \frac{7371}{6724520} = 1.096 \times 10^{-3},$$

$$P(A_6) = \frac{C_7^4 C_1^1 C_{27}^2}{C_{35}^7} = \frac{12285}{6724520} = 1.827 \times 10^{-3},$$

$$P(A_7) = \frac{C_7^4 C_1^0 C_{27}^3 + C_7^3 C_1^1 C_{27}^3}{C_{35}^7} = \frac{204750}{6724520} = 3.0448 \times 10^{-2}.$$

若记 A 表示中奖，则 $P(A) = \frac{225170}{6724520} = 0.033485$.

这说明，一百个购买彩票的人中约有 3 人中奖，而中头等奖的概率只有 1.49×10^{-7}，即两千万购买彩票的人中仅有约 3 人中头奖. 因此购买彩票要有平常心，期望值不宜过高.

例 7（抽签公平性）抽签口试，共有 $\alpha + \beta$ 个考签，每个考生抽 1 张签，抽过的不再放回. 考生王某会答其中 α 个签上的问题，他是第 k 个抽签应考的人（$k \leqslant \alpha + \beta$），求王某抽到会答考签的概率.

解 考虑将 $\alpha + \beta$ 个签依次分给 $\alpha + \beta$ 个考生，分法为 $(\alpha + \beta)!$ 种，每一种分法对应一个样本点，即样本空间包含 $(\alpha + \beta)!$ 个样本点.

设 A 表示"王某抽到会答考签",可考虑将王某会回答的 α 个签之一分给王某,分法为 C_α^1 种,再把剩下的 $\alpha+\beta-1$ 个签分给其余考生,分法为 $(\alpha+\beta-1)!$ 种,因此王某分到会答考签的分法为 $C_\alpha^1(\alpha+\beta-1)!$ 种,即事件 A 包含的样本点数为 $\alpha(\alpha+\beta-1)!$,所以

$$P(A) = \frac{\alpha(\alpha+\beta-1)!}{(\alpha+\beta)!} = \frac{\alpha}{\alpha+\beta}.$$

值得注意的是,这个结果与 k 无关,说明考生不管先抽后抽,抽到会答考签的概率都一样. 这从理论上说明了平常人们采用的"抓阄儿"的办法是公平合理的.

古典概型中事件概率(简称"古典概率")具有以下性质:

(ⅰ)非负性:对任意事件 A,有 $0 \leqslant P(A) \leqslant 1$;

(ⅱ)规范性:必然事件的概率为 1,即 $P(\Omega)=1$;

(ⅲ)(有限)可加性:若 A_1,A_2,$\cdots$,A_n 两两互不相容,则

$$P(\bigcup_{i=1}^n A_i) = \sum_{i=1}^n P(A_i).$$

证明从略.

1.2.3　几何概型

式(1.2.3)只能适用于计算古典概型中事件的概率,其局限性是明显的. 现在,我们来讨论一类称为"几何概型"的试验模型中事件概率的计算问题.

先看一个简单的例子.

例 1 某人午觉醒来,发现表停了,他打开收音机想听电台报时,求他等待的时间不超过 10 分钟的概率.

一种相当自然的答案认为,所求概率等于 $\frac{1}{6}$,因为电台每小时报时一次. 我们自然认为该人打开收音机时处于两次报时之间,比如 13:00 和 14:00 之间,而且取各点的可能性一样,要等待的时间不超过 10 分钟,只要他打开收音机的时间正好处于 13:50 与 14:00 之间即可,相应的概率是 $\frac{10}{60} = \frac{1}{6}$.

在这类问题中,试验的每个基本事件可用一个几何区域 Ω 中一点表示,全体基本事件可表示成 Ω 中所有点(称几何区域 Ω 为试验样本空间对应的区域). 又试验可归结为在 Ω 中随机投一点 M,且点 M 落在 Ω 中任何位置是等可能的(这里所谓等可能是指对 Ω 中任何

一子区域，点 M 落在其内的概率与该区域的度量①成正比，而与该区域的形状及在 Ω 中的位置无关）. 这样的试验模型称为**几何概型**.

设试验 E 为几何概型，其样本空间对应的几何区域为 Ω，事件 A 表示为在 Ω 中随机投一点，而该点落在 Ω 的可度量子区域 G 中（称 G 为事件 A 对应的区域）（见图 1 - 2），则很自然地我们有

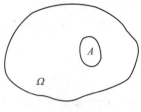

蒲丰

$$P(A) = \frac{\mu(G)}{\mu(\Omega)} \qquad (1.2.4)$$

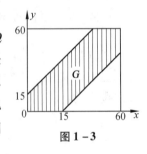

图 1 - 2

这个概率称为**几何概率**（geometric probability）. 将几何与概率结合起来的思想是由法国数学家蒲丰②于 1777 年提出来并加以研究的.

例 2 （会面问题）甲、乙两人约定在 6 ~ 7 时之间在某处见面，并约定先到者应等候另一个人一刻钟，过时即可离去. 假定每个人在指定的 1 小时内任一时刻到达是等可能的，求两人能会面的概率.

解 设 A 表示两人能会面，用 x 和 y 分别表示甲、乙两人到达约会地点的时刻（$0 \leqslant x \leqslant 60$，$0 \leqslant y \leqslant 60$），则试验的基本事件是两人到达约会地点的时刻 (x, y)，它可表示为平面区域 $\Omega = \{(x, y) \mid 0 \leqslant x \leqslant 60, 0 \leqslant y \leqslant 60\}$ 中的一点，即试验样本空间所对应区域为 Ω（见图 1 - 3）. 而事件 A 发生的充要条件是 $|x - y| \leqslant 15$，即在平面区域 Ω 中投一点，点落在区域 $G = \{(x, y) \mid |x - y| \leqslant 15\}$ 中，也就是说，事件 A 对应的区域为 G（图 1 - 3 阴影部分），由式 (1.2.4) 得

图 1 - 3

$$P(A) = \frac{\mu(G)}{\mu(\Omega)} = \frac{60^2 - \frac{1}{2} \times 45^2 \times 2}{60^2}$$

$$= \frac{7}{16} = 0.4375.$$

例 3 讲解

例 3 （蒲丰投针问题）平面上画有间隔为 $d(d > 0)$ 的等距平行线，向此平面内随机投掷一长度为 $l(l < d)$ 的针，试求此针与任一平行线相交的概率.

解 如图 1 - 4 所示，以 x 表示针的中点到最近一条平行线的距离，有 $0 \leqslant x \leqslant \frac{d}{2}$；以 φ 表示针与平行线的夹角，有 $0 \leqslant \varphi \leqslant \pi$，则试验

---

① 几何区域 D 的度量，记作 $\mu(D)$，是指当 D 是直线段或曲线弧时，$\mu(D)$ 是 D 的长度；当 D 是平面区域时，$\mu(D)$ 是 D 的面积；当 D 是空间区域时，$\mu(D)$ 是 D 的体积；等等.
② 蒲丰（Buffon，1707 - 1788），法国博物学家、数学家、生物学家.

的基本事件是针落的位置 (φ, x)，它表示为平面区域 $\Omega = \Big\{ (\varphi, x) \mid 0 \leqslant \varphi \leqslant \pi, 0 \leqslant x \leqslant \dfrac{d}{2} \Big\}$ 中的一点，即试验样本空间所对应区域为 Ω（见图 1-5）. 用 A 表示"针与平行线相交"，则 A 发生的充要条件是

$$x \leqslant \frac{l}{2} \sin\varphi$$

即在平面区域 Ω 中投一点，点落在区域 $G = \Big\{ (\varphi, x) \mid 0 \leqslant \varphi \leqslant \pi, 0 \leqslant x \leqslant \dfrac{l}{2} \sin\varphi \Big\}$ 中，即事件 A 对应的区域为 G（见图 1-5 中阴影部分）.

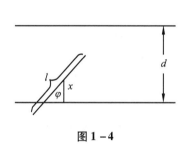

图 1-4

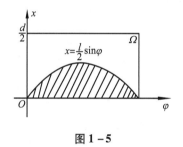

图 1-5

根据题意知，这是一个几何概型问题，于是由式（1.2.4）得

$$P(A) = \frac{\mu(G)}{\mu(\Omega)} = \frac{\displaystyle\int_0^{\pi} \frac{l}{2} \sin\varphi \, \mathrm{d}\varphi}{\dfrac{d}{2}\pi} = \frac{2l}{\pi d}. \qquad (1.2.5)$$

这是几何概型的一个著名问题，本例于 1777 年由法国数学家蒲丰提出，又称作**蒲丰投针问题**.

由式（1.2.5）可知，若 l 和 d 已知，以 π 的值代入即可求出 $P(A)$ 的值. 反之，如果已知 $P(A)$，则可以利用式（1.2.5）去求 π 的值. 而至于 $P(A)$ 的值，可以通过大量重复试验得到其近似值（将在下面 1.2.4 小节中介绍）：如果投针 N 次，其中针与平行线相交 n 次，则 $P(A) \approx \dfrac{n}{N}$，于是

$$\pi \approx \frac{2lN}{dn}.$$

这是一个颇为奇妙的方法：只要设计一个随机试验，使一个事件的概率与某一未知数有关，然后通过大量重复试验得到事件概率的近似值，即可求得未知数的近似解. 一般来说，试验次数越多，则求得的近似解就越精确. 随着计算机的出现，人们便利用计算机来大量重复地模拟所设计的随机试验，使得这种方法得到了迅速发

蒙特—卡洛
方法

展和广泛应用．人们称这种计算方法为**随机模拟法**，也称**蒙特—卡洛**（Monte - Carlo）**法**[①]．

可以证明，几何概率具有与古典概率完全一样的性质．另外，几何概率还具有完全可加性，即若 A_1，A_2，$\cdots$ 两两互不相容，则

$$P\left(\bigcup_{i=1}^{\infty} A_i\right) = \sum_{i=1}^{\infty} P(A_i).$$

1.2.4　频率与概率

在古典概型和几何概型中，计算事件的概率是以试验的基本事件发生可能性相等作为一个重要条件．但对于一般的试验而言，这样的条件并不总是能具备的．例如，一名射手向一个目标射击，命中与不命中一般不是等可能的，那么又如何知道他命中的概率是多少呢？由此我们可以联想到一个带有普遍性的问题：在一个一般的试验中如何确定事件的概率？为了解决这一问题，下面引入频率的概念．

定义 1.1　设 A 是试验 E 的一个事件，若在 n 次重复试验中事件 A 发生了 m 次，则称比值 $\dfrac{m}{n}$ 为事件 A 在这 n 次重复试验中发生的**频率**（frequency），记作 $\omega_n(A)$．

由定义 1.1 容易看出，一个事件在每次试验中发生的可能性越大，那么它在 n 次重复试验中发生的频率就越大；反之，频率越大，事件发生的可能性越大．并且对任意事件 A，有 $0 \leqslant \omega_n(A) \leqslant 1$；对必然事件 Ω，有 $\omega_n(\Omega) = 1$；对不可能事件 Φ，有 $\omega_n(\Phi) = 0$；若 A_1，A_2，$\cdots$，A_n 两两互不相容，则 $\omega_n\left(\bigcup_{i=1}^{n} A_i\right) = \sum_{i=1}^{n} \omega_n(A_i)$．

下面考察自 18 世纪以来一些统计学家做的掷硬币试验，试验所得数据列在表 1-2 中．

从表 1-2 中容易看出，正面出现的频率总在 0.5 附近摆动，而且随着抛掷次数增多，一般摆动越小．而 0.5 这个数正反映了事件 A 在一次试验中发生可能性的大小，即 $P(A) = \dfrac{1}{2}$．

---

① 蒙特—卡洛方法（Monte - Carlo Method）于 20 世纪 40 年代由美国在第二次世界大战中研制原子弹的"曼哈顿计划"的成员 S. M. 乌拉姆和 J. 冯·诺伊曼首先提出．数学家冯·诺伊曼用驰名世界的赌城——摩纳哥的 Monte - Carlo 来命名这种方法，为它蒙上了一层神秘色彩．在这之前，蒙特—卡洛法就已经存在．1777 年，法国数学家蒲丰提出用投针实验的方法求圆周率 π，这被认为是蒙特—卡洛法的起源．

表 1 − 2

试验者	抛掷次数 n	正面出现次数 m	正面出现的频率 m/n
德摩根	2048	1061	0.518
蒲丰	4040	2048	0.5069
皮尔逊*	12000	6019	0.5016
皮尔逊	24000	12012	0.5005

* 注：皮尔逊（K. Pearson，1857 − 1936），英国统计学家，被誉为统计学之父.

皮尔逊

　　通过对上面试验的分析，我们可以得到这样的认识：对任意试验 E 中的事件 A，当重复试验次数 n 充分大时，事件 A 的频率 $\omega_n(A)$ 就稳定在某一常数 $p \in [0,1]$ 附近（称 p 为频率的稳定值），并且 n 越大，这种稳定状态越显著. 这一特征称为**频率的稳定性**. 频率的稳定值 p 是客观存在的，它反映了事件 A 在一次试验中发生可能性的大小，即 $P(A) = p$. 这样，我们就得到了一个确定事件 A 概率的方法：事件 A 频率的稳定值 p 就是事件 A 的概率，我们称此概率为**统计概率**. 一般地，我们有如下定义.

　　定义 1.2　设 A 是试验 E 的一个事件，在相同条件下，将试验 E 重复进行 n 次，当 n 充分大时，事件 A 发生的频率 $\omega_n(A)$ 总是稳定地在某一数值 p 附近摆动，称这个频率的稳定值 p 为事件 A 发生的**概率**. 记为 $P(A) = p$.

　　概率的这种定义是由奥地利数学家米塞斯[①]于 1919 年提出来的，这一定义通常称为**概率的统计定义**. 统计概率也具有与古典概率完全一样的性质.

米塞斯

　　应该指出的是，频率的稳定值一般是很难精确确定的. 但由于对较大的 n，n 次试验中事件 A 的频率一般与事件 A 的概率 $P(A)$ 相差不大，且试验次数 n 越大，频率与概率有较大偏差的情形就越少见，因此在处理实际问题时常常是用试验次数充分大时的事件 A 的频率作为事件 A 的概率的近似值. 在许多情况下，这就足以满足实际需要了.

　　例 1　从某鱼池中捞出 100 条鱼，做上记号后再放入该鱼池中. 现从该鱼池中任意捉来 40 条鱼，发现其中两条有记号，问鱼池中大约有多少条鱼？

　　解　设鱼池中有 n 条鱼，则从鱼池中捉到一条有记号的鱼的概率为 $\dfrac{100}{n}$，它近似于捉到有记号的鱼的频率 $\dfrac{2}{40}$，即 $\dfrac{100}{n} \approx \dfrac{2}{40}$，解之得 $n \approx 2000$. 故鱼池内大约有 2000 条鱼.

----

　　①　米塞斯（R. von. Mises，1883 − 1953），奥地利数学家.

至此，我们已经知道了在古典概型、几何概型下确定事件概率的方法及在一般试验下可用频率去近似事件的概率. 但今后我们计算事件的概率并不需要也不可能全部都这样做，而通常可以把一个比较复杂的事件用一些简单事件的运算符号表示. 这样，只要知道这些简单事件的概率，就可以利用概率性质及计算概率的有关公式推算出复杂事件的概率，这是求概率的重要方法.

1.2.5　概率的公理化定义及性质

在前面我们先后给出了概率的描述性定义、古典定义、几何定义和统计定义，但其精确的数学定义是通过规定概率应具备的基本性质（公理）给出的. 我们知道，古典概率、几何概率、统计概率都具有非负性、规范性及可加性，这说明这三条性质是概率的固有属性. 由此可以很自然地想到直接用这些性质来作为一般的概率定义.

定义 1.3　设 Ω 为试验 E 的样本空间，若对每一事件 A 都有一个实数 $P(A)$ 与之对应，且 $P(A)$ 满足下述三条公理：

公理 1（非负性）　$P(A) \geqslant 0$；　　　　　　　　　　　(1.2.6)

公理 2（规范性）　$P(\Omega) = 1$；　　　　　　　　　　　(1.2.7)

公理 3（完全可加性）　若事件 A_1，A_2，$\cdots$ 两两互不相容，有

$$P\left(\bigcup_{i=1}^{\infty} A_i\right) = \sum_{i=1}^{\infty} P(A_i),　　　　　(1.2.8)$$

则称 $P(A)$ 为事件 A 的**概率**.

柯尔莫哥洛夫

这个定义称为**概率的公理化定义**，它是由俄罗斯数学家柯尔莫哥洛夫[①]于 1933 年提出的. 由于古典概率、几何概率和统计概率都满足公理 1、公理 2 和公理 3，因此根据这一公理化定义所导出的任何规律对它们都是适用的.

应该指出的是，概率的公理化定义比较抽象，它只界定了概率应满足的基本性质，而没有具体给出概率的计算方法，这样就使得该定义能适用于各种不同情况. 但在实际问题中，概率作为事件发生可能性的大小这个直观意义，又始终有助于我们讨论与思考问题，可以说我们的讨论永远离不开概率的直观意义.

由概率的三条公理可推导出概率的其他一些性质.

（i）不可能事件的概率为零，即 $P(\Phi) = 0$.

证　因为 $\Omega = \Omega + \Phi + \Phi + \cdots$，所以

① 柯尔莫哥洛夫（А. Н. Колмогоров，1903–1987），俄罗斯数学家，他的专著《概率论的解析方法》标志着概率论发展的一个新时期，他对泛函分析、拓扑学和湍流也做出了贡献.

$P(\Omega) = P(\Omega) + P(\Phi) + P(\Phi) + \cdots$，从而 $P(\Phi) = 0$.

（ii）若事件 A_1，A_2，$\cdots$，A_n 两两互不相容，则

$$P\left(\sum_{i=1}^{n} A_i \right) = \sum_{i=1}^{n} P(A_i) \qquad (1.2.9)$$

证　$\sum_{i=1}^{n} A_i = A_1 + A_2 + \cdots + A_n + \Phi + \Phi + \cdots$，由完全可加性得知

$$P\left(\sum_{i=1}^{n} A_i \right) = P(A_1) + P(A_2) + \cdots + P(A_n) + 0 + 0 + \cdots$$

$$= \sum_{i=1}^{n} P(A_i).$$

（iii）对于任意事件 A，有 $P(\bar{A}) = 1 - P(A)$.

证　因为 $A + \bar{A} = \Omega$，$A\bar{A} = \Phi$，所以由性质（ii）及公理 2 有

$$P(\Omega) = P(A + \bar{A}) = P(A) + P(\bar{A}) = 1,$$

从而 $P(\bar{A}) = 1 - P(A)$.

由性质（ii）和性质（iii）可得，若 A_1，A_2，$\cdots$，A_n 构成完备事件组，则 $\sum_{i=1}^{n} P(A_i) = 1$.

（iv）（1）对任意两个事件 A，B，有 $P(A - B) = P(A) - P(AB)$；

（2）若 $A \supset B$，则 $P(A - B) = P(A) - P(B)$，且 $P(A) \geqslant P(B)$.

证　（1）因为

$$A = A\Omega = A(\bar{B} + B) = A\bar{B} + AB = (A - B) + AB,$$

且 $(A - B)$ 与 AB 互不相容，由性质（ii）可知

$$P(A) = P(A - B) + P(AB),$$

即 $P(A - B) = P(A) - P(AB)$.

（2）当 $A \supset B$ 时，有 $AB = B$，故有 $P(A - B) = P(A) - P(B)$. 另由公理 1 可知，$P(A - B) \geqslant 0$，所以 $P(A) \geqslant P(B)$.

（v）（**加法公式**）对任意两个事件 A，B，有

$$P(A + B) = P(A) + P(B) - P(AB) \qquad (1.2.10)$$

证　因为 $A + B = A + (B - AB)$，且 A 与 $B - AB$ 互不相容，所以由性质（ii）可得

$$P(A + B) = P(A) + P(B - AB);$$

又因为 $AB \subset B$，故由性质（iv）可得

$$P(B - AB) = P(B) - P(AB).$$

于是 $P(A + B) = P(A) + P(B) - P(AB)$.

性质（v）可以推广到有限多个事件和的情形.

设 A_1，A_2，$\cdots$，A_n 为任意的 n 个事件，则

$$P\left(\sum_{i=1}^{n} A_i\right) = \sum_{i=1}^{n} P(A_i) - \sum_{1 \leqslant i < j \leqslant n} P(A_i A_j) + \sum_{1 \leqslant i < j < k \leqslant n} P(A_i A_j A_k)$$
$$+ \cdots + (-1)^{n-1} P(A_1 A_2 \cdots A_n) \tag{1.2.11}$$

例1 设事件 A，B，$A+B$ 的概率分别为 0.4，0.3，0.6. 求 $P(A\bar{B})$.

解 由加法公式及题设条件知
$$P(AB) = P(A) + P(B) - P(A+B)$$
$$= 0.4 + 0.3 - 0.6 = 0.1.$$
再由性质（iv），得
$$P(A\bar{B}) = P(A - B) = P(A) - P(AB) = 0.4 - 0.1 = 0.3.$$

例2 已知 $P(A) = P(B) = P(C) = \dfrac{1}{4}$，$P(AB) = 0$，$P(AC) = P(BC) = \dfrac{1}{16}$. 试求 A，B，C 中至少有一个发生的概率及 A，B，C 都不发生的概率.

解 因为 $P(AB) = 0$，且 $ABC \subset AB$，所以 $P(ABC) = 0$. 再由加法公式，得 A，B，C 中至少有一个发生的概率为
$$P(A + B + C) = P(A) + P(B) + P(C) - P(AB)$$
$$- P(AC) - P(BC) + P(ABC)$$
$$= \frac{3}{4} - \frac{2}{16} = \frac{5}{8}.$$

又事件"A，B，C 都不发生"是事件"A，B，C 中至少有一个发生"的对立事件，所以由性质（iii），得 A，B，C 都不发生的概率为
$$P(\bar{A}\bar{B}\bar{C}) = 1 - P(A + B + C) = 1 - \frac{5}{8} = \frac{3}{8}.$$

一般而言，计算"至少发生一个"这类事件的概率时，利用 $P(A) = 1 - P(\bar{A})$ 将问题转化为计算对立事件的概率往往比较方便.

例3 一个袋内装有大小相同的 7 个球，其中 4 个白球，3 个黑球. 从中一次抽取 3 个球，求 3 个球中至少有 2 个是白球的概率.

解 设 A_i 表示"3 个球中有 i 个白球"（$i = 0, 1, 2, 3$），A 表示"3 个球中至少有 2 个是白球"，则 $A = A_2 + A_3$，且 A_2 与 A_3 互不相容，所以 $P(A) = P(A_2) + P(A_3)$. 而
$$P(A_2) = \frac{C_4^2 C_3^1}{C_7^3} = \frac{18}{35}, \qquad P(A_3) = \frac{C_4^3}{C_7^3} = \frac{4}{35},$$
所以
$$P(A) = P(A_2) + P(A_3) = \frac{22}{35} \approx 0.63.$$

例4 一个工人看管两台车床，在一小时内第一台车床不需看管

的概率为 0.9，第二台车床不需看管的概率为 0.8，两台车床都需看管的概率是 0.02. 求在一小时内至少有一台车床需看管的概率.

解 设 A_i 表示"第 i 台车床在一小时内需看管"（$i = 1, 2$），则 $P(A_1 + A_2)$ 即为所求. 又 $P(A_1) = 1 - 0.9 = 0.1$，$P(A_2) = 1 - 0.8 = 0.2$，$P(A_1 A_2) = 0.02$，由公式（1.2.10）可得

$$P(A_1 + A_2) = P(A_1) + P(A_2) - P(A_1 A_2)$$
$$= 0.1 + 0.2 - 0.02 = 0.28.$$

例 5 一批产品共 20 件，其中一等品 6 件，二等品 10 件，三等品 4 件. 从中任取 3 件，求至少有 2 件产品等级相同的概率.

解 设 A 表示"至少有 2 件产品等级相同"，则 $\bar{A}$ 表示"3 件产品等级完全不同". 又 $P(\bar{A}) = \dfrac{C_6^1 C_{10}^1 C_4^1}{C_{20}^3} = \dfrac{4}{19}$，于是

$$P(A) = 1 - P(\bar{A}) = \frac{15}{19} \approx 0.789.$$

例 6 （生日问题）求 n 个人中至少有两个人生日相同的概率（假定一年为 365 天，$n \leqslant 365$，每个人生日在一年的任一天是等可能的）.

解 每个人的生日有 365 种可能，因此 n 个人共有 365^n 种可能，这是基本事件的总数. 用 A 表示"至少有两个人生日相同"，则 $\bar{A}$ 表示"n 个人的生日各不相同". 显然 $\bar{A}$ 包含的基本事件数为 P_{365}^n，所以

$$P(A) = 1 - P(\bar{A}) = 1 - \frac{P_{365}^n}{365^n}.$$

此题直接求 $P(A)$ 是非常麻烦的，而用性质（iii）求解就简单得多. 表 1-3 列出了对不同的 n 相应的 $P(A)$.

表 1-3

n	5	15	25	35	45	55
$P(A)$	0.03	0.25	0.57	0.81	0.94	0.99

从表 1-3 中可看出，只要 $n \geqslant 55$，概率就已非常接近于 1 了. 所以，如果一个班级中有 55 名学生，那么几乎可以肯定地说，至少有两名学生的生日相同. 这个结论是我们的直接经验所意想不到的，这也说明研究随机现象的统计规律性是很有必要的.

习题 1-2

1. 如何判定一个概率模型是否是古典概型？抛掷两枚均匀硬币，观察正、反面出现情况. 数学家达朗贝尔论证说总共有三种可能情形，即（正，正），（反，反），（一正一反）. 由此，他得出结论，（一正一反）出现的概率是 $\dfrac{1}{3}$. 这

个结论对吗？

2. 现有两个赌徒梅尔和保罗，两人分别拿出 6 枚金币作为赌金，用抛掷硬币作赌博手段，一局中若掷出正面，则梅尔胜，否则保罗胜．约定谁先胜三局谁就能得到所有的 12 枚金币．已知他们在每局中取胜的可能性是相同的．比赛开始后，梅尔胜了两局，保罗胜了一局．这时一件意外的事中断了他们的赌博．后来他们也不再想继续这场没有结局的赌博，于是一起商量赌金的分配问题．试给出一个合理的赌金分配方案，并说明理由．

3. 10 把钥匙中有 3 把能打开门，今任取两把，求能打开门的概率．

4. 一个五位数字的号码锁，每位上都可能有 0，1，…，9 十个数码，若不知道该锁的号码，问开一次锁就能将该锁打开的概率有多大？

5. 设在 10 张卡片上分别写有字母 A，C，I，I，S，S，S，T，T，T. 将 10 张卡片随意排成一列，求恰好排成英文单词"STATISTICS"（统计学）的概率．

6. N 件产品中有 N_1 件正品，从中任取 n 件（$1 \leqslant n \leqslant N_1 \leqslant N$），求其中有 $k(k \leqslant n)$ 件正品的概率．

7. 一个袋内有 5 个红球、3 个白球、2 个黑球，计算任取 3 个球恰为一红、一白、一黑的概率．

8. 货架上有外观相同的商品 15 件，其中 12 件来自产地甲，3 件来自产地乙．现从 15 件商品中随机地抽取 2 件，求这两件商品来自同一产地的概率．

习题选讲

9. 现有 n 个人，每个人都等可能地被分配到 N 个房间中的任一间去住（$n \leqslant N$），求下列事件的概率：

（1）指定的 n 个房间里各住一个人；

（2）恰有 n 个房间，其中各住一人；

（3）某一指定房间恰有 m（$m \leqslant n$）个人住．

10. 电话号码由 0，1，2，…，9 中的七个数字组成，若首位数字不能为 0，求电话号码是由完全不相同数字组成的概率．

11. 把 10 本书任意地放在书架上，求其中把指定的 3 本书放在一起的概率．

12. 10 个人随机地排成一列，问在甲、乙两人之间恰好有 3 个人的概率是多大？

13. 设一公交车站每隔 5 分钟就有公交车到站，乘客随机地来到此车站等车，求某乘客候车时间不超过 2 分钟的概率．

14. 甲、乙两艘轮船向一个不可能同时停泊两艘轮船的码头停泊，它们在一昼夜内到达的时刻是等可能的．如果甲、乙两船的停泊时间都是一小时，求它们中的任何一艘都不需等候码头空出的概率．

15. 有两部电话，在一小时内第一部电话占线的概率为 0.6，第二部电话占线的概率为 0.7，两部电话都不占线的概率为 0.2，求在一小时内至少有一部电话不占线的概率．

16. 50 件产品中有 4 件废品、46 件正品，现从中任取 3 件，求有废品的概率．

17. 若事件 A 与 B 互斥，且 $P(A) = 0.3$，$P(B) = 0.5$，计算 $P(\overline{AB})$．

18. 设 A、B 表示两事件，且 $P(A) = 0.5$，$P(B) = 0.7$，$P(A \cup B) = 0.8$，试求 $P(B - A)$ 与 $P(A - B)$．

19. 已知 $P(A) = 0.6$，$P(AB) = 0.1$，$P(\overline{AB}) = 0.15$，计算（1）$P(A\overline{B})$；

（2） $P(\overline{AB})$ ；（3） $P(A+B)$.

20. 设 $P(A)=\ln a$ ， $P(B)=0.2$ ， $A\supset B$ ，求 a 的取值范围.

21. 已知 $P(A)=P(B)=\dfrac{1}{4}$ ， $P(C)=\dfrac{1}{2}$ ， $P(AB)=\dfrac{1}{8}$ ， $P(CA)=P(BC)=0$ ，试求 A 、 B 、 C 中至少有一个发生的概率.

22. 某班有 10 名同学是同一年出生（一年按 365 天计算），试求下列事件的概率：

（1）至少有两人是同一天出生；

（2）至少有一人是 10 月 1 日出生.

§1.3　条件概率与乘法公式

1.3.1　条件概率

在实际问题中，常常需要考虑一个事件的发生对另一个事件的影响，即我们可能遇到这样的情况，在已知某一事件 B 已经发生的条件下，求事件 A 发生的概率. 由于附加了条件"事件 B 已经发生"，这一概率与事件 A 的概率 $P(A)$ 的意义是不同的. 下面先看一个简单的例子.

例 1　一批同型号产品由甲、乙两厂生产，产品结构见表 1-4：

表 1-4

数量　厂别 等级	甲厂	乙厂	合计
合格品	475	644	1119
次品	25	56	81
合计	500	700	1200

从这批产品中随机地取一件，记 A 表示取出的产品为次品，则

$$P(A)=\frac{81}{1200}=0.0675.$$

现在假设被告知取出的产品是甲厂生产的，记 B 表示取出的产品为甲厂生产的，那么这件产品为次品的概率又是多少？回答这一问题并不困难，当我们被告知取出的产品是甲厂生产的，我们不能肯定的只是该件产品是甲厂生产的 500 件中的哪一件，由于 500 件中有 25 件次品，自然我们可以从中得出，在已知取出的产品是甲厂生产的条件下，它是次品的概率为 $\dfrac{25}{500}=0.05$. 两种情况下算出的概率不同，

这是很容易理解的.因为在第二种情况下,我们算得的概率是事件 B 已经发生的条件下,即在样本空间缩减为 B 时,事件 A 的概率,我们把这个概率记为 $P(A|B)$.一般地,我们给出定义如下.

定义 1.4 设 E 为试验,Ω 为其样本空间,A、B 为任意两事件,且 $P(B)>0$,在事件 B 已发生的条件下事件 A 的概率,称为 A 对 B 的**条件概率**（conditional probability）,记作 $P(A|B)$.相应地,称 $P(A)$ 为无条件概率.

如何计算条件概率?再来看下面的例子.

例2 全年级 100 名学生中,有男生（以事件 A 表示）80 人,女生 20 人;来自北京地区的（以事件 B 表示）有 20 人,其中男生 12 人,女生 8 人.现从名册中任意抽取一位同学,求 $P(A)$,$P(B)$,$P(AB)$,$P(A|B)$.

解 依题意有

$$P(A)=\frac{80}{100}=0.8,\ P(B)=\frac{20}{100}=0.2,\ P(AB)=\frac{12}{100}=0.12.$$

现在求条件概率 $P(A|B)$.由于事件 B 已经发生,即抽的一位同学是来自北京地区的,所以试验的所有可能基本事件只有 20 个,即样本空间缩减为 $\Omega_B=B$,这时使事件 A 发生的样本点既在 B 中又在 A 中,仅有 12 个,于是

$$P(A|B)=\frac{12}{20}=0.6.$$

此例非常简单,但可以帮助我们理解条件概率.由于事件 B 的发生引起了样本空间的变化,使它由原来的 Ω 缩减为 $\Omega_B=B$.在 Ω 中计算事件 A 的概率就是 $P(A)$,在 Ω_B 中计算事件 A 的概率就是 $P(A|B)$.因此,若在古典概型中,B 包含的样本点数为 n_B,B 中属于 A 的样本点数为 n_{AB}（即 A 与 B 共同的样本点数）,则

$$P(A|B)=\frac{n_{AB}}{n_B} \tag{1.3.1}$$

进一步,假设试验样本空间 Ω 包含样本点总数为 n,则有

$$P(A|B)=\frac{n_{AB}}{n_B}=\frac{\frac{n_{AB}}{n}}{\frac{n_B}{n}}=\frac{P(AB)}{P(B)} \tag{1.3.2}$$

式（1.3.1）、式（1.3.2）的结论具有普遍性.由此得到计算条件概率 $P(A|B)$ 的两种一般方法:

(1) 在缩减后的样本空间 B 中,求事件 A 的概率,即 $P(A|B)$;

(2) 在样本空间 Ω 中,首先计算 $P(AB)$ 与 $P(B)$,再根据式（1.3.2）求 $P(A|B)$.

例3 一袋中有编号分别为 1、2、3、4、5、6 的 6 个球,从中随

机地取出 1 球, 观察取到球的号码. 以 B 表示"球的号码为偶数", A_1 表示"球的号码为 1", A_2 表示"球的号码为 2", A_3 表示"球的号码大于 4". 求: (1) $P(A_1)$, $P(A_1 \mid B)$; (2) $P(A_2)$, $P(A_2 \mid B)$; (3) $P(A_3)$, $P(A_3 \mid B)$.

解 (1) 显然 $P(A_1) = \frac{1}{6}$. 在 B 已发生的条件下, 事件 A_1 不可能发生, 故 $P(A_1 \mid B) = 0$.

(2) $P(A_2) = \frac{1}{6}$ 也是显然的. 在 B 已发生的条件下, 样本空间缩为由 3 个样本点组成, 而 A_2 是其中一个样本点, 故 $P(A_2 \mid B) = \frac{1}{3}$.

(3) 易得 $P(A_3) = \frac{2}{6}$. 而 $P(B) = \frac{3}{6} = \frac{1}{2}$, $P(A_3 B) = \frac{1}{6}$, 故

$$P(A_3 \mid B) = \frac{P(A_3 B)}{P(B)} = \frac{\frac{1}{6}}{\frac{1}{2}} = \frac{1}{3}.$$

从例 3 中可以看出, 条件概率与无条件概率一般是不等的, 且大小关系也不能肯定.

设 B 是一事件, 且 $P(B) > 0$, 则不难验证, 条件概率 $P(\cdot \mid B)$ 满足概率定义中的三条公理, 即

(i) 对任意的事件 A, 有 $P(A \mid B) \geq 0$;

(ii) $P(\Omega \mid B) = 1$;

(iii) 对任意的两两互不相容事件 A_1, A_2, $\cdots$, A_n, $\cdots$, 有

$$P\left(\sum_{i=1}^{\infty} A_i \mid B \right) = \sum_{i=1}^{\infty} P(A_i \mid B).$$

由于条件概率满足三条公理, 所以由这些公理推得的一切结果对条件概率也同样成立. 因此, 1.2.5 小节中的概率性质都适用于条件概率.

1.3.2 乘法公式

由式 (1.3.2) 立即可得 $P(AB) = P(B) P(A \mid B) (P(B) > 0)$. 注意到 $AB = BA$ 及 A、B 的对称性, 还可得 $P(AB) = P(A) P(B \mid A)$ $(P(A) > 0)$, 这就是概率的乘法公式.

定理 1.1（乘法公式） 设 A、B 为两个事件, 则
$$P(AB) = P(A) P(B \mid A) \ (P(A) > 0);$$
$$P(AB) = P(B) P(A \mid B) \ (P(B) > 0).$$
(1.3.3)

公式 (1.3.3) 可以推广到有限多个事件的情形.

设 A_1，A_2，$\cdots$，A_n 为任意 n 个事件（$n \geq 2$），且 $P(A_1 A_2 \cdots A_{n-1}) > 0$，则

$$P(A_1 A_2 \cdots A_n) = P(A_1) P(A_2 \mid A_1) P(A_3 \mid A_1 A_2)$$
$$\cdots P(A_n \mid A_1 A_2 \cdots A_{n-1}) \qquad (1.3.4)$$

例1 市场上供应的灯泡中甲厂占 60%，乙厂占 40%. 甲厂产品的合格率为 90%，乙厂产品的合格品率为 80%. 求（1）从市场上买一个灯泡是甲厂生产的合格灯泡的概率；（2）从市场上买一个灯泡是乙厂生产的合格灯泡的概率.

解 设 A 表示"灯泡是甲厂产品"，B 表示"灯泡是合格品"，则 AB 表示"甲厂生产的合格灯泡"，$\bar{A}B$ 表示"乙厂生产的合格灯泡". 由题设知：

$P(A) = 0.6$，$P(B \mid A) = 0.9$，$P(\bar{A}) = 0.4$，$P(B \mid \bar{A}) = 0.8$.
由公式（1.3.3），得
（1）$P(AB) = P(A)P(B \mid A) = 0.6 \times 0.9 = 0.54$；
（2）$P(\bar{A}B) = P(\bar{A})P(B \mid \bar{A}) = 0.4 \times 0.8 = 0.32$.

例2 10 张考签中有 4 张难签，甲、乙、丙 3 人参加抽签（不放回），甲先，乙次，丙最后. 求下列事件的概率：（1）甲抽到难签；（2）甲、乙都抽到难签；（3）甲没抽到难签而乙抽到难签；（4）甲、乙、丙都抽到难签.

解 设事件 A、B、C 分别表示甲、乙、丙抽到难签，则有

（1）$P(A) = \dfrac{4}{10} = 0.4$；

（2）$P(AB) = P(A)P(B \mid A) = \dfrac{4}{10} \times \dfrac{3}{9} = \dfrac{2}{15}$；

（3）$P(\bar{A}B) = P(\bar{A})P(B \mid \bar{A}) = \dfrac{6}{10} \times \dfrac{4}{9} = \dfrac{4}{15}$；

（4）$P(ABC) = P(A)P(B \mid A)P(C \mid AB) = \dfrac{4}{10} \times \dfrac{3}{9} \times \dfrac{2}{8} = \dfrac{1}{30}$.

例3 一批产品共 100 件，次品率为 10%. 现不放回从中逐一抽取，求第 3 次才取得合格品的概率.

解 设 A 表示"第 3 次才取得合格品"，A_i 表示"第 i 次取得合格品"（$i = 1$，2，3），则 $A = \bar{A}_1 \bar{A}_2 A_3$，故
$$P(A) = P(\bar{A}_1 \bar{A}_2 A_3) = P(\bar{A}_1) P(\bar{A}_2 \mid \bar{A}_1) P(A_3 \mid \bar{A}_1 \bar{A}_2)$$
$$= \frac{10}{100} \times \frac{9}{99} \times \frac{90}{98} = 0.00835.$$

例4（传染病模型）设罐子中装有大小、形状相同的 a 个红球、b 个黑球，每次摸出 1 个球，看过它的颜色后将原球放回，还加进与这个球颜色相同的球 c 个. 求连续三次都摸到红球的概率.

解 设 $A_i =$ "第 i 次摸到红球"（$i = 1$，2，3）. 则

$$P(A_1) = \frac{a}{a+b},$$

$$P(A_2 \mid A_1) = \frac{a+c}{a+b+c},$$

$$P(A_3 \mid A_1 A_2) = \frac{a+2c}{a+b+2c},$$

于是所求概率为

$$P(A_1 A_2 A_3) = P(A_1) P(A_2 \mid A_1) P(A_3 \mid A_1 A_2)$$

$$= \frac{a}{a+b} \cdot \frac{a+c}{a+b+c} \cdot \frac{a+2c}{a+b+2c}.$$

值得注意的是，上述模型，当 $c = 0$ 时，则是有放回摸球；当 $c = -1$ 时，则是不放回摸球；当 $c > 0$ 时，此时由于每次取出球后会增加下一次取到同色球的概率，或换句话说，每次发现一个传染病患者，以后都会增加再传染的概率，故此模型曾被波利亚[①]（Pólya）用来作为描述传染病的数学模型.

波利亚

习题 1 – 3

1. 一个家庭中有三个小孩，已知其中一个是女孩，求至少有一个是男孩的概率（假定男、女出生率一样）.

2. 某车间分两个组生产同一种产品，各组生产情况如下表所示.

项目	合格品数	废品数	合计
第一组	67	2	69
第二组	28	1	29
合计	95	3	98

从这个车间的产品中任取一件，用 A 表示"取到的产品是第一组生产的"，用 B 表示"取到的产品是合格品"，试求 $P(A)$，$P(B)$，$P(AB)$，$P(B \mid A)$，$P(A \mid B)$，$P(\overline{A} \mid AB)$.

3. 某人忘记电话号码最后一位，于是他随意地拨号，（1）求他拨号不超过 3 次而接通所需电话的概率；（2）若已知最后一个数字是奇数，那么此概率又是多少？

4. 设某种动物由出生活到 10 岁的概率为 0.8，而活到 15 岁的概率为 0.5. 问现为 10 岁的这种动物能活到 15 岁的概率是多少？

5. 某单位同时装有两种报警系统 I 与 II，每种系统单独使用时，其有效的概率分别为 0.92、0.90，在报警系统 II 有效的条件下，报警系统 I 有效的概率

习题选讲

----

① 波利亚（George Polya，1887 – 1985），美籍匈牙利数学家，他在概率论、组合数学、图论、几何、代数、数论、函数论、微分方程、数学物理等领域都有建树. 波利亚的重要数学著作有《怎样解题》《不等式》《数学的发现》《数学与猜想》等，它们被译成多种文字，广为流传.

为 0.93，若发生意外时，求

（1）两种报警系统都有效的概率；

（2）在报警系统 I 有效的条件下，报警系统 II 有效的概率；

（3）两种报警系统至少有一种有效的概率；

（4）两种报警系统都失灵的概率.

6. 已知 10 只产品中有两只次品，在其中取两次，每次任取一只，作不放回抽样. 求下列事件的概率：

（1）两只都是正品；

（2）两只都是次品；

（3）一只是正品，一只是次品.

7. 已知 $P(A) = 0.5$，$P(B) = 0.6$，$P(B \mid A) = 0.8$，求 $P(AB)$ 与 $P(\overline{A}\,\overline{B})$.

8. 设 A、B 两个事件，已知 $P(A) = 0.4$，$P(B) = 0.8$，$P(B \mid \overline{A}) = \dfrac{5}{6}$. 求

（1）$P(\overline{A}B)$；（2）$P(AB)$；（3）$P(A \mid B)$；（4）$P(A + B)$.

§1.4 全概率公式与贝叶斯公式

1.4.1 全概率公式

全概率公式与
贝叶斯公式

我们先来计算 1.3.2 小节的例 1 中市场上灯泡的合格品率.

由于 $B = \Omega B = (A + \overline{A})B = AB + \overline{A}B$，并且 AB 与 $\overline{A}B$ 互不相容，则由公式（1.2.9）及公式（1.3.3），有

$$
\begin{aligned}
P(B) &= P(AB + \overline{A}B) = P(AB) + P(\overline{A}B) \\
&= P(A)P(B \mid A) + P(\overline{A})P(B \mid \overline{A}) \\
&= 0.6 \times 0.9 + 0.4 \times 0.8 = 0.86.
\end{aligned}
$$

由于事件 B 比较复杂，我们先把复杂事件 B 分解为两个简单事件 AB 与 $\overline{A}B$ 之和，分别计算事件 AB 与 $\overline{A}B$ 的概率，最后利用概率的可加性得到事件 B 概率.

概率论的重要研究课题之一是希望从已知的简单事件的概率推算出未知的复杂的事件的概率. 为了达到这个目的，经常把一个复杂事件分解为若干个不相容的简单事件之和，再分别计算出这些简单事件的概率，最后利用概率的可加性得到最终结果. 这里全概率公式起着重要的作用.

定理 1.2 设事件 A_1，A_2，$\cdots$，A_n 是试验 E 的一个完备事件组，且 $P(A_i) > 0 (i = 1, 2, \cdots, n)$，则对 E 的任意事件 B，有

$$P(B) = \sum_{i=1}^{n} P(A_i)P(B \mid A_i) \qquad (1.4.1)$$

证 由于 A_1，A_2，$\cdots$，A_n 构成完备事件组，即 A_1，A_2，$\cdots$，A_n 两两互不相容，$\sum_{i=1}^{n} A_i = \Omega$，所以 A_1B，A_2B，$\cdots$，A_nB 两两互不相容，且 $B = \Omega B = \left(\sum_{i=1}^{n} A_i \right)B = \sum_{i=1}^{n} A_iB$，故

$$P(B) = P\left(\sum_{i=1}^{n} A_iB \right) = \sum_{i=1}^{n} P(A_iB) = \sum_{i=1}^{n} P(A_i)P(B \mid A_i).$$

式（1.4.1）称为**全概率公式**（total probability formula）.

定理 1.2 中的条件改为事件 A_1，A_2，$\cdots$，A_n 两两互不相容，$P(A_i) > 0$（$i = 1$，2，$\cdots$，n），且事件 B 总是与 A_1，A_2，$\cdots$，A_n 之一同时发生，式（1.4.1）仍成立.

全概率公式可以这样去理解：把 A_1，A_2，$\cdots$，A_n 看成导致 B 发生的所有各种可能的"原因"，即 B 的发生或由原因 A_1 引起，或由原因 A_2 引起，等等，则事件 B 的概率是各原因引起 B 发生的概率之和. 而由原因 A_i 引起 B 发生的概率为 $P(A_iB) = P(A_i)P(B \mid A_i)$，$i = 1$，2，$\cdots$，$n$，所以 $P(B) = \sum_{i=1}^{n} P(A_i)P(B \mid A_i)$，即全概率公式.

容易看出，应用全概率公式求事件 B 的概率，关键是找出导致 B 发生的各种可能原因 A_1，A_2，$\cdots$，A_n，同时 $P(A_i)$ 及 $P(B \mid A_i)$（$i = 1$，2，$\cdots$，n）已知或易求.

例 1 某工厂有四条流水线生产同一种产品，该四条流水线的产量分别占总产量的 15%、20%、30% 和 35%，又知这四条流水线的不合格品率依次为 0.05、0.04、0.03 和 0.02. 现从出厂产品中任取一件，问恰好取到不合格品的概率是多少？

解 设 A_i 表示第 i 条流水线的产品（$i = 1$，2，3，4）. 显然，A_1，A_2，A_3，A_4 构成完备事件组；B 表示"不合格品". 由全概率公式得

$$\begin{aligned}
P(B) &= \sum_{i=1}^{4} P(A_i)P(B \mid A_i) \\
&= 0.15 \times 0.05 + 0.2 \times 0.04 + 0.3 \times 0.03 + 0.35 \times 0.02 \\
&= 0.0315.
\end{aligned}$$

例 2 某商店销售一批收音机，共有 10 台，其中有 3 台次品. 现已经出售了 2 台，问从剩下的收音机中任取一台是正品的概率是多少？

解 设 B 表示从剩下的收音机中任取一台是正品，显然 B 与已售出的 2 台的情况有关，它只能在售出的 2 台全是次品（用 A_0 表示）、恰有 1 台正品（用 A_1 表示）或 2 台全是正品（用 A_2 表示）这

三种原因下发生. 由全概率公式得

$$P(B) = P(A_0)P(B \mid A_0) + P(A_1)P(B \mid A_1) + P(A_2)P(B \mid A_2)$$

$$= \frac{C_3^2}{C_{10}^2} \times \frac{7}{8} + \frac{C_7^1 C_3^1}{C_{10}^2} \times \frac{6}{8} + \frac{C_7^2}{C_{10}^2} \times \frac{5}{8}$$

$$= \frac{84}{120} = 0.7.$$

例 3 每箱产品有 10 件，其次品数从 0 到 2 是等可能的，开箱检验时，从中任取 1 件，若检验出是次品，则认为该箱产品不合格而拒收. 假设由于检验有误，一件正品被误检为次品的概率是 0.02，一件次品被漏查误判为正品的概率是 0.05，求该箱产品通过验收的概率.

解 令 $B =$ "该箱产品通过验收"，$A_i =$ "箱内有 i 件次品"（$i = 0, 1, 2$），$B_1 =$ "抽取的一件产品是正品"，则 A_0, A_1, A_2 构成一个完备事件组，B_1 与 $\bar{B}_1$ 也构成一个完备事件组.

$$P(A_i) = \frac{1}{3}, \quad i = 0, 1, 2.$$

$$P(B_1 \mid A_0) = 1, \quad P(B_1 \mid A_1) = \frac{9}{10}, \quad P(B_1 \mid A_2) = \frac{4}{5}.$$

则

$$P(B_1) = \sum_{i=0}^{2} P(A_i) \cdot P(B_1 \mid A_i)$$

$$= \frac{1}{3} \times \left(1 + \frac{9}{10} + \frac{8}{10} \right) = 0.9$$

注意到事件 B 发生，即抽取的一件产品被验定为正品，它可以是取到了一件正品，经检测后仍验定为正品，或者是取到一件次品，经检测被误判为正品. 由于 $P(B \mid B_1) = 0.98$，$P(B \mid \bar{B}_1) = 0.05$，于是有

$$P(B) = P(B_1)P(B \mid B_1) + P(\bar{B}_1)P(B \mid \bar{B}_1)$$

$$= 0.9 \times 0.98 + 0.1 \times 0.05 = 0.887.$$

需要说明的是，由于检验误差的存在，一箱产品是否通过验收，一方面，与抽出的一件产品是否为次品有关；另一方面，它还与抽到产品的检验结果有关. 在上例中，我们两次应用全概率公式，而每次应用都各有一个完备事件组：与抽取结果 B_1 相联系的完备事件组 A_0, A_1, A_2；与对抽取产品的检验结果 B 有直接影响的完备事件组 $B_1, \bar{B}_1$. 我们再次发现了寻找出有关的完备事件组对应用全概率公式解题的重要性.

1.4.2 贝叶斯公式

我们先从例子讲起.

例1 在 1.4.1 小节的例 1 中，若该厂规定，出了不合格品要追究有关流水线的经济责任. 现在在出厂产品中任取一件，结果是不合格品，但该件产品是哪一条流水线生产的标志已经脱落. 问厂方如何处理这件不合格品比较合理？比如说，各条流水线应承担多大责任？哪条流水线承担的责任最大？

一个很自然的想法是，可以按 $P(A_i \mid B)$ 的大小来处理. 如对第四条流水线，有

$$P(A_4 \mid B) = \frac{P(A_4 B)}{P(B)} = \frac{P(A_4)P(B \mid A_4)}{\sum\limits_{i=1}^{4} P(A_i)P(B \mid A_i)} = \frac{0.007}{0.0315} \approx 0.222,$$

由此可知，第四条流水线应负 22.2% 的责任. 这个结果容易理解，虽然第四条流水线的产量占总产量的 35%，但它的不合格品率却最低，它生产的不合格品占总不合格品的 22.2%.

同理可计算出 $P(A_1 \mid B) = 23.8\%$，$P(A_2 \mid B) = 25.4\%$，$P(A_3 \mid B) = 28.6\%$. 可见，第三条流水线承担的责任最大.

在本例中，若将 $A_i(i = 1, 2, 3, 4)$ 看成是引起 B 发生的"原因"，那么此例的问题可以这样提出：若事件 B 发生了，问引起 B 发生的原因是 $A_i(i = 1, 2, 3, 4)$ 的概率是多少？哪一个原因发生的可能性最大？类似的问题是很多的. 例如在诊病问题中，已知出现某种症状有多种病因，假如在一次诊病中出现了这种症状，就需要研究引起这种症状的各种病因的概率是多少？哪一种病因的概率最大？解决这类问题的方法就是如下的贝叶斯公式.

定理 1.3 若 A_1，A_2，$\cdots$，A_n 为试验 E 的一个完备事件组，B 为 E 的任一事件，且 $P(A_i) > 0 (i = 1, 2, \cdots, n)$，$P(B) > 0$，则

$$P(A_k \mid B) = \frac{P(A_k)P(B \mid A_k)}{\sum\limits_{i=1}^{n} P(A_i)P(B \mid A_i)}, \quad k = 1, 2, \cdots, n. \quad (1.4.2)$$

证 由条件概率的计算公式，有

$$P(A_k \mid B) = \frac{P(A_k B)}{P(B)},$$

再由公式（1.3.3）和公式（1.4.1）有

$$P(A_k \mid B) = \frac{P(A_k)P(B \mid A_k)}{\sum\limits_{i=1}^{n} P(A_i)P(B \mid A_i)}, \quad k = 1, 2, \cdots, n.$$

贝叶斯

公式（1.4.2）称为**贝叶斯**[①]**公式**（Bayes formula），也称为**逆概率公式**. 该公式是由贝叶斯于 1763 年提出的，它是在事件 B 发生的条件下寻找导致 B 发生的每个原因 A_i 的概率. 在贝叶斯公式中，$P(A_i)$ 称为**先验概率**，它是在试验之前就已经知道的，是对过去经验的总结；而 $P(A_i|B)$ 称为事件 A_i 的**后验概率**，它反映了人们在试验后对事件 A_i 发生的可能性大小的新的认识，是对 $P(A_i)$ 的一个补充. 应用贝叶斯公式计算后验概率并以此做出某种判断或决策，是该公式的一个重要用途.

例 2 设一地区居民的某种疾病的发病率为 0.0004，现用一种有效的检验方法进行普查. 医学研究表明，化验结果是存在错误的. 已知患该病的人其化验结果 99% 呈阳性（有病），而没患该病的人其化验结果 99.9% 呈阴性（无病）. 现在有一人用这种方法检验出患该病，求此人患该病的概率.

解 A 表示患有该病，B 表示检查出患有该病. 由题意可知，$P(A)=0.0004$，$P(\bar{A})=0.9996$；$P(B|A)=0.99$，$P(B|\bar{A})=0.001$，由公式（1.4.1）得

$$P(B) = P(A)P(B|A) + P(\bar{A})P(B|\bar{A})$$
$$= 0.0004 \times 0.99 + 0.9996 \times 0.001 = 0.0013956.$$

由公式（1.4.2）得

$$P(A|B) = \frac{P(AB)}{P(B)} = \frac{0.000396}{0.0013956} \approx 0.284.$$

这表明，在检查结果呈阳性的人中，真患该病的人不到 30%. 这个结果可能会令人吃惊，但仔细分析一下就可以理解了. 因为该病的发病率很低，在 10000 人中约有 4 人，而 9996 人不患该病，对 10000 人用这种方法进行检查，按其检错的概率知，9996 人不患该病者中检查结果约有 $9996 \times 0.001 = 9.996$ 人呈阳性，而患该病的 4 人中检查结果约有 $4 \times 0.99 = 3.96$ 人呈阳性. 因此，在 10000 人中，检查呈阳性的人为 $9.996 + 3.96 = 13.956$，而确诊患该病的 3.96 人约占 28.4%.

进一步降低错检的概率是提高检验精度的关键. 在实际中由于技术和操作等种种原因，降低错检概率又是很困难的. 所以在实际中，经常用复查的方法来减少错误率. 在上例中，对首次检查呈阳性的人群再进行复查，若某人的检查结果仍呈阳性，请读者计算此人确诊患该病的概率是多少？

---

① 贝叶斯（Bayes，1702－1761），英国数学家、哲学家、牧师，他第一次以归纳方式使用概率，为概率推断建立了数学基础.

习题 1 – 4

1. 某晶体管厂有三个车间生产同一型号的电子管，已知有 $\frac{1}{2}$ 产品是第一个车间生产的，其他两个车间各生产 $\frac{1}{4}$，第一、第二两个车间生产的产品废品率为 2%，第三车间生产的产品废品率为 4%，现从该厂产品中任取一个，问取到的产品是废品的概率是多少？

2. 盒子中有 10 个乒乓球，其中 6 个是新球，第一次比赛时任取 3 个球使用，用完后放回，第二次比赛时也任取 3 个球，求第二次取出的三个球都是新球的概率．

3. 有两个口袋，甲袋中装有两个白球、一个黑球，乙袋中装有一个白球、两个黑球．由甲袋任取一球放入乙袋，再从乙袋中取出一球，求从乙袋中取到白球的概率．

4. 上题中若发现从乙袋中取出的是白球，问从甲袋中取出放入乙袋的球，黑、白哪种颜色的可能性大？

5. 有朋友自远方来，他乘火车、轮船、汽车、飞机来的可能性分别是 0.3、0.2、0.1 和 0.4．如果他乘火车、轮船、汽车来的话，迟到的概率分别为 $\frac{1}{4}$、$\frac{1}{3}$、$\frac{1}{12}$，而乘飞机不会迟到．结果他迟到了，试问他乘火车来的概率是多少？

6. 已知男性有 5% 是色盲患者，女性有 0.25% 是色盲患者，今从男女比例为 22∶21 的人群中随机挑选一人，发现恰好是色盲患者，问此人是男性的概率是多少？

7. 某学生接连参加同一课程的两次考试，第一次考试及格的概率为 p，若第一次及格，则第二次及格的概率也为 p；若第一次不及格，则第二次及格的概率为 $\frac{p}{2}$．（1）若至少有一次及格他就能取得某种资格，求他取得该资格的概率；（2）若已知他第二次已经及格，求他第一次及格的概率．

习题选讲

8. 发报台分别以概率 0.6 和 0.4 发出信号"·"和"–"．由于干扰，当发出信号"·"时，收报台分别以概率 0.8 和 0.2 收到信号"·"和"–"；当发出信号"–"时，收报台分别以概率 0.9 和 0.1 收到"–"和"·"．求当收报台收到信号"·"时，发报台发出的信号也是"·"的概率．

§1.5 事件的独立性与伯努利概型

1.5.1 事件的独立性

在 1.3.1 小节中我们已经指出，对试验 E 的两个事件 A、B 来说，条件概率 $P(A\mid B)$ 与无条件概率 $P(A)$ 一般是不相等的. 从直观上讲，事件 B 的发生对事件 A 发生的概率是有影响的，但也有例外的情况.

例1 一袋中装有 a 只黑球 b 只白球，采用有放回方式摸球，以事件 A 表示第二次摸得黑球，事件 B 表示第一次摸得黑球，则

$$P(A)=\frac{a}{a+b},\qquad P(A\mid B)=\frac{a}{a+b},$$

即 $P(A\mid B)=P(A)$. 得到这样的结果是自然的，因为我们采用的是有放回摸球方式，第二次摸球时袋中球的组成与第一次摸球时完全相同，因此第一次摸球的结果不影响第二次摸球. 即事件 B 发生与否对事件 A 发生的概率没有影响，在这种场合，我们说事件 A 对于事件 B 存在着某种独立性.

定义 1.5 若事件 A 的概率不受事件 B 发生与否的影响，即

$$P(A\mid B)=P(A)\qquad(P(B)>0),$$

则称**事件 A 对于事件 B 独立**.

可以证明，若事件 A 对于事件 B 独立，且 $P(A)>0$，$P(B)>0$，则事件 B 对于事件 A 也独立. 因此，事件独立性具有相互对称的性质，我们称事件 A 与 B **相互独立**.

由定义 1.5 易得下面定理.

定理 1.4 设有事件 A、B，且 $P(A)>0$，$P(B)>0$，则事件 A 与 B 相互独立的充分必要条件为

$$P(AB)=P(A)P(B)\qquad\qquad(1.5.1)$$

证 充分性：设 $P(AB)=P(A)P(B)$，又 $P(A\mid B)=\dfrac{P(AB)}{P(B)}$，所以 $P(A\mid B)=\dfrac{P(A)P(B)}{P(B)}=P(A)$，即 A 与 B 相互独立.

必要性：设 A 与 B 相互独立，即 $P(A\mid B)=P(A)$，又 $P(AB)=P(B)P(A\mid B)$，所以 $P(AB)=P(A)P(B)$.

另外，当 $P(A)=0$ 或 $P(B)=0$ 时，式（1.5.1）仍然成立. 于是我们又有事件相互独立的如下定义.

定义 1.6 设 A，B 为两事件，若

$$P(AB)=P(A)P(B)\qquad\qquad(1.5.2)$$

则称**事件 A 与 B 相互独立**.

由定义 1.6 易得，不可能事件 Φ、必然事件 Ω 与任意事件 A 独立.

应该指出的是，事件 A 与 B 相互独立的两个定义在 $P(A)>0$，$P(B)>0$ 时是等价的. 在今后的讨论中一般使用定义 1.6，虽然这种定义不如用 $P(A\mid B)=P(A)(P(B)>0)$ 定义独立性直观，容易体会事件 A、B 相互独立的含义，但在概率计算时却方便得多，同时它还

不受 $P(A)$、$P(B)$ 是否为 0 的限制.

定理 1.5　(i) 若事件 A 与 B 相互独立,则 A 与 $\bar{B}$,$\bar{A}$ 与 B,$\bar{A}$ 与 $\bar{B}$ 中的每一对事件都相互独立;

(ii) 若 $P(A) = 0$ 或 $P(A) = 1$,则 A 与任意事件独立.

证　(i) 由概率的性质及 A 与 B 相互独立,有

$$P(A\bar{B}) = P(A - B) = P(A - AB) = P(A) - P(AB)$$
$$= P(A) - P(A)P(B) = P(A)[1 - P(B)] = P(A)P(\bar{B}),$$

从而 A 与 $\bar{B}$ 相互独立. 类似可证明,$\bar{A}$ 与 B 也相互独立. 最后,由 $\bar{A}$ 与 B 相互独立,并利用上面证明的结果,立即可得 $\bar{A}$ 与 $\bar{B}$ 也相互独立.

(ii) 设 B 为任意事件,若 $P(A) = 0$,又 $0 \leqslant P(AB) \leqslant P(A)$,因此 $P(AB) = 0$,从而式 (1.5.2) 成立,即 A 与 B 相互独立. 若 $P(A) = 1$,则 $P(\bar{A}) = 0$,从而 $\bar{A}$ 与 B 相互独立. 由 (i) 可知,A 与 B 相互独立.

应当指出的是,事件的独立性与事件互不相容是两个完全不同的概念. 事实上,由定义可以证明,在 $P(A) > 0$,$P(B) > 0$ 的前提下,事件 A,B 相互独立与事件 A,B 互不相容不能同时成立.

对于多个事件的独立性有下述定义.

定义 1.7　设 A_1,A_2,$\cdots$,A_n 是 n 个事件,若对其中任意 $k(2 \leqslant k \leqslant n)$ 个事件 A_{i_1},A_{i_2},$\cdots$,$A_{i_k}(1 \leqslant i_1 < i_2 < \cdots < i_k \leqslant n)$ 有

$$P(A_{i_1}A_{i_2}\cdots A_{i_k}) = P(A_{i_1})P(A_{i_2})\cdots P(A_{i_k}),$$

则称 A_1,A_2,$\cdots$,A_n 相互独立.

例如,三个事件 A、B、C,若满足

$$P(AB) = P(A)P(B),$$
$$P(AC) = P(A)P(C),$$
$$P(BC) = P(B)P(C),$$
$$P(ABC) = P(A)P(B)P(C),$$

则由定义 1.7 可知,事件 A、B、C 相互独立.

显然,若 n 个事件相互独立,则它们中的任意 $m(2 \leqslant m < n)$ 个事件也相互独立.

定理 1.6　若事件 A_1,A_2,$\cdots$,A_n 相互独立,则将其中任意 $m(1 \leqslant m \leqslant n)$ 个事件换成它们的对立事件,所得 n 个事件也相互独立.

证明从略.

事件的独立性是概率论中一个重要的概念. 应该指出的是,在处理实际问题时,往往是根据问题的实际意义去分析判断事件是否独立,并不是根据定义判断. 例如,甲、乙两人向一目标射击,则事件"甲击中"与"乙击中"相互独立. 又 10 个工人分别在 10 台机床上进行生产,彼此互不相干,则各自是否生产出废品这类事件是相互独立的.

例2 已知 $P(A+B)=0.9$，$P(A)=0.4$，在下列两种情形下求 $P(B)$．（1）当 A 与 B 互不相容时；（2）当 A 与 B 相互独立时．

解 （1）当 A 与 B 互不相容时，有
$$P(A+B)=P(A)+P(B)，$$
所以 $P(B)=0.9-0.4=0.5$．

（2）当 A 与 B 相互独立时，有 $P(AB)=P(A)P(B)$，则
$$\begin{aligned}P(A+B)&=P(A)+P(B)-P(AB)\\&=P(A)+P(B)-P(A)P(B)\\&=P(A)+[1-P(A)]P(B)，\end{aligned}$$
所以 $0.9=0.4+0.6\times P(B)$，于是 $P(B)=\dfrac{5}{6}$．

例3 甲、乙、丙三人各投篮一次，他们投中的概率分别是 0.7、0.8、0.75．求（1）三人中恰好有一人投中的概率 p_1；（2）三人都投中的概率 p_2；（3）三人中至少有一人投中的概率 p_3．

解 设 A、B、C 分别表示甲、乙、丙投中，由题意知事件 A、B、C 相互独立，且 $P(A)=0.7$，$P(B)=0.8$，$P(C)=0.75$，$P(\bar{A})=0.3$，$P(\bar{B})=0.2$，$P(\bar{C})=0.25$，则

（1）$\begin{aligned}p_1&=P(A\bar{B}\bar{C}+\bar{A}B\bar{C}+\bar{A}\bar{B}C)\\&=P(A\bar{B}\bar{C})+P(\bar{A}B\bar{C})+P(\bar{A}\bar{B}C)\\&=P(A)P(\bar{B})P(\bar{C})+P(\bar{A})P(B)P(\bar{C})+P(\bar{A})P(\bar{B})P(C)\\&=0.7\times0.2\times0.25+0.3\times0.8\times0.25+0.3\times0.2\times0.75\\&=0.14；\end{aligned}$

（2）$p_2=P(ABC)=P(A)P(B)P(C)=0.7\times0.8\times0.75=0.42$；

（3）$\begin{aligned}p_3&=P(A+B+C)=1-P(\bar{A}\bar{B}\bar{C})=1-P(\bar{A})P(\bar{B})P(\bar{C})\\&=1-0.3\times0.2\times0.25=0.985.\end{aligned}$

例4 在同一时间内，由 n 个人分别独立地破译某一密码，并假定每个人能译出的概率都是 0.6，若要以 99% 的把握译出该密码，问 n 的取值至少多大？

解 设 A_i 表示"第 i 个人能破译密码"，$i=1,2,\cdots,n$，B 表示"密码能被译出"，则 $B=\bigcup\limits_{i=1}^{n}A_i$，于是
$$P(B)=1-P(\bigcap_{i=1}^{n}\bar{A}_i)=1-\prod_{i=1}^{n}P(\bar{A}_i)=1-0.4^n$$
所求即是找最小的 n，使
$$1-0.4^n\geqslant0.99$$
即 $n\approx5.026$，故至少需要 6 个人才能以 99% 的把握译出密码．

例5 设有事件 A 和 B，且 $0<P(A)<1$，$0<P(B)<1$，$P(A\mid B)+P(\bar{A}\mid\bar{B})=1$，证明 A 与 B 相互独立．

证 由题设条件及 $P(A\,|\,\bar{B}) = 1 - P(\bar{A}\,|\,\bar{B})$ 可知
$$P(A\,|\,B) = P(A\,|\,\bar{B}),$$
即
$$\frac{P(AB)}{P(B)} = \frac{P(A\bar{B})}{P(\bar{B})},$$
又 $P(A\bar{B}) = P(A) - P(AB)$ ，$P(\bar{B}) = 1 - P(B)$ ，所以
$$\frac{P(A) - P(AB)}{1 - P(B)} = \frac{P(AB)}{P(B)},$$
从而 $P(AB) = P(A)P(B)$ ，即事件 A 与 B 相互独立.

1.5.2 伯努利概型

伯努利概型

在本章的开始，我们曾经说过随机现象的规律性只有在相同条件下进行大量的重复试验才会呈现出来，因此，对这种在相同条件下重复试验的研究在概率论的理论和应用上都起着十分重要的作用.

设有 n 个试验 E_1，E_2，$\cdots$，E_n，若事件 A_1，A_2，$\cdots$，A_n 相互独立，其中 A_i 是 E_i 的任一事件（$i = 1$，2，$\cdots$，n），则称 E_1，E_2，$\cdots$，E_n 是**独立试验序列**. 将一个试验 E 重复进行 n 次所得的独立试验序列，称为一个 **n 重独立试验**，记作 E^n.

定义 1.8 若一个试验 E 的样本空间为 $\Omega = \{A, \bar{A}\}$ ，则称 E 为**伯努利**[①]**试验**. n 重独立伯努利试验，称为 n **重伯努利试验**或**伯努利概型**.

伯努利

伯努利试验有着广泛的现实背景. 例如，掷一枚硬币观察正反面出现情况，进行一次射击观察命中与否，对一件产品进行质量检查看它是否合格等，都是伯努利试验. 事实上，任何一个试验若试验的目的只是观察某个事件 A 是否发生，则它就是伯努利试验.

设 E 为伯努利试验，其样本空间为 $\Omega = \{A, \bar{A}\}$ ，且 $P(A) = p(0 < p < 1)$ ，则 n 重伯努利试验 E^n 的样本空间含 2^n 个样本点，每个样本点是 k 个 A 和 $n - k$ 个 $\bar{A}$ 的一个排列（$k = 0$，1，2，$\cdots$，n）.

在 n 重伯努利试验中，我们关心的是事件 A 恰发生 k 次的概率（$k = 0$，1，2，$\cdots$，n），其结论由下面定理给出.

定理 1.7 设在伯努利试验 E 中事件 A 的概率为 p（$0 < p < 1$），则在 n 重伯努利试验 E^n 中事件 A 恰发生 k 次的概率为
$$P_n(k) = C_n^k p^k q^{n-k}, \qquad k = 0, 1, 2, \cdots, n. \tag{1.5.3}$$
其中，$q = 1 - p$.

---

① 伯努利（Jakob Bernoulli，1654 – 1705），瑞士数学家，被公认的概率论的先驱之一. 他的主要著作有《关于无穷级数及其有限和的算术应用》《猜度术》.

我们称式（1.5.3）为**二项概率公式**.

证 用 B 表示"在 n 重伯努利试验中事件 A 恰发生 k 次"，自然地由 k 个 A 和 $n-k$ 个 $\bar{A}$ 构成的任一排列（共 C_n^k 个）便是 B 所包含的基本事件，于是 B 所包含的基本事件数为 C_n^k. 由事件的独立性可知，每个基本事件的概率等于 $p^k q^{n-k}$. 由概率的可加性，得

$$P_n(k) = C_n^k p^k q^{n-k}, \qquad k = 0, 1, 2, \cdots, n.$$

例1 一批产品的废品率为 0.1，每次抽取一个，观察后放回去，下次再取一个，共重复三次，求下列事件的概率：

（1）三次中恰有一次取到废品；

（2）三次中恰有两次取到废品；

（3）三次都取到废品；

（4）三次都取到正品.

解 重复抽取 3 件产品，检查取到正品还是废品，这是一个三重伯努利试验. 设 A 表示"取到废品"，则 $P(A) = 0.1$，$P(\bar{A}) = 0.9$. 用 B_i 表示"三次中恰有 i 次取到废品"（$i = 0, 1, 2, 3$），则

（1）$P(B_1) = C_3^1 \times 0.1 \times 0.9^2 = 0.243$；

（2）$P(B_2) = C_3^2 \times 0.1^2 \times 0.9 = 0.027$；

（3）$P(B_3) = C_3^3 \times 0.1^3 = 0.001$；

（4）$P(B_0) = C_3^0 \times 0.1^0 \times 0.9^3 = 0.729$.

例2 讲解

例2 某彩票每周开奖一次，每次提供十万分之一的中奖机会，且各周开奖是相互独立的. 若你每周买一张彩票，坚持十年（每年 52 周），你从未中奖的可能性是多少？

解 设 A 表示"一次开奖中奖"，则按假设，$P(A) = 10^{-5}$，另外，十年中你共购买彩票 520 次，每次开奖都是相互独立的，这相当于一个 520 重伯努利试验. 由此得十年中你从未中奖的可能性是

$$P_{520}(0) = C_{520}^0 (10^{-5})^0 (1 - 10^{-5})^{520} = 0.9948.$$

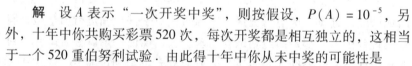

这个概率表明十年中你从未中奖是很正常的事.

如果将上例中每次中奖机会改成"万分之一"，则十年中从未中奖的可能性为 0.9493.

细心的读者会发现，在 n 重伯努利试验中，当 n 较小时，可由公式（1.5.1）直接计算所求概率；当 n 较大时，要计算 $P_n(k) = C_n^k p^k q^{n-k}$ 是很麻烦的，这时可利用近似方法进行计算，这将在 §2.3 和 §5.2 中介绍.

习题 1–5

1. 已知 $P(A) = 0.3$，$P(B) = 0.4$，在下面两种情形下，求 $P(A+B)$ 及 $P(AB)$.

（1）当事件 A 与 B 互不相容时；

（2）当事件 A 与 B 相互独立时．

2. 已知事件 A 与 B 相互独立，且 $P(\overline{A}\,\overline{B}) = \dfrac{1}{9}$，$P(A\,\overline{B}) = P(\overline{A}B)$，求 $P(A)$，$P(B)$．

习题选讲

3. 甲、乙两人射击，甲击中的概率为 0.7，乙击中的概率为 0.6．两人同时射击，并假定中靶与否是独立的．求（1）两人都中靶的概率；（2）甲中而乙不中的概率；（3）甲不中而乙中的概率；（4）甲乙都不中的概率；（5）两人至少有一人中靶的概率．

4. 加工一个产品要经过三道工序，第一、第二、第三道工序生产出废品的概率分别为 0.1、0.05、0.2．若假定各道工序是否出废品是独立的，求经过三道工序最终生产的产品是废品的概率．

5. 三个人独立地破译一份密码，已知各人能译出的概率分别为 $\dfrac{1}{5}$、$\dfrac{1}{4}$、$\dfrac{1}{3}$，问三人中至少有一人能将此密码译出的概率为多少？

6. 一批产品中有 20% 的一等品，现进行有放回抽样检验，每次取 1 个，共重复取 5 次，求（1）取出的 5 个产品中恰有 2 个一等品的概率；（2）取出的 5 个产品中至少有 3 个一等品的概率；（3）取出的 5 个产品中至多有 2 个一等品的概率．

7. 随机地掷一个骰子，连掷 6 次，求（1）恰有一次出现"3 点"的概率；（2）至多有两次出现"3 点"的概率．

8. 假设某人做一次实验成功的概率为 0.2，求做 20 次实验至少成功一次的概率．

9. 某机构有一个由 7 位专家组成的顾问小组，若每位专家贡献正确意见的概率是 0.7，现在该机构对某方案可行与否个别征求各位专家的意见，并按多数人意见作出决策，求该机构作出正确决策的概率．

10. 在日常生活中，人们常常用"水滴穿石""只要功夫深，铁杵磨成针"来形容有志者事竟成．但是，也有人认为这些是不可能的．如果从概率的角度来看，就会发现这是很有道理的．请问为什么？

习　题　一

1. 填空题．

（1）一套 4 卷选集随机地放到书架上，则指定的一本书放在指定位置上的概率是_____．

（2）袋中装有 5 个球（3 新 2 旧），每次取一个，不放回地抽取两次，则第二次取到新球的概率为_____．

（3）已知 $P(A) = P(B) = P(C) = \dfrac{1}{4}$，$P(AB) = 0$，$P(AC) = P(BC) = \dfrac{1}{16}$，则事件 A，B，C 全不发生的概率为_____．

（4）设 A、B 是两个事件，若 $P(A) = P(B)$，且 $P(B-A) = \dfrac{1}{4}$，则 $P(A-B) = $_____．

（5）设有 A、B 两事件，已知 $P(AB)=\dfrac{1}{12}$，$P(B\mid A)=\dfrac{1}{3}$，$P(A\mid B)=\dfrac{1}{2}$，则 $P(A\cup B)=$ _____．

（6）若事件 A、B 满足 $P(A)=\dfrac{1}{3}$，$P(A\mid B)=\dfrac{2}{3}$，$P(\bar{B}\mid A)=\dfrac{3}{5}$，则 $P(B)=$ _____．

（7）设事件 A 与 B 相互独立，两事件中只有 A 发生及只有 B 发生的概率都是 $\dfrac{1}{4}$，则 $P(A)=$ _____．

（8）甲、乙、丙三台机器加工同一型号产品，其产量各占总产量的 30%、35%、35%，各机器加工产品的废品率分别为 5%、4%、3%．现从三台机器加工的产品中随机取一件，取到废品的概率为 _____．

2. 选择题．

（1）某人射击三次，以 A_i 表示"第 i 次射击击中目标"（$i=1$，2，3），则事件（　　）表示至少击中一次．

(A) $A_1+A_2+A_3$ 　　　(B) $\bar{A}_1\bar{A}_2+\bar{A}_2\bar{A}_3+\bar{A}_1\bar{A}_3$

(C) $\Omega-\bar{A}_1\bar{A}_2\bar{A}_3$ 　　(D) $A_1\bar{A}_2\bar{A}_3+\bar{A}_1A_2\bar{A}_3+\bar{A}_1\bar{A}_2A_3$

（2）从一批产品中任取一件，共重复抽取三次．以 A_i 表示"第 i 次取到正品"（$i=1$，2，3），事件 $A_1A_2+A_2A_3+A_1A_3$ 表示（　　）．

(A) 三次中至少有两次取到正品

(B) 三次中恰好有两次取到正品

(C) 三次中至少有一次取到废品

(D) 三次中最多有一次取到废品

（3）设 A 与 B 互不相容，且概率都不为零，则（　　）正确．

(A) $\bar{A}$ 与 $\bar{B}$ 互不相容 　　　(B) $\bar{A}$ 与 $\bar{B}$ 相容

(C) $P(AB)=P(A)P(B)$ 　　(D) $P(A-B)=P(A)$

（4）如果 A 与 B 为对立事件，且 $P(A)>0$，$P(B)>0$，则（　　）成立．

(A) $P(\overline{AB})=1$ 　　　(B) $P(B\mid A)=0$

(C) $P(\bar{A}\mid B)=1$ 　　(D) $P(A+B)=1$

（5）设 $P(A)>0$，$P(B)>0$，则（　　）正确．

(A) 若 A 与 B 独立，则 A 与 B 必相容

(B) 若 A 与 B 独立，则 A 与 B 必互不相容

(C) 若 A 与 B 互不相容，则 A 与 B 独立

(D) 若 A 与 B 互不相容，则 A 与 B 不独立

（6）设随机事件 A，B 满足 $B\subset A$，则（　　）正确．

(A) $P(A+B)=P(A)$ 　　　(B) $P(AB)=P(A)$

(C) $P(B\mid A)=P(B)$ 　　(D) $P(A-B)=P(A)-P(B)$

（7）n 张彩票中有 m 张有奖，今有 k 个人各买 1 张，则至少有 1 人中奖的概率是（　　）．

(A) $\dfrac{m}{C_n^k}$ 　(B) $1-\dfrac{C_{n-m}^k}{C_n^k}$ 　(C) $\dfrac{C_m^1 C_{n-m}^{k-1}}{C_n^k}$ 　(D) $\sum_{i=1}^{k}\dfrac{C_m^i}{C_n^k}$

（8）从一套扑克牌（52张）中任取4张，则4张牌的数字完全相同的概率是（　　）.

(A) $\dfrac{1}{C_{13}^1}$ (B) $\dfrac{C_{13}^1}{C_{52}^1}$ (C) $\dfrac{C_{13}^1 C_4^4}{C_{52}^4}$ (D) $\dfrac{C_4^4}{C_{52}^4}$

（9）某城市有50%的居民订日报，65%的居民订晚报，85%的居民至少订这两种报纸中的一种，则同时订这两种报纸的居民的百分比是（　　）.

(A) 30%   (B) 85%   (C) 15%   (D) 32.5%

（10）10张奖券中含有3张中奖的奖券，每人购买一张，则前3个购买者中恰有一人中奖的概率为（　　）.

(A) $C_{10}^3 \times 0.7^2 \times 0.3$ (B) $C_3^1 \times 0.3 \times 0.7^2$

(C) $\dfrac{7}{40}$ (D) $\dfrac{21}{40}$

习题选讲

3. 从一副扑克牌（共52张）中任取5张，求下列事件的概率.

（1）5张牌具有同一花色；

（2）3张牌有同一大小，另2张牌有另一相同的大小；

（3）5张牌中有两个不同的对，且没有3张牌大小相同；

（4）5张牌中恰有4张牌具有相同大小.

4. 甲从2、4、6、8、10中任取一数，乙从1、3、5、7、9中任取一数，求甲取得的数大于乙取得的数的概率.

5. 将 n 个球随机地放入 N 个盒子中去，设 $N \geqslant n$，且盒子的容量不限，求下列事件的概率.

（1）每个盒子至多有一个球的概率；

（2）某一指定的盒子恰好有 k（$k \leqslant n$）个球的概率.

6. 从5双不同尺码的手套中任取4只，求至少有2只配成一双的概率.

7. 袋中装有8个大小和形状相同的球，其中5个白球，3个黑球. 从袋中取球两次，每次取一个. 第一次取一球观察其颜色后放回袋中，然后再取第二个球，计算（1）取到的两个球中有黑球的概率；（2）取到的两个球颜色不同的概率.

8. 在一次羽毛球比赛中，设立奖金1000元. 比赛规定：谁先胜三盘，谁获得全部奖金. 设甲、乙两人球技相当，现已打了三盘，甲2胜1负. 由于特殊原因比赛中止. 问这1000元奖金应如何分配才算公平？

9. 在长为 l 的线段 AB 上随机地投两点 C、D，求 C 点距 D 点的距离比距 A 点的距离近的概率.

10. 设 A、B 是两事件，且 $P(A) = 0.6$，$P(B) = 0.7$，问分别在什么条件下，$P(AB)$ 取得最大值和最小值？最大值和最小值各为多少？

11. 一袋中装有 $N-1$ 只黑球及 1 个白球，每次从袋中随机地摸出一球，并换入一个黑球，这样继续下去，问第 k 次摸球时，摸到黑球的概率是多少？

12. 设 A、B 是两事件，且 $0 < P(A) < 1$，$0 < P(B) < 1$，证明事件 A 与 B 相互独立的充分必要条件是 $P(A \mid B) = P(A \mid \bar{B})$.

13. 一学生参加某门课程的考试，试题全为单项选择题，每题有四个可供选择的答案. 如果该学生知道答案，便选择正确的答案，否则便从四个答案中随机地选取一个. 假设该学生知道其答案的试题占全部试题的75%. 对给定的一道试题，试求该学生选择的答案正确的概率．

14. 某保险公司将被保险人划分为三类："谨慎的""一般的""冒失的"．统计资料表明，上述三种人在一年内发生事故的概率依次为 0.05、0.15 和 0.30，三种被保险人所占的比例依次为 20%、50% 和 30%，求：（1）被保险人在一年内出事故的概率；（2）已知某被保险人在一年之内出了事故，他是"谨慎的"客户的概率有多大？

15. 有一袋麦种，其中一等麦种占 80%，二等麦种占 18%，三等麦种占 2%，已知一、二、三等麦种的发芽率分别为 0.8、0.2、0.1，现从袋中任取一粒麦种，试求它的发芽率；若试验后发现它未发芽，问它是一等麦种的概率是多少？

16. 甲、乙、丙三人向同一飞机射击，击中的概率分别是 0.4、0.5、0.7．如果只有一人击中，则飞机被击落的概率为 0.2；如果只有两人击中，则飞机被击落的概率为 0.6；如果三人都击中，则飞机必被击落．求飞机被击落的概率．

17. 上题中，若三人的射击水平相当，击中飞机的概率均为 0.6，其他条件不变，问飞机被击落的概率是多少？

18. 甲、乙两选手进行乒乓球单打比赛，已知在每局中甲胜的概率为 0.6，乙胜的概率为 0.4．比赛可采用三局二胜制或五局三胜制，问哪一种比赛制度对甲更有利？

19. （下赌注问题）17 世纪末，法国的 DeMere′ 爵士与人打赌，在"一颗骰子连续掷 4 次至少出现一次 6 点"的情况下他赢了钱，可是在"两颗骰子连掷 24 次至少出现一次双 6 点"的情况下却输了钱，从概率论的角度解析这是为什么？

20. 已知某种疾病患者自然痊愈率为 0.25．为试验一种新药对该病是否有效，将该药给 10 个病人服用，且规定若 10 个病人中至少有 4 个病人服药后治愈，则认为该药有效，反之则认为无效．求（1）虽然新药有效，且将痊愈率提高到 0.35，但通过试验被认为无效的概率；（2）虽然新药完全无效，但通过试验被认为有效的概率．

第 2 章
随机变量及其分布

　　随机变量是概率论中最基本的概念之一，它的引入是概率论发展史上又一里程碑，意义十分重大．这一概念的引入使得随机试验的结果数量化，从而为利用数学方法解决概率问题成为可能．本章主要介绍随机变量的概念，离散型随机变量的概率分布与连续型随机变量的概率密度函数的概念与性质，随机变量的分布函数的概念和性质，离散型和连续型随机变量函数的分布．

§2.1　随机变量的概念

　　在第一章中，我们注意到有很多随机试验，其结果与数值直接有关，其样本点是数量性质的，这时自然地我们就用数值表示试验的结果；而在另外一些随机试验中，其结果与数值无关，其样本点虽不是数量性质的，但为方便也可以根据问题需要指定一个数量来表示．换句话说，为了便于描述和解决问题，往往需要对每一个可能的结果指定一个数值，将样本空间中的点与数值联系起来，或者说把事件与数值能联系起来．看下面几个例子．

　　例 1　在掷一枚骰子，观察出现的点数的试验中，其样本空间为 $\Omega_1 = \{1, 2, 3, 4, 5, 6\}$，样本点是数量性质的．这时若用 X 表示出现的点数，则 X 所有可能取值为 1，2，3，4，5，6 共 6 个数，X 的取值依赖于试验结果，当试验结果定了，X 的取值也就随之确定了．

　　例 2　从某灯泡厂生产的一批灯泡中任取一只，检测其寿命，试验的结果也是数量性质的，其样本空间为 $\Omega_2 = \{t \mid 0 \leqslant t < +\infty\}$，用 X 表示抽到的灯泡的寿命，则 X 的可能范围可取为 $[0, +\infty)$．同样 X 的取值随试验结果而定．

　　例 3　掷一枚均匀硬币，观察正反面出现情况．试验的结果不是数量性质的，与数值没有直接关系，其样本空间为 $\Omega_3 = \{$正面，反面$\}$. 但这时我们若引入变量 X，将 X 取值规定为 0，1，用下面的方法把试验结果与 X 的取值联系起来：当出现正面时，对应数值"1"，当出现反面时，对应数值"0"，即

$$X = \begin{cases} 1, & 正面, \\ 0, & 反面. \end{cases}$$

则 X 就表示试验中硬币正面出现的次数. 一旦试验的结果确定了，X 的取值也就随之确定了.

例 4 一批 100 件产品中含有优质品、次品和废品三个等级，从中任意抽取一件检验其质量等级. 试验的样本空间 $\Omega_4 = \{\omega_i \mid \omega_i$ 表示第 i 件产品，$i = 1，2，\cdots，100\}$，引入变量 X，规定 X 的可能取值为 0，1，2，且用下面的方法把样本点与 X 的取值联系：

$$X = \begin{cases} 2, & \omega_i \text{ 为优质品} \\ 1, & \omega_i \text{ 为次品} \\ 0, & \omega_i \text{ 为废品} \end{cases}, \quad i = 1，2，\cdots，100$$

这时当抽到优质品时，X 就取值 2；当抽到次品时，X 就取值 1；当抽到废品时，X 取值为 0.

上述例子表明，根据问题的需要，我们都可以将随机试验的每一个样本点与唯一的实数对应. 这种对应关系实际上定义了样本空间 Ω 上的函数，通常记作 $X = X(\omega)$，$\omega \in \Omega$. 需要指出的是，X 的取值由随机试验的结果确定，随着试验结果的不同而变化，由于试验的结果具有随机性，所以变量 X 的取值也具有随机性，又试验结果出现有一定的概率，因此变量 X 取每个值或某个范围内的值都有确定的概率，我们把这种变量称为随机变量. 一般地，关于随机变量有下述定义.

定义 2.1 设 E 是随机试验，Ω 为其样本空间，$X = X(\omega)$ 是定义在样本空间 Ω 上的一个实值函数. 若对任意实数 x，集合 $\{\omega \mid X(\omega) \leqslant x\}$ 是一随机事件，则称变量 X 为试验 E 的**随机变量**（random variable）.

随机变量通常用大写拉丁字母 X、Y、Z 或希腊字母 ξ、η、ζ 表示.

显然，随机变量 X 的取值由样本点 ω 确定，使 X 取某一特定值 a 的那些样本点的全体构成样本空间 Ω 的子集可表示为事件：

$$A = \{\omega \mid X(\omega) = a\} \subset \Omega$$

显然，当且仅当事件 A 发生时才有 $X = a$. 为简便起见，今后将事件 $\{\omega \mid X(\omega) = a\}$ 记为 $\{X = a\}$，而事件 $\{X = a\}$ 的概率 $P\{X = a\}$ 常常说成随机变量 X 取值 a 的概率. 同样，设 S 为一实数集，使随机变量 X 的取值落在 S 上的那些样本点构成的事件 $\{\omega \mid X(\omega) \in S\}$ 简记

为 $\{X \in S\}$，而其概率 $P\{X \in S\}$ 常常说成随机变量 X 在 S 上取值的概率，或者说随机变量 X 的取值落在 S 上的概率.

例 5　在上面例 2 中，X 就是试验的一随机变量，$\{X > 2000\}$ 表示 "灯泡的使用寿命大于 2000 小时" 这一事件. 又在上面例 4 中，X 也是试验的一随机变量，$\{X = 0\}$，$\{X = 1\}$，$\{X = 2\}$ 分别表示事件 "抽到产品为废品""抽到产品为次品""抽到产品为优质品". 事实上，可以利用随机变量表示出我们感兴趣的任何事件，请读者思考 $\{X < 0.5\}$ 表示什么事件，而不可能事件、必然事件又如何用随机变量来描述？

例 6　某公共汽车站，每隔 5 分钟有一辆公交车通过，观察乘客的候车时间. 用 X 表示乘客的候车时间，则 X 是一随机变量，其可能取值为区间 $[0, 5]$，而事件 $\{1 \leqslant X \leqslant 3\}$ 表示 "乘客候车时间在 $1 \sim 3$ 分钟之间"，等等.

例 7　在将一枚硬币掷三次，观察正面 H、反面 T 出现情况的试验中，其样本空间为

$$\Omega = \{HHH, \ HHT, \ HTH, \ THH, \ HTT, \ THT, \ TTH, \ TTT\}.$$

记 X 表示试验中硬币正面出现的次数，X 作为在样本空间 Ω 上的实值函数定义为

ω	HHH	HHT	HTH	THH	HTT	THT	TTH	TTT
X	3	2	2	2	1	1	1	0

则 X 是试验的一随机变量，其所有可能取值为 $\{0, 1, 2, 3\}$. 显然，$\{X = 0\}$，$\{X = 1\}$，$\{X = 2\}$，$\{X = 3\}$ 分别表示事件

$$A_0 = \{TTT\}, \quad A_1 = \{HTT, \ THT, \ TTH\},$$
$$A_2 = \{HHT, \ HTH, \ THH\}, \quad A_3 = \{HHH\}$$

易见，它们构成样本空间的一个划分，其概率分别为 $P\{X = 0\} = \dfrac{1}{8}$，$P\{X = 1\} = \dfrac{3}{8}$，$P\{X = 2\} = \dfrac{3}{8}$，$P\{X = 3\} = \dfrac{1}{8}$.

上例中，在随机变量取其各个可能取值点的概率已知的条件下，便可求得试验的任何事件的概率. 如以 A 表示事件 "硬币出现次数不超过 1 次" $= \{HTT, \ THT, \ TTH, \ TTT\} = \{X \leqslant 1\}$，则 $P(A) = P\{X \leqslant 1\} = P\{X = 0\} + P\{X = 1\} = \dfrac{1}{2}$.

可见，引入随机变量后，试验的各种随机事件就可用随机变量来描述了，随机事件这个概念实际上是包容在随机变量这个更广泛的概念内. 这样，通过研究随机变量及其取值的概率也就实现了对随机事

件及其概率的全面研究．概率论之所以能从计算一些孤立事件的概率发展成为一个更高的理论体系，其基础概念就是随机变量．

随机变量按其可能的取值情况，区分为离散型和非离散型两类．若随机变量的所有可能取值为有限个或可列个，则称这种随机变量为**离散型随机变量**，否则称为**非离散型随机变量**．非离散型的随机变量的取值不能一一列举出来，**连续型随机变量**是最重要的一种非离散型随机变量，其取值充满一个或几个区间．例 1、例 3、例 4 和例 7 中的随机变量都是离散型的，例 2 和例 6 中的随机变量都是连续型的．我们以后主要研究离散型和连续型的随机变量．

对于随机变量，我们不仅关心它可能取哪些值，而且还关心它取每个值或任意范围内的值的概率，即其概率分布．关于这个问题，我们将在 §2.2 中按离散型随机变量和连续型随机变量的概率分布分别进行讨论．

习题 2–1

1. 试用随机变量描述下列试验．

（1）从一个装有 10 个黑球、3 个白球的口袋中，任取 4 球，观察取到的白球的个数．

（2）某城市 120 急救电话每天收到的呼叫次数．

（3）甲、乙两人分别拥有赌本 30 元和 20 元，两人通过投掷一枚均匀硬币进行赌博，并且约定如果出现正面，则甲赢 10 元，乙输 10 元，如果出现反面，则甲输 10 元，乙赢 10 元，分别用随机变量 X、Y 表示投掷一次后甲、乙两人的赌本．

2. 把一枚硬币先后抛投两次，如果规定出现两个正面得 5 分，出现两个反面得 –5 分，其他结果不得分，用 X 表示得分值，试写出可能出现的结果与对应的 X 的取值，并求事件 $\{X=0\}$，$\{X\leqslant 1\}$ 和 $\{X>5\}$ 的概率．

3. 盒中装有大小相等的 10 个球，编号分别为 0，1，2，…，9，从中任取一个，观察号码"小于 5""等于 5"和"大于 5"的情况，试定义一个随机变量来表达上述随机试验结果，并求该随机变量取每一个可能取值的概率．

4. 试给出随机变量可能取值充满几个区间的实例．

习题选讲

对一个随机变量取值统计规律性的完整描述就称为随机变量的概率分布，简称为随机变量的分布．下面来研究离散型和连续型随机变量的分布．

2.2.1 离散型随机变量及其概率分布

如上节所述，如果随机变量 X 只取有限个或可列个可能值，则

称 X 为**离散型随机变量**（discrete random variable）.

设离散型随机变量 X 的所有可能的取值为 $x_k(k=1,\ 2,\ \cdots)$, X 取各个可能值的概率即事件 $\{X=x_k\}$ 的概率为

$$P\{X=x_k\}=p_k,\qquad(k=1,\ 2,\ \cdots).\qquad(2.2.1)$$

称式（2.2.1）为随机变量 X 的**概率函数**（probability function）或**概率分布**，又称**分布律**或**分布列**.

概率函数可以用下列表格形式表示，此表又叫作**概率分布表**.

X	x_1	x_2	x_3	$\cdots$	x_k	$\cdots$
P	p_1	p_2	p_3	$\cdots$	p_k	$\cdots$

借助矩阵工具，上述概率分布又常写成

$$X\sim\begin{pmatrix}x_1 & x_2 & \cdots & x_k & \cdots\\ p_1 & p_2 & \cdots & p_k & \cdots\end{pmatrix}.$$

显然，离散型随机变量的概率函数反映了随机变量的所有可能取值及其取每个可能值的概率，即式（2.2.1）把随机变量 X 取值的概率规律完整地描述出来了. 事实上，若随机变量 X 的概率函数为式（2.2.1），S 为一数集，则

$$P\{X\in S\}=\sum_{x_i\in S}P\{X=x_i\}\qquad(2.2.2)$$

概率函数具有下面两个基本性质：

(i) $p_k\geqslant 0,\qquad k=1,\ 2,\ \cdots;$ $\qquad(2.2.3)$

(ii) $\sum_k p_k=1.$ $\qquad(2.2.4)$

反之，满足上述两条性质的数列 $\{p_k\}$，可作为某一离散型随机变量的概率函数.

概率函数也可以用图 2-1 形象地表示，此图称为**概率函数图**. 图 2-1 中，x 轴上标出 X 的所有可能取值 $x_1,\ x_2,\ \cdots,\ x_k,\ \cdots$，在每个点 x_k，画出一条垂直于 x 轴的线段，其长度等于事件 $\{X=x_k\}$ 的概率.

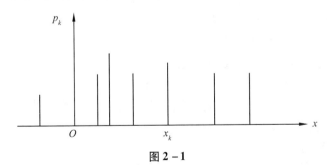

图 2-1

图中表示概率的各线段总长度为 1.

概率函数图（见图 2-1）非常直观地给出了概率 1 在随机变量 X 的所有可能取值之间的分配，或者说，它指出了概率 1 在随机变量

X 的可能取值集合 $\{x_1, x_2, \cdots, x_k, \cdots\}$ 上的分布情况．这就是为什么概率函数又称为概率分布．

例 1 袋中有 5 个黑球、3 个白球，每次从中抽取一个，不放回，直至取到黑球为止．记 X 为取到白球的数目，求随机变量 X 的概率函数，并求 $P\{-1 < X < 0\}$，$P\{1 < X < 3\}$，$P\{X \leqslant 3\}$．

解 X 的可能取值为 0，1，2，3．$\{X = 0\}$ 表示"第一次就取到黑球"，$P\{X = 0\} = \dfrac{5}{8}$．$\{X = 1\}$ 表示"第一次取白球，第二次取黑球"，$P\{X = 1\} = \dfrac{3}{8} \times \dfrac{5}{7} = \dfrac{15}{56}$．类似地，可算出 $P\{X = 2\} = \dfrac{5}{56}$，$P\{X = 3\} = \dfrac{1}{56}$，所以 X 的概率函数为

X	0	1	2	3
P	$\dfrac{5}{8}$	$\dfrac{15}{56}$	$\dfrac{5}{56}$	$\dfrac{1}{56}$

由式（2.2.2）得

$$P\{-1 < X < 0\} = 0, \quad P\{1 < X < 3\} = P\{X = 2\} = \frac{5}{56},$$

$$P\{X \leqslant 3\} = \sum_{k=0}^{3} P\{X = k\} = 1.$$

2.2.2 连续型随机变量及其概率密度函数

对于离散型随机变量，由于其取值为有限个或无限可列个，因此只要知道其每个取值点处的概率，便可了解其在任意范围内取值的概率规律．除了离散型随机变量外，还有一类要研究的随机变量——连续型随机变量，这种随机变量 X 的取值可以是某区间上的所有实数，这些实数不可能逐个一一列举出来，因此对于连续型随机变量 X，不可能像离散型随机变量那样，以给出其取每个可能取值时的概率的方式来描述其概率分布．要刻画连续型随机变量的概率分布，在理论上和实践中常用到所谓的"概率密度函数"，简称为概率密度或密度函数．下面通过一个例子来给出概率密度函数的含义并说明它是如何刻画连续型随机变量的概率分布的．

例 1 在 §2.1 节的例 2 中，表示抽到灯泡寿命的 X 是一个连续型随机变量，其取值范围可以认为是 $[0, +\infty)$．易知，对该随机变量 X 取值范围内的任意两个长度相等的区间，X 在这两个区间上取值的概率不相等，在离 0 点近的那个区间上取值的概率比在离 0 点远的另一个区间上取值的概率大（在此，你可以把概率设想为一种物质，

其总量为 1，这种物质不均匀连续地散布在 $[0，+\infty)$ 内各点处）. 为了描述此种情形的随机变量 X 的概率分布，我们取定一个点 $x \in [0，+\infty)$，事件 $\{x < X \leqslant x + \Delta x\}$ $(\Delta x > 0)$ 的概率 $P\{x < X \leqslant x + \Delta x\}$ 与 Δx 的比值 $P\{x < X \leqslant x + \Delta x\}/\Delta x$ 可以解释为在 x 点处长度为 Δx 的区间 $(x，x + \Delta x]$ 内，单位长度所占有的概率，即概率在区间 $(x，x + \Delta x]$ 内的平均密度，称为**平均概率密度**. 令 $\Delta x \to 0$，则极限

$$\lim_{\Delta x \to 0} P\{x < X \leqslant x + \Delta x\}/\Delta x$$

是 x 的函数 $f(x)$，$f(x)$ 的值表示概率在点 x 处的密集程度，称为随机变量 X 的**概率密度函数**.

由微积分知识知，一物质其散布在某范围内的总量可由此物质的密度函数在该范围内的积分求得，从而一旦知道了随机变量 X 的概率密度函数 $f(x)$ 便可求得 X 取值于我们感兴趣的任意某个区间或若干个这种区间的概率（这表明，借用连续型随机变量的概率密度函数就可以很好地描述出其概率分布）. 于是，对任意 $(a，b]$ 有下式成立

$$P\{a < X \leqslant b\} = \int_a^b f(x)\,\mathrm{d}x,$$

这一关系式是 X 为连续型随机变量及 $f(x)$ 为其概率密度函数的本质特性. 由此，我们给出如下定义.

定义 2.2　设 X 是一随机变量，若存在非负可积函数 $f(x)$，使得对任意实数 $a \leqslant b$，有

$$P\{a < X \leqslant b\} = \int_a^b f(x)\,\mathrm{d}x \tag{2.2.5}$$

则称 X 为**连续型随机变量**（continuous random variable），而称 $f(x)$ 是 X 的**概率分布密度函数**（probability density function），简称**概率密度**或**密度函数**，记作 $X \sim f(x)$.

由于 $f(x) \geqslant 0$，所以 $P\{a < X \leqslant b\} = \int_a^b f(x)\,\mathrm{d}x$ 的几何意义就是图 2-2 所示的阴影部分的面积.

连续型随机变量 X 的密度函数 $f(x)$ 具有下列性质：

（i）对任意的实数 x，$f(x) \geqslant 0$；

（ii）$\int_{-\infty}^{+\infty} f(x)\,\mathrm{d}x = 1$.

性质（ii）在几何上表示由曲线 $y = f(x)$ 与 x 轴所夹的面积等于 1（见图 2-3）.

可以证明，凡满足性质（i）、（ii）的函数 $f(x)$ 一定是某一连续型随机变量的密度函数.

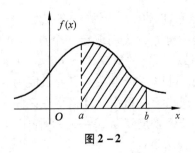 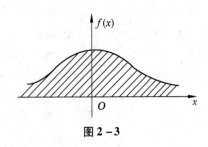

图 2-2　　　　　　　　　　　图 2-3

（iii）连续型随机变量 X 取个别值的概率为零，即若 x_0 为任一点，有

$$P\{X = x_0\} = 0 \tag{2.2.6}$$

事实上，由于

$$0 \leqslant P\{X = x_0\} \leqslant P\{x_0 - \Delta x < X \leqslant x_0\} = \int_{x_0 - \Delta x}^{x_0} f(x)\,\mathrm{d}x,$$

当 $\Delta x \to 0$ 时，$\int_{x_0 - \Delta x}^{x_0} f(x)\,\mathrm{d}x \to 0$，所以 $P\{X = x_0\} = 0$.

因此，想用列举连续型随机变量取某个值的概率来描述这种随机变量的概率分布不但做不到，而且毫无意义.

式（2.2.6）表明，概率为零的事件未必是不可能事件，同样，概率为 1 的事件也未必是必然事件. 另外，根据这个性质，在计算连续型随机变量取值于某一区间的概率时，区间是否包含端点是无须考虑的. 即

$$P\{a \leqslant X \leqslant b\} = P\{a \leqslant X < b\}$$
$$= P\{a < X < b\} = \int_a^b f(x)\,\mathrm{d}x, \tag{2.2.7}$$

$$P\{X < a\} = P\{X \leqslant a\} = \int_{-\infty}^a f(x)\,\mathrm{d}x, \tag{2.2.8}$$

$$P\{X \geqslant a\} = P\{X > a\} = \int_a^{+\infty} f(x)\,\mathrm{d}x. \tag{2.2.9}$$

一般地，对连续型随机变量 X，其密度函数为 $f(x)$，则

$$P\{X \in I\} = \int_I f(x)\,\mathrm{d}x,$$

其中 I 为任何形式区间.

例 2　函数 $f(x) = \begin{cases} \dfrac{2}{3}x^{-\frac{1}{3}}, & x \in I \\ 0, & \text{其他} \end{cases}$ 是否是随机变量 X 的概率密度函数，如果 X 的可能取值区间 I 为（1）（-1，0）；（2）（0，1）.

解　（1）由于 $f(x)$ 在区间（-1，0）不是非负的，所以 $f(x)$ 不是 X 的概率密度函数.

（2）由于 $\int_{-\infty}^{+\infty} f(x)\,\mathrm{d}x = \int_0^1 \frac{2}{3} x^{-\frac{1}{3}}\,\mathrm{d}x = x^{\frac{2}{3}}\big|_0^1 = 1$，且 $f(x) \geqslant 0$，所以 $f(x)$ 是 X 的概率密度函数.

例 3 已知连续型随机变量 X 的密度函数为

$$f(x) = \begin{cases} kx + 1, & 0 \leqslant x \leqslant 2; \\ 0, & \text{其他}. \end{cases}$$

求常数 k，并计算 $P\{X \leqslant 2\}$，$P\{1.5 < X < 2.5\}$.

解 由 $\int_{-\infty}^{+\infty} f(x)\,\mathrm{d}x = 1$，即 $\int_0^2 (kx+1)\,\mathrm{d}x = 1$，得 $k = -\frac{1}{2}$. 所以

$$f(x) = \begin{cases} -\frac{1}{2}x + 1, & 0 \leqslant x \leqslant 2; \\ 0, & \text{其他}. \end{cases}$$

$$P\{X \leqslant 2\} = \int_{-\infty}^2 f(x)\,\mathrm{d}x = \int_0^2 f(x)\,\mathrm{d}x = \int_0^2 \left(-\frac{1}{2}x + 1 \right)\mathrm{d}x = 1.$$

$$P\{1.5 < X < 2.5\} = \int_{1.5}^{2.5} f(x)\,\mathrm{d}x = \int_{1.5}^2 \left(-\frac{1}{2}x + 1 \right)\mathrm{d}x = 0.0625.$$

需要指出的是，连续型随机变量 X 的密度函数 $f(x)$ 在 x 点函数值反映了随机变量 X 取点 x 附近值的概率大小. 事实上，当 $f(x)$ 连续时，由式（2.2.7）得

$$\lim_{\Delta x \to 0} \frac{P\{x < X < x + \Delta x\}}{\Delta x} = \lim_{\Delta x \to 0} \frac{\int_x^{x+\Delta x} f(t)\,\mathrm{d}t}{\Delta x} = f(x),$$

当 $\Delta x > 0$ 很小时，有

$$P\{x < X < x + \Delta x\} \approx f(x)\Delta x.$$

即 X 在 $(x, x + \Delta x)$ 上取值的概率，近似地等于 $f(x)\Delta x$. 可见，$f(x)$ 并非 X 取值 x 的概率，但它的大小决定了 X 取点 x 附近值的概率大小.

至此，我们讨论了离散型随机变量和连续型随机变量，在实际问题中，所遇到的随机变量大多是这两类，但有时也会遇到所谓混合型的随机变量，应注意辨别区分. 例如，设随机变量 X 的可能取值为区间 $(0, 3]$，且 $P\{X = 3\} = \frac{1}{4}$，$P\{0 < X < 3\} = \frac{3}{4}$. 显然，$X$ 不是离散型随机变量，因其可能取值不是有限个或可列个，又 X 取 3 的概率大于 0，所以 X 也不是连续型的.

2.2.3 随机变量的分布函数

对于离散型随机变量，其概率函数完整地描述了它的取值的概

随机变量的
分布函数

率规律；对于连续型随机变量，可以用其概率密度函数描述它的取值规律．为了对离散型和连续型随机变量及其他随机变量的概率分布给出一种统一的描述方法，我们介绍分布函数的概念．

定义 2.3 设 X 是一个随机变量，x 是任意实数，称函数

$$F(x) = P\{X \leq x\}, \qquad (-\infty < x < +\infty) \qquad (2.2.10)$$

为随机变量 X 的**分布函数**（distribution function），或称**累积概率分布函数**．

由定义 2.3 可以看出，分布函数是一个普通的实函数，正是由于这个缘故，使我们能用微积分的工具来研究随机变量．随机变量 X 的分布函数 $F(x)$ 的定义域为 $(-\infty, +\infty)$，值域包含在 $[0, 1]$ 之中，在 x 处的函数值就是随机变量 X 取值不超过 x 的概率．

随机变量的分布函数 $F(x)$ 具有以下性质：

（ i ）$0 \leq F(x) \leq 1$，$x \in (-\infty, +\infty)$．

（ ii ）$F(x)$ 是 x 的不减函数，即对任意实数 $x_1 < x_2$，有 $F(x_1) \leq F(x_2)$；且 $\lim\limits_{x \to +\infty} F(x) = F(+\infty) = 1$，$\lim\limits_{x \to -\infty} F(x) = F(-\infty) = 0$．

（ iii ）$F(x)$ 是右连续的，且至多有可列个间断点．

可以证明，凡具有上述三条性质的实函数必是某随机变量的分布函数．

设随机变量 X 的分布函数为 $F(x)$，由分布函数的定义及概率的性质不难得出：

$$P\{X \leq a\} = F(a); \qquad (2.2.11)$$

$$P\{X > a\} = 1 - P\{X \leq a\} = 1 - F(a); \qquad (2.2.12)$$

$$P\{a < X \leq b\} = P\{X \leq b\} - P\{X \leq a\} = F(b) - F(a).$$

$$(2.2.13)$$

还可以证明

$$P\{X = a\} = F(a) - F(a-0);$$
$$P\{a \leq X \leq b\} = F(b) - F(a-0);$$
$$P\{X < a\} = F(a-0);$$
$$P\{X \geq a\} = 1 - F(a-0).$$

所以，若已知随机变量 X 的分布函数 $F(x)$，就能求出 X 取任一值及它在任意区间上取值的概率．从这个意义上来说，分布函数就完整地描述了随机变量取值的概率规律．

例 1 设随机变量 X 的分布函数为

$$F(x) = \begin{cases} a - \mathrm{e}^{-\lambda x}, & x > 0; \\ 0, & x \leq 0. \end{cases}$$

其中 $\lambda > 0$ 为常数，求常数 a 的值．

解 因 $\lim\limits_{x \to +\infty} F(x) = \lim\limits_{x \to +\infty} (a - \mathrm{e}^{-\lambda x}) = a$，所以 $a = 1$．

例 2　设随机变量 X 的概率函数为

X	-1	2	3
P	$\dfrac{1}{2}$	$\dfrac{1}{3}$	$\dfrac{1}{6}$

求 X 的分布函数 $F(x)$.

解　当 $x < -1$ 时，$\{X \leqslant x\} = \Phi$，故
$$F(x) = P\{X \leqslant x\} = 0;$$
当 $-1 \leqslant x < 2$ 时，$\{X \leqslant x\} = \{X = -1\}$，于是
$$F(x) = P\{X \leqslant x\} = P\{X = -1\} = \frac{1}{2};$$
当 $2 \leqslant x < 3$ 时，$\{X \leqslant x\} = \{X = -1\} \cup \{X = 2\}$，于是
$$F(x) = P\{X \leqslant x\} = P\{X = -1\} + P\{X = 2\} = \frac{1}{2} + \frac{1}{3} = \frac{5}{6};$$
当 $x \geqslant 3$ 时，$\{X \leqslant x\} = \{X = -1\} \cup \{X = 2\} \cup \{X = 3\}$，故
$$F(x) = P\{X \leqslant x\} = P\{X = -1\} + P\{X = 2\} + P\{X = 3\}$$
$$= \frac{1}{2} + \frac{1}{3} + \frac{1}{6} = 1.$$

所以，X 的分布函数为

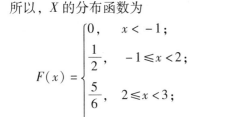

$$F(x) = \begin{cases} 0, & x < -1; \\ \dfrac{1}{2}, & -1 \leqslant x < 2; \\ \dfrac{5}{6}, & 2 \leqslant x < 3; \\ 1, & x \geqslant 3. \end{cases}$$

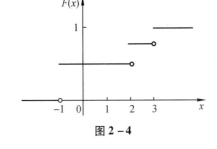

图 2 - 4

$F(x)$ 的图形如图 2-4 所示.

一般地，由离散型随机变量 X 的概率函数 $P\{X = x_k\} = p_k (k = 1, 2, \cdots)$，可求得分布函数为

$$F(x) = \sum_{x_k \leqslant x} P\{X = x_k\}. \tag{2.2.14}$$

这里和式是对于所有满足 $x_k \leqslant x$ 的 k 求和. 显然，离散型随机变量的分布函数 $F(x)$ 的图形是阶梯形曲线，它在 X 的一切有概率（指正概率）的点 x_k 都有一个跳跃，其跳跃度为 $P\{X = x_k\}$.

反之，由离散型随机变量 X 的分布函数 $F(x)$ 可求得 X 的概率函数，其中 $F(x)$ 的各间断点 x_k 就是 X 的可能取值，X 取值 x_k 的概率 $P\{X = x_k\} = F(x_k) - F(x_k - 0)$.

设 X 是连续型随机变量，其概率密度函数为 $f(x)$，由密度函数的定义易得 X 的分布函数为

$$F(x) = \int_{-\infty}^{x} f(t)\,\mathrm{d}t.$$

反之，若存在非负可积函数 $f(x)$，使 X 的分布函数 $F(x)$ 可

随机变量分布
函数的求法

写成

$$F(x) = \int_{-\infty}^{x} f(t)\,\mathrm{d}t, \qquad (2.2.15)$$

则 $f(x)$ 是 X 的密度函数.

对于任意给定的 x，$F(x)$ 的数值等于图 2-5 中阴影部分的面积.

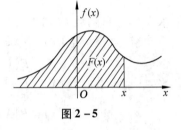

图 2-5

由微积分中的有关知识，可得到连续型随机变量的分布函数是连续函数，且对 $f(x)$ 连续点，有

$$F'(x) = f(x). \qquad (2.2.16)$$

利用式（2.2.15）和式（2.2.16），可由分布函数和密度函数中的一个求出另一个.

例 3 设随机变量 X 的密度函数为

$$f(x) = \frac{1}{\pi(1+x^2)},$$

求 X 的分布函数.

解 由式（2.2.15），得 X 的分布函数为

$$F(x) = \int_{-\infty}^{x} f(t)\,\mathrm{d}t = \int_{-\infty}^{x} \frac{1}{\pi(1+t^2)}\mathrm{d}t = \frac{1}{\pi}\arctan t \Big|_{-\infty}^{x} = \frac{1}{\pi}\arctan x + \frac{1}{2}.$$

例 4 在 2.2.2 小节的例 3 中，求随机变量 X 的分布函数.

解 当 $x < 0$ 时，

$$F(x) = \int_{-\infty}^{x} 0\,\mathrm{d}t = 0,$$

当 $0 \leqslant x < 2$ 时，

$$F(x) = \int_{-\infty}^{0} 0\,\mathrm{d}t + \int_{0}^{x} \left(-\frac{1}{2}t + 1 \right)\mathrm{d}t$$

$$= -\frac{1}{4}x^2 + x,$$

当 $x \geqslant 2$ 时，

$$F(x) = \int_{-\infty}^{0} 0\,\mathrm{d}t + \int_{0}^{2} \left(-\frac{1}{2}t + 1 \right)\mathrm{d}t + \int_{2}^{x} 0\,\mathrm{d}t = 1.$$

所以

$$F(x) = \begin{cases} 0, & x < 0; \\ -\dfrac{1}{4}x^2 + x, & 0 \leqslant x < 2; \\ 1, & 2 \leqslant x. \end{cases}$$

例 5 设连续型随机变量 X 的分布函数为

$$F(x) = \begin{cases} 0, & x < 0; \\ Ax^2, & 0 \leqslant x < 1; \\ 1, & 1 \leqslant x. \end{cases}$$

求（1）常数 A；（2）X 的密度函数 $f(x)$；（3）$P\{0.3 < X < 0.7\}$.

解　（1）由于连续型随机变量 X 的分布函数 $F(x)$ 是连续的，所以

$$\lim_{x \to 1^-} F(x) = \lim_{x \to 1^-} Ax^2 = A = F(1)，\text{即 } A = 1.$$

（2）由密度函数与分布函数之间关系，得

$$f(x) = \begin{cases} 2x, & 0 \leqslant x < 1; \\ 0, & \text{其他}. \end{cases}$$

（3）$P\{0.3 < X < 0.7\} = F(0.7) - F(0.3) = 0.4$，

或 $P\{0.3 < X < 0.7\} = \displaystyle\int_{0.3}^{0.7} 2x\mathrm{d}x = 0.4$.

习题 2 - 2

1. 判断下列各式是否可以作为某个随机变量的概率函数？

（1）$P\{X = k\} = \dfrac{1}{2} \left(\dfrac{1}{3} \right)^k$，$k = 0,\ 1,\ 2,\ \cdots$

（2）$P\{X = k\} = \left(\dfrac{1}{2} \right)^k$，$k = 1,\ 2,\ \cdots$

2. 设随机变量 X 的概率函数为 $P\{X = k\} = c \left(\dfrac{2}{3} \right)^k$ $(k = 1,\ 2,\ 3)$，求 c 的值.

3. 一袋中装有 5 只球，分别编号 1，2，3，4，5. 在袋中同时取出 3 只，用 X 表示取出的 3 只球中的最大号码，写出 X 的概率函数.

4. 设随机变量 X 的概率函数为 $P\{X = k\} = \dfrac{k}{15}$，$k = 1,\ 2,\ 3,\ 4,\ 5$，求

（1）$P\{X = 1 \text{ 或 } X = 2\}$；（2）$P\left\{ \dfrac{1}{2} < X \leqslant \dfrac{5}{2} \right\}$；（3）$P\{1 \leqslant X \leqslant 2\}$，$P\{1 < X \leqslant 2\}$.

5. 一批产品共 10 个，其中有 4 个是次品. 现从中任取 4 个，求取出的 4 个产品中次品数 X 的概率函数.

6. 一批零件中有 7 个正品、3 个次品. 安装机器时从这批零件中任取一个，若取到正品，则停止抽取；若取到次品，则放在一边继续抽取，直到取出正品为止. 求在取到正品前所取出的次品数的概率函数.

7. 已知随机变量 X 的密度函数为

$$f(x) = \begin{cases} c\lambda \mathrm{e}^{-\lambda x}, & x > a,\ (\lambda > 0); \\ 0, & x \leqslant a. \end{cases}$$

求常数 c 及 $P\{a - 1 < X \leqslant a + 1\}$.

8. 设 $F(x) = \begin{cases} 0, & x < 0 \\ \dfrac{x}{2}, & 0 \leqslant x < 1 \\ 1, & x \geqslant 1 \end{cases}$，判断 $F(x)$ 是否为某随机变量的分布函数？

9. 设随机变量 X 的概率分布为

$$P\{X = 1\} = 0.3,\ P\{X = 3\} = 0.5,\ P\{X = 5\} = 0.2$$

试写出 X 的分布函数 $F(x)$，并画出图形.

10. 设随机变量 X 的分布函数为 $F(x) = \begin{cases} 0, & x < -1 \\ 0.4, & -1 \leqslant x < 1 \\ 0.8, & 1 \leqslant x < 3 \\ 1, & x \geqslant 3 \end{cases}$，试求（1）$X$ 的

概率分布；（2）$P\{X < 2 \mid X \neq 1\}$.

11. 已知随机变量 X 的密度函数为

$$f(x) = \begin{cases} \dfrac{1}{A\sqrt{x}}, & 0 < x < 1; \\ 0, & \text{其他}. \end{cases}$$

求（1）常数 A；（2）分布函数 $F(x)$；（3）$P\{X \leqslant 0.5\}$，$P\{X = 0.5\}$，$P\{-1 < X \leqslant 0.5\}$.

习题选讲

12. 设连续型随机变量 X 的分布函数为

$$F(x) = \begin{cases} 0, & x < -1; \\ a + b\arcsin x, & -1 \leqslant x < 1; \\ 1, & 1 \leqslant x. \end{cases}$$

求（1）常数 a，b；（2）密度函数 $f(x)$.

13. 设随机变量 X 的分布函数为

$$F(x) = \begin{cases} 0, & x < 1 \\ \ln x, & 1 \leqslant x < e, \\ 1, & x \geqslant e. \end{cases}$$

求（1）$P\{X < 2\}$，$P\{0 < X \leqslant 3\}$，$P\left\{2 < x < \dfrac{5}{2}\right\}$；（2）$X$ 的概率密度 $f(x)$.

§2.3 常见随机变量的分布

在实践中虽然有多种多样的随机变量的分布，但长期的经验和理论研究发现大部分随机变量都遵从某些类型的分布. 本节将介绍几种常见随机变量的分布.

2.3.1 常见离散型随机变量的分布

1. 0-1 分布

若随机变量 X 的概率函数为
$$P\{X = k\} = p^k(1-p)^{1-k}, \quad k = 0, 1 \tag{2.3.1}$$
其中 $0 < p < 1$，则称 X 服从参数为 p 的 **0-1分布** 或 **伯努利分布**，记作 $X \sim B(1, p)$ 或 $X \sim (0-1)$.

例1 一批产品的废品率为 10%，从中任意抽取一个进行检验，定义随机变量 X 如下：

$$X = \begin{cases} 1, & \text{抽得合格品;} \\ 0, & \text{抽得废品.} \end{cases}$$

则 $P\{X = 1\} = 0.9$，$P\{X = 0\} = 0.1$，即 X 服从参数 $p = 0.9$ 的 $0-1$ 分布.

服从 $0-1$ 分布的例子是很多的. 任何一个只有两种可能结果的试验，即伯努利试验，都可用服从 $0-1$ 分布的随机变量来描述. 例如，抛掷硬币试验，检查产品质量是否合格，某工厂的电力消耗是否超负荷等.

2.　几 何 分 布

若随机变量 X 的概率函数为

$$P\{X = k\} = (1-p)^{k-1}p, \qquad k = 1, 2, \cdots \qquad (2.3.2)$$

其中 $0 < p < 1$，则称随机变量 X 服从参数为 p 的**几何分布**（geometric distribution），记作 $X \sim G(p)$.

例 2　对某一目标进行射击，直至命中为止，设每次射击命中目标的概率为 0.6，用 X 表示直到命中目标时所进行的射击次数，则 X 的可能取值为 $1, 2, \cdots$，事件 $\{X = k\}$ 表示射击进行到第 k 次时才击中目标，则 X 的概率函数为

$$P\{X = k\} = (0.4)^{k-1} \times 0.6, \qquad k = 1, 2, \cdots,$$

即 X 服从参数 $p = 0.6$ 的几何分布.

一般地，设 A 是某试验的事件，$P(A) = p$，X 表示在重复独立试验中事件 A 首次发生时的试验次数，则随机变量 X 服从参数为 p 的几何分布.

3.　二 项 分 布

若随机变量 X 的概率函数为

$$P\{X = k\} = C_n^k p^k q^{n-k}, \qquad k = 0, 1, 2, \cdots, n \qquad (2.3.3)$$

其中 $0 < p < 1$，$q = 1-p$，则称 X 服从参数为 n，p 的**二项分布**（binomial distribution），记作 $X \sim B(n, p)$.

注意到 $C_n^k p^k q^{n-k}$ 正好是二项式 $(p+q)^n$ 的展开式中第 $k+1$ 项，故称随机变量服从二项分布.

特别地，当 $n = 1$ 时，式 $(2.3.3)$ 成为

$$P\{X = k\} = p^k q^{1-k}, \qquad k = 0, 1,$$

即为 $0-1$ 分布. 这说明 $0-1$ 分布是二项分布的特例.

在第一章中讨论了伯努利概型，若令 X 表示在 n 重伯努利试验中事件 A 发生的次数，则 X 的可能取值为 $0, 1, 2, \cdots, n$，且

$$P\{X = k\} = C_n^k p^k q^{n-k}, \qquad k = 0, 1, 2, \cdots, n,$$

其中 $P(A) = p$，$0 < p < 1$，$q = 1-p$. 可见，X 服从二项分布. 这就给

出了服从二项分布的随机变量的直观背景，即当 X 表示 n 重伯努利试验中事件 A 发生的次数时，X 就服从参数为 n，p 的二项分布.

图 2-6（a）和图 2-6（b）分别是当 $n = 10$，$p = 0.7$ 和 $n = 13$，$p = 0.5$ 时的二项分布概率函数图.

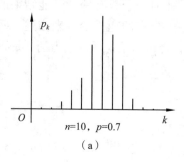
（a）

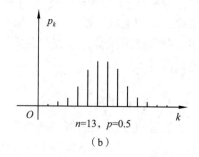
（b）

图 2-6

从图 2-9 中可看出，对于固定 n 及 p，当 k 增加时，概率 $P\{X = k\}$ 先是随之增加直至达到最大值，随后单调减少. 一般地，对于固定的 n，p，二项分布 $B(n, p)$ 都具有这一性质. 且

（1）当 $(n+1)p$ 不为整数时，概率 $P\{X = k\}$ 在 $k = k_0 = [(n+1)p]$ 时达到最大值，其中 $[(n+1)p]$ 表示不超过 $(n+1)p$ 的最大整数；

（2）当 $(n+1)p$ 为整数时，概率 $P\{X = k\}$ 在 $k = k_0 = p(n+1)$ 和 $p(n+1)-1$ 时达到最大值.

称 k_0 为**二项分布的最可能值**.

例 3　某单位仓库需安装若干报警器，已知当发生危险时，每台报警的概率是 0.8，且各台报警器彼此独立工作. 当发生危险时，为了保证以 99% 以上的把握报警器报警，求至少应安装多少台报警器？

解　设需安装 n 台报警器，用 X 表示发生危险时报警器报警的台数，由题意知 $X \sim B(n, 0.8)$，则 n 应满足

$$0.99 \leqslant P\{X \geqslant 1\} = 1 - P\{X = 0\} = 1 - C_n^0 (0.8)^0 (0.2)^n = 1 - (0.2)^n$$

解得 $n \geqslant 3$.

例 4　设每台自动机床在运行过程中需要维修的概率均为 $p = 0.01$，并且各机床是否需要维修相互独立. 如果（1）每名维修工人负责看管 20 台机床；（2）3 名维修工人共同看管 80 台机床，求不能及时维修的概率.

解　（1）需维修的机床数 X 服从参数为 $n = 20$，$p = 0.01$ 的二项分布，故不能及时维修的概率为

$$P\{X > 1\} = 1 - P\{X = 0\} - P\{X = 1\}$$
$$= 1 - 0.99^{20} - 20 \times 0.01 \times 0.99^{19} \approx 0.0169.$$

（2）需维修的机床数 X 服从参数为 $n = 80$，$p = 0.01$ 的二项分

布，故 3 名维修工人共同看管 80 台机床时不能及时维修的概率为

$$P\{X>3\} = 1 - \sum_{k=0}^{3} P\{X=k\} \approx 0.0087.$$

比较本例的（1）与（2）可见，3 名维修工人共同看管 80 台机床比每人看管 20 台机床提高了工作效率．而且不能及时维修的概率下降了将近一半，因而从这一点来看还是联合起来好．

4. 泊松分布

如果随机变量 X 的概率函数是

泊松

$$P\{X=k\} = \frac{\lambda^k}{k!}e^{-\lambda}, \qquad k=0, 1, 2, \cdots, \qquad (2.3.4)$$

其中 $\lambda > 0$，则称 X 服从参数是 λ 的**泊松①分布**（poisson distribution），记作 $X \sim P(\lambda)$．

泊松分布的概率函数图如图 2-7 所示．

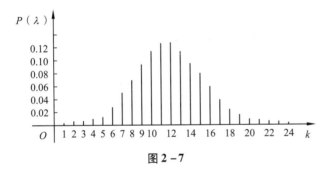

图 2-7

泊松分布是由法国数学家泊松于 1837 年引进的，它是概率论中最重要的分布之一．一方面，在实际问题中很多随机变量都服从或近似服从泊松分布，如一段时间内电话总台收到的用户呼唤次数，单位时间内来到某公用设施前（如车站候车处、超市的收银台、医院的挂号处等）要求提供服务的人数，某交通路口单位时间内（如一周、一月或一年等）发生的事故的次数，一段时间内，某操作系统发生故障的次数，单位面积的土地上生长的杂草数，放射性物质放射粒子数，织机上断头的次数以及零件铸造表面上一定大小的面积内砂眼的个数等；另一方面，在理论上，泊松分布是二项分布的极限分布．一般地，当 n 较大、p 较小、np 大小适当时，以 n，p 为参数的二项分布可近似地看成参数为 λ（$\lambda = np$）的泊松分布，这样就可利用泊松

---

① 泊松（S. D. Poisson，1781－1840），法国数学家、力学家和物理学家，他的《关于判断犯罪现象的概率研究》一书中包含了著名的泊松定理、泊松大数定律和泊松中心极限定理．

分布对二项分布作近似计算. 实际计算时，$n \geqslant 100$，$np \leqslant 10$ 时近似效果就很好.

泊松分布的概率计算可通过查附表一求出.

例 5 电话交换台每分钟内收到用户呼唤次数为 $X \sim P(3)$，写出 X 的概率函数及求一分钟内呼唤不超过 5 次的概率.

解 由于 $X \sim P(3)$，X 的概率函数为

$$P\{X=k\} = \frac{3^k}{k!}e^{-3}, \quad k = 0, 1, 2, \cdots.$$

所求概率为 $P\{X \leqslant 5\}$，查附表一得

$$P\{X \leqslant 5\} = \sum_{k=0}^{5} P\{X=k\} = 0.916.$$

例 6 某证券营业部开有 1000 个资金账户，每户资金 10 万元. 假设每日每个资金账户到营业部提取 20% 现金的概率为 0.006. 问该营业部每日至少要准备多少现金才能以 95% 以上的概率满足客户提款的要求？

解 用 X 表示每日提取现金的客户数，则 $X \sim B(1000, 0.006)$. 又设营业部准备的现金数为 x 万元，则由题意，应求最小的 x，使 $P\{2X \leqslant x\} \geqslant 0.95$，即

$$P\left\{X \leqslant \frac{x}{2}\right\} \geqslant 0.95$$

注意到 $n = 1000$ 较大，$p = 0.006$ 较小，$np = 6$ 大小适中，所以近似地有 $X \sim P(6)$，于是上面不等式为

$$\sum_{k=0}^{\frac{x}{2}} \frac{6^k}{k!}e^{-6} \geqslant 0.95$$

查附表一，得 $\frac{x}{2} \geqslant 10$，从而得 $x \geqslant 20$. 即营业部每日至少应准备 20 万元现金才行.

例 7 已知某种非传染疾病的发病率为 $\frac{1}{1000}$，某单位共有 5000 人，问该单位至少有 2 人患有这种疾病的概率为多大？

解 用 X 表示该单位患有这种疾病的人数，可以认为 $X \sim B\left(5000, \frac{1}{1000}\right)$，所求概率为 $P\{X \geqslant 2\}$. 显然，直接利用二项分布计算 $P\{X \geqslant 2\}$ 是很麻烦的.

注意到 $n = 5000$ 较大，$p = 0.001$ 较小，$np = 5$ 大小适当，所以，近似地有 $X \sim P(5)$. 于是

$$P\{X \geqslant 2\} = 1 - P\{X < 2\} \approx 1 - \sum_{k=0}^{1} \frac{5^k}{k!}e^{-5}$$

$$= 1 - 0.006738 - 0.03369 = 0.959572 \text{（查附表一）}.$$

此例的计算结果表明，尽管每个人患某种疾病的可能性很小，但 5000 人中至少有 2 人患这种疾病的概率很接近 1，即至少有 2 人患病几乎是可以肯定的．这一事实说明，一个概率很小的事件在试验次数充分多时，发生几乎是必然的，所以我们绝不能轻视小概率事件．

5. 超几何分布

设 N 个元素分两类，有 N_1 个元素属于第一类，N_2 个元素属于第二类（$N_1 + N_2 = N$）．从中任取 n 个，令 X 表示这 n 个元素中第一（或第二）类元素的个数，则 X 的概率函数为

$$P\{X = k\} = \frac{C_{N_1}^k C_{N_2}^{n-k}}{C_N^n}, \quad k = 0,\ 1,\ \cdots,\ \min\{n,\ N_1\}. \quad (2.3.5)$$

由式（2.3.5）确定的分布称为**超几何分布**（hypergeometric distribution）．

超几何分布可用来描述不放回抽样的试验，特别当 N 不大时．例如，一批产品共 N 件，其中 M 件次品，现不放回一个一个地取 n 件产品或一次抽取 n 件产品，则这 n 件产品中所含的次品数 X 是一个服从超几何分布的随机变量．当 N 很大、n 相对 N 较小时，则每次抽取后，对次品率 $p = \dfrac{M}{N}$ 改变甚微，所以不放回抽样可近似地看成放回抽样，而有放回抽取 n 件产品，这 n 件产品中所含的次品数便服从参数为 n，$p = \dfrac{M}{N}$ 的二项分布，于是在这种情形下，超几何分布可用二项分布来近似，即

$$P\{X = k\} = \frac{C_M^k C_{N-M}^{n-k}}{C_N^n} \approx C_n^k p^k (1-p)^{n-k},$$

其中 $k = 0,\ 1,\ \cdots,\ \min(n,\ M)$，$p = M/N$．

例 8　某班有学生 20 名，其中有 5 名女同学．今从班上任选 4 名学生去参观，用 X 表示被选到的女同学数，则 X 服从超几何分布，其概率函数为

$$P\{X = k\} = \frac{C_5^k C_{15}^{4-k}}{C_{20}^4}, \quad k = 0,\ 1,\ 2,\ 3,\ 4.$$

计算出结果，得概率分布表：

X	0	1	2	3	4
P	0.2817	0.4696	0.2167	0.0310	0.0010

例 9　一袋重量为 500 克的种子约 10000 粒，假设该袋种子的发芽率为 99%，从中任取 200 粒进行试验，计算最多有 1 粒不发芽的概率．

解 根据题意，不发芽的种子有 $10000 \times 1\% = 100$ 粒，发芽的种子有 $10000 \times 99\% = 9900$ 粒. 设 X 表示 200 粒中不发芽的种子数，则 X 服从参数为 $N = 10000$，$N_1 = 100$，$n = 200$ 的超几何分布，故所求概率为

$$P\{X \leqslant 1\} = P\{X = 0\} + P\{X = 1\}$$

$$= \frac{C_{100}^0 C_{9900}^{200}}{C_{10000}^{200}} + \frac{C_{100}^1 C_{9900}^{199}}{C_{10000}^{200}}.$$

但由于种子总数 N 很大，而取出的种子数 n 相对于种子总数较小（一般地，如果 $\frac{n}{N} \leqslant 5\%$ 即可视为 n 相对于 N 较小），所以可以用二项分布近似代替超几何分布，其中二项分布的参数 $n = 200$，$p = \frac{100}{10000} = 0.01$，所以

$$P\{X \leqslant 1\} \approx C_{200}^0 \cdot 0.01^0 \cdot 0.99^{200} + C_{200}^1 \cdot 0.01^1 \cdot 0.99^{199}.$$

又由于二项分布的参数 $n = 200$ 比较大，$p = 0.01$ 很小，因此二项分布又可用泊松分布近似计算，其中参数 $\lambda = np = 2$，所以

$$P\{X \leqslant 1\} = \frac{C_{100}^0 C_{9900}^{200}}{C_{10000}^{200}} + \frac{C_{100}^1 C_{9900}^{199}}{C_{10000}^{200}}$$

$$\approx C_{200}^0 \cdot 0.01^0 \cdot 0.99^{200} + C_{200}^1 \cdot 0.01^1 \cdot 0.99^{199}$$

$$\approx \frac{2^0}{0!} e^{-2} + \frac{2^1}{1!} e^{-2} \approx 0.1353 + 0.2707 = 0.406.$$

2.3.2 常见连续型随机变量的分布

1. 均匀分布

若随机变量 X 的密度函数为

$$f(x) = \begin{cases} \dfrac{1}{b-a}, & a \leqslant x \leqslant b; \\ 0, & \text{其他}. \end{cases} \qquad (2.3.6)$$

则称 X 服从区间 $[a, b]$ 上的**均匀分布**（uniform distribution），记作 $X \sim U[a, b]$. 其分布函数为

$$F(x) = \begin{cases} 0, & x < a; \\ \dfrac{x-a}{b-a}, & a \leqslant x < b; \\ 1, & b \leqslant x. \end{cases} \qquad (2.3.7)$$

密度函数 $f(x)$ 与分布函数 $F(x)$ 的图形见图 2-8 和图 2-9.

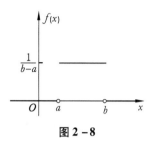

图 2-8

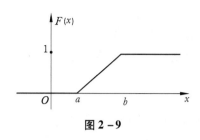

图 2-9

设 $X \sim U[a, b]$，且 $[c, d] \subset [a, b]$，则 X 落在区间 $[c, d]$ 上的概率为

$$P\{c \leqslant X \leqslant d\} = \int_c^d \frac{1}{b-a} \mathrm{d}x = \frac{d-c}{b-a}.$$

上式表明，X 落在 $[a, b]$ 中任一子区间上的概率与子区间的长度成正比，而与子区间的位置无关，故 X 落在等长度的各子区间上的可能性是相等的．这就是均匀分布的概率意义．

在实际问题中，服从均匀分布的例子是很多的．例如，设通过某站的汽车 10 分钟一辆，那么乘客候车时间 X 服从 $[0, 10]$ 上的均匀分布；随机投一根针于坐标纸上，它的倾斜角 X 服从 $[0, \pi]$ 上的均匀分布．数值计算中的舍入误差，在一段时间内销售市场上对某种商品的需求量等被认为服从均匀分布；另外，在人寿保险中，团体人身险、团体人身意外伤害险和养老保险等险种，可以认为每个险种内部的人均风险是均等的，即可认为人均风险服从均匀分布．

例 1　设某公共汽车站从上午 7 时起，每隔 15 分钟就有一班车到站．如果某乘客在 7 点到 7 点 30 分之间到达车站的时间服从均匀分布．试求（1）他等车不超过 5 分钟的概率；（2）等车超过 10 分钟的概率．

解　设该乘客于 7 点过 X 分钟到站，则 $X \sim U[0, 30]$．X 的密度函数为

$$f(x) = \begin{cases} \dfrac{1}{30}, & 0 \leqslant x \leqslant 30; \\ 0, & \text{其他}. \end{cases}$$

（1）若等车不超过 5 分钟，则乘客必须在 7 点 10 分至 7 点 15 分之间或 7 点 25 分至 7 点 30 分之间到站．因此，所求概率为

$$P\{10 \leqslant X \leqslant 15\} + P\{25 \leqslant X \leqslant 30\} = \int_{10}^{15} \frac{1}{30} \mathrm{d}x + \int_{25}^{30} \frac{1}{30} \mathrm{d}x = \frac{1}{3}.$$

（2）若乘客在 7 点至 7 点 5 分之间或在 7 点 15 分至 7 点 20 分之间到站，就要等车 10 分钟以上，故所求概率为

$$P\{0 < X < 5\} + P\{15 < X < 20\} = \int_0^5 \frac{1}{30} \mathrm{d}x + \int_{15}^{20} \frac{1}{30} \mathrm{d}x = \frac{1}{3}.$$

2. 指 数 分 布

若随机变量 X 的密度函数为

$$f(x) = \begin{cases} \lambda e^{-\lambda x}, & x > 0; \\ 0, & x \leqslant 0. \end{cases} \quad (2.3.8)$$

其中 $\lambda > 0$，则称 X 服从参数为 λ 的**指数分布**（exponential type distribution），记作 $X \sim \mathrm{Exp}(\lambda)$.

由式（2.2.15）可求出分布函数

$$F(x) = \begin{cases} 1 - e^{-\lambda x}, & x > 0; \\ 0, & x \leqslant 0. \end{cases} \quad (2.3.9)$$

指数分布有着极重要的应用，在实践中对于到某个特定事件发生所需要等待的时间往往看作近似服从指数分布的. 如随机服务系统中的服务时间、电话的通话时间、保险公司收到两次索赔的间隔时间、某些消耗性产品（电子元件等）的寿命及某些生物的寿命等，都常被假定服从指数分布.

例2 设某电子元件的使用寿命 X 服从指数分布，其密度函数为

$$f(x) = \begin{cases} \dfrac{1}{1000} e^{-\frac{x}{1000}}, & x > 0; \\ 0, & x \leqslant 0. \end{cases}$$

若一台仪器中装有 3 个这样的元件，其中一件损坏，整机将停止工作，求该仪器工作 1000 小时以上的概率.

解 就一个元件而言，工作到 1000 小时以上的概率为

$$P\{X > 1000\} = \int_{1000}^{+\infty} f(x)\,dx = \int_{1000}^{+\infty} \frac{1}{1000} e^{-\frac{x}{1000}}\,dx = e^{-1} \approx 0.368.$$

由于仪器装有 3 个这样的元件，各元件寿命相互独立，再以 A 表示该仪器工作 1000 小时以上，则有

$$P(A) = (P\{X > 1000\})^3 = e^{-3} \approx 0.05.$$

例3 设 X 服从参数为 λ 的指数分布，证明：对任意的 $s > 0$，$t > 0$，有

$$P\{X > s+t \mid X > s\} = P\{X > t\} \quad (2.3.10)$$

证 因 $P\{X > s+t \mid X > s\} = \dfrac{P(\{X > s+t\} \cap \{X > s\})}{P(X > s)}$

$$= \frac{P\{X > s+t\}}{P\{X > s\}} = \frac{e^{-\lambda(s+t)}}{e^{-\lambda s}} = e^{-\lambda t} = P(X > t).$$

指数分布的这种性质，称为指数分布的"无记忆性". 假设 X 表示某种设备的寿命，则式（2.3.10）表明，如果设备在时刻 s 仍"活"着，那么它再"活"时间 t 的概率与它现在的"年龄" s 无关——设备对已使用的时间 s 没有记忆性.

3. 正 态 分 布

若随机变量 X 的密度函数为

$$\varphi(x) = \frac{1}{\sqrt{2\pi}\sigma} e^{-\frac{(x-\mu)^2}{2\sigma^2}}, \quad -\infty < x < +\infty \qquad (2.3.11)$$

其中，μ、σ 为常数，并且 $\sigma > 0$，则称 X 服从参数为 μ、σ 的**正态分布**（normal distribution），也称 X 为**正态变量**，记作 $X \sim N(\mu,\ \sigma^2)$.

正态分布

正态分布又称高斯[①]分布，它首先是由法国数学家棣莫弗[②]于 1733 年作为二项分布当 n 很大时的近似分布提出来的；后来，拉普拉斯和高斯等又推广了这一成果.

利用泊松积分 $\displaystyle\int_{-\infty}^{+\infty} e^{-x^2}\mathrm{d}x = \sqrt{\pi}$，可以验证

$$\int_{-\infty}^{+\infty} \varphi(x)\,\mathrm{d}x = \frac{1}{\sqrt{2\pi}\sigma}\int_{-\infty}^{+\infty} e^{-\frac{(x-\mu)^2}{2\sigma^2}}\mathrm{d}x = 1.$$

高斯

正态分布的分布函数

$$\Phi(x) = \frac{1}{\sqrt{2\pi}\sigma}\int_{-\infty}^{x} e^{-\frac{(t-\mu)^2}{2\sigma^2}}\mathrm{d}t, \quad -\infty < x < +\infty \qquad (2.3.12)$$

正态分布的密度函数 $\varphi(x)$ 具有如下性质：

（i）正态曲线 $y = \varphi(x)$ 是以 $x = \mu$ 为对称轴的钟形曲线（见图 2-10），并在 $x = \mu$ 处 $\varphi(x)$ 取得最大值 $\varphi(\mu) = \dfrac{1}{\sqrt{2\pi}\sigma}$；

（ii）曲线 $y = \varphi(x)$ 以 x 轴为水平渐近线，在 $x = \mu \pm \sigma$ 处有拐点 $\left(\mu \pm \sigma,\ \dfrac{1}{\sqrt{2\pi}\sigma}e^{-\frac{1}{2}}\right)$；

棣莫弗

（iii）当 σ 固定而 μ 的值变化时，曲线 $y = \varphi(x)$ 将沿 x 轴水平移动，其形状不变，即正态曲线的位置由 μ 确定. 当 μ 固定而 σ 的值变化时，图形的位置不变，而由最大值 $\varphi(\mu) = \dfrac{1}{\sqrt{2\pi}\sigma}$ 可知：σ 越大，图形在 μ 附近越显得平坦；σ 越小，图形在 μ 附近显得越陡峭，因而 X 在 μ 附近取值的概率就越大（见图 2-11）.

---

① 高斯（K. F. Gauss, 1777-1855），德国数学家、物理学家和天文学家. 他在数学、物理学、天文学、测地学等领域都有很大的成就.
② 棣莫弗（A. dé Moivre, 1667-1754），法国数学家. 棣莫弗最早发现正态分布是二项分布的极限形式.

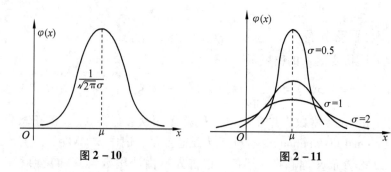

图 2-10　　　　　　　　　　图 2-11

特别地，当 $\mu=0$，$\sigma=1$ 时的正态分布称为**标准正态分布**（stand-ard normal distribufron），记作 $X \sim N(0,1)$，其密度函数与分布函数分别记作 $\varphi_0(x)$、$\Phi_0(x)$，即

$$\varphi_0(x) = \frac{1}{\sqrt{2\pi}} e^{-\frac{x^2}{2}}, \qquad -\infty < x < +\infty; \qquad (2.3.13)$$

$$\Phi_0(x) = \frac{1}{\sqrt{2\pi}} \int_{-\infty}^{x} e^{-\frac{t^2}{2}} dt, \qquad -\infty < x < +\infty. \qquad (2.3.14)$$

标准正态分布的密度函数 $y=\varphi_0(x)$ 的图形如图 2-12 所示.

由式（2.3.13）可知，$\varphi_0(x)$ 是偶函数，由此可得

$$\varphi_0(-x) = \varphi_0(x), \qquad (2.3.15)$$

$$\Phi_0(-x) = 1 - \Phi_0(x). \qquad (2.3.16)$$

式（2.3.16）的成立是因为

$$\Phi_0(-x) = \int_{-\infty}^{-x} \varphi_0(t)\, dt$$

$$\xrightarrow{\text{令 } t=-u} \int_{x}^{+\infty} \varphi_0(u)\, du$$

$$= \int_{-\infty}^{+\infty} \varphi_0(u)\, du - \int_{-\infty}^{x} \varphi_0(u)\, du = 1 - \Phi_0(x).$$

故对 $\varphi_0(x)$ 及 $\Phi_0(x)$ 来说，当自变量取负值时所对应的函数值，可用自变量取相应的正值时所对应的函数值来表示.

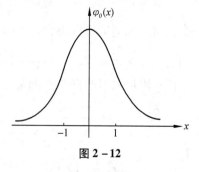

图 2-12

正态分布是概率论中最重要的分布. 一方面，在实际中，许多随机变量都服从或近似地服从正态分布. 例如，测量的误差，海洋波浪起伏的高度，农作物的单位面积产量，人的身高或体重等都近似地服从正态分布. 一般来说，若影响某一数量指标的随机因素很多，而每个因素所起的作用都不太大，则这个指标服从正态分布. 另一方面，许多分布都可用正态分布来近似，并且一些分布还可以由正态分布来

导出. 因此, 在理论研究中, 它也有很重要的作用.

由于正态分布如此重要, 应用如此广泛, 因而为了计算的方便, 人们已经编出了标准正态分布的密度函数 $\varphi_0(x)$ 和分布函数 $\Phi_0(x)$ 的函数值表, 见附表二、附表三. 但需注意, 在 $\varphi_0(x)$ 和 $\Phi_0(x)$ 的函数值表中只对 $0 \leqslant x < 5$ 给出了相应的函数值. 当 $x \geqslant 5$ 时, 可取 $\varphi_0(x) = 0$, $\Phi_0(x) = 1$. 当 $x < 0$ 时, 可由 $\varphi_0(x) = \varphi_0(-x)$, $\Phi_0(-x) = 1 - \Phi_0(x)$ 求得 $\varphi_0(x)$ 及 $\Phi_0(x)$ 的值. 对一般正态分布 $X \sim N(\mu, \sigma^2)$, 其密度函数 $\varphi(x)$ 和分布函数 $\Phi(x)$ 的函数值可先化为

$$\varphi(x) = \frac{1}{\sigma} \varphi_0 \left(\frac{x - \mu}{\sigma} \right), \tag{2.3.17}$$

$$\Phi(x) = \Phi_0 \left(\frac{x - \mu}{\sigma} \right), \tag{2.3.18}$$

再利用 $\varphi_0(x)$, $\Phi_0(x)$ 的函数值表求得. 式 (2.3.17) 成立是因为

$$\varphi(x) = \frac{1}{\sqrt{2\pi}\sigma} e^{-\frac{(x-\mu)^2}{2\sigma^2}} = \frac{1}{\sigma} \frac{1}{\sqrt{2\pi}} e^{-\frac{\left(\frac{x-\mu}{\sigma}\right)^2}{2}} = \frac{1}{\sigma} \varphi_0 \left(\frac{x - \mu}{\sigma} \right).$$

式 (2.3.18) 成立, 是因为

$$\Phi(x) = \int_{-\infty}^{x} \varphi(t)\, dt = \int_{-\infty}^{x} \frac{1}{\sigma} \varphi_0 \left(\frac{t - \mu}{\sigma} \right) dt$$

$$\xlongequal{\text{令} u = \frac{t-\mu}{\sigma}} \int_{-\infty}^{\frac{x-\mu}{\sigma}} \varphi_0(u)\, du = \Phi_0 \left(\frac{x - \mu}{\sigma} \right).$$

例 4 已知 $X \sim N(0, 1)$, 查表求 (1) $\varphi_0(1.65)$, $\varphi_0(-1)$, $\varphi_0(0.86)$, $\varphi_0(6.4)$; (2) $\Phi_0(1.65)$, $\Phi_0(-1)$, $\Phi_0(6.4)$; 并求 $P(|X| \leqslant 1.96)$.

解 (1) 查附表二, 得

$$\varphi_0(1.65) = 0.1023, \quad \varphi_0(-1) = \varphi_0(1) = 0.2420,$$

$$\varphi_0(0.86) = 0.2756, \quad \varphi_0(6.4) = 0.$$

(2) 查附表三, 得

$\Phi_0(1.65) = 0.95053,$

$\Phi_0(-1) = 1 - \Phi_0(1) = 1 - 0.8413 = 0.1587, \quad \Phi_0(6.4) \approx 1,$

$P\{|X| \leqslant 1.96\} = P\{-1.96 \leqslant X \leqslant 1.96\}$

$$= \Phi_0(1.96) - \Phi_0(-1.96)$$

$$= 2\Phi_0(1.96) - 1 = 0.95.$$

例 5 设 $X \sim N(1, 4)$, 求 $P\{0 < X < 1.6\}$, $P\{|X| \leqslant 2\}$.

解 $P\{0 < X < 1.6\} = \Phi(1.6) - \Phi(0) = \Phi_0 \left(\frac{1.6 - 1}{2} \right) - \Phi_0 \left(\frac{0 - 1}{2} \right)$

$$= \Phi_0(0.3) - [1 - \Phi_0(0.5)] = 0.3094,$$

$P\{|X| \leqslant 2\} = P\{-2 \leqslant X \leqslant 2\} = \Phi(2) - \Phi(-2)$

$$= \Phi_0\left(\frac{2-1}{2}\right) - \Phi_0\left(\frac{-2-1}{2}\right)$$

$$= \Phi_0(0.5) - [1 - \Phi_0(1.5)] = 0.6247.$$

例6 已知自动车床生产零件的长度为 $X \sim N(50, 1)$ （单位：mm），若规定零件的长度在 50 ± 1mm 之间为合格品，求（1）生产的零件的合格品率；（2）重复抽检三个这种零件，至少有一个是合格品的概率.

解 （1）由题意可知，零件的合格品率为

$$P\{49 \leq X \leq 51\} = \Phi(51) - \Phi(49)$$

$$= \Phi_0\left(\frac{51-50}{1}\right) - \Phi_0\left(\frac{49-50}{1}\right)$$

$$= 2\Phi_0(1) - 1 = 0.6826.$$

（2）用 Y 表示三次抽检中合格品数，则 $Y \sim B(3, 0.6826)$，所求概率为

$$P\{Y \geq 1\} = 1 - P\{Y = 0\} = 1 - (1 - 0.6826)^3 \approx 0.968.$$

例7 设 $X \sim N(\mu, \sigma^2)$，求 $P\{|X-\mu| < \sigma\}$，$P\{|X-\mu| < 2\sigma\}$，$P\{|X-\mu| < 3\sigma\}$.

解 $P\{|X-\mu| < \sigma\} = P\{\mu-\sigma < X < \mu+\sigma\}$

$$= \Phi(\mu+\sigma) - \Phi(\mu-\sigma)$$

$$= \Phi_0\left(\frac{\mu+\sigma-\mu}{\sigma}\right) - \Phi_0\left(\frac{\mu-\sigma-\mu}{\sigma}\right)$$

$$= \Phi_0(1) - \Phi_0(-1) = 2\Phi_0(1) - 1 = 0.6826.$$

类似地，可求得 $P\{|X-\mu| < 2\sigma\} = 0.9544$，$P\{|X-\mu| < 3\sigma\} = 0.9974$.

例7的结果告诉我们，服从正态分布的随机变量 X 在 μ 的 3σ 邻域内取值的概率很大，而 $P\{|X-\mu| \geq 3\sigma\}$ 很小. 在实际问题中常常认为"$|X-\mu| \geq 3\sigma$"不会发生. 这种说法被一些实际工作者称作**正态分布的"3σ"原则**. 如果一个系统在设计时要求它服从正态分布，但在实际检测时发现不符合"3σ"原则，则要对该设计重新进行检查.

例8 设从某市南郊到北郊火车站有两条路线可走：第一条路线要穿过市区，路程较短，但交通拥挤，所需的时间（单位：分钟）为 $X \sim N(50, 10^2)$. 第二条路线是沿环城公路，路线较长，但意外阻塞较少，所需的时间为 $X \sim N(60, 4^2)$. 求（1）若有70分钟可用，应该走哪条路线？（2）若只有65分钟可用，应走哪条路线？

解 选择的原则是看在允许的时间内走哪条路线到火车站的概率较大.

（1）有70分钟可用时，走第一条路线能及时到达火车站的概

率为
$$P\{X \le 70\} = \varPhi_0\left(\frac{70-50}{10}\right) = \varPhi_0(2) = 0.97725.$$

走第二条路线能及时到达火车站的概率为
$$P\{X \le 70\} = \varPhi_0\left(\frac{70-60}{4}\right) = \varPhi_0(2.5) = 0.99379.$$

可见，在这种场合应选择第二条路线.

（2）只有 65 分钟可用时，走第一条路线能及时赶到的概率为
$$P\{X \le 65\} = \varPhi_0\left(\frac{65-50}{10}\right) = \varPhi_0(1.5) = 0.93319.$$

走第二条路线能及时赶到的概率为
$$P\{X \le 65\} = \varPhi_0\left(\frac{65-60}{4}\right) = \varPhi_0(1.25) = 0.8944.$$

因此，这时应走第一条路.

为了后面学习数理统计的需要，下面介绍标准正态分布的分位数.

设 $X \sim N(0, 1)$，对给定 $\alpha(0 < \alpha < 1)$，若数 u_α 满足
$$P\{X > u_\alpha\} = \alpha, \tag{2.3.19}$$

则称 u_α 为标准正态分布的**上 α 分位数**或**上 α 临界值**或 α 水平的上侧分位数（点）.

标准正态分布的上分位数 u_α 及概率 $P\{X > u_\alpha\}$，如图 2 - 13 所示.

对于给定 α，由式（2.3.19）得
$$P\{X > u_\alpha\} = 1 - P\{X \le u_\alpha\}$$
$$= 1 - \varPhi_0(u_\alpha) = \alpha,$$

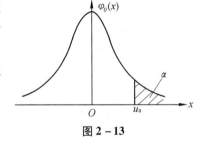

图 2 - 13

从而 $\varPhi_0(u_\alpha) = 1 - \alpha.$ 查附表三，即得分位数 u_α 的值.

例如，给定 $\alpha = 0.05$，则 $\varPhi_0(u_{0.05}) = 0.95$，查附表三得 $u_{0.05} = 1.645.$ 类似地，$u_{0.025} = 1.96$，$u_{0.01} = 2.33.$

由式（2.3.13）及分位数的定义可推得，标准正态分布上 α 分位数有如下性质：$u_{1-\alpha} = -u_\alpha.$

习题 2 - 3

1. 如果 X 服从 0 - 1 分布，且 X 取 1 的概率是它取 0 的概率的两倍. 写出 X 的概率函数，并求分布函数.

2. 一批产品共 20 件，其中正品 15 件、次品 5 件. 有放回地抽取，每次只取一件，直到取得正品为止. 假定每件产品被抽到的机会相同，求抽取次数的概率函数，并计算抽取次数是偶数的概率.

3. 某血库急需 AB 型血，现从献血者中获得，根据经验，每 100 名献血者中只有 2 名身体合格的 AB 型血的人. 今对献血者一个接一个进行化验，以 X 表示

习题选讲

第一次找到合格的 AB 型血的人时，献血者已被化验的人数．（1）求 X 的分布；（2）证明：对任何两个正整数 m，n，有 $P\{X>m+n \mid X>m\}=P\{X>n\}$．说明此式的直观意义．

4. 若每次射击中靶的概率为 0.7，射击 10 次，求（1）命中 3 次的概率；（2）至少命中 3 次的概率．

5. 从一批废品率为 0.1 的产品中重复抽取 20 个进行检查，求这 20 个产品中废品率不大于 0.15 的概率．

6. 设随机变量 X 服从泊松分布，已知 $P\{X=1\}=P\{X=2\}$，写出概率函数，并求 $P(X=4)$．

7. 一批产品的废品率为 0.01，用泊松分布近似求 500 件产品中废品为 2 件的概率，以及废品不超过 2 件的概率．

8. 设随机变量 X 服从 $[0，5]$ 上的均匀分布，求方程 $4x^2+4Xx+X+2=0$ 有实根的概率．

9. 某型号电子管的寿命 X 服从参数 $\lambda=\dfrac{1}{1000}$ 的指数分布，求电子管在使用 500 小时没坏的条件下，还可以继续使用 100 小时而不坏的概率．

10. 设自动取款机对每位顾客的服务时间（单位：分钟）服从参数为 $\lambda=\dfrac{1}{3}$ 的指数分布，如果有一顾客恰好在你面前走到空闲的取款机，求（1）你至少等候 3 分钟的概率；（2）你等候时间在 3~6 分钟之间的概率．如果你到达取款机时，正有一名顾客使用着取款机，上述概率又是多少？

11. 设在某火车站，从上午 7 时起每隔 15 分钟有一列开往甲地的火车；又从上午 7 点 5 分起，每隔 15 分钟有一列开往乙地的火车．一旅客在上午 7 点到 8 点之间到达该站是等可能的，如果他见到火车就上，求他被带到甲地的概率是多大？如果他在 7 点 10 分至 8 点 10 分之间到达该站是等可能的，且见到火车就上，他被带到甲地的概率有多大？

12. （1）设 $X \sim N(0，1)$，求 $P\{0.02<X<2.33\}$；$P\{-1.85<X<1.04\}$；$P\{X\leqslant 0\}$．

（2）设 $X \sim N(4，9)$，求 $P\{4<X<9.88\}$；$P\{X>9.88\}$；$P\{X=9.88\}$；$P\{|X|<9.88\}$．

13. 设 $X \sim N(108，9)$，求（1）$P\{101.1<X<117.6\}$；（2）常数 a，使 $P\{X<a\}=0.90$；（3）常数 a，使 $P\{|X-a|>a\}=0.01$．

14. 测量到某一目标的距离时发生的误差 X（米）具有密度函数
$$\varphi(x)=\frac{1}{40\sqrt{2\pi}}e^{-\frac{x^2}{3200}}.$$
求在三次测量中至少有一次误差的绝对值不超过 10 米的概率．

15. 某高校一年级学生的数学成绩 X 近似服从正态分布 $N(72，\sigma^2)$，其中 90 分以上的学生占学生总数的 4%．求（1）数学不及格的学生的百分比；（2）数学成绩在 65~80 分之间的学生的百分比．

16. 已知测量值 $X \sim N(0.2，0.05^2)$，今发现 10 次测量中有一个数据是 0.367，问是否可认为异常而予以剔除？

§2.4 随机变量函数的分布

我们常常遇到一些随机变量，它们的分布往往难以直接得到，但是与它们有关的另一些随机变量的分布却容易知道．这就要研究随机变量之间的关系，通过它们之间的关系，由已知随机变量的分布求出另一个随机变量的分布．

设 X 是一随机变量，$y=g(x)$ 是连续函数，则 $Y=g(X)$ 也是随机变量，称 $Y=g(X)$ 为**随机变量 X 的函数**．

我们要解决的问题是，如何根据 X 的分布求出 $Y=g(X)$ 的分布．下面分两种情形通过举例来讨论．

2.4.1 离散型随机变量函数的分布

例 1 测量一个正方形的边长，其结果是一个随机变量 X（为了简便，把它看成离散型），X 的概率函数为

X	7	8	9	10
P	0.1	0.3	0.4	0.2

求正方形的周长 Y 和面积 Z 的概率函数．

解 显然 $Y=4X$，$Z=X^2$.

由 X 所有可能取值 7，8，9，10 得 $Y=4X$ 的所有可能取值为 28，32，36，40. 又由事件 $\{X=7\}$ 与事件 $\{Y=28\}$ 相等，所以

$$P\{Y=28\}=P\{X=7\}=0.1.$$

同理

$$P\{Y=32\}=P\{X=8\}=0.3,$$
$$P\{Y=36\}=P\{X=9\}=0.4,$$
$$P\{Y=40\}=P\{X=10\}=0.2.$$

故得 Y 的概率函数为

Y	28	32	36	40
P	0.1	0.3	0.4	0.2

类似地，可求出随机变量 Z 的概率函数为

Z	49	64	81	100
P	0.1	0.3	0.4	0.2

例 2 已知 X 的概率函数为

X	-1	0	1	2
P	0.2	0.3	0.4	0.1

.

求 $Y = X^2$ 的概率函数.

解 Y 的所有可能取值为 0，1，4. 由于事件 $\{Y=0\}$ 与事件 $\{X=0\}$ 相等，事件 $\{Y=4\}$ 与事件 $\{X=2\}$ 相等，所以

$$P\{Y=0\} = P\{X=0\} = 0.3,$$
$$P\{Y=4\} = P\{X=2\} = 0.1.$$

而事件 $\{Y=1\}$ 是两个互不相容事件 $\{X=-1\}$ 与 $\{X=1\}$ 的和，所以

$$P\{Y=1\} = P\{X=-1\} + P\{X=1\} = 0.6.$$

这样，Y 的概率函数为

Y	0	1	4
P	0.3	0.6	0.1

.

一般地，设随机变量 X 的概率函数为 $P\{X=x_k\} = p_k (k=1，2，\cdots)$，并假设 $y=g(x)$ 是连续函数，则 $Y=g(X)$ 也是离散型随机变量.

（1）若当 $x_i \neq x_j (i \neq j)$ 时，$g(x_i) \neq g(x_j)$，则 Y 的概率函数为
$$P\{Y=g(x_k)\} = P\{X=x_k\} = p_k, \quad k=1,2,\cdots.$$

（2）若存在当 $x_i \neq x_j (i \neq j)$ 时，有 $g(x_i) = g(x_j)$，则应把这些相等的值作为 Y 的一个取值，Y 取该值的概率是 X 取相应值的概率之和.

2.4.2　连续型随机变量函数的分布

设随机变量 X 的密度函数为 $f_X(x)$，并假设 $y=g(x)$ 及其一阶导数是连续函数，则 $Y=g(X)$ 是连续型随机变量. 现在来求 Y 的密度函数 $f_Y(x)$.

第一步，建立随机变量 Y 的分布函数 $F_Y(x)$ 与 X 的分布函数 $F_X(x)$ 之间的关系，或者求出随机变量 Y 的分布函数 $F_Y(x)$；

第二步，对 $F_Y(x)$ 求导便得 $f_Y(x)$.

例 1 设随机变量 X 的密度函数为 $f_X(x)$，$Y=3X+2$，求 Y 的密度函数 $f_Y(x)$.

76

解 建立 Y 的分布函数 $F_Y(x)$ 与 X 的分布函数 $F_X(x)$ 之间的关系：

$$F_Y(x) = P\{Y \leqslant x\} = P\{3X + 2 \leqslant x\}$$
$$= P\left\{X \leqslant \frac{x-2}{3}\right\} = F_X\left(\frac{x-2}{3}\right).$$

在上式两边对 x 求导，得

$$f_Y(x) = f_X\left(\frac{x-2}{3}\right) \cdot \left(\frac{x-2}{3}\right)' = \frac{1}{3}f_X\left(\frac{x-2}{3}\right).$$

特别地，若 X 的密度函数为

$$f_X(x) = \begin{cases} \dfrac{1}{4}, & 0 \leqslant x \leqslant 4; \\ 0, & \text{其他}. \end{cases}$$

则

$$f_Y(x) = \begin{cases} \dfrac{1}{3} \times \dfrac{1}{4}, & 0 \leqslant \dfrac{x-2}{3} \leqslant 4; \\ 0, & \text{其他}. \end{cases}$$

即

$$f_Y(x) = \begin{cases} \dfrac{1}{12}, & 2 \leqslant x \leqslant 14; \\ 0, & \text{其他}. \end{cases}$$

结果表明，Y 在相应的区间 $[2, 14]$ 上服从均匀分布.

可以证明，若随机变量 X 服从 $[a, b]$ 上的均匀分布，则 X 的线性函数 $Y = kX + c(k \neq 0)$ 服从相应区间上的均匀分布.

例 2　设 $X \sim N(\mu, \sigma^2)$，$Y = aX + b$，其中 $a \neq 0$，b 为常数，求 Y 的密度函数 $f_Y(x)$.

解　当 $a > 0$ 时，Y 的分布函数为

$$F_Y(x) = P\{Y \leqslant x\} = P\{aX + b \leqslant x\}$$
$$= P\left\{X \leqslant \frac{x-b}{a}\right\} = \Phi\left(\frac{x-b}{a}\right)$$

故 Y 的密度函数为

$$f_Y(x) = \varphi\left(\frac{x-b}{a}\right) \cdot \frac{1}{a}$$
$$= \frac{1}{\sqrt{2\pi}\sigma}e^{-\frac{\left(\frac{x-b}{a}-\mu\right)^2}{2\sigma^2}} \cdot \frac{1}{a} = \frac{1}{\sqrt{2\pi}a\sigma}e^{-\frac{[x-(a\mu+b)]^2}{2a^2\sigma^2}},$$

其中 $\Phi(x)$，$\varphi(x)$ 分别为 X 的分布函数和密度函数.

同理，当 $a < 0$ 时，可得 Y 的密度函数为

$$f_Y(x) = \frac{1}{\sqrt{2\pi}(-a\sigma)}e^{-\frac{[x-(a\mu+b)]^2}{2a^2\sigma^2}},$$

所以，Y 的密度函数为

$$f_Y(x) = \frac{1}{\sqrt{2\pi}|a|\sigma}e^{-\frac{[x-(a\mu+b)]^2}{2a^2\sigma^2}},$$

即 $Y \sim N(a\mu + b,\ a^2\sigma^2)$. 这说明，服从正态分布的随机变量的线性函数仍然服从正态分布.

由例 2 的结果立即可得，若 $X \sim N(\mu,\ \sigma^2)$，且 $Y = \dfrac{X - \mu}{\sigma}$，则 $Y \sim N(0,\ 1)$.

总结例 1、例 2，关于随机变量的线性函数的分布，我们有如下一般结论.

定理 2.1　设随机变量 X 的密度函数为 $f_X(x)$，则随机变量 $Y = kX + b(k \neq 0)$ 的密度函数为

$$f_Y(x) = \frac{1}{|k|} f_X\left(\frac{x - b}{k}\right). \tag{2.4.1}$$

证　设 X 的分布函数为 $F_X(x)$，Y 的分布函数、密度函数分别为 $F_Y(x)$，$f_Y(x)$. 于是，当 $k < 0$ 时，

$$F_Y(x) = P\{Y \leq x\} = P\{kX + b \leq x\} = P\left\{X \geq \frac{x - b}{k}\right\}$$

$$= 1 - F_X\left(\frac{x - b}{k}\right)$$

两边对 x 同时求导，得

$$f_Y(x) = -\frac{1}{k}f_X\left(\frac{x - b}{k}\right) = \frac{1}{|k|}f_X\left(\frac{x - b}{k}\right).$$

类似可证 $k > 0$ 的情形.

例 3　设 $X \sim N(0,\ 1)$，求 $Y = X^2$ 的密度函数.

解　设 Y 的分布函数为 $F_Y(x)$. 当 $x \leq 0$ 时，有
$$F_Y(x) = P\{Y \leq x\} = P\{X^2 \leq x\} = 0;$$
当 $x > 0$ 时，

$$F_Y(x) = P\{X^2 \leq x\} = P\{-\sqrt{x} \leq X \leq \sqrt{x}\}$$

$$= \int_{-\sqrt{x}}^{\sqrt{x}} \frac{1}{\sqrt{2\pi}}e^{-\frac{t^2}{2}}dt = 2\int_0^{\sqrt{x}} \frac{1}{\sqrt{2\pi}}e^{-\frac{t^2}{2}}dt,$$

所以，Y 的分布函数为

$$F_Y(x) = \begin{cases} 0, & x \leq 0; \\ 2\int_0^{\sqrt{x}} \frac{1}{\sqrt{2\pi}}e^{-\frac{t^2}{2}}dt & x > 0. \end{cases}$$

于是，Y 的密度函数

$$f_Y(x) = F'_Y(x) = \begin{cases} \frac{1}{\sqrt{2\pi}}e^{-\frac{x}{2}}x^{-\frac{1}{2}}, & x > 0; \\ 0, & x \leq 0. \end{cases}$$

此为自由度为 1 的 χ^2 分布，记作 $Y \sim \chi^2(1)$（在 6.3.1 小节中给出了

服从自由度为 n 的 χ^2 分布的随机变量的密度函数).

例 4　设连续型随机变量 X 的密度函数为

$$f(x) = \begin{cases} \dfrac{1}{x+1}, & 0 < x < \mathrm{e}-1; \\ 0, & \text{其他}. \end{cases}$$

$Y = \sqrt{X}$，求随机变量 Y 的密度函数 $f_Y(x)$.

解　设 Y 的分布函数为 $F_Y(x)$. 当 $x < 0$ 时，$F_Y(x) = P\{Y \leqslant x\} = 0$；当 $x \geqslant 0$ 时，

$$F_Y(x) = P\{Y \leqslant x\} = P\{\sqrt{X} \leqslant x\}$$

$$= P\{X \leqslant x^2\} = \int_{-\infty}^{x^2} f(t)\,\mathrm{d}t = \int_0^{x^2} f(t)\,\mathrm{d}t$$

$$= \begin{cases} \displaystyle\int_0^{x^2} \dfrac{1}{t+1}\mathrm{d}t = \ln(1+x^2), & 0 \leqslant x^2 < \mathrm{e}-1; \\ \displaystyle\int_0^{\mathrm{e}-1} \dfrac{1}{t+1}\mathrm{d}t = 1, & x^2 \geqslant \mathrm{e}-1. \end{cases}$$

所以，Y 的分布函数为

$$F_Y(x) = \begin{cases} 0, & x < 0; \\ \ln(1+x^2), & 0 \leqslant x < \sqrt{\mathrm{e}-1}; \\ 1, & \sqrt{\mathrm{e}-1} \leqslant x. \end{cases}$$

于是，

$$f_Y(x) = \begin{cases} \dfrac{2x}{1+x^2}, & 0 < x < \sqrt{\mathrm{e}-1}; \\ 0, & \text{其他}. \end{cases}$$

习题 2 − 4

1. 已知离散型随机变量 X 的概率函数为

X	0	$\dfrac{\pi}{2}$	π
P	$\dfrac{1}{4}$	$\dfrac{1}{2}$	$\dfrac{1}{4}$

求 $Y = \dfrac{2}{3}X + \pi$ 及 $Z = \sin X$ 的概率函数.

2. 设随机变量 $X \sim B(3, 0.4)$，求 $Y = X^2 - 2X$ 的概率函数.

3. 随机变量 X 在 $[0, 1]$ 服从均匀分布，试求 $Y = \mathrm{e}^X$ 的密度函数.

4. 设 X 的密度函数为 $f(x) = \begin{cases} \dfrac{x}{2}, & 0 < x < 2; \\ 0, & \text{其他}. \end{cases}$

求 Y 的密度函数，其中（1）$Y = 2X + 1$；（2）$Y = X^2$.

5. 设随机变量 $X \sim N(0, 1)$，求 $|X|$ 的密度函数.

习题选讲

习　题　二

习题选讲

1. 填空题.

（1）已知 $P(X = k) = c^{-1} \dfrac{\lambda^k}{k!}$, $k = 0, 1, 2, \cdots$, 其中 $\lambda > 0$, 则 $c =$ _____.

（2）设 X 服从泊松分布, 且 $P\{X = 2\} = 2P\{X = 1\}$, 则 $P\{X = 3\} =$ _____.

（3）设离散型随机变量 X 的分布函数为

$$F(x) = \begin{cases} 0, & x < -1; \\ 0.3, & -1 \leqslant x < 0; \\ 0.8, & 0 \leqslant x < 2; \\ 1, & x \geqslant 2. \end{cases}$$

则 $P\{X = -1\} =$ _____, $P\{X = 1.5\} =$ _____.

（4）设随机变量 X 的分布函数为

$$F(x) = A + B \arctan x$$

则密度函数 $f(x) =$ _____.

（5）已知 X 的概率函数为

X	-1	0	1
P	$\dfrac{1}{3}$	$\dfrac{1}{3}$	$\dfrac{1}{3}$

则 $Y = X^2$ 的概率函数为_____.

（6）设随机变量 X 的密度函数 $f(x) = \dfrac{1}{\pi(1 + x^2)}$, 则 $2X$ 的密度函数为 _____.

2. 选择题.

（1）设离散型随机变量 X 的概率函数 $P\{X = k\} = b\lambda^k$, $k = 1, 2, \cdots$, 且 $b > 0$, 则（　　）成立.

　（A）$\lambda = b + 1$　　　　　　　　（B）$\lambda > 0$ 的任何实数

　（C）$\lambda = \dfrac{1}{1 + b}$　　　　　　　（D）$\lambda = \dfrac{1}{1 - b}$

（2）设 X 的分布函数为 $F(x)$, a, b 为实数, 且 $a < b$, 则（　　）正确.

　（A）$P\{X \leqslant a\} = F(a)$　　　　　　（B）$P\{X < a\} = F(a)$

　（C）$P\{a < X \leqslant b\} = F(b) - F(a)$　　（D）$P\{a \leqslant X < b\} = F(b) - F(a)$

（3）任何一个连续型随机变量的密度函数 $f(x)$ 一定满足（　　）.

　（A）$0 \leqslant f(x) \leqslant 1$　　　　　　　（B）在定义域内单调不减

　（C）$\displaystyle\int_{-\infty}^{+\infty} f(x)\,\mathrm{d}x = 1$　　　　　（D）$f(x) > 0$

（4）已知随机变量 X 的密度函数为

$$f(x) = \begin{cases} kx, & 0 < x < 1; \\ 0, & \text{其他}. \end{cases}$$

则 $k = (\qquad)$.

    (A) 2　　　　　　　　　　　　　(B) 大于零的任何数

    (C) $\dfrac{1}{2}$　　　　　　　　　　　　(D) 1

(5) 若 X 服从区间 $[0, 2]$ 上的均匀分布，$Y = 3X - 1$，则 $(\qquad)$.

    (A) Y 服从 $[0, 2]$ 上的均匀分布

    (B) Y 服从 $[-1, 5]$ 上的均匀分布

    (C) $P(0 \leqslant Y \leqslant 2) = 1$

    (D) $P(0 \leqslant X \leqslant 2) = 1$

(6) 设 $X \sim N(1, 1)$，其密度函数为 $\varphi(x)$，分布函数为 $\varPhi(x)$，则 $(\qquad)$ 成立.

    (A) $P\{X \leqslant 0\} = P\{X \geqslant 0\} = 0.5$　　(B) $\varphi(x) = \varphi(-x)$

    (C) $P\{X \leqslant 1\} = P\{X \geqslant 1\} = 0.5$　　(D) $\varPhi(x) = 1 - \varPhi(-x)$

(7) 设 $X \sim N(\mu, \sigma^2)$，则 σ 增大时，概率 $P(\,|X - \mu| < \sigma\,)$ 是 $(\qquad)$.

    (A) 单增　　　　　　　　　　　(B) 单减

    (C) 保持不变　　　　　　　　　(D) 增减不定

(8) 已知随机变量 $X \sim N(2, 4)$，且 $aX + b$ 服从标准正态分布，则 $(\qquad)$.

    (A) $a = 2$，$b = -2$　　　　　　(B) $a = -2$，$b = -1$

    (C) $a = -\dfrac{1}{2}$，$b = 1$　　　　(D) $a = -\dfrac{1}{2}$，$b = -1$

(9) 设 $F_1(x)$ 与 $F_2(x)$ 分别为任意两个随机变量的分布函数，令 $F(x) = aF_1(x) + bF_2(x)$，则下列各组数中能使 $F(x)$ 为某随机变量的分布函数的是 $(\qquad)$.

    (A) $a = \dfrac{2}{3}$，$b = \dfrac{2}{3}$　　　　　(B) $a = \dfrac{3}{5}$，$b = \dfrac{2}{5}$

    (C) $a = \dfrac{3}{2}$，$b = \dfrac{1}{2}$　　　　　(D) $a = \dfrac{1}{2}$，$b = \dfrac{3}{2}$

(10) 设 $X \sim N(\mu, 25)$，$Y \sim N(\mu, 100)$，记 $p_1 = P\{X \leqslant \mu - 5\}$，$p_2 = P\{Y \geqslant \mu + 10\}$，则 $(\qquad)$.

    (A) $p_1 = p_2$　　　　　　　　　(B) $p_1 > p_2$

    (C) $p_1 < p_2$　　　　　　　　　(D) 无法确定

3. 一汽车沿街道行驶，需要经过 3 个设有红绿信号灯的路口，若设每个信号灯显示红绿两种信号的时间相等，且各个信号灯工作相互独立. 以 X 表示该汽车首次遇到红灯前已通过的路口数，求 X 的概率分布.

4. 一袋中共有 10 个球，其中 7 个白球、3 个黑球. 每次从袋中任取 1 个，在下述三种情况下，分别求直至取得白球为止所需抽取次数的概率函数：

(1) 每次取出的球不再放回去；

(2) 每次取出的球仍放回去；

(3) 每次取出一个球后，总是另取一个白球放回袋中.

5. （拉普拉斯分布）随机变量 X 的密度函数为

$$f(x) = A\mathrm{e}^{-|x|}, \qquad -\infty < x < +\infty.$$

求 (1) 常数 A；(2) $P\{0 < X < 1\}$，$P\{-1 \leqslant X \leqslant 1\}$；(3) X 的分布函数 $F(x)$.

6. 由某商店过去的销售记录知道，某种商品每月的销售数量可以用参数 $\lambda = 10$ 的泊松分布来描述．为了以 95% 以上的把握保证不脱销，问商店在月初至少应进该商品多少件？（假定上个月没有存货）

7. 在某公共汽车站，甲、乙、丙三人分别独立地等 1 路、2 路、3 路汽车．设每个人等车时间（单位：分钟）均服从 $[0, 5]$ 上的均匀分布．求 3 人中至少有 2 个人等车时间不超过 2 分钟的概率．

8. 设顾客在某银行的窗口等候服务的时间 X（单位：分钟）服从参数为 $\lambda = \dfrac{1}{5}$ 的指数分布．某顾客在窗口等候服务，若超过 10 分钟，他就离开．他一个月内要到银行 5 次．以 Y 表示一个月内他未等到服务而离开的次数．试求 Y 的分布，并计算 $P\{Y \geq 1\}$．

9. 公共汽车门的高度是按男子与车门顶碰头的概率在 0.01 以下来设计的．设男子身高（单位：cm）为 $X \sim N(170, 6^2)$，问车门高度应如何确定？

10. 设随机变量 X 的密度函数为

$$f(x) = \begin{cases} \dfrac{1}{3}, & 0 \leq x \leq 1; \\ \dfrac{2}{9}, & 3 \leq x \leq 6; \\ 0, & \text{其他}. \end{cases}$$

若常数 k 使得 $P\{X \geq k\} = \dfrac{2}{3}$，求 k 的取值范围．

11. 已知 X 的密度函数为

$$f(x) = \begin{cases} \dfrac{2}{\lambda(1 + x^2)}, & x > 0; \\ 0, & x \leq 0. \end{cases}$$

$Y = \ln X$，求 Y 的密度函数．

12. 在电源电压不超过 200V，200～240V，超过 240V 三种情况下，某种电子元件损坏的概率分别为 0.1，0.001，0.2．假设电源电压服从正态分布 $N(220, 625)$，试求

（1）该电子元件损坏的概率；

（2）该电子元件损坏时，电源电压在 200～240V 的概率．

13. 设随机变量 X 服从参数为 $\lambda = 2$ 的指数分布，证明 $Y = 1 - e^{-2X}$ 在区间 $[0, 1]$ 上服从均匀分布．

14. 设随机变量 $Y = \sin X$，试在下面两种情形下求 Y 的概率密度函数．

（1）$X \sim U\left[-\dfrac{\pi}{2}, \dfrac{\pi}{2}\right]$；（2）$X \sim U[0, \pi]$．

第 3 章

多维随机变量及其分布

在第二章讨论的问题中，我们是用一个随机变量来描述随机试验的结果，但在实际问题中，许多随机试验的结果需要同时用两个或两个以上的随机变量来描述．例如，在射击训练时，观察弹着点在靶平面上的位置，就需用两个随机变量——弹着点的横坐标 X 与纵坐标 Y 来描述，这就是二维随机变量的问题．又如，研究某城市每个家庭的支出情况时，就需要同时考虑每个家庭的衣、食、住、行四个方面，这个随机试验就需要 4 维随机变量来描述．二维及二维以上的随机变量称为**多维随机变量**，下面我们着重讨论二维随机变量，其结论适用于二维以上的情形．

本章主要介绍二维随机变量的概念及其分布函数，二维离散型随机变量的联合概率分布及其边缘概率分布，二维连续型随机变量的联合概率密度函数及其边缘概率密度函数，条件分布与随机变量的独立性，二维随机变量函数的分布．

§3.1 二维随机变量

3.1.1 二维随机变量及其分布函数

定义 3.1 设 E 是随机试验，其样本空间为 Ω，X、Y 是定义在 Ω 上试验 E 的两个随机变量，称以 X、Y 为分量的向量 (X, Y) 为试验 E 的**二维随机变量**，或称**二维随机向量**．

据此定义，第二章中讨论的随机变量亦称为一维随机变量．

显然，二维随机变量 (X, Y) 的取值由样本点决定，对于试验

83

的样本空间中样本点 ω_0，数对 $(X(\omega_0)，Y(\omega_0))$ 就是二维随机变量 $(X，Y)$ 的一个取值. 反过来，使 $(X，Y)$ 取某个值或取某个范围的值那些样本点构成试验的某个事件. 例如，使 $(X，Y)$ 取值 $(x，y)$ 的那些样本点构成事件 $\{\omega \mid X(\omega) = x，Y(\omega) = y\}$，简记为 $\{(X，Y) = (x，y)\}$ 或 $\{X = x，Y = y\}$，它是事件 $\{X = x\}$ 与 $\{Y = y\}$ 的交. 又如，设 $D = \{(u，v) \mid -\infty < u \leqslant x，-\infty < v \leqslant y\}$，则使 $(X，Y)$ 的取值落入 D 内的那些样本点构成事件 $\{\omega \mid X(\omega) \leqslant x，Y(\omega) \leqslant y\}$，简记为 $\{(X，Y) \in D\}$ 或 $\{X \leqslant x，Y \leqslant y\}$，它是事件 $\{X \leqslant x\}$ 与 $\{Y \leqslant y\}$ 的交.

值得强调的是，二维随机变量 $(X，Y)$ 的分量 $X，Y$ 是定义在同一样本空间上，共处于同一个随机试验，它们之间往往存在某种联系，因此对二维随机变量 $(X，Y)$ 而言，只研究 $X，Y$ 各自的分布是不够的，还要研究它们之间的相依关系，并且还要把它们作为一个整体来考虑，研究其取值的统计规律，即多维随机变量的分布. 如同一维随机变量一样，二维随机变量取值的规律性可用二维随机变量的分布函数来描述.

定义 3.2 设 $(X，Y)$ 为二维随机变量，x、y 为任意实数，二元函数

$$F(x，y) = P\{X \leqslant x，Y \leqslant y\} \tag{3.1.1}$$

称为二维随机变量 $(X，Y)$ 的**分布函数**，或称为 X 与 Y 的**联合分布函数**.

从几何上看，如果将二维随机变量 $(X，Y)$ 看成平面上随机点的坐标，那么分布函数 $F(x，y)$ 在点 $(x，y)$ 处的函数值，就是随机点 $(X，Y)$ 落在以点 $(x，y)$ 为顶点位于该点左下方的无穷矩形区域 $G = \{(u，v) \mid {-\infty < u \leqslant x \atop -\infty < v \leqslant y}\}$（见图 3-1）内的概率.

与一维随机变量的分布函数类似，二维随机变量 $(X，Y)$ 的分布函数 $F(x，y)$ 具有以下性质：

(i) $0 \leqslant F(x,y) \leqslant 1$.

(ii) $F(x，y)$ 是 x 或 y 的不减函数，即对固定的 y，当 $x_1 < x_2$ 时，有 $F(x_1，y) \leqslant F(x_2，y)$.

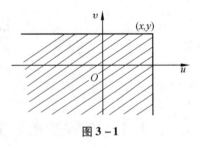

图 3-1

对固定的 x，当 $y_1 < y_2$ 时，有 $F(x，y_1) \leqslant F(x，y_2)$.

(iii) $F(-\infty，y) = \lim\limits_{x \to -\infty} F(x，y) = 0$;

$$F(x，-\infty) = \lim\limits_{y \to -\infty} F(x，y) = 0;$$

$$\lim\limits_{x \to -\infty \atop y \to -\infty} F(x，y) = 0，\quad \lim\limits_{x \to +\infty \atop y \to +\infty} F(x，y) = 1.$$

(iv) $F(x，y)$ 分别关于 x 和 y 右连续.

（v）当实数 $x_1 < x_2$，$y_1 < y_2$ 时，有

$$P\{x_1 < X \leqslant x_2, \ y_1 < Y \leqslant y_2\} = F(x_2, \ y_2) - F(x_2, y_1) - F(x_1, \ y_2)$$
$$+ F(x_1, \ y_1).$$

可以证明，具有上述 5 条性质的二元函数 $F(x, y)$ 一定是某个二维随机变量的分布函数.

对于二维随机变量 (X, Y)，其两个分量 X、Y 是一维随机变量，它们各自的分布函数分别记为 $F_X(x)$、$F_Y(y)$，称 $F_X(x)$ 和 $F_Y(y)$ 分别为二维随机变量 (X, Y) 关于 X 和 Y 的**边缘分布函数**.

由二维随机变量 (X, Y) 的分布函数 $F(x, y)$ 可以确定随机变量 X 与 Y 的分布函数 $F_X(x)$ 和 $F_Y(y)$. 事实上，由

$$\{X \leqslant x, \ Y < +\infty\} = \{X \leqslant x\} \cap \{Y < +\infty\} = \{X \leqslant x\},$$

得

$$F_X(x) = P\{X \leqslant x\} = P\{X \leqslant x, \ Y < +\infty\}$$
$$= F(x, \ +\infty) = \lim_{y \to +\infty} F(x, \ y). \tag{3.1.2}$$

这说明，当 (X, Y) 的分布函数 $F(x, y)$ 已知时，只要令 $y \to +\infty$，就能得到 X 的分布函数 $F_X(x)$. 同理可得

$$F_Y(y) = F(+\infty, \ y) = \lim_{x \to +\infty} F(x, \ y). \tag{3.1.3}$$

二维随机变量同样有离散型与连续型之分，下面分别进行讨论.

3.1.2 二维离散型随机变量的联合概率分布及其边缘概率分布

1. 联合分布

定义 3.3　如果二维随机变量 (X, Y) 所有可能取值是有限个或可列个，则称 (X, Y) 为**二维离散型随机变量**.

设二维离散型随机变量 (X, Y) 的所有可能取值为 (x_i, y_j)（$i, j = 1, 2, \cdots$），记 $p_{ij} = P\{X = x_i, Y = y_j\}$，则

$$P\{X = x_i, Y = y_j\} = p_{ij}, \quad i, j = 1, 2, \cdots \tag{3.1.4}$$

称为二维离散型随机变量 (X, Y) 的**概率函数**，或 X 与 Y 的**联合概率分布**，简称**联合分布**.

与一维离散型随机变量的概率函数表示法一样，二维离散型随机变量 (X, Y) 的联合分布也可用所谓概率分布表的形式表示，见表 3-1.

表 3 – 1

X \ Y	y_1	y_2	$\cdots$	y_j	$\cdots$
x_1	p_{11}	p_{12}	$\cdots$	p_{1j}	$\cdots$
x_2	p_{21}	p_{22}	$\cdots$	p_{2j}	$\cdots$
$\vdots$	$\vdots$	$\vdots$	$\vdots$	$\vdots$	$\vdots$
x_i	p_{i1}	p_{i2}	$\cdots$	p_{ij}	$\cdots$
$\vdots$	$\vdots$	$\vdots$	$\vdots$	$\vdots$	$\vdots$

显然，式（3.1.4）完整地描述了二维随机变量 (X, Y) 的取值的概率规律. 事实上，若二维离散型随机变量 (X, Y) 的概率函数为式（3.1.4），D 是一平面点集，则

$$P\{(X, Y) \in D\} = \sum_{(x_i, y_j) \in D} P\{X = x_i, Y = y_j\}.$$

联合分布具有以下基本性质：

（i）$p_{ij} \geq 0$，$\quad i, j = 1, 2, \cdots$；

（ii）$\sum_i \sum_j p_{ij} = 1$.

如果二维离散型随机变量 (X, Y) 的联合分布如式（3.1.4）所示，则 (X, Y) 的分布函数为

$$F(x, y) = P\{X \leq x, Y \leq y\} = \sum_{x_i \leq x} \sum_{y_j \leq y} p_{ij}, \quad x, y \text{ 为任意实数}.$$

其中 $\sum\limits_{x_i \leq x} \sum\limits_{y_j \leq y} p_{ij}$ 是对所有满足 $x_i \leq x$，$y_j \leq y$ 的 i、j 求和.

例 1 同一品种的 5 个产品中，有 2 个正品. 每次从中取一个检验质量，连续取 2 次. 记 $X_k = 0$ 表示第 k 次取到正品，$X_k = 1$ 表示第 k 次取到次品（$k = 1, 2$），求在不放回抽取和有放回抽取两种情形下 (X_1, X_2) 的联合分布.

解 不放回情形. 由题意可得，(X_1, X_2) 可能取值是 $(0, 0)$，$(0, 1)$，$(1, 0)$，$(1, 1)$. $\{X_1 = 0, X_2 = 0\}$ 表示两次均取到正品，故

$$P\{X_1 = 0, X_2 = 0\} = P\{X_1 = 0\} P\{X_2 = 0 \mid X_1 = 0\} = \frac{2}{5} \times \frac{1}{4} = 0.1.$$

同理可求得

$$P\{X_1 = 0, X_2 = 1\} = 0.3, \quad P\{X_1 = 1, X_2 = 0\} = 0.3,$$

$$P\{X_1 = 1, X_2 = 1\} = 0.3.$$

所以，(X_1, X_2) 的联合分布如表 3 – 2 所示.

表 3 – 2

X_1 \ X_2	0	1
0	0.1	0.3
1	0.3	0.3

有放回情形.（X_1，X_2）的联合分布见表 3 – 3.

表 3 – 3

X_1 \ X_2	0	1
0	$\dfrac{4}{25}$	$\dfrac{6}{25}$
1	$\dfrac{6}{25}$	$\dfrac{9}{25}$

2. 边缘分布

在二维离散型随机变量（X，Y）中，称分量 X（或 Y）的概率分布为（X，Y）的关于 X（或 Y）的**边缘分布**.

如果（X，Y）的联合分布由式（3.1.4）给出，则 X 的概率分布为

$$P\{X = x_i\} = \sum_j P\{X = x_i, Y = y_j\}$$

$$= \sum_j p_{ij} \xrightarrow{\text{记为}} p_i^{(1)}, \quad i = 1, 2, \cdots; \quad (3.1.5)$$

Y 的概率分布为

$$P\{Y = y_j\} = \sum_i P\{X = x_i, Y = y_j\}$$

$$= \sum_i p_{ij} \xrightarrow{\text{记为}} p_j^{(2)}, \quad j = 1, 2, \cdots. \quad (3.1.6)$$

式（3.1.5）和式（3.1.6）给出了由二维离散型随机变量（X，Y）的联合分布求（X，Y）关于 X 及 Y 的边缘分布的计算公式. 易见 X 取值 x_i 的概率 $p_i^{(1)}$ 恰好是表 3 – 1 中第 i 行各概率之和；Y 取值 y_j 的概率 $p_j^{(2)}$ 恰好是表 3 – 1 中第 j 列各概率之和. 所以，边缘分布可直接在联合分布表中通过加边的方式求得（见表 3 – 4）.

表 3 − 4

X＼Y	y_1	y_2	$\cdots$	y_j	$\cdots$	$p_i^{(1)}$
x_1	p_{11}	p_{12}	$\cdots$	p_{1j}	$\cdots$	$\sum\limits_j p_{1j}$
x_2	p_{21}	p_{22}	$\cdots$	p_{2j}	$\cdots$	$\sum\limits_j p_{2j}$
$\vdots$	$\vdots$	$\vdots$	$\vdots$	$\vdots$	$\vdots$	$\vdots$
x_i	p_{i1}	p_{i2}	$\cdots$	p_{ij}	$\cdots$	$\sum\limits_j p_{ij}$
$\vdots$	$\vdots$	$\vdots$	$\vdots$	$\vdots$	$\vdots$	$\vdots$
$p_j^{(2)}$	$\sum\limits_i p_{i1}$	$\sum\limits_i p_{i2}$	$\cdots$	$\sum\limits_i p_{ij}$	$\cdots$	$\vdots$

例 2　求上述例 1 中 (X_1, X_2) 关于 X_1 和 X_2 的边缘分布.

解　由不放回情形 (X_1, X_2) 的联合分布（见表 3 − 2），得表 3 − 5.

表 3 − 5

X_1＼X_2	0	1	$p_i^{(1)}$
0	0.1	0.3	0.4
1	0.3	0.3	0.6
$p_j^{(2)}$	0.4	0.6	

即 (X_1, X_2) 关于 X_1、X_2 的边缘分布分别是

X_1	0	1
P	0.4	0.6

，

X_2	0	1
P	0.4	0.6

.

由有放回情形 (X_1, X_2) 的联合分布（见表 3 − 3），得表 3 − 6.

表 3 − 6

X_1＼X_2	0	1	$p_i^{(1)}$
0	$\dfrac{4}{25}$	$\dfrac{6}{25}$	0.4
1	$\dfrac{6}{25}$	$\dfrac{9}{25}$	0.6
$p_j^{(2)}$	0.4	0.6	

即 (X_1, X_2) 关于 X_1、X_2 的边缘分布分别是

X_1	0	1
P	0.4	0.6

X_2	0	1
P	0.4	0.6

当然，在两种情形下 (X_1, X_2) 关于 X_1、X_2 的边缘分布即 X_1、X_2 的概率分布也可依题意直接求出.

值得注意的是，由 (X, Y) 的联合分布可唯一确定边缘分布，但反之不真. 如例 2 中两种情形下的边缘分布是相同的，但其联合分布则不一样. 这说明由边缘分布不能确定联合分布，即联合分布形式与两个分量 X、Y 之间的联系有关. 在什么条件下由边缘分布就能确定联合分布，我们将在 3.2.4 小节中介绍.

3.1.3 二维连续型随机变量的联合概率密度函数及其边缘概率密度函数

1. 联合密度函数

定义 3.4 设二维随机变量 (X, Y) 的分布函数为 $F(x, y)$，如果存在一个非负可积函数 $f(x, y)$，使得对任意实数 x、y 都有

$$F(x, y) = \int_{-\infty}^{x} \int_{-\infty}^{y} f(s, t) \mathrm{d}s\mathrm{d}t, \qquad (3.1.7)$$

则称 (X, Y) 是**二维连续型随机变量**，$f(x, y)$ 称为 (X, Y) 的**概率密度函数**，或 X 与 Y 的**联合概率密度函数**，简称**联合密度**. 记作 $(X, Y) \sim f(x, y)$.

在几何上，联合密度 $z = f(x, y)$ 表示在 xOy 平面上方的一张曲面.

二维连续型随机变量的联合密度 $f(x, y)$ 具有以下性质：

（ i ）对一切实数 x、y，有 $f(x, y) \geq 0$.

（ ii ）$\int_{-\infty}^{+\infty} \int_{-\infty}^{+\infty} f(x, y) \mathrm{d}x\mathrm{d}y = 1$.

性质（ ii ）在几何上表示由曲面 $z = f(x, y)$ 与 xOy 面所夹的空间区域的体积为 1.

（ iii ）若 $f(x, y)$ 在点 (x, y) 处连续，则

$$\frac{\partial^2 F(x, y)}{\partial x \partial y} = f(x, y),$$

其中，$F(x, y)$ 是 (X, Y) 的分布函数.

（ iv ）设 G 是 xOy 平面上的一个区域，则

$$P\{(X, Y) \in G\} = \iint_{G} f(x, y) \mathrm{d}x\mathrm{d}y. \qquad (3.1.8)$$

性质（ iv ）在几何上表示概率 $P\{(X, Y) \in G\}$ 在数值上等于以区域 G 为底，以 $z = f(x, y)$ 为顶的曲顶柱体的体积，如图 3−2 所示.

性质（i）和性质（ii）是联合密度的基本性质．当一个二元函数$f(x, y)$满足了性质（i）和性质（ii），它一定是某个二维连续型随机变量(X, Y)的联合密度．利用性质（iv）可计算(X, Y)落在平面区域G内的概率，式(3.1.8)是本章重要公式之一．

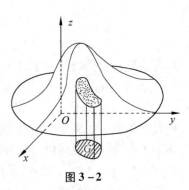

图 3 - 2

例1 设二维连续型随机变量(X, Y)的联合密度为

$$f(x, y) = \begin{cases} C, & (x, y) \in G, （C \text{为常数}）; \\ 0, & \text{其他.} \end{cases}$$

求常数C，其中$G = \{(x, y) \mid x^2 + y^2 \leqslant r^2\}$.

解 由联合密度的性质可知

$$1 = \int_{-\infty}^{+\infty} \int_{-\infty}^{+\infty} f(x, y) \mathrm{d}x \mathrm{d}y = \iint_G C \mathrm{d}x \mathrm{d}y = C\pi r^2,$$

所以$C = \dfrac{1}{\pi r^2}$. 于是，(X, Y)的联合密度为

$$f(x, y) = \begin{cases} \dfrac{1}{\pi r^2}, & (x, y) \in G; \\ 0, & \text{其他.} \end{cases}$$

这时称(X, Y)在圆域G内服从均匀分布．

一般地，若二维连续型随机变量(X, Y)的联合密度为

$$f(x, y) = \begin{cases} \dfrac{1}{S(G)}, & (x, y) \in G; \\ 0, & \text{其他.} \end{cases}$$

其中，G是平面上的有界区域，$S(G)$是G的面积，则称(X, Y)服从G上的**均匀分布**．

例2 设二维连续型随机变量(X, Y)的联合密度为

$$f(x, y) = \begin{cases} \mathrm{e}^{-(x+y)}, & x > 0, y > 0; \\ 0, & \text{其他.} \end{cases}$$

求（1）(X, Y)的分布函数$F(x, y)$；（2）$P\{(X, Y) \in G\}$，其中G为图3-3中阴影部分；（3）边缘分布函数$F_X(x)$，$F_Y(y)$.

解 （1）由于

$$F(x, y) = \int_{-\infty}^{x} \int_{-\infty}^{y} f(s, t) \mathrm{d}s \mathrm{d}t,$$

所以，当$x > 0$，$y > 0$时，有

图 3 - 3

$$F(x, y) = \int_0^x \int_0^y e^{-(s+t)} ds dt$$
$$= (1 - e^{-x})(1 - e^{-y}).$$

当 x，y 不都大于零时，$f(x, y) = 0$，从而 $F(x, y) = 0$. 所以

$$F(x, y) = \begin{cases} (1 - e^{-x})(1 - e^{-y}), & x > 0, y > 0; \\ 0, & \text{其他}. \end{cases}$$

（2）根据已知条件，有

$$P\{(X, Y) \in G\} = \iint_G f(x, y) dx dy$$
$$= \int_0^1 \left[\int_0^{1-x} e^{-(x+y)} dy \right] dx = 1 - 2e^{-1} \approx 0.2642.$$

（3）当 $x > 0$ 时，X 的分布函数为

$$F_X(x) = \lim_{y \to +\infty} F(x,y) = \lim_{y \to +\infty} (1 - e^{-x})(1 - e^{-y}) = 1 - e^{-x},$$

当 $x \leqslant 0$ 时，X 的分布函数为

$$F_X(x) = \lim_{y \to +\infty} F(x, y) = \lim_{y \to +\infty} 0 = 0,$$

故 X 的分布函数为

$$F_X(x) = \begin{cases} 1 - e^{-x}, & x > 0; \\ 0, & x \leqslant 0. \end{cases}$$

同理可得，Y 的分布函数为

$$F_Y(y) = \begin{cases} 1 - e^{-y}, & y > 0; \\ 0, & y \leqslant 0. \end{cases}$$

2. 边缘密度函数

设二维连续型随机变量 (X, Y) 的联合密度为 $f(x, y)$，分布函数为 $F(x, y)$，由式（3.1.2）和式（3.1.7）得 (X, Y) 关于 X 的边缘分布函数为

$$F_X(x) = F(x, +\infty) = \int_{-\infty}^x \left[\int_{-\infty}^{+\infty} f(s, t) dt \right] ds,$$

可知，X 是连续型随机变量，且相应的密度函数为

$$f_X(x) = \int_{-\infty}^{+\infty} f(x, y) dy. \tag{3.1.9}$$

同理可知，Y 也是连续型随机变量，且相应的密度函数为

$$f_Y(y) = \int_{-\infty}^{+\infty} f(x, y) dx. \tag{3.1.10}$$

称 $f_X(x)$、$f_Y(y)$ 为二维随机变量 (X, Y) 分别关于 X 和 Y 的**边缘概率密度函数**.

式（3.1.9）和式（3.1.10）给出了由 (X, Y) 的联合密度 $f(x, y)$ 求边缘概率密度函数的计算公式.

例 3 设二维连续型随机向量 (X, Y) 的联合密度为

$$f(x, y) = \frac{1}{\pi^2 (1 + x^2)(1 + y^2)},$$

求边缘密度函数 $f_X(x)$，$f_Y(y)$.

解 关于 X 的边缘密度函数为

$$f_X(x) = \int_{-\infty}^{+\infty} f(x, y) \mathrm{d}y = \int_{-\infty}^{+\infty} \frac{1}{\pi^2(1 + x^2)(1 + y^2)} \mathrm{d}y$$

$$= \frac{1}{\pi^2(1 + x^2)} \arctan y \Big|_{-\infty}^{+\infty} = \frac{1}{\pi(1 + x^2)}.$$

关于 Y 的边缘密度函数为

$$f_Y(x) = \int_{-\infty}^{+\infty} f(x, y) \mathrm{d}x = \int_{-\infty}^{+\infty} \frac{1}{\pi^2(1 + x^2)(1 + y^2)} \mathrm{d}x$$

$$= \frac{1}{\pi^2(1 + y^2)} \arctan x \Big|_{-\infty}^{+\infty} = \frac{1}{\pi(1 + y^2)}.$$

易见，在本例中 $f(x, y) = f_X(x) f_Y(y)$.

例 4 设 (X, Y) 的联合密度为

$$f(x, y) = \begin{cases} \dfrac{1}{\pi r^2}, & x^2 + y^2 \leqslant r^2; \\ 0, & \text{其他}. \end{cases}$$

求 (X, Y) 关于 X 和 Y 的边缘密度函数 $f_X(x)$、$f_Y(y)$.

解 当 $|x| \leqslant r$ 时，由式（3.1.9）可知

$$f_X(x) = \int_{-\infty}^{+\infty} f(x, y) \mathrm{d}y = \int_{-\sqrt{r^2 - x^2}}^{\sqrt{r^2 - x^2}} \frac{1}{\pi r^2} \mathrm{d}y = \frac{2\sqrt{r^2 - x^2}}{\pi r^2}.$$

当 $|x| > r$ 时，$f_X(x) = 0$. 所以，(X, Y) 关于 X 的边缘密度函数为

$$f_X(x) = \begin{cases} \dfrac{2\sqrt{r^2 - x^2}}{\pi r^2}, & |x| \leqslant r; \\ 0, & \text{其他}. \end{cases}$$

同样，由式（3.1.10）可求出 (X, Y) 关于 Y 的边缘密度函数为

$$f_Y(y) = \begin{cases} \dfrac{2\sqrt{r^2 - y^2}}{\pi r^2}, & |y| \leqslant r; \\ 0, & \text{其他}. \end{cases}$$

注意到，本例中二维随机变量 (X, Y) 服从区域 $G = \{(x, y) \mid x^2 + y^2 \leqslant r^2\}$ 上的均匀分布，但两个边缘分布不再是均匀分布了. 反之，两个边缘分布都是均匀分布的二维随机变量也未必服从均匀分布.

例如，设二维随机变量 (X, Y) 的联合密度函数为

$$f(x, y) = \begin{cases} 2(x + y - 2xy), & 0 \leqslant x, y \leqslant 1 \\ 0, & \text{其他} \end{cases}$$

我们可得其边缘密度函数分别为

$$f_X(x) = \begin{cases} 1, & 0 \leqslant x \leqslant 1 \\ 0, & \text{其他} \end{cases}, \quad f_Y(y) = \begin{cases} 1, & 0 \leqslant y \leqslant 1 \\ 0, & \text{其他} \end{cases}$$

可见，一维随机变量 X，Y 都服从均匀分布，而二维随机变量 (X, Y) 并非服从二维均匀分布.

例 5　若 (X, Y) 的联合密度为

$$\varphi(x, y) = \frac{1}{2\pi\sigma_1\sigma_2 \sqrt{1-\rho^2}} e^{-\frac{1}{2(1-\rho^2)} \left[\frac{(x-\mu_1)^2}{\sigma_1^2} - 2\rho\frac{(x-\mu_1)(y-\mu_2)}{\sigma_1\sigma_2} + \frac{(y-\mu_2)^2}{\sigma_2^2} \right]},$$

$$(3.1.11)$$

其中 μ_1、μ_2 为常数，$\sigma_1 > 0$，$\sigma_2 > 0$，$|\rho| < 1$ 均为常数，则称 (X, Y) 服从参数为 μ_1、μ_2、σ_1、σ_2、ρ 的**二维正态分布**，记作 $(X, Y) \sim N(\mu_1, \mu_2, \sigma_1^2, \sigma_2^2, \rho)$.

二维正态分布的概率密度函数的图像如图 3 – 4 所示.

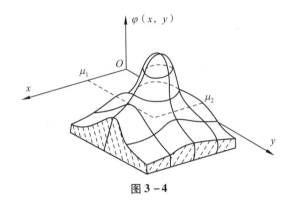

图 3 – 4

下面我们给出 (X, Y) 关于 X 和 Y 的边缘密度函数 $\varphi_X(x)$ 和 $\varphi_Y(y)$.

令 $u = \dfrac{x-\mu_1}{\sigma_1}$，$v = \dfrac{y-\mu_2}{\sigma_2}$，可求出边缘密度函数为

$$\varphi_X(x) = \int_{-\infty}^{+\infty} \varphi(x, y)\,\mathrm{d}y = \frac{1}{\sqrt{2\pi}\sigma_1} e^{-\frac{(x-\mu_1)^2}{2\sigma_1^2}},$$

$$\varphi_Y(y) = \int_{-\infty}^{+\infty} \varphi(x, y)\,\mathrm{d}x = \frac{1}{\sqrt{2\pi}\sigma_2} e^{-\frac{(y-\mu_2)^2}{2\sigma_2^2}}.$$

即 $X \sim N(\mu_1, \sigma_1^2)$，$Y \sim N(\mu_2, \sigma_2^2)$. 这表明二维正态分布的两个边缘分布均是一维正态分布，且都不依赖参数 ρ. 另外，需要指出的是，两个边缘分布为正态分布的二维随机变量也未必服从二维正态分布.

容易看出，对确定的 μ_1、μ_2、σ_1、σ_2，当 ρ 不同时，对应的二维正态分布就会不同，但它们的边缘分布都是一样的. 这一事实再次表明，由边缘分布一般来说是不能确定联合分布的.

习题 3 – 1

1. 试给出二维随机变量的实例.

2. 已知二维随机变量 (X, Y) 的联合分布函数为

$$F(x, y) = \begin{cases} 1 - 2^{-x} - 2^{-y} + 2^{-x-y}, & x \geqslant 0, \ y \geqslant 0 \\ 0, & 其他 \end{cases}$$

求 (1) (X, Y) 关于 X, Y 的边缘分布函数 $F_X(x)$, $F_Y(y)$；(2) $P\{1 < X \leqslant 2, 1 < Y \leqslant 2\}$.

3. 二元函数 $G(x, y) = \begin{cases} 0, & x+y < 0 \\ 1, & x+y \geqslant 0 \end{cases}$，是否是某个二维随机变量 (X, Y) 的联合分布函数？说明理由.

4. 设 (X, Y) 的联合分布为

X \ Y	y_1	y_2	y_3	$p_i^{(1)}$
x_1	0.1	a	0.2	0.4
x_2	0.2	0.2	b	c
$p_j^{(2)}$	d	e	f	1

求 a, b, c, d, e, f.

5. 盒中装有标上号码 1、2、2、3 的 4 个球，从中任取 1 个并且不再放回，然后再从盒中任取一球. 以 X、Y 分别记为第一、第二次取到球上的号码数，求 (X, Y) 的联合分布（假设盒中各球被取到的机会相同）.

6. 将两封信随意投入 3 个邮箱，设 X, Y 分别表示投入第 1、第 2 号邮箱中信的数目，求 (1) X 和 Y 的联合概率分布；(2) X 和 Y 的边缘概率分布；(3) X 和 Y 的边缘分布函数；(4) (X, Y) 的分布函数值 $F(1, 1.2)$；(5) $P\{X = Y\}$.

习题选讲

7. 设 (X, Y) 均服从区域 $G = \{(x, y) \mid 0 \leqslant x \leqslant 4, \ 0 \leqslant y \leqslant 4\}$ 上的均匀分布，求 $P\{X > 3, Y > 3\}$.

8. 设 (X, Y) 的联合分布函数为 $F(x, y) = A\left(B + \arctan\dfrac{x}{2}\right)\left(\dfrac{\pi}{2} + \arctan y\right)$，

求 (1) 常数 A, B；(2) 边缘分布函数 $F_X(x)$, $F_Y(y)$；(3) $P\left\{X \leqslant 2, Y > \dfrac{\sqrt{3}}{3}\right\}$.

9. 设二维随机变量 (X, Y) 的联合密度为

$$f(x, y) = \begin{cases} ce^{-2(x+y)}, & x > 0, \ y > 0; \\ 0, & 其他. \end{cases}$$

求 (1) 常数 c；(2) (X, Y) 的分布函数 $F(x, y)$；(3) 边缘密度函数 $f_X(x)$, $f_Y(y)$；(4) $P\{(X, Y) \in G\}$，其中 G 是由 $x+y = 1$, $x = 0$, $y = 0$ 围成的平面区域.

10. 如果 $X \sim N(\mu_1, \sigma_1^2)$，$Y \sim N(\mu_2, \sigma_2^2)$，那么 (X, Y) 一定服从二维正态分布吗？分析下面的例子：

$$(X, Y) \sim f(x, y) = \frac{1}{2\pi} e^{-\frac{x^2 + y^2}{2}} (1 + \sin x \sin y).$$

§3.2 条件分布与随机变量的独立性

3.2.1 条件分布的概念

所谓随机变量 X 的条件分布，就是在某事件 A 发生的条件下 X 的分布. 我们知道随机变量 X 的分布可由其分布函数 $F(x)=P\{X\leqslant x\}$ 来完整地描述，同样地，函数 $F(x|A)=P\{X\leqslant x|A\}$ 就可以准确地刻画事件 A 发生的条件下 X 的分布. 我们称函数

$$F(x|A)=P\{X\leqslant x|A\},\ x\in(-\infty,\ +\infty)$$

为在 A 发生的条件下 X 的**条件分布函数**.

例 1 已知 X 的密度函数为 $f(x)=\dfrac{1}{\pi(1+x^2)}$，求在 $X>1$ 的条件下 X 的条件分布函数.

解 在 $X>1$ 的条件下 X 的条件分布函数为

$$F(x|X>1)=P\{X\leqslant x|X>1\}=\frac{P\{X\leqslant x,\ X>1\}}{P\{X>1\}},$$

当 $x\leqslant 1$ 时，$\{X\leqslant x,\ X>1\}$ 为不可能事件，所以 $P\{X\leqslant x,\ X>1\}=0$，

当 $x>1$ 时，

$$P\{X\leqslant x,\ X>1\}=P\{1<X\leqslant x\}$$
$$=\int_1^x\frac{1}{\pi(1+t^2)}\mathrm{d}t=\frac{1}{\pi}\arctan t\ \bigg|_1^x=\frac{1}{\pi}\arctan x-\frac{1}{4},$$

又 $P\{X>1\}=\displaystyle\int_1^{+\infty}f(x)\mathrm{d}x$

$$=\int_1^{+\infty}\frac{1}{\pi(1+x^2)}\mathrm{d}x=\frac{1}{\pi}\arctan x\ \bigg|_1^{+\infty}=\frac{1}{4}.$$

故

$$F(x|X>1)=\begin{cases}0, & x\leqslant 1\\[2mm]\dfrac{4}{\pi}\arctan x-1, & x>1\end{cases}.$$

在 $X>1$ 的条件下 X 的条件分布函数 $F(x|X>1)$ 与 2.2.3 小节例 3 所求得的 X 的分布函数显然不同，这说明 $X>1$ 这一条件对 X 的分布产生了影响.

对二维随机变量 (X,Y) 而言，随机变量 X 的条件分布，就是在给定另一个随机变量 Y 取某个值的条件下 X 的概率分布. 例如，考虑某大

学的大学生的身体情况，分别以 X 和 Y 表示学生的体重和身高，则 X 与 Y 之间一般有相依关系．现在若限定 $Y=1.7$（米），研究在这个条件下体重 X 的概率分布，意味着要从该校的学生中把身高 1.7 米的都挑选出来，再确定他们体重的分布．这时体重 X 的概率分布与不加这个条件时的分布会是很不一样的．本例中，弄清 X 的条件分布随 Y 之值而变化的情况，就能了解身高对体重的影响．所以说，随机变量 X 与 Y 之间的这种相依关系可以通过条件分布来刻画，它是研究随机变量间相依关系的重要工具．下面我们分离散型和连续型随机变量两种情形讨论条件分布．

3.2.2 离散型随机变量的条件概率分布

设二维离散型随机变量 (X, Y) 的联合分布为式（3.1.4），关于 X，Y 的边缘分布分别为式（3.1.5）和式（3.1.6）．现在考虑在事件 $\{Y=y_j\}$（$P\{Y=y_j\}>0$）已发生的条件下，随机变量 X 的概率分布．由条件概率公式，有

$$P\{X=x_i \mid Y=y_j\} = \frac{P\{X=x_i, Y=y_j\}}{P\{Y=y_j\}} = \frac{p_{ij}}{p_j^{(2)}}, \; i=1, 2, \cdots \quad (3.2.1)$$

式（3.2.1）称为在 $Y=y_j$ 条件下 X 的**条件分布**．

显然，条件分布仍具有概率分布的基本性质：

（1）$P\{X=x_i \mid Y=y_j\} \geqslant 0$，$i=1, 2, \cdots$；

（2）$\sum_i P\{X=x_i \mid Y=y_j\} = 1$．

类似地，对固定的 i，当 $P\{X=x_i\}>0$ 时，称

$$P\{Y=y_j \mid X=x_i\} = \frac{p_{ij}}{p_i^{(1)}}, \; j=1, 2, \cdots \quad (3.2.2)$$

为在 $X=x_i$ 条件下 Y 的**条件分布**．

有了条件分布，我们可以给出离散型随机变量的条件分布函数的概念．

设在 $Y=y_j$ 条件下 X 的条件分布为式（3.2.1），称

$$F(x \mid Y=y_j) = P\{X \leqslant x \mid Y=y_j\} = \sum_{x_i \leqslant x} P\{X=x_i \mid Y=y_j\}$$

$$= \sum_{x_i \leqslant x} \frac{p_{ij}}{p_j^{(2)}}, \; x \in (-\infty, +\infty)$$

为在 $Y=y_j$ 条件下 X 的**条件分布函数**．

类似地，若在 $X=x_i$ 条件下 Y 的条件分布为式（3.2.2），称

$$F(y \mid X=x_i) = P\{Y \leqslant y \mid X=x_i\} = \sum_{y_j \leqslant y} \frac{p_{ij}}{p_i^{(1)}}, \; y \in (-\infty, +\infty)$$

为在 $X=x_i$ 条件下 Y 的**条件分布函数**．

例 1 在 3.1.2 小节例 1 中，试分别求在（1）不放回的情形、

（2）有放回情形下，在第一次取得正品条件下和在第一次取得次品条件下第二次抽取次品数的概率分布.

解　（1）所求概率分布分别为在 $X_1 = 0$ 条件下和在 $X_1 = 1$ 条件下，X_2 的条件分布. 利用表 3 – 5 中的计算结果，由式（3.2.2）得

$$P\{X_2 = 0 \mid X_1 = 0\} = \frac{P(X_1 = 0,\ X_2 = 0)}{P(X_1 = 0)} = \frac{0.1}{0.4} = 0.25,$$

$$P\{X_2 = 1 \mid X_1 = 0\} = \frac{P(X_1 = 0,\ X_2 = 1)}{P(X_1 = 0)} = \frac{0.3}{0.4} = 0.75.$$

所以，在 $X_1 = 0$ 条件下 X_2 的条件分布为

X_2	0	1
$P\{X_2 \mid X_1 = 0\}$	0.25	0.75

.

类似地，可求得在 $X_1 = 1$ 条件下 X_2 的条件分布为

X_2	0	1
$P\{X_2 \mid X_1 = 1\}$	0.5	0.5

.

易见，在 $X_1 = 0$ 条件下和 $X_1 = 1$ 条件下 X_2 的条件分布与无此条件的 X_2 的分布不同，这表明 X_2 的分布受到 X_1 取值的影响.

（2）同样地，利用表 3 – 6 中的计算结果，由式（3.2.2）得，在 $X_1 = 0$ 条件下和 $X_1 = 1$ 条件下 X_2 的条件分布分别为

X_2	0	1
$P\{X_2 \mid X_1 = 0\}$	0.4	0.6

，

X_2	0	0
$P\{X_2 \mid X_1 = 1\}$	0.4	0.6

.

可见，在 $X_1 = 0$ 条件下和 $X_1 = 1$ 条件下 X_2 的条件分布与无此条件的 X_2 的分布完全相同，这表明 X_2 的分布不受 X_1 取值的影响，这时

$$P\{X_1 = i,\ X_2 = j\} = P\{X_1 = i\} P\{X_2 = j\},\ i, j = 0, 1.$$

3.2.3　连续型随机变量的条件分布

设 (X, Y) 是二维连续型随机变量，其密度函数为 $f(x, y)$，边缘密度函数为 $f_X(x)$ 和 $f_Y(y)$. 下面考虑在 $Y = y$ 的条件下 X 的条件分布函数 $F(x \mid Y = y) = P\{X \le x \mid Y = y\}$. 由于在连续型的情形下，对任意的 y，都有 $P\{Y = y\} = 0$，所以不能根据条件概率公式直接计算 $P\{X \le x \mid Y = y\} = \dfrac{P\{X \le x,\ Y = y\}}{P\{Y = y\}}$. 一个自然的想法是：将 $P\{X \le x \mid Y = y\}$ 看成是 $\varepsilon \to 0$ 时 $P\{X \le x \mid y \le Y \le y + \varepsilon\}$ 的极限，即

$$P\{X \le x \mid Y = y\} = \lim_{\varepsilon \to 0} P\{X \le x \mid y \le Y \le y + \varepsilon\}$$

$$= \lim_{\varepsilon \to 0} \frac{P\{X \le x,\ y \le Y \le y + \varepsilon\}}{P\{y \le Y \le y + \varepsilon\}}$$

$$= \lim_{\varepsilon \to 0} \frac{\int_{-\infty}^{x} \int_{y}^{y+\varepsilon} f(u, v) \mathrm{d}u\mathrm{d}v}{\int_{y}^{y+\varepsilon} f_Y(v) \mathrm{d}v}$$

$$= \lim_{\varepsilon \to 0} \frac{\int_{-\infty}^{x} \left[\frac{1}{\varepsilon} \int_{y}^{y+\varepsilon} f(u, v) \mathrm{d}v \right] \mathrm{d}u}{\frac{1}{\varepsilon} \int_{y}^{y+\varepsilon} f_Y(v) \mathrm{d}v}$$

当 $f(x, y)$，$f_Y(y)$ 在 y 处连续时，由积分中值定理可得

$$\lim_{\varepsilon \to 0} \frac{1}{\varepsilon} \int_{y}^{y+\varepsilon} f_Y(v) \mathrm{d}v = f_Y(y),$$

$$\lim_{\varepsilon \to 0} \frac{1}{\varepsilon} \int_{y}^{y+\varepsilon} f(u, v) \mathrm{d}v = f(u, y).$$

所以

$$P\{X \leqslant x \mid Y = y\} = \int_{-\infty}^{x} \frac{f(u, y)}{f_Y(y)} \mathrm{d}u$$

上式左端就是在 $Y = y$ 条件下 X 的条件分布函数，通常记为 $F(x \mid y)$. 再由密度函数定义知，上式右端积分中被积函数即是 $Y = y$ 条件下 X 的条件密度函数，记作 $f(x \mid y)$. 至此，连续型随机变量的条件分布函数和条件密度函数可定义如下.

定义 3.5 设 (X, Y) 是二维连续型随机变量，其密度函数为 $f(x, y)$，边缘密度函数为 $f_X(x)$ 和 $f_Y(y)$. 对给定的 y，若 $f_Y(y) > 0$，则在 $Y = y$ 的条件下 X 的**条件分布函数**和**条件密度函数**分别为

$$F(x \mid y) = \int_{-\infty}^{x} \frac{f(u, y)}{f_Y(y)} \mathrm{d}u,$$

$$f(x \mid y) = \frac{f(x, y)}{f_Y(y)}. \tag{3.2.3}$$

对给定的 x，若 $f_X(x) > 0$，则在 $X = x$ 条件下 Y 的**条件分布函数**和**条件密度函数**分别为

$$F(y \mid x) = \int_{-\infty}^{y} \frac{f(x, v)}{f_X(x)} \mathrm{d}v,$$

$$f(y \mid x) = \frac{f(x, y)}{f_X(x)}. \tag{3.2.4}$$

需要指出的是，无论是条件分布函数 $F(x \mid y)$，还是条件密度函数 $f(x \mid y)$，它们还是条件 $Y = y$ 的函数，不同的条件，其分布函数、密度函数是不同的. 对 $F(y \mid x)$，$f(y \mid x)$ 也是如此.

例 1 在 3.1.3 小节中例 3 中，求条件密度函数 $f(x \mid y)$ 和 $f(y \mid x)$.

解 由例 3 知，随机变量 X，Y 的密度函数分别为

$$f_X(x) = \frac{1}{\pi(1 + x^2)},$$

$$f_Y(y) = \frac{1}{\pi(1+y^2)}$$

于是对任意 y，有 $f_Y(y) > 0$，所以在 $Y = y$ 条件下 X 的条件密度函数为

$$f(x \mid y) = \frac{f(x,y)}{f_Y(y)} = \frac{\dfrac{1}{\pi^2(1+x^2)(1+y^2)}}{\dfrac{1}{\pi(1+y^2)}} = \frac{1}{\pi(1+x^2)};$$

同理，对任意 x，可求得在 $X = x$ 条件下 Y 的条件密度函数为

$$f(y \mid x) = \frac{f(x,y)}{f_X(x)} = \frac{\dfrac{1}{\pi^2(1+x^2)(1+y^2)}}{\dfrac{1}{\pi(1+x^2)}} = \frac{1}{\pi(1+y^2)}.$$

易见，$f(x \mid y) = f_X(x)$，$f(y \mid x) = f_Y(y)$，这表明一个随机变量的分布没有受到另一个随机变量取值的影响.

例 2　在 3.1.3 小节例 4 中，求（1）条件密度函数 $f(x \mid y)$ 和 $f(y \mid x)$；（2）$P\{X > 0 \mid Y = 0\}$.

解　（1）由例 4 知，随机变量 X，Y 的密度函数分别为

$$f_X(x) = \begin{cases} \dfrac{2\sqrt{r^2-x^2}}{\pi r^2}, & |x| \le r, \\ 0, & \text{其他} \end{cases},$$

$$f_Y(y) = \begin{cases} \dfrac{2\sqrt{r^2-y^2}}{\pi r^2}, & |y| \le r, \\ 0, & \text{其他} \end{cases}.$$

于是，当 $|y| < r$ 时，在 $Y = y$ 条件下 X 的条件密度函数为

$$f(x \mid y) = \frac{f(x,y)}{f_Y(y)} = \begin{cases} \dfrac{1}{2\sqrt{r^2-y^2}}, & -\sqrt{r^2-y^2} \le x \le \sqrt{r^2-y^2} \\ 0, & \text{其他} \end{cases}.$$

当 $|x| < r$ 时，在 $X = x$ 条件下 Y 的条件密度函数为

$$f(y \mid x) = \frac{f(x,y)}{f_X(x)} = \begin{cases} \dfrac{1}{2\sqrt{r^2-x^2}}, & -\sqrt{r^2-x^2} \le y \le \sqrt{r^2-x^2} \\ 0, & \text{其他} \end{cases}.$$

可见，当 $|y| < r$ 时，给定 $Y = y$ 条件下，X 服从区间 $[-\sqrt{r^2-y^2}, \sqrt{r^2-y^2}]$ 上的均匀分布；当 $|x| < r$ 时，给定 $X = x$ 条件下，Y 服从区间 $[-\sqrt{r^2-x^2}, \sqrt{r^2-x^2}]$ 上的均匀分布. 此时，条件分布不同于边缘分布，这表明一个随机变量的分布受到另一个随机变量取值的影响.

（2）当 $Y = 0$ 时，X 服从 $[-r, r]$ 上的均匀分布，于是

$$P\{X>0 \mid Y=0\} = \int_0^{+\infty} f(x \mid 0)\,\mathrm{d}x = \int_0^r \frac{1}{2r}\mathrm{d}x = \frac{1}{2}.$$

3.2.4　随机变量的独立性

对二维随机变量 (X, Y)，其分量的取值有时会相互影响，有时会毫无影响．例如，一个人的体重 X 和身高 Y 就会相互影响；把一枚硬币掷两次，则第一次掷硬币正面出现的次数 X 和第二次掷硬币正面出现的次数 Y 就互不影响．当两个随机变量的取值互不影响时，就称它们是相互独立的．由 3.2.3 小节的例 1 可知，当两个随机变量相互独立时，有 $f(x \mid y) = f_X(x)$，即 $\dfrac{f(x, y)}{f_Y(y)} = f_X(x)$，从而 $f(x, y) = f_X(x)f_Y(y)$，积分可得 (X, Y) 的分布函数等于其边缘分布函数的乘积，即 $F(x, y) = F_X(x)F_Y(y)$．由此给出随机变量独立性一般定义如下．

定义 3.6　设 X，Y 为两随机变量，$F(x, y)$、$F_X(x)$、$F_Y(y)$ 分别是 (X, Y)、X、Y 的分布函数．若对任意实数 x、y 都有

$$F(x, y) = F_X(x)F_Y(y) \tag{3.2.5}$$

则称随机变量 X 与 Y **相互独立**．

按上面本小节开始的分析，随机变量 X 与 Y 相互独立的基本含义是，一个随机变量的取值概率如何不受另一个随机变量取值的影响．因此，若考察两个事件 $\{X \in S_x\}$，$\{Y \in S_y\}$，其中 S_x，S_y 是任意实数集，则因各事件只涉及一个随机变量，它们应当是相互独立的事件．反之亦然．于是有下面的定理．

定理 3.1　随机变量 X 与 Y 相互独立的充要条件是对任意实数集 S_x，S_y，有

$$P\{X \in S_x,\ Y \in S_y\} = P\{X \in S_x\}P\{Y \in S_y\}.$$

定义 3.6 对二维离散型和连续型随机变量都是成立的．对二维离散型随机变量 (X, Y) 的情形，其联合分布律为 $P\{X = x_i,\ Y = y_j\} = p_{ij}$，$i, j = 1, 2, 3, \cdots$，由定理 3.1 知，若 X 与 Y 相互独立，则对所有 i，j，有 $P\{X = x_i,\ Y = y_j\} = P\{X = x_i\}P\{Y = y_j\}$．反之亦然．于是有如下定理．

定理 3.2　设有二维离散型随机变量 (X, Y)，其联合分布为 $P\{X = x_i,\ Y = y_j\} = p_{ij}(i, j = 1, 2, \cdots)$，则 X 与 Y 独立的充要条件是对一切 i，$j = 1, 2, \cdots$，有

$$P\{X = x_i,\ Y = y_j\} = P\{X = x_i\}P\{Y = y_j\}.$$

根据定义 3.6 易得，对于二维连续型的情形，有下面关于随机变量 X 和 Y 是独立的等价条件．

定理 3.3　设二维连续型随机变量 (X,Y)，$f(x,y)$、$f_X(x)$、$f_Y(y)$ 分别为 (X,Y)、X、Y 的密度函数，则 X 与 Y 独立的充要条件是对任何实数 x、y 都有

$$f(x,y)=f_X(x)f_Y(y).$$

由定理 3.2，我们不难判断在 3.1.2 小节的例 1 中，两个随机变量 X_1 与 X_2 在不放回情形下是不独立的，在有放回情形下是独立的；利用定理 3.3 可以判断在 3.1.3 小节的例 3 中两个随机变量 X 与 Y 是独立的，例 4 中两个随机变量 X 与 Y 是不独立的.

前面曾经指出，(X,Y) 的边缘分布一般是不能决定 (X,Y) 的分布. 由定理 3.2 和定理 3.3 可以看出，当 X 与 Y 相互独立时，边缘分布就决定了 (X,Y) 的分布. 从这个意义上讲，独立性是一个相当重要的概念.

例 1　设 (X,Y) 服从二维正态分布，其联合密度函数为式 (3.1.11)，证明：X 与 Y 独立的充要条件是 $\rho=0$.

证　由 3.1.3 小节的例 5 可知，X 的密度函数为

$$\varphi_X(x)=\frac{1}{\sqrt{2\pi}\sigma_1}e^{-\frac{(x-\mu_1)^2}{2\sigma_1^2}},$$

Y 的密度函数为

$$\varphi_Y(y)=\frac{1}{\sqrt{2\pi}\sigma_2}e^{-\frac{(y-\mu_2)^2}{2\sigma_2^2}},$$

因此，$\varphi_X(x)\varphi_Y(y)=\dfrac{1}{2\pi\sigma_1\sigma_2}e^{-\frac{1}{2}\left[\frac{(x-\mu_1)^2}{\sigma_1^2}+\frac{(y-\mu_2)^2}{\sigma_2^2}\right]}.$

充分性：当 $\rho=0$ 时，(X,Y) 的密度函数 $\varphi(x,y)$ 变为

$$\varphi(x,y)=\frac{1}{2\pi\sigma_1\sigma_2}e^{-\frac{1}{2}\left[\frac{(x-\mu_1)^2}{\sigma_1^2}+\frac{(y-\mu_2)^2}{\sigma_2^2}\right]}$$

显然，对任意 x、y，有 $\varphi(x,y)=\varphi_X(x)\varphi_Y(y)$，所以 X 与 Y 独立.

必要性：当 X 与 Y 相互独立时，则对任意 x、y 有

$$\varphi(x,y)=\varphi_X(x)\varphi_Y(y),$$

在上式中令 $x=\mu_1$，$y=\mu_2$，得

$$\frac{1}{2\pi\sigma_1\sigma_2\sqrt{1-\rho^2}}=\frac{1}{2\pi\sigma_1\sigma_2},$$

从而 $\rho=0$.

例 2　一负责人到达办公室的时间均匀分布在 8～12 时，他的秘书到达办公室的时间均匀分布在 7～9 时，设他们两人到达的时间是相互独立的，求他们到达办公室的时间相差不超过 5 分钟（1/12 小时）的概率.

解　设 X 和 Y 分别是负责人和他的秘书到达办公室的时间，由题设 X 和 Y 的概率密度分别为

$$f_X(x) = \begin{cases} \dfrac{1}{4}, & 8 < x < 12; \\ 0, & \text{其他}, \end{cases} \qquad f_Y(y) = \begin{cases} \dfrac{1}{2}, & 7 < y < 9; \\ 0, & \text{其他}. \end{cases}$$

因为 X，Y 相互独立，故 (X, Y) 的概率密度为

$$f(x, y) = f_X(x)f_Y(y) = \begin{cases} \dfrac{1}{8}, & 8 < x < 12, \ 7 < y < 9 \\ 0, & \text{其他}. \end{cases}$$

按题意要求概率 $P\left\{ |X - Y| \leqslant \dfrac{1}{12} \right\}$．画出区域：$|x - y| \leqslant \dfrac{1}{12}$，以及长方形 $[8 < x < 12；7 < y < 9]$，它们的公共部分是四边形 $BCC'B'$，记为 G（见图 3 - 5）．

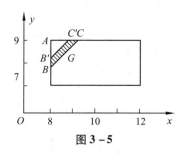

图 3 - 5

显然，仅当 (X, Y) 取值于 G 内，他们两人到达的时间相差才不超过 $\dfrac{1}{12}$ 小时．因此，所求的概率为

$$P\left\{ |X - Y| \leqslant \dfrac{1}{12} \right\} = \iint\limits_{G} f(x, y)\,\mathrm{d}x\mathrm{d}y = \dfrac{1}{8} \times S_G$$

其中 S_G 为区域 G 的面积．

而

$$S_G = \triangle ABC\ \text{的面积} - \triangle AB'C'\ \text{的面积}$$

$$= \dfrac{1}{2} \times \left(\dfrac{13}{12}\right)^2 - \dfrac{1}{2} \times \left(\dfrac{11}{12}\right)^2 = \dfrac{1}{6},$$

于是，$P\left\{ |X - Y| \leqslant \dfrac{1}{12} \right\} = \dfrac{1}{48}$．即负责人和他的秘书到达办公室的时间相差不超过 5 分钟的概率为 1/48.

在本例中，试求负责人比秘书先到达办公室的概率是多少？

下面定理说明独立的随机变量的函数仍然是独立的．

定理 3.4 若随机变量 X 与 Y 相互独立，又 $g_1(x)$、$g_2(x)$ 是两个一元连续函数，则 $g_1(X)$ 与 $g_2(Y)$ 也是相互独立的随机变量．

由定理 3.4 立即可得，若 X 与 Y 相互独立，则 X^2 与 Y^2、$a_1X + b_1$ 与 $a_2Y + b_2$ 也相互独立，其中 $a_1 \neq 0$，$a_2 \neq 0$，b_1、b_2 为常数．

与事件的独立性一样，在实际问题中，常常是从随机变量产生的实际背景去判断它们的独立性．如果一个随机变量的取值对另一个随机变量取值的统计规律不产生影响，或者影响很小，就认为这两个随机变量是相互独立的．

习题 3-2

1. 设 X 表示随机地在 $1\sim4$ 的 4 个整数中任取一个整数，Y 表示在 $1\sim X$ 中随机地取出一个整数．求（1）(X, Y) 的联合分布及边缘分布；（2）当 $X=3$ 时，Y 的条件分布．

2. 同时掷两枚骰子，用 X 表示第一枚骰子出现的点数，Y 表示两枚骰子中出现的点数的最大值．求 (X, Y) 的联合分布，并判断 X 与 Y 是否独立．

习题选讲

3. 设二维离散型随机变量 (X, Y) 的联合分布为

X \ Y	1	2	3
1	$\dfrac{1}{6}$	$\dfrac{1}{9}$	$\dfrac{1}{18}$
2	$\dfrac{1}{3}$	α	β

问 α、β 取什么值时，X 与 Y 独立？

4. 设 X 和 Y 的分布律分别为

X	0	1
P	$\dfrac{1}{4}$	$\dfrac{3}{4}$

Y	-1	0	1
P	$\dfrac{1}{2}$	$\dfrac{1}{4}$	$\dfrac{1}{4}$

且 $P\{X^2 = Y^2\} = 1$．试问 X 与 Y 是否独立？

5. 设随机变量 X 与 Y 独立同分布，且

$$P\{X = -1\} = P\{Y = -1\} = P\{X = 1\} = P\{Y = 1\} = \frac{1}{2}$$

试求 $P\{X = Y\}$．

6. 设二维连续型随机变量 (X, Y)，X 的密度函数为 $f_X(x)$，在 $X = x$ 的条件下 Y 的条件密度函数为 $f(y \mid x)$．求（1）联合密度函数 $f(x, y)$；（2）Y 的密度函数为 $f_Y(y)$；（3）条件密度函数 $f(x \mid y)$．

7. 已知 (X, Y) 的联合密度为

$$f(x, y) = \begin{cases} c\sin(x + y), & 0 \leqslant x \leqslant \dfrac{\pi}{4}, \ 0 \leqslant y \leqslant \dfrac{\pi}{4}; \\ 0, & \text{其他}. \end{cases}$$

求（1）c 的值；（2）边缘密度函数 $f_X(x)$，$f_Y(y)$；（3）随机变量 X 与 Y 独立吗？

8. 设 (X, Y) 的联合密度为

$$f(x, y) = \begin{cases} x\mathrm{e}^{-(x+y)}, & x > 0, \ y > 0; \\ 0, & \text{其他}. \end{cases}$$

求（1）分布函数 $F(x, y)$；（2）$P\{-1 \leqslant X \leqslant 1, \ 0 \leqslant Y \leqslant 2\}$；（3）边缘密度函数 $f_X(x)$，$f_Y(y)$，并判定 X 与 Y 是否独立．

---

9. 设 (X, Y) 的联合密度为

$$f(x, y) = \begin{cases} 8xy, & 0 \le x \le y \le 1; \\ 0, & \text{其他}. \end{cases}$$

判定 X 与 Y 是否独立.

10. 从 $(0, 1)$ 中任取两个数, 求下列事件概率: (1) 两数之和小于 1.2; (2) 两数之积小于 0.25.

11. 设随机变量 X 与 Y 相互独立, 且 $X \sim U[0, 2]$, $Y \sim \text{Exp}(2)$, 求概率 $P\{X > Y\}$.

§3.3 二维随机变量函数的分布

设 (X, Y) 是二维随机变量, $z = g(x, y)$ 是二元连续函数, 则 $Z = g(X, Y)$ 也是随机变量, 称 $Z = g(X, Y)$ 为**随机变量 (X, Y) 的函数**.

如何由 (X, Y) 的分布求出 $Z = g(X, Y)$ 的分布? 对于这类问题, 其解决方法原则上与求一维随机变量函数分布的情形完全类似. 下面分离散型和连续型两种情况通过举例来讨论.

3.3.1 二维离散型随机变量函数的分布

例 1 对一块长方形的土地进行测量, 用随机变量 X 与 Y 分别表示其长与宽的测量值 (单位: 米). 已知 (X, Y) 的联合分布为

表 3-7

X \ Y	4	4.2
5	0.2	0.4
5.1	0.3	0.1

求土地面积 Z 的概率函数.

解 由于面积 $Z = XY$, 所以 Z 的可能取值是 20、20.4、21、21.42. 且

$$P\{Z = 20\} = P\{X = 5, Y = 4\} = 0.2,$$
$$P\{Z = 20.4\} = P\{X = 5.1, Y = 4\} = 0.3,$$
$$P\{Z = 21\} = P\{X = 5, Y = 4.2\} = 0.4,$$
$$P\{Z = 21.42\} = P\{X = 5.1, Y = 4.2\} = 0.1.$$

104

概率论与数理统计（第三版）

于是，Z 的概率函数为

Z	20	20.4	21	21.42
P	0.2	0.3	0.4	0.1

例 2 设随机变量 X_1 与 X_2 相互独立，且服从同一参数 p 的 $0-1$ 分布，求 $X_1 + X_2$ 的概率函数.

解 X_i 的概率函数为 $P\{X_i = k\} = (1-p)^{1-k}p^k$ $(k=0,1)$，$i = 1, 2$. $X_1 + X_2$ 的可能取值为 $0, 1, 2$，并且由 X_1 与 X_2 独立可知：

$$P\{X_1 + X_2 = 0\} = P\{X_1 = 0\}P\{X_2 = 0\} = (1-p)^2,$$

$$P\{X_1 + X_2 = 1\} = P\{X_1 = 0\}P\{X_2 = 1\} + P\{X_1 = 1\}P\{X_2 = 0\}$$
$$= 2(1-p)p,$$

$$P\{X_1 + X_2 = 2\} = P\{X_1 = 1\}P\{X_2 = 1\} = p^2.$$

所以，$X_1 + X_2$ 的概率函数为

$$P\{X_1 + X_2 = k\} = C_2^k p^k q^{2-k}, \qquad k = 0, 1, 2.$$

其中 $q = 1-p$. 上式表明 $X_1 + X_2 \sim B(2, p)$.

例 3 设 X, Y 是两个相互独立的随机变量，它们分别服从参数为 λ_1 和 λ_2 的泊松分布，求 $Z = X + Y$ 的概率函数.

解 Z 的所有可能取值为 $0, 1, 2, \cdots$. 由于 $\{Z = k\} = \sum\limits_{i=0}^{k} \{X = i, Y = k-i\}$，所以

$$P\{Z = k\} = \sum_{i=0}^{k} P\{X = i, Y = k-i\}.$$

又随机变量 X 与 Y 相互独立，所以有

$$P\{Z = k\} = \sum_{i=0}^{k} P\{X = i\}P\{Y = k-i\} = \sum_{i=0}^{k} \frac{\lambda_1^i}{i!}e^{-\lambda_1} \frac{\lambda_2^{k-i}}{(k-i)!}e^{-\lambda_2}$$

$$= \sum_{i=0}^{k} \frac{\lambda_1^i \lambda_2^{k-i}}{i!(k-i)!}e^{-(\lambda_1+\lambda_2)}$$

$$= \frac{(\lambda_1 + \lambda_2)^k}{k!}e^{-(\lambda_1+\lambda_2)}, \qquad k = 0, 1, 2, \cdots.$$

这说明，Z 服从参数为 $\lambda_1 + \lambda_2$ 的泊松分布. 即两个相互独立的都服从泊松分布的随机变量的和仍服从泊松分布，且其参数为这两个分布的参数之和. 这个事实通常被称为**泊松分布具有可加性**.

3.3.2 二维连续型随机变量函数的分布

二维连续型随机
变量函数的分布

设二维连续型随机变量 (X, Y) 的密度函数为 $f(x, y)$，其函数 $Z = g(X, Y)$ 也是连续型随机变量，类似于求一维随机变量函数分布的方法，可如下求 $Z = g(X, Y)$ 的密度函数.

（1）先求出 $Z = g(X, Y)$ 的分布函数

$$F_Z(z) = P\{Z \leqslant z\} = P\{g(X, Y) \leqslant z\} = P\{(X,Y) \in D_z\} = \iint\limits_{D_z} f(x,y)\mathrm{d}x\mathrm{d}y,$$

其中 $D_z = \{(x, y) \mid g(x, y) \leqslant z\}$.

（2）再利用分布函数与密度函数的关系，对分布函数求导，得 $Z = g(X, Y)$ 的密度函数 $f_Z(z)$.

例 1 设 (X, Y) 的联合概率密度为

$$f(x, y) = \frac{1}{2\pi}\mathrm{e}^{-\frac{x^2+y^2}{2}},$$

求 $Z = \sqrt{X^2 + Y^2}$ 的密度函数.

解 当 $z < 0$ 时，

$$F(z) = P\{Z \leqslant z\} = P\{\sqrt{X^2 + Y^2} \leqslant z\} = 0;$$

当 $z \geqslant 0$ 时，设 $D = \{(x, y) \mid x^2 + y^2 \leqslant z^2\}$，则

$$F(z) = P\{Z \leqslant z\} = P\{\sqrt{X^2 + Y^2} \leqslant z\} = P\{X^2 + Y^2 \leqslant z^2\}$$

$$= \iint\limits_{D} \frac{1}{2\pi}\mathrm{e}^{-\frac{x^2+y^2}{2}}\mathrm{d}x\mathrm{d}y = \frac{1}{2\pi}\iint\limits_{D}\mathrm{e}^{-\frac{r^2}{2}}r\mathrm{d}r\mathrm{d}\theta$$

$$= -\frac{1}{2\pi}\int_0^{2\pi}\mathrm{d}\theta\int_0^z\mathrm{e}^{-\frac{r^2}{2}}\mathrm{d}\left(-\frac{r^2}{2}\right) = 1 - \mathrm{e}^{-\frac{z^2}{2}}.$$

即 Z 的分布函数为

$$F(z) = \begin{cases} 0, & z < 0; \\ 1 - \mathrm{e}^{-\frac{z^2}{2}}, & z \geqslant 0. \end{cases}$$

所以 Z 的密度函数为

$$f(z) = F'(z) = \begin{cases} 0, & z < 0; \\ z\mathrm{e}^{-\frac{z^2}{2}}, & z \geqslant 0. \end{cases}$$

下面我们来求 (X, Y) 的两类特殊函数的分布.

1. $Z = X + Y$ 的分布

设二维连续型随机变量 (X, Y) 的密度函数为 $f(x, y)$，现在我们来推导 $Z = X + Y$ 的密度函数 $f_Z(z)$. 随机变量 Z 的分布函数为

$$F_Z(z) = P(Z \leqslant z) = P(X + Y \leqslant z) = \iint\limits_{x+y \leqslant z} f(x, y)\mathrm{d}x\mathrm{d}y$$

$$= \int_{-\infty}^{+\infty}\mathrm{d}x\int_{-\infty}^{z-x}f(x, y)\mathrm{d}y \xrightarrow{\;\diamond\, t = x+y\;} = \int_{-\infty}^{+\infty}\mathrm{d}x\int_{-\infty}^{z}f(x, t-x)\mathrm{d}t$$

$$= \int_{-\infty}^{z}\left[\int_{-\infty}^{+\infty}f(x, t-x)\mathrm{d}x\right]\mathrm{d}t.$$

由式（2.2.15）可知，Z 的密度函数为

$$f_Z(z) = \int_{-\infty}^{+\infty}f(x, z-x)\mathrm{d}x. \tag{3.3.1}$$

由 X 与 Y 的对称性可知，$f_Z(z)$ 也可写成

$$f_Z(z) = \int_{-\infty}^{+\infty} f(z-y,\ y)\,\mathrm{d}y. \tag{3.3.2}$$

特别地，当随机变量 X 与 Y 相互独立时，有

$$f_Z(z) = \int_{-\infty}^{+\infty} f_X(x)f_Y(z-x)\,\mathrm{d}x, \tag{3.3.3}$$

或

$$f_Z(z) = \int_{-\infty}^{+\infty} f_X(z-y)f_Y(y)\,\mathrm{d}y. \tag{3.3.4}$$

其中 $f_X(x)$，$f_Y(y)$ 分别为 X 与 Y 的密度函数，式 (3.3.3) 和式 (3.3.4) 称为**卷积公式**.

例 2 设 $X \sim N(0,\ 1)$，$Y \sim N(0,\ 1)$，且 X 与 Y 相互独立，求 $Z = X + Y$ 的分布.

解 由于

$$X \sim \varphi_X(x) = \frac{1}{\sqrt{2\pi}}\mathrm{e}^{-\frac{x^2}{2}},$$

$$Y \sim \varphi_Y(y) = \frac{1}{\sqrt{2\pi}}\mathrm{e}^{-\frac{y^2}{2}},$$

由式 (3.3.3) 及泊松积分 $\int_{-\infty}^{+\infty} \mathrm{e}^{-x^2}\,\mathrm{d}x = \sqrt{\pi}$，得

$$\begin{aligned}
\varphi_Z(z) &= \int_{-\infty}^{+\infty} \varphi_X(x)\varphi_Y(z-x)\,\mathrm{d}x \\
&= \int_{-\infty}^{+\infty} \frac{1}{\sqrt{2\pi}}\mathrm{e}^{-\frac{x^2}{2}} \cdot \frac{1}{\sqrt{2\pi}}\mathrm{e}^{-\frac{(z-x)^2}{2}}\,\mathrm{d}x \\
&= \frac{1}{2\pi}\mathrm{e}^{-\frac{z^2}{4}} \int_{-\infty}^{+\infty} \mathrm{e}^{-(x-\frac{1}{2}z)^2}\,\mathrm{d}x \\
&= \frac{1}{2\pi}\mathrm{e}^{-\frac{z^2}{4}}\sqrt{\pi} = \frac{1}{2\sqrt{\pi}}\mathrm{e}^{-\frac{z^2}{4}} = \frac{1}{\sqrt{2\pi}\sqrt{2}}\mathrm{e}^{-\frac{z^2}{2(\sqrt{2})^2}}.
\end{aligned}$$

即 $Z \sim N(0,\ 2)$.

一般地，若 $X \sim N(\mu_1,\ \sigma_1^2)$，$Y \sim N(\mu_2,\ \sigma_2^2)$，且 X 与 Y 相互独立，则 $X + Y \sim N(\mu_1 + \mu_2,\ \sigma_1^2 + \sigma_2^2)$.

有趣的是，这个事实的逆命题也成立：如果 Z 服从正态分布，而 Z 表示成两个独立随机变量 X，Y 之和，则 X，Y 必都服从正态分布. 这个事实称为**正态分布的"再生性"**.

2. $M = \max(X,\ Y)$ 与 $N = \min(X,\ Y)$ 的分布

设 X 和 Y 是两个相互独立的随机变量，它们的分布函数分别为 $F_X(x)$ 和 $F_Y(y)$，现在来求 $M = \max(X,\ Y)$ 与 $N = \min(X,\ Y)$ 的分布函数. 由于事件 $\{\max(X,\ Y) \leqslant z\}$ 等价于 $\{X \leqslant z,\ Y \leqslant z\}$，又 X

和 Y 是相互独立的，于是 $M = \max(X, Y)$ 的分布函数为

$$
\begin{aligned}
F_M(z) = P\{M \leqslant z\} &= P\{X \leqslant z, Y \leqslant z\} \\
&= P\{X \leqslant z\} \cdot P\{Y \leqslant z\} \\
&= F_X(z) F_Y(z)
\end{aligned}
\tag{3.3.5}
$$

类似地，有 $N = \min(X, Y)$ 的分布函数为

$$
\begin{aligned}
F_N(z) = P\{N \leqslant z\} &= 1 - P\{N > z\} = 1 - P\{X > z, Y > z\} \\
&= 1 - P\{X > z\} P\{Y > z\} = 1 - [1 - F_X(z)][1 - F_Y(z)]
\end{aligned}
\tag{3.3.6}
$$

例 3　设 X 和 Y 是两个相互独立的随机变量，已知 X 服从区间 $[0, 1]$ 上的均匀分布，Y 服从参数 $\lambda = 3$ 的指数分布．试求 $M = \max(X, Y)$ 与 $N = \min(X, Y)$ 的密度函数．

解　由给定条件知，X 的密度函数和分布函数分别为

$$
f_X(x) = \begin{cases} 1, & 0 \leqslant x \leqslant 1 \\ 0, & \text{其他} \end{cases}, \quad
F_X(x) = \begin{cases} 0, & x < 0 \\ x, & 0 \leqslant x < 1. \\ 1, & x \geqslant 1 \end{cases}
$$

Y 的密度函数和分布函数分别为

$$
f_Y(y) = \begin{cases} 3\mathrm{e}^{-3y}, & y > 0 \\ 0, & y \leqslant 0 \end{cases}, \quad
F_Y(y) = \begin{cases} 1 - \mathrm{e}^{-3y}, & y > 0 \\ 0, & y \leqslant 0 \end{cases}.
$$

则由式（3.3.5）知，$M = \max(X, Y)$ 的分布函数为

$$
F_M(z) = F_X(z) F_Y(z) = \begin{cases} 0, & z < 0 \\ z(1 - \mathrm{e}^{-3z}), & 0 \leqslant z < 1, \\ 1 - \mathrm{e}^{-3z}, & z \geqslant 1 \end{cases}
$$

于是 $M = \max(X, Y)$ 的密度函数为

$$
f_M(z) = \begin{cases} 0, & z < 0 \\ 1 - \mathrm{e}^{-3z} + 3z\mathrm{e}^{-3z}, & 0 \leqslant z < 1. \\ 3\mathrm{e}^{-3z}, & z \geqslant 1 \end{cases}
$$

由式（3.3.6）知，$N = \min(X, Y)$ 的分布函数为

$$
F_N(z) = 1 - [1 - F_X(z)][1 - F_Y(z)] = \begin{cases} 0, & z < 0 \\ 1 - (1 - z)\mathrm{e}^{-3z}, & 0 \leqslant z < 1, \\ 1, & z \geqslant 1 \end{cases}
$$

所以 $N = \min(X, Y)$ 的密度函数为

$$
f_N(z) = \begin{cases} 4\mathrm{e}^{-3z} - 3z\mathrm{e}^{-3z}, & 0 \leqslant z < 1 \\ 0, & \text{其他} \end{cases}.
$$

本章的最后我们把前面所讲的二维随机变量及有关概念和结论推广到更多维随机变量中去．下面仅列一些基本概念和结果，而不做深入探讨．

设 E 为随机试验，其样本空间为 Ω，X_1，X_2，$\cdots$，X_n 是定义在 Ω 上的 n 个随机变量，则称向量 $(X_1, X_2, \cdots, X_n)$ 为 E 的 **n 维随**

机变量. 当 $n \geq 2$ 时，称为**多维随机变量**.

设 $(X_1, X_2, \cdots, X_n)$ 为 n 维随机变量，$x_1, x_2, \cdots, x_n$ 为任意实数，则 n 元函数

$$F(x_1, x_2, \cdots, x_n) = P\{X_1 \leq x_1, X_2 \leq x_2, \cdots, X_n \leq x_n\}$$

称为 $(X_1, X_2, \cdots, X_n)$ 的**分布函数**，或 $X_1, X_2, \cdots, X_n$ 的**联合分布函数**.

随机变量 $X_i (i = 1, 2, \cdots, n)$ 的分布函数 $F_{X_i}(x_i)$ 称为 $(X_1, \cdots, X_n)$ 关于 X_i 的**边缘分布函数**.

若 n 维随机变量 $(X_1, X_2, \cdots, X_n)$ 所有可能取值为有限个或可列个，则称 $(X_1, X_2, \cdots, X_n)$ 为 **n 维离散型随机变量**.

设 $F(x_1, x_2, \cdots, x_n)$ 为 n 维随机变量 $(X_1, X_2, \cdots, X_n)$ 的分布函数，若存在非负可积函数 $f(x_1, x_2, \cdots, x_n)$，使得对任意实数 $x_1, x_2, \cdots, x_n$ 有

$$F(x_1, x_2, \cdots, x_n) = \int_{-\infty}^{x_1} \int_{-\infty}^{x_2} \cdots \int_{-\infty}^{x_n} f(t_1, t_2, \cdots, t_n) \, \mathrm{d}t_1 \mathrm{d}t_2 \cdots \mathrm{d}t_n,$$

则称 $(X_1, X_2, \cdots, X_n)$ 为**连续型随机变量**，$f(x_1, x_2, \cdots, x_n)$ 称为 n 维随机变量 $(X_1, X_2, \cdots, X_n)$ 的**密度函数**.

随机变量 $X_i (i = 1, 2, \cdots, n)$ 的密度函数 $f_{X_i}(x_i)$ 称为 $(X_1, X_2, \cdots, X_n)$ 关于 X_i 的**边缘密度函数**.

设 $F(x_1, x_2, \cdots, x_n)$ 为 n 维随机变量 $(X_1, X_2, \cdots, X_n)$ 的分布函数，$F_{X_1}(x_1), F_{X_2}(x_2), \cdots, F_{X_n}(x_n)$ 分别为 $X_1, X_2, \cdots, X_n$ 的分布函数. 若对任意实数 $x_1, x_2, \cdots, x_n$ 有

$$F(x_1, x_2, \cdots, x_n) = F_{X_1}(x_1) F_{X_2}(x_2) \cdots F_{X_n}(x_n),$$

则称 $X_1, X_2, \cdots, X_n$ **相互独立**.

设 $(X_1, X_2, \cdots, X_n)$ 是 n 维离散型随机变量，则 $X_1, X_2, \cdots, X_n$ 相互独立的充分必要条件是对 $(X_1, X_2, \cdots, X_n)$ 的任一取值 $(x_1, x_2, \cdots, x_n)$，有

$$P\{X_1 = x_1, X_2 = x_2, \cdots, X_n = x_n\}$$
$$= P\{X_1 = x_1\} P\{X_2 = x_2\} \cdots P\{X_n = x_n\}.$$

设 $(X_1, X_2, \cdots, X_n)$ 为连续型随机变量，$f(x_1, x_2, \cdots, x_n)$ 为其密度函数，$f_{X_1}(x_1), f_{X_2}(x_2), \cdots, f_{X_n}(x_n)$ 分别是 $X_1, X_2, \cdots, X_n$ 的密度函数，则 $X_1, X_2, \cdots, X_n$ 相互独立的充分必要条件是对任意实数 $x_1, x_2, \cdots, x_n$，有

$$f(x_1, x_2, \cdots, x_n) = f_{X_1}(x_1) f_{X_2}(x_2) \cdots f_{X_n}(x_n).$$

设 $X_1, X_2, \cdots, X_n$ 相互独立，$g_1(x), g_2(x), \cdots, g_n(x)$ 是 n 个一元连续函数，则 $g_1(X_1), g_2(X_2), \cdots, g_n(X_n)$ 也相互独立.

设 n 维随机变量 $(X_1, X_2, \cdots, X_n)$，$g = g(x_1, x_2, \cdots, x_n)$ 是 n 元连续函数，则 $g(X_1, X_2, \cdots, X_n)$ 是随机变量，称为 $(X_1,$

X_2，$\cdots$，X_n）的函数.

在 3.3.1 小节中例 2、例 3 和 3.3.2 小节中例 2 的结果，以及式 (3.3.5)、式 (3.3.6) 都可推广到 $n(n > 2)$ 个随机变量的情形，即

(i) 若 X_1，X_2，$\cdots$，X_n 相互独立，且 X_i 服从参数为 p 的 $0-1$ 分布 ($i = 1$, 2, $\cdots$, n)，则

$$\sum_{i=1}^{n} X_i \sim B(n, p). \tag{3.3.7}$$

(ii) 若 X_1，X_2，$\cdots$，X_n 相互独立，且 $X_i \sim P(\lambda_i)$ ($i = 1$, 2, $\cdots$, n)，则

$$\sum_{i=1}^{n} X_i \sim P\left(\sum_{i=1}^{n} \lambda_i\right). \tag{3.3.8}$$

(iii) 若 X_1，X_2，$\cdots$，X_n 相互独立，且 $X_i \sim N(\mu_i, \sigma_i^2)$ ($i = 1$, 2, $\cdots$, n)，则

$$\sum_{i=1}^{n} X_i \sim N\left(\sum_{i=1}^{n} \mu_i, \sum_{i=1}^{n} \sigma_i^2\right). \tag{3.3.9}$$

更一般地有

$$\sum_{i=1}^{n} a_i X_i \sim N\left(\sum_{i=1}^{n} a_i \mu_i, \sum_{i=1}^{n} a_i^2 \sigma_i^2\right). \tag{3.3.10}$$

其中 $a_i (i = 1$, 2, $\cdots$, n) 为不全为 0 的常数.

(iv) 设 X_1，X_2，$\cdots$，X_n 是相互独立的随机变量，它们的分布函数分别为 $F_{X_i}(x_i)$，$i = 1$, 2, $\cdots$, n，则 $M = \max(X_1, X_2, \cdots, X_n)$ 与 $N = \min(X_1, X_2, \cdots, X_n)$ 的分布函数分别为

$$F_M(z) = \prod_{i=1}^{n} F_{X_i}(z), \quad F_N(z) = 1 - \prod_{i=1}^{n} \left[1 - F_{X_i}(z)\right] \tag{3.3.11}$$

特别地，当 X_1，X_2，$\cdots$，X_n 相互独立且具有相同的分布函数 $F(x)$ 时，有

$$F_M(z) = \left[F(z)\right]^n, \quad F_N(z) = 1 - \left[1 - F(z)\right]^n \tag{3.3.12}$$

在结束本章之前，我们给出两个多维随机变量独立性的概念，这一概念可以推广到任意个多维随机变量上去.

设 $(X_1, X_2, \cdots, X_n)$ 与 $(Y_1, Y_2, \cdots, Y_m)$ 分别是 n 维和 m 维的随机变量，若对任意实数 x_1, x_2, $\cdots$, x_n, y_1, y_2, $\cdots$, y_m 有

$$F(x_1, x_2, \cdots, x_n, y_1, y_2, \cdots, y_m)$$
$$= F_1(x_1, x_2, \cdots, x_n) F_2(y_1, y_2, \cdots, y_m),$$

其中 F，F_1，F_2 分别是随机变量 $(X_1, X_2, \cdots, X_n, Y_1, Y_2, \cdots, Y_m)$，$(X_1, X_2, \cdots, X_n)$，$(Y_1, Y_2, \cdots, Y_m)$ 的分布函数，则称 $(X_1, X_2, \cdots, X_n)$ 与 $(Y_1, Y_2, \cdots, Y_m)$ **相互独立**.

定理 3.5 设 n 维随机变量 $(X_1, X_2, \cdots, X_n)$ 与 m 维随机变量 $(Y_1, Y_2, \cdots, Y_m)$ 相互独立，则 $X_i (i = 1$, 2, $\cdots$, $n)$ 与 $Y_j (j = 1$,

2，$\cdots$，m）相互独立．如果 $g_1(x_1, x_2, \cdots, x_n)$，$g_2(y_1, y_2, \cdots, y_m)$ 是连续函数，则 $g_1(X_1, X_2, \cdots, X_n)$ 与 $g_2(Y_1, Y_2, \cdots, Y_m)$ 也相互独立．

习题 3-3

1. 设离散型随机变量 X 与 Y 的概率函数分别是

X	0	1	3
P	$\dfrac{1}{2}$	$\dfrac{3}{8}$	$\dfrac{1}{8}$

Y	0	1
P	$\dfrac{1}{3}$	$\dfrac{2}{3}$

且 X 与 Y 相互独立．求 $X+Y$ 的概率函数．

2. 设随机变量 X 和 Y 的联合分布为

X \ Y	-3	-1	0	2
1	0.05	0.1	0.05	0.2
2	0.15	0.1	0.25	0.1

求 （1） $Z = \sin(\pi X) + \cos(\pi Y)$；（2） $Z = XY$；（3） $Z = \max(X, Y)$ 的概率分布．

3. 设 X 与 Y 都服从 $\left[-\dfrac{1}{2}, \dfrac{1}{2}\right]$ 上的均匀分布，且 X 与 Y 相互独立，求 $Z = X + Y$ 的密度函数．

4. 设二维随机变量 (X, Y) 服从区域 $G = \{(x, y) \mid 0 \le x \le 2, 0 \le y \le 1\}$ 上的均匀分布，试求 $M = \max(X, Y)$ 和 $N = \min(X, Y)$ 的分布函数和密度函数．

5. 设二维随机变量 (X, Y) 的密度函数为
$$f(x, y) = \begin{cases} 2\mathrm{e}^{-(x+2y)}, & x > 0, y > 0; \\ 0, & \text{其他}. \end{cases}$$
求随机变量 $Z = X + 2Y$ 的密度函数．

习 题 三

习题选讲

1. 填空题．

（1）将一枚硬币连续掷两次，以 X 和 Y 分别表示第一次、第二次所出现的正面次数，则 (X, Y) 的联合分布律为_____．

（2）将一枚均匀的骰子投掷两次，记 B、C 为两次中出现的点数，则一元二次方程 $x^2 + Bx + C = 0$ 有实根的概率 $p = $_____，有重根的概率 $q = $_____．

（3）设随机变量 X_i（$i = 1, 2$）的概率分布如下：

X_i	-1	0	1
p	0.25	0.5	0.25

习题选讲

且满足 $P\{X_1X_2=0\}=1$，则 $P\{X_1=X_2\}=$ _____.

（4）设 (X, Y) 的密度函数为

$$f(x, y) = \begin{cases} k(6-x-y), & 0<x<2, \ 2<y<4 \\ 0, & \text{其他} \end{cases},$$

则常数 $k=$ _____; $P\{X+Y\leqslant 4\}=$ _____.

（5）设随机变量 X、Y 相互独立，且 $X\sim N(2, 3^2)$，$Y\sim N(-1, 3^2)$，则 $\frac{1}{2}X+\frac{1}{3}Y\sim$ _____.

（6）二维随机变量 (X, Y) 的概率分布为

X \ Y	0	1
0	0.4	a
1	b	0.1

若事件 $\{X=0\}$ 与事件 $\{X+Y=1\}$ 相互独立，则 a，b 分别为 _____.

2. 选择题.

（1）设 X 和 Y 相互独立，且 $X\sim N(0, 1)$，$Y\sim N(1, 1)$，则（　　）.

（A）$P\{X+Y\leqslant 0\}=0.5$　　（B）$P\{X+Y\leqslant 1\}=0.5$

（C）$P\{X-Y\leqslant 0\}=0.5$　　（D）$P\{X-Y\leqslant 1\}=0.5$

（2）设随机变量 X 和 Y 相互独立，$f_X(x)$ 和 $f_Y(y)$ 分别表示 X 和 Y 的密度函数，则在 $Y=y$ 的条件下，X 的条件密度 $f(x\,|\,y)$ 为（　　）.

（A）$f_X(x)$　　（B）$f_Y(y)$　　（C）$f_X(x)\cdot f_Y(y)$　　（D）$\dfrac{f_X(x)}{f_Y(y)}$

（3）设随机变量 X 与 Y 相互独立，其概率函数分别为

X	-1	1
P	$\frac{1}{2}$	$\frac{1}{2}$

Y	-1	1
P	$\frac{1}{2}$	$\frac{1}{2}$

则（　　）正确.

（A）$X=Y$　　（B）$P\{X=Y\}=0$

（C）$P\{X=Y\}=\dfrac{1}{2}$　　（D）$P\{X=Y\}=1$

（4）设随机变量 X 与 Y 相互独立且具有相同的概率函数. 已知

X	0	1
P	$\frac{1}{3}$	$\frac{2}{3}$

则随机变量 $Z=\max(X, Y)$ 的概率函数为（　　）.

（A）
Z	0	1
P	$\frac{1}{3}$	$\frac{2}{3}$

（B）
Z	0	1
P	$\frac{1}{9}$	$\frac{8}{9}$

$$(C)\quad \begin{array}{c|ccc} Z & 0 & 1 & 2 \\ \hline P & \dfrac{1}{9} & \dfrac{4}{9} & \dfrac{4}{9} \end{array} \qquad (D)\quad \begin{array}{c|c} Z & 1 \\ \hline P & 1 \end{array}$$

（5）设平面区域 D 由曲线 $y=\dfrac{1}{x}$ 及直线 $y=0$，$x=1$，$x=\mathrm{e}^2$ 所围成，二维随机变量 (X,Y) 在 D 上服从均匀分布，则 (X,Y) 关于 X 的边缘密度在 $x=2$ 处的值为（　　）.

(A) $\dfrac{1}{2}$　　(B) $\dfrac{1}{3}$　　(C) $\dfrac{1}{4}$　　(D) $\dfrac{1}{5}$

（6）下列命题不正确的是（　　）.

(A) 两个服从指数分布的相互独立的随机变量之和仍服从指数分布；

(B) 两个服从正态分布的相互独立的随机变量之和仍服从正态分布；

(C) 二维正态分布的两个边缘分布均为一维正态分布；

(D) 若 (X,Y) 在区域 $D=\{(x,y)\,|\,0<x<1,\,0<y<1\}$ 上服从均匀分布，则 X 与 Y 相互独立.

3. 设随机变量 X 和 Y 的联合分布为

X＼Y	0	1	2
0	1/6	1/3	1/12
1	2/9	1/6	0
2	1/36	0	0

求（1）在 $X=1$ 的条件下 Y 的条件分布；（2）在 $Y=0$ 的条件下 X 的条件分布；（3）在 $X+Y=1$ 的条件下 X 的条件分布；（4）$Z=X+Y$ 的概率分布.

4. 设随机变量 X 的密度函数为

$$f_X(x)=\begin{cases} \lambda^2 x\mathrm{e}^{-\lambda x}, & x>0 \\ 0, & x\leqslant 0 \end{cases} \quad (\lambda>0)$$

在 $X=x$ 的条件下，随机变量 Y 服从区间 $[0,x]$ 上的均匀分布，试求 Y 的密度函数.

5. 设 (X,Y) 服从区域 $G=\{(x,y)\,|\,0\leqslant x\leqslant 1,\,0\leqslant y\leqslant x\}$ 上的均匀分布.

（1）判断 X 和 Y 是否相互独立；（2）求 $P\{Y>X^2\}$.

6. 设 (X,Y) 服从区域 $G=\{(x,y)\,|\,0\leqslant x\leqslant 2,\,0\leqslant y\leqslant 1\}$ 上的均匀分布，且

$$U=\begin{cases} 0, & X\leqslant Y \\ 1, & X>Y \end{cases}, \qquad V=\begin{cases} 0, & X\leqslant 2Y \\ 1, & X>2Y \end{cases}.$$

求 U 和 V 的联合概率分布.

7. 设二维随机向量 (X,Y)，$X_1=X+Y$，$X_2=X-Y$，且 (X_1,X_2) 的密度函数为

$$f(x_1,x_2)=\frac{1}{2\sqrt{3}\pi}\mathrm{e}^{-\frac{1}{2}\left[\frac{(x_1-4)^2}{3}+(x_2-2)^2\right]}$$

求 X，Y 的密度函数.

8. 设 (X, Y) 的联合密度为

$$f(x, y) = \begin{cases} 4xy, & 0 \leqslant x \leqslant 1,\ 0 \leqslant y \leqslant 1; \\ 0, & \text{其他}. \end{cases}$$

求（1）分布函数 $F(x, y)$；（2）$P\{0 \leqslant X < \frac{1}{2},\ \frac{1}{4} \leqslant Y < 1\}$；（3）$P\{X < Y\}$.

9. 设 $X \sim B(n, p)$，$Y \sim B(m, p)$，且 X 与 Y 独立，证明：$X + Y \sim B(n+m, p)$.

10. 设随机变量 ξ、η 相互独立且服从同一分布，ξ 的概率函数为 $P\{\xi = i\} = \frac{1}{3}$，$i = 1, 2, 3$；又 $X = \max(\xi, \eta)$，$Y = \min(\xi, \eta)$. 求 X、Y 的概率函数及 $P\{\xi = \eta\}$.

11. 设随机变量 X 和 Y 相互独立，且

$$f_X(x) = \begin{cases} 1, & 0 \leqslant x \leqslant 1, \\ 0 & \text{其他} \end{cases} \qquad f_Y(y) = \begin{cases} 2y, & 0 \leqslant y \leqslant 1, \\ 0 & \text{其他} \end{cases}$$

求（1）(X, Y) 的联合密度函数；（2）随机变量 $Z = X + Y$ 的密度函数.

第4章
随机变量的数字特征

前面两章我们讨论了随机变量的分布，看到概率分布是能够完整地描述随机变量的统计规律的．但在许多实际问题中，一方面，由于求出随机变量的概率分布并不容易；另一方面，有时并不需要知道随机变量的概率分布，而只需要知道它的某些特征的数字指标就够了．在概率论中，把这种描述随机变量某些特征的数，称为随机变量的**数字特征**．数字特征虽然不能完整地描述随机变量，但它能刻画随机变量在某些方面的重要特征．用这些数字特征来描述随机变量，具有简单直观的优点，利用它可以使许多问题的解决大大简化．同时，许多重要分布只依赖于某些参数，而这些参数都与数字特征有关．因此，如果已知某些随机变量的数字特征，则由数字特征就可以完全确定它的分布．可见，对随机变量的数字特征的研究具有理论上和实际应用上的重要意义．本章介绍数学期望、方差、矩、相关系数等几个常用的数字特征，并讨论它们的一些性质．

§4.1 数学期望

对于随机变量，时常要考虑其取值的平均值．例如，在证券投资中，收益率是衡量投资收入的重要参数，由于证券价格时刻处于波动之中，所以，收益率是个随机变量．在风险相同的情况下，投资者追求的是较高的平均收益率；在检验一批棉花的质量时，棉花纤维的长度是棉花质量的一个重要指标，人们关心的是这批棉花纤维的平均长度．再如，要比较两个班级学生的学习成绩，需计算其平均成绩；要比较不同地区小麦的产量，需计算其平均亩产量，等等．

概率论中刻画随机变量取值的平均值的数字特征就是数学期望．

离散型随机
变量的数学
期望

4.1.1 离散型随机变量的数学期望

我们先看一个例子．设某射击运动员射击一次命中的环数 X 的概率函数为

X	0	1	2	$\cdots$	10
P	p_0	p_1	p_2	$\cdots$	p_{10}

试确定该运动员的技术水平，即射击一次命中环数 X 的平均值．设想该运动员进行了 N 次射击，其中有 n_0 次命中 0 环，有 n_1 次命中 1 环，有 n_2 次命中 2 环，$\cdots\cdots$，有 n_{10} 次命中 10 环．显然，$n_0 + n_1 + \cdots + n_{10} = N$，则他每次射击平均命中环数为

$$E_N = \frac{1}{N}(0 \times n_0 + 1 \times n_1 + 2 \times n_2 + \cdots + 10 \times n_{10})$$

$$= 0 \times \frac{n_0}{N} + 1 \times \frac{n_1}{N} + 2 \times \frac{n_2}{N} + \cdots + 10 \times \frac{n_{10}}{N}$$

$$= \sum_{k=0}^{10} k \times \frac{n_k}{N}.$$

一般来说，N 越大，算出的 E_N 越能反映该运动员的技术水平．但当 N 充分大时，$\dfrac{n_k}{N}$ 近似地等于该运动员射击一次命中 k 环的概率 p_k（$k = 0$，1，2，$\cdots$，10）．于是自然应该采用下面的数值作为 X 的平均值

$$0 \times p_0 + 1 \times p_1 + \cdots + 10 \times p_{10} = \sum_{k=0}^{10} k p_k.$$

这个例子告诉我们，一个随机变量取值的平均值（数学期望）应该是其每一个可能取值与取该值的概率乘积之和．

定义 4.1 设离散型随机变量 X 的概率函数为
$$P(X = x_k) = p_k, \ k = 1，2，\cdots.$$

若级数 $\displaystyle\sum_{k=1}^{\infty} x_k p_k$ 绝对收敛，则称这个级数的和为 X 的**数学期望**（mathematical expectation），简称**期望**或**均值**，记作 EX，即

$$EX = \sum_{k=1}^{\infty} x_k p_k. \tag{4.1.1}$$

若级数 $\displaystyle\sum_{k=1}^{\infty} |x_k| p_k$ 发散，则称 X 的数学期望不存在．

式（4.1.1）说明，离散型随机变量 X 的数学期望 EX，就是 X 的各可能取值的加权平均值，加在 X 的每一个可能取值 x_k 上的权数（或称权重），就是 X 取值 x_k 的概率 $p_k = P(X = x_k)$．

定义中级数 $\sum\limits_{k=1}^{\infty} x_k p_k$ 绝对收敛，保证了级数 $\sum\limits_{k=1}^{\infty} x_k p_k$ 的和与求和项的顺序无关，这个要求是必要的．因为 X 的一切可能值的排列次序是人为的，而 X 的数学期望则是 X 本身的属性之一，不应随 X 取值的次序而改变．

若 X 为只取有限个值的离散型随机变量，其分布为 $P(X = x_k) = p_k (k = 1，2，\cdots，n)$，则 $EX = \sum\limits_{k=1}^{n} x_k p_k.$

数学期望在实际中应用广泛，EX 常作 X 的分布的代表参与同类指标的比较．

例 1　甲乙两工人每天生产出数量相同种类型的产品，用 X_1、X_2 分别表示甲、乙两人某天生产的次品数，其概率函数分别为：

X_1	0	1	2	3
P	0.3	0.3	0.2	0.2

X_2	0	1	2	3
P	0.2	0.5	0.3	0

试比较他们的技术水平的高低．

解　根据定义，X_1 的数学期望
$$EX_1 = 0 \times 0.3 + 1 \times 0.3 + 2 \times 0.2 + 3 \times 0.2 = 1.3.$$
由 EX_1 知甲工人平均一天生产出 1.3 件次品，而
$$EX_2 = 0 \times 0.2 + 1 \times 0.5 + 2 \times 0.3 + 3 \times 0 = 1.1,$$
所以甲的技术水平比乙低．

例 2　一批产品中有一、二、三等品及废品 4 种，相应比例分别为 60%、20%、10% 及 10%，若各等级产品的单价分别为 6 元、4.8 元、4 元及 0 元，求产品的平均单价．

解　设 X 表示产品的单价，则平均单价为
$$EX = 6 \times 0.6 + 4.8 \times 0.2 + 4 \times 0.1 + 0 \times 0.1 = 4.96 \text{（元）}.$$

例 3　在一个人数为 N 的人群中普查某种疾病，为此要抽验 N 个人的血．如果将每个人的血分别检验，则共需检验 N 次．为了能减少工作量，一位统计学家提出一种方法：按 k 个人一组进行分组，把同组 k 个人的血样混合后检验，如果混合血样呈阴性反应，就说明此 k 个人的血都呈阴性反应，此 k 个人都无此疾病，因而这 k 个人只要检验 1 次就够了，相当于每个人检验 $1/k$ 次，检验的工作量明显减少了．如果混合血样呈阳性反应，就说明此 k 个人中至少有一人的血呈阳性反应，则再对此 k 个人的血样分别进行检验，因而这 k 个人的血要检验 $1 + k$ 次，相当于每个人检验 $1 + 1/k$ 次，这时增加了检验次数．假设该疾病的发病率为 p，且设此疾病相互独立．试问此种

例 3 讲解

方法能否减少平均检验次数?

解 令 X 为该人群中每个人需要的验血次数,则 X 的分布列为

X	$1/k$	$1+1/k$
P	$(1-p)^k$	$1-(1-p)^k$

所以每人平均验血次数为

$$EX = \frac{1}{k}(1-p)^k + \left(1+\frac{1}{k}\right)[1-(1-p)^k] = 1-(1-p)^k + \frac{1}{k}.$$

由此可知,只要选择 k 使

$$1-(1-p)^k + \frac{1}{k} < 1 \quad \text{或} \quad (1-p)^k > \frac{1}{k},$$

就可减少验血次数,而且还可以适当选 k 使其达到最小. 例如,当 $p=0.1$ 时对不同的 k,EX 的值如表 4-1 所示. 从表中可以看出:当 $k \geqslant 34$ 时,平均验血次数超过 1,即比分别检验的工作量还大;而当 $k \leqslant 33$ 时,平均验血次数在不同程度上得到了减少,特别在 $k=4$ 时,平均验血次数最少,验血工作量可减少 40%.

表 4-1   **$p=0.1$ 时的 EX 值**

k	2	3	4	5	8	10	30	33	34
EX	0.690	0.604	0.594	0.610	0.695	0.751	0.991	0.994	1.0016

我们也可以对不同的发病率 p 计算出最佳的分组人数 k_0,如表 4-2 所示. 从表中也可以看出:发病率 p 越小,则分组检验的效益越大. 例如,在 $p=0.01$ 时,若取 11 人为一组进行验血,则验血工作量可减少 80% 左右. 这正是第二次世界大战期间美国大量征兵时,对新兵验血所采用的减少工作量的措施.

表 4-2   **不同发病率 p 时的最佳分组人数 k_0 及其 EX**

p	0.14	0.10	0.08	0.06	0.04	0.02	0.01
k_0	3	4	4	5	6	8	11
EX	0.697	0.594	0.534	0.466	0.384	0.274	0.205

4.1.2   连续型随机变量的数学期望

设 X 是连续型随机变量,其密度函数为 $f(x)$. 在数轴上任取分点

$$\cdots < x_{-2} < x_{-1} < x_0 < x_1 < x_2 < \cdots$$

用 $\Delta x_i (i=0, \pm 1, \pm 2, \cdots)$ 表示区间 $(x_{i-1}, x_i]$ 的长度,则 X 落

在小区间 $(x_{i-1}, x_i]$ 中的概率为

$$P(x_{i-1} < X \leqslant x_i) = \int_{x_{i-1}}^{x_i} f(x)\,\mathrm{d}x \approx f(x_i)\Delta x_i, \quad i = 0, \pm 1, \pm 2, \cdots.$$

作近似于 X 的离散型随机变量 X_n, 其概率函数为

X_n	$\cdots$	x_{-1}	x_0	x_1	$\cdots$
P	$\cdots$	$f(x_{-1})\Delta x_{-1}$	$f(x_0)\Delta x_0$	$f(x_1)\Delta x_1$	$\cdots$

显然分法越细即各小区间 $(x_{i-1}, x_i]$ 长度 Δx_i 越短, 离散型随机变量 X_n 就与连续型随机变量 X 越接近, 因而 X_n 的数学期望

$$EX_n = \sum_i x_i f(x_i)\Delta x_i$$

就应越逼近 EX. 而当 $\Delta x_i \to 0$ 时, $\sum_i x_i f(x_i)\Delta x_i \to \int_{-\infty}^{+\infty} xf(x)\,\mathrm{d}x$, 于是对连续型随机变量的数学期望有如下定义.

定义 4.2　设连续型随机变量 X 的密度函数为 $f(x)$, 若积分 $\int_{-\infty}^{+\infty} xf(x)\,\mathrm{d}x$ 绝对收敛, 则称积分 $\int_{-\infty}^{+\infty} xf(x)\,\mathrm{d}x$ 为随机变量 X 的**数学期望**, 记作 EX, 即

$$EX = \int_{-\infty}^{+\infty} xf(x)\,\mathrm{d}x. \tag{4.1.2}$$

若 $\int_{-\infty}^{+\infty} |x| f(x)\,\mathrm{d}x$ 发散, 则称随机变量 X 的数学期望不存在.

例 1　设连续型随机变量 X 的密度函数为

$$f(x) = \begin{cases} 2x, & 0 < x < 1; \\ 0, & \text{其他}. \end{cases}$$

求 EX.

解

$$EX = \int_{-\infty}^{+\infty} xf(x)\,\mathrm{d}x = \int_0^1 x \cdot 2x\,\mathrm{d}x = \frac{2}{3}x^3 \Big|_0^1 = \frac{2}{3}.$$

例 2　某商店对某种家用电器的销售采用先使用后付款的方式, 已知这款家用电器的使用寿命 X (单位: 年) 服从参数 $\lambda = \frac{1}{10}$ 的指数分布. 商店承诺当 $X \leqslant 1$ 时, 一台付款 1500 元; 当 $1 < X \leqslant 2$ 时, 一台付款 2000 元; 当 $2 < X \leqslant 3$ 时, 一台付款 2500 元; 当 $X > 3$ 时, 一台付款 3000 元. 试求这款家用电器一台收费 Y 的数学期望.

解　先求出寿命 X 落在各个时间区间的概率, 即有

$$P\{X \leqslant 1\} = \int_0^1 \frac{1}{10}\mathrm{e}^{-x/10}\,\mathrm{d}x = 1 - \mathrm{e}^{-0.1} = 0.0952,$$

$$P\{1 < X \leqslant 2\} = \int_1^2 \frac{1}{10}\mathrm{e}^{-x/10}\,\mathrm{d}x = \mathrm{e}^{-0.1} - \mathrm{e}^{-0.2} = 0.0861,$$

$$P\{2 < X \leqslant 3\} = \int_2^3 \frac{1}{10} e^{-x/10} dx = e^{-0.2} - e^{-0.3} = 0.0779,$$

$$P\{X > 3\} = \int_3^{+\infty} \frac{1}{10} e^{-x/10} dx = e^{-0.3} = 0.7408,$$

则 Y 的分布律为

Y	1500	2000	2500	3000
P	0.0952	0.0861	0.0779	0.7408

得 $EY = 2732.15$，即平均一台收费 2732.15 元.

4.1.3 随机变量函数的数学期望

在很多情况下，需要计算已知分布的随机变量 X 的函数 $Y = g(X)$ 的期望. 要处理这类问题，一种方法是由 X 的分布求出 $Y = g(X)$ 的分布，然后再按期望的定义把 EY 计算出来. 使用这种方法一般情况下是比较复杂的. 另一种方法是可以不求 $Y = g(X)$ 的分布而只根据 X 的分布就可直接求得 EY.

定理 4.1 设 X 是一随机变量，$Y = g(X)$（$g(x)$ 是连续函数）.

（i）若 X 为离散型随机变量，其概率函数为 $P(X = x_k) = p_k$（$k = 1, 2, \cdots$），且级数 $\sum\limits_{k=1}^{\infty} g(x_k) p_k$ 绝对收敛，则

$$EY = Eg(X) = \sum_{k=1}^{\infty} g(x_k) p_k \tag{4.1.3}$$

（ii）若 X 是连续型随机变量，其密度函数为 $f(x)$，且 $\int_{-\infty}^{+\infty} g(x) f(x) dx$ 绝对收敛，则

$$EY = Eg(X) = \int_{-\infty}^{+\infty} g(x) f(x) dx \tag{4.1.4}$$

证明从略.

例 1 设 X 的概率分布为

X	0	1	2
P	0.1	0.6	0.3

求 $E(X - EX)^2$.

解 $EX = 0 \times 0.1 + 1 \times 0.6 + 2 \times 0.3 = 1.2$，于是根据定理 4.1，有

$$E(X - EX)^2 = (0 - 1.2)^2 \times 0.1 + (1 - 1.2)^2 \times 0.6 + (2 - 1.2)^2 \times 0.3$$
$$= 1.44 \times 0.1 + 0.04 \times 0.6 + 0.64 \times 0.3$$
$$= 0.36.$$

例 2　设 X 的密度函数为

$$f(x) = \begin{cases} \dfrac{1}{2}, & 0 \leqslant x \leqslant 2; \\ 0, & \text{其他}. \end{cases}$$

且 $Y = 4X + 1$，求 EY.

解　$EY = E(4X + 1) = \displaystyle\int_{-\infty}^{+\infty} (4x + 1) f(x)\,\mathrm{d}x = \int_0^2 \frac{1}{2}(4x+1)\,\mathrm{d}x = 5.$

例 3　设国际市场上对我国出口的某种商品的需求量为随机变量 X（单位：吨），它在 $[2000, 4000]$ 上服从均匀分布．若每销售 1 吨可净得外汇 3 万美元，但若销售不出而积压于仓库则要损失 1 万美元，试问应如何组织货源才会使平均收益最大？

解　设 y 为预备出口商品数量，Y 为收益，则

$$Y = g(X) = \begin{cases} 3y, & X \geqslant y; \\ 3X - (y - X), & X < y. \end{cases}$$

下面求 EY，并求使 EY 达到最大的 y 值．

由题意可知，X 的密度函数为

$$f(x) = \begin{cases} \dfrac{1}{2000}, & 2000 \leqslant x \leqslant 4000; \\ 0, & \text{其他}. \end{cases}$$

于是

$$\begin{aligned} EY &= \int_{-\infty}^{+\infty} g(x) f(x)\,\mathrm{d}x = \frac{1}{2000} \int_{2000}^{4000} g(x)\,\mathrm{d}x \\ &= \frac{1}{2000} \int_{2000}^{y} (4x - y)\,\mathrm{d}x + \frac{1}{2000} \int_{y}^{4000} 3y\,\mathrm{d}x \\ &= \frac{1}{1000}(-y^2 + 7000y - 4 \times 10^6). \end{aligned}$$

当 $y = 3500$ 吨时，可使 EY 达到最大值．因此，组织 3500 吨此种商品是最佳的决策．

对于二维随机变量 (X, Y) 的函数 $Z = g(X, Y)$ 的数学期望，类似于一维随机变量函数的数学期望，我们可不必先求 Z 的分布，而是根据 (X, Y) 的分布直接求 Z 的期望．

定理 4.2　设 (X, Y) 为二维随机变量，随机变量 $Z = g(X, Y)$（$g(x, y)$ 是连续函数）.

(i) 若 (X, Y) 为二维离散型随机变量，其联合分布为 $P(X = x_i, Y = y_j) = p_{ij}(i, j = 1, 2, \cdots)$，且级数 $\displaystyle\sum_{i=1}^{\infty} \sum_{j=1}^{\infty} g(x_i, y_j) p_{ij}$ 绝对收敛，则

$$EZ = Eg(X, Y) = \sum_i \sum_j g(x_i, y_j) p_{ij}. \tag{4.1.5}$$

(ii) 若 (X, Y) 为二维连续型随机变量，其联合密度函数为

$f(x, y)$，且 $\int_{-\infty}^{+\infty}\int_{-\infty}^{+\infty} g(x, y)f(x, y)\mathrm{d}x\mathrm{d}y$ 绝对收敛，则

$$EZ = Eg(X, Y) = \int_{-\infty}^{+\infty}\int_{-\infty}^{+\infty} g(x, y)f(x, y)\mathrm{d}x\mathrm{d}y. \quad (4.1.6)$$

例 4 设 (X, Y) 的联合密度为

$$f(x, y) = \begin{cases} x + y, & 0 \leqslant x \leqslant 1,\ 0 \leqslant y \leqslant 1; \\ 0, & \text{其他}. \end{cases}$$

求 $E(XY)$.

解 由式（4.1.6）得

$$E(XY) = \int_{-\infty}^{+\infty}\int_{-\infty}^{+\infty} xyf(x, y)\ \mathrm{d}x\mathrm{d}y = \int_0^1\int_0^1 xy(x + y)\mathrm{d}x\mathrm{d}y = \frac{1}{3}.$$

例 5 一商店经销某种商品，设 X 表示每周进货量，Y 表示每周顾客对该商品的需求量，并且 X 与 Y 相互独立，都服从区间 $[10, 20]$ 上的均匀分布. 商店每售出一单位商品可获利 1000 元，若需求量超过进货量，商店可从其他商店调剂供应，这时每单位商品获利 500 元. 试计算此商品经销商经销该种商品每周所获平均利润？

解 设 Z 表示商店每周所获得利润，则

$$Z = g(X, Y) = \begin{cases} 1000Y, & Y \leqslant X \\ 1000X + 500(Y - X), & Y > X \end{cases}$$

由 X 与 Y 相互独立，易得 (X, Y) 的联合密度为

$$f(x, y) = \begin{cases} \dfrac{1}{100}, & 10 \leqslant x \leqslant 20,\ 10 \leqslant y \leqslant 20 \\ 0, & \text{其他}. \end{cases},$$

所以，每周所获平均利润为

$$\begin{aligned} EZ &= \int_{-\infty}^{+\infty}\int_{-\infty}^{+\infty} g(x, y)f(x, y)\mathrm{d}x\mathrm{d}y \\ &= \int_{10}^{20}\mathrm{d}y\int_y^{20} 1000y \cdot \frac{1}{100}\mathrm{d}x + \int_{10}^{20}\mathrm{d}y\int_{10}^y 500(x + y) \cdot \frac{1}{100}\mathrm{d}x \\ &= 10\int_{10}^{20} y(20 - y)\mathrm{d}y + 5\int_{10}^{20}\left(\frac{3}{2}y^2 - 10y - 50\right)\mathrm{d}y \\ &= \frac{20000}{3} + 5 \cdot 1500 \approx 14166.67(\text{元}). \end{aligned}$$

4.1.4 数学期望的性质

对于数学期望的性质，我们仅就连续型随机变量的情形加以证明，而离散型情形的证明是类似的（以下假设所提到的随机变量数学期望都存在）.

性质 1 设 C 是任意常数，则 $EC = C$.

证 常数 C 可以看作以概率 1 只取一个值 C 的随机变量，所以，$EC = C \times 1 = C.$

性质 2 设 X 为随机变量，C 为常数，则
$$E(X + C) = EX + C.$$

证 设 X 的密度函数为 $f(x)$，令 $Y = X + C$，由式（4.1.4）得
$$EY = E(X + C) = \int_{-\infty}^{+\infty} (x + C)f(x)\,\mathrm{d}x$$
$$= \int_{-\infty}^{+\infty} xf(x)\,\mathrm{d}x + C\int_{-\infty}^{+\infty} f(x)\,\mathrm{d}x$$
$$= EX + C.$$

性质 3 设 X 为随机变量，C 为常数，则 $E(CX) = CEX.$

证 设 X 的密度函数为 $f(x)$，令 $Y = CX$，则由式（4.1.4）得
$$EY = E(CX) = \int_{-\infty}^{+\infty} Cxf(x)\,\mathrm{d}x = C\int_{-\infty}^{+\infty} xf(x)\,\mathrm{d}x = CEX.$$

性质 4 设 k、b 皆为常数，则 $E(kX + b) = kEX + b.$

性质 5 设 X、Y 为两个随机变量，且 EX，EY 都存在，则
$$E(X \pm Y) = EX \pm EY.$$

证 设 (X, Y) 的密度函数为 $f(x, y)$，X、Y 的密度函数分别为 $f_X(x)$、$f_Y(y)$. 令 $Z = X \pm Y$，由式（4.1.6）得

$$EZ = E(X \pm Y) = \int_{-\infty}^{+\infty}\int_{-\infty}^{+\infty} (x \pm y)f(x, y)\,\mathrm{d}x\mathrm{d}y$$

$$= \int_{-\infty}^{+\infty} \left[x\int_{-\infty}^{+\infty} f(x,y)\,\mathrm{d}y \right]\mathrm{d}x \pm \int_{-\infty}^{+\infty} \left[y\int_{-\infty}^{+\infty} f(x, y)\,\mathrm{d}x \right]\mathrm{d}y$$

$$= \int_{-\infty}^{+\infty} xf_X(x)\,\mathrm{d}x \pm \int_{-\infty}^{+\infty} yf_Y(y)\,\mathrm{d}y$$

$$= EX \pm EY.$$

性质 5 还可以推广到任意有限个随机变量的情形.

推论 设随机变量 X_1，X_2，$\cdots$，X_n，$C_i (i = 1, 2, \cdots, n)$ 为任意常数，则

$$E\left(\sum_{i=1}^{n} C_i X_i \right) = \sum_{i=1}^{n} C_i EX_i.$$

特别地

$$E\left(\frac{1}{n} \sum_{i=1}^{n} X_i \right) = \frac{1}{n} \sum_{i=1}^{n} EX_i.$$

即 n 个随机变量的算术平均是一个随机变量，其期望值等于这 n 个随机变量期望的算术平均值.

性质 6 若随机变量 X 与 Y 相互独立，则
$$E(XY) = EX \cdot EY.$$

证 设 (X, Y) 的联合密度函数为 $f(x, y)$，边缘密度函数分

别为 $f_X(x)$、$f_Y(y)$. 由于 X 与 Y 独立，所以对任意实数 x、y，有 $f(x, y) = f_X(x)f_Y(y)$，由式（4.1.6）得

$$E(XY) = \int_{-\infty}^{+\infty}\int_{-\infty}^{+\infty} xyf(x, y)\mathrm{d}x\mathrm{d}y = \int_{-\infty}^{+\infty}\int_{-\infty}^{+\infty} xyf_X(x)f_Y(y)\mathrm{d}x\mathrm{d}y$$

$$= \int_{-\infty}^{+\infty} xf_X(x)\mathrm{d}x \cdot \int_{-\infty}^{+\infty} yf_Y(y)\mathrm{d}y = EX \cdot EY.$$

性质 6 可以推广到任意有限个相互独立的随机变量的情形.

例 1 设随机变量 X 与 Y 相互独立，且其概率函数分别是

X	9	10	11
P	0.3	0.5	0.2

Y	6	7
P	0.4	0.6

求 $E(X+Y)$，$E(XY)$，EY^2.

解 $EX = 9 \times 0.3 + 10 \times 0.5 + 11 \times 0.2 = 9.9$；

$EY = 6 \times 0.4 + 7 \times 0.6 = 6.6$；

由性质 5 得 $E(X+Y) = EX + EY = 16.5$；

由性质 6 得 $E(XY) = EX \cdot EY = 9.9 \times 6.6 = 65.34$；

由式（4.1.3）得 $EY^2 = 6^2 \times 0.4 + 7^2 \times 0.6 = 43.8$.

例 2 设 (X, Y) 的联合分布如表 4-3 所示.

表 4-3

X \ Y	1	2	3
0	0.1	0.2	0.3
1	0.2	0.1	0.1

求 $E(X-Y)$，$E(XY)$.

解 由 (X, Y) 的联合分布可求出 X、Y 的概率函数分别为

X	0	1
P	0.6	0.4

Y	1	2	3
P	0.3	0.3	0.4

所以

$$EX = 0 \times 0.6 + 1 \times 0.4 = 0.4;$$

$$EY = 1 \times 0.3 + 2 \times 0.3 + 3 \times 0.4 = 2.1;$$

由性质 5 可知

$$E(X-Y) = EX - EY = -1.7;$$

由式（4.1.5）得

$$E(XY) = 0 \times 1 \times 0.1 + 0 \times 2 \times 0.2 + 0 \times 3 \times 0.3$$
$$+ 1 \times 1 \times 0.2 + 1 \times 2 \times 0.1 + 1 \times 3 \times 0.1$$
$$= 0.7.$$

例 3　掷 10 粒骰子，X 表示掷 10 粒骰子的点数和，求 EX.

解　假设将 10 粒骰子分别编号为 $1 \sim 10$，令 $X_i(i = 1,2,\cdots,10)$ 表示编号为 i 的骰子掷出的点数，则 X_i 的概率函数为

X_i	1	2	3	4	5	6
P	$\frac{1}{6}$	$\frac{1}{6}$	$\frac{1}{6}$	$\frac{1}{6}$	$\frac{1}{6}$	$\frac{1}{6}$

从而 $EX_i = \dfrac{7}{2}(i = 1,2,\cdots,10)$. 而 $X = \sum\limits_{i=1}^{10} X_i$，于是，由性质 5 得

$$EX = \sum_{i=1}^{10} EX_i = 10 \times \frac{7}{2} = 35.$$

例 4　设 N 件产品中有 M 件次品，从中任取出 n 件（$n \leq M \leq N$），求其中次品数的数学期望.

解　假设将 M 件次品分别编号为 $1 \sim M$，令

$$X_i = \begin{cases} 0, & \text{第 } i \text{ 件次品未被取出} \\ 1, & \text{第 } i \text{ 件次品被取出} \end{cases} \quad (i = 1,2,\cdots,M)$$

则取到的次品数 $X = \sum\limits_{i=1}^{M} X_i$. 又 $P(X_i = 1) = \dfrac{n}{N}$，$P(X_i = 0) = 1 - \dfrac{n}{N}$，$i = 1,2,\cdots,M$，所以

$$EX_i = \frac{n}{N}(i = 1,2,\cdots,M).$$

于是，由性质 5，得

$$EX = \sum_{i=1}^{M} EX_i = M \times \frac{n}{N} = \frac{nM}{N}.$$

像例 3、例 4，将一个随机变量分解成几个随机变量之和，然后利用随机变量和的数学期望等于随机变量数学期望之和来求数学期望，这样可使复杂的计算变得简单. 这种处理方法具有一定的普遍意义.

4.1.5　条件期望

条件期望，又称条件数学期望. 对于两个互有影响的随机变量 X 与 Y，所谓条件期望就是已知在一个随机变量取某一数值的条件下，另一个随机变量的数学期望. 其一般定义如下.

定义 4.3　设 (X, Y) 为二维离散型随机变量，其联合分布为 $P(X = x_i, Y = y_j) = p_{ij}(i, j = 1,2,\cdots)$，在 $Y = y_j$ 条件下 X 的条件分布为 $P(X = x_i \mid Y = y_j)(i = 1,2,\cdots)$，若级数 $\sum\limits_i x_i P(X = x_i \mid Y = y_j)$ 绝对收敛，则称级数 $\sum\limits_i x_i P(X = x_i \mid Y = y_j)$ 的和为在 $Y = y_j$ 条件下 X 的**条件期望**（conditional expectation），记作 $E(X \mid Y = y_j)$，即

$$E(X \mid Y = y_j) = \sum_i x_i P(X = x_i \mid Y = y_j).$$

同样，在 $X = x_i$ 条件下 Y 的条件期望定义为

$$E(Y \mid X = x_i) = \sum_j y_j P(Y = y_j \mid X = x_i).$$

定义 4.4 设 (X, Y) 为二维连续型随机变量，X 在 $Y = y$ 和 Y 在 $X = x$ 条件下的条件密度函数分别为 $f(x \mid y)$ 及 $f(y \mid x)$. 若 $\int_{-\infty}^{+\infty} xf(x \mid y)\mathrm{d}x$ 绝对收敛，则称 $\int_{-\infty}^{+\infty} xf(x \mid y)\mathrm{d}x$ 为在 $Y = y$ 条件下 X 的**条件期望**，记作 $E(X \mid Y = y)$. 即

$$E(X \mid Y = y) = \int_{-\infty}^{+\infty} xf(x \mid y)\,\mathrm{d}x.$$

同样，在 $X = x$ 条件下 Y 的条件期望定义为

$$E(Y \mid X = x) = \int_{-\infty}^{+\infty} yf(y \mid x)\,\mathrm{d}y.$$

例1 在 4.1.4 小节的例 2 中，求 $E(Y \mid X = 1)$.

解 在 $X = 1$ 条件下 Y 的条件分布为

Y	1	2	3
$P(Y \mid X = 1)$	0.5	0.25	0.25

所以

$$E(Y \mid X = 1) = 1 \times 0.5 + 2 \times 0.25 + 3 \times 0.25 = 1.75.$$

需要指出的是，条件期望具有数学期望的一切性质. 另外，条件期望 $E(X \mid Y = y)$ 是 y 的函数，它与 EX 的区别，不仅在于计算公式上，而且在于含义上. 例如，若 X 表示中国成年人的身高，则 EX 表示中国成年人的平均身高. 若 Y 表示中国成年人的足长，则 $E(X \mid Y = y)$ 表示足长为 y 的中国成年人的平均身高. 我国公安部门研究获得

$$E(X \mid Y = y) = 6.876y.$$

这个公式对公安部门破案起着重要作用. 例如，若测得案犯留下的足印长为 25.3cm，则由此公式可推算出此案犯身高约为 174cm.

习题 4-1

1. 设离散型随机变量 X 的概率函数为

$$P\left(X = (-1)^k \frac{2^k}{k}\right) = \frac{1}{2^k}, \; k = 1, 2, \cdots, n, \cdots$$

问 X 是否有数学期望？

2. 设随机变量 X 服从柯西（Cauchy）分布，其密度函数为

$$f(x) = \frac{1}{\pi} \cdot \frac{1}{1 + x^2}, \quad -\infty < x < +\infty$$

问 X 是否有数学期望?

3. 设袋中有 k 号球 k 只，$k = 1$，2，$\cdots$，n. 从袋中任取一球观察其号数 X，试求 X 的数学期望 EX.

4. 设离散型随机变量 X 的概率分布列为 $P\{X = n\} = \dfrac{1}{2^n}$，$n = 1$，$2$，$\cdots$，求 EX.

5. 某工厂生产的产品中，一等品占 $\dfrac{1}{2}$，二等品占 $\dfrac{1}{3}$，次品占 $\dfrac{1}{6}$，如果生产一件次品，工厂损失 1 元，而生产一件一等品获利 2 元，生产一件二等品获利 1 元．假设生产了大量这样的产品，问每件产品工厂可以期望得到多少利润?

6. 一工厂生产的某种设备的寿命 X（以年计）服从指数分布，密度函数为

$$f(x) = \begin{cases} \dfrac{1}{4}e^{-\frac{x}{4}}, & x > 0 \\ 0, & x \leqslant 0 \end{cases},$$

工厂规定，出售的设备若在售出一年内损坏可予以调换．若工厂售出一台设备盈利 100 元，调换一台设备厂方需花 300 元．试求厂方出售一台设备净盈利的数学期望．

习题选讲

7. 设随机变量 X 的密度函数为

$$f(x) = \begin{cases} \dfrac{1}{\theta}e^{-x/\theta}, & x > 0, \\ 0, & x \leqslant 0 \end{cases}$$

其中 $\theta > 0$，是常数，求 EX.

8. 设随机变量 X 的密度函数为

$$f(x) = \begin{cases} kx^\alpha, & 0 < x < 1, \\ 0, & 其他 \end{cases}$$

其中 $k > 0$，$\alpha > 0$，又知 $EX = 0.75$，求 k 和 α 的值．

9. 已知离散型随机变量 X 的概率函数为

X	-1	0	1	3
P	1/8	1/4	3/8	1/4

求 EX^2，$E(2X - 1)$.

10. 设二维离散型随机变量 (X, Y) 的联合概率分布为

X \ Y	0	1
-1	1/4	0
0	0	1/2
1	1/4	0

求 $Z = X + Y$，$Z = XY$ 及 $Z = \max(X, Y)$ 的数学期望．

11. 设随机变量 X 的密度函数为

$$f(x) = \begin{cases} e^{-x}, & x > 0 \\ 0, & x \leqslant 0 \end{cases},$$

求 （1）$Y = 2X$；（2）$Y = \mathrm{e}^{-2X}$ 的数学期望.

12. 设二维连续型随机变量 (X, Y) 的联合密度函数为

$$f(x, y) = \begin{cases} 2x, & 0 \leqslant x \leqslant 1, \ 0 \leqslant y \leqslant 1 \\ 0, & \text{其他} \end{cases},$$

求 EX，$E(XY)$.

13. 设 X 和 Y 是两个相互独立的随机变量，其密度函数分别为

$$f_X(x) = \begin{cases} x, & 0 \leqslant x \leqslant 1 \\ 2 - x, & 1 < x < 2, \\ 0, & \text{其他} \end{cases} \qquad f_Y(y) = \begin{cases} \mathrm{e}^{-y+5}, & y > 5 \\ 0, & \text{其他} \end{cases}$$

求 $E(X + Y)$ 和 $E(XY)$.

14. 某保险公司设置某一险种，规定每一保单的有效期为一年，有效理赔一次，每个保单收取保费 500 元，理赔额为 40000 元. 据估计每个保单索赔的概率为 0.01，设公司共卖出这种保单 8000 个，求公司在该险种上获得的平均利润.

15. 一民航送客车载有 20 位旅客自机场开出，旅客有 10 个车站可以下车，每位旅客在各个车站下车是等可能的. 如到达一个车站没有旅客下车就不停车. 以 X 表示停车的次数，求 EX.

16. 两封信随机地投到四个邮筒内，求在第一个邮筒有一封信的条件下第二个邮筒内信的数目的平均值.

17. 设 (X, Y) 的联合密度为

$$f(x, y) = \begin{cases} x + y, & 0 < x < 1, \ 0 < y < 1 \\ 0, & \text{其他} \end{cases},$$

求 $E\left(X \mid Y = \dfrac{1}{2}\right)$.

§4.2 方 差

4.2.1 方差的概念

数学期望反映了随机变量取值的平均值，它是一个很重要的数字特征. 但是，在许多实际问题中只知道平均值是不够的，还需要一个描述随机变量取值关于期望平均分散程度（偏离程度）的特征数. 例如，研究灯泡的质量时，人们不仅要知道灯泡寿命 X 的平均值 EX 的大小，还要知道这些灯泡的寿命 X 离开 EX 的平均偏离程度如何. 如果平均偏离很小，那么说明这批灯泡的寿命大部分接近它的均值，这也说明灯泡厂的生产是稳定的，这时如果 EX 比较大，那么灯泡的质量就是比较好的；如果 X 离开 EX 的平均偏离很大，那么即使平均

值 EX 较大，生产质量也是有问题的．

用什么来衡量这种平均偏离程度呢？人们自然会想到采用 $|X - EX|$ 的平均值 $E|X - EX|$．这在理论上虽然可行，但绝对值在实际计算中很不方便．注意到 $(X - EX)^2$ 的平均值 $E(X - EX)^2$，当 $E(X - EX)^2$ 较大时，X 的取值比较分散；当 $E(X - EX)^2$ 较小时，X 的取值就较集中在 EX 附近．同时，计算 $E(X - EX)^2$ 要比计算 $E|X - EX|$ 方便得多．因此，用 $E(X - EX)^2$ 作为刻画 X 取值关于 EX 分散程度的数字特征是适当的．

定义 4.5　设 X 是一个随机变量，且 EX 存在，若 $E(X - EX)^2$ 存在，则称 $E(X - EX)^2$ 是 X 的**方差**（variance），记作 DX 或 $VarX$，即

$$DX = E(X - EX)^2 \tag{4.2.1}$$

而 $\sqrt{DX}$ 称为 X 的**标准差**或**均方差**，记作 $\sigma(X)$ 或 σ_X．

方差与标准差都可用来描述随机变量取值的集中和分散程度的大小，两者的区别主要在量纲上．由于标准差与所讨论的随机变量及其数学期望有相同的量纲，所以在实际中，人们较多使用标准差，但在计算上往往要先算得方差才能得到标准差．

显然，随机变量的方差与标准差均是非负的．

由定义 4.5 知，方差实际上就是随机变量 X 的函数 $g(X) = (X - EX)^2$ 的数学期望．于是根据式（4.1.3）和式（4.1.4），对于离散型随机变量和连续型随机变量的方差分别有如下计算公式：

（i）如果 X 是离散型随机变量，且概率函数为 $P(X = x_k) = p_k(k = 1, 2, \cdots)$，则

$$DX = \sum_k (x_k - EX)^2 p_k. \tag{4.2.2}$$

（ii）如果 X 是连续型随机变量，其密度函数为 $f(x)$，则

$$DX = \int_{-\infty}^{+\infty} (x - EX)^2 f(x)\,\mathrm{d}x \tag{4.2.3}$$

关于方差的计算，常利用如下公式：

$$DX = EX^2 - (EX)^2 \tag{4.2.4}$$

事实上，由方差的定义及期望的性质知

$$\begin{aligned}
DX = E(X - EX)^2 &= E[X^2 - 2XEX + (EX)^2] \\
&= EX^2 - 2EX \cdot EX + (EX)^2 \\
&= EX^2 - (EX)^2.
\end{aligned}$$

例 1　设 X 的概率函数为

X	-2	0	2
P	0.4	0.3	0.3

求 DX．

解　$EX = -2 \times 0.4 + 0 \times 0.3 + 2 \times 0.3 = -0.2$，

$$EX^2 = (-2)^2 \times 0.4 + 0^2 \times 0.3 + 2^2 \times 0.3 = 2.8,$$

于是，

$$DX = EX^2 - (EX)^2 = 2.8 - (-0.2)^2 = 2.76.$$

例 2 已知 X 的密度函数为

$$f(x) = \begin{cases} 2x, & 0 < x < 1; \\ 0, & \text{其他}. \end{cases}$$

求 DX.

解 因为

$$EX = \frac{2}{3} \text{（见 4.1.2 小节中的例 1）},$$

$$EX^2 = \int_{-\infty}^{+\infty} x^2 f(x)\,dx = \int_0^1 x^2 \cdot 2x\,dx = \frac{1}{2},$$

所以，

$$DX = EX^2 - (EX)^2 = \frac{1}{2} - \left(\frac{2}{3}\right)^2 = \frac{1}{18}.$$

例 3 设连续型随机变量 X 的密度函数为

$$f(x) = \begin{cases} ax^2 + bx + c, & 0 < x < 1; \\ 0, & \text{其他}. \end{cases}$$

且 $EX = 0.5$，$DX = 0.15$，求常数 a，b，c.

解 因

$$EX = \int_0^1 x(ax^2 + bx + c)\,dx = \frac{a}{4} + \frac{b}{3} + \frac{c}{2},$$

$$EX^2 = \int_0^1 x^2(ax^2 + bx + c)\,dx = \frac{a}{5} + \frac{b}{4} + \frac{c}{3},$$

$$\int_0^1 (ax^2 + bx + c)\,dx = 1,$$

所以有

$$\begin{cases} \frac{a}{4} + \frac{b}{3} + \frac{c}{2} = 0.5; \\ \frac{a}{5} + \frac{b}{4} + \frac{c}{3} = 0.4; \\ \frac{a}{3} + \frac{b}{2} + c = 1. \end{cases}$$

解得 $a = 12$，$b = -12$，$c = 3$.

例 4 设某人有一笔资金，可投入 A、B 两个项目，其收益都与市场状态有关．若把未来市场划分为好、中、差三个等级，其发生的概率分别为 0.2、0.7、0.1．通过调查，该投资者认为投资于项目 A 的收益 X（万元）和投资项目 B 的收益 Y（万元）的概率分布分别为

X	11	3	-3		Y	6	4	-1
P	0.2	0.7	0.1		P	0.2	0.7	0.1

问：该投资者怎样投资为好?

解　先考察该人投资两个项目的平均收益：

$$EX = 11 \times 0.2 + 3 \times 0.7 + (-3) \times 0.1 = 4.0 \text{（万元）}, $$

$$EY = 6 \times 0.2 + 4 \times 0.7 + (-1) \times 0.1 = 3.9 \text{（万元）}. $$

从平均收益看，投资项目 A 收益可比投资项目 B 多收益 0.1 万元. 下面再来计算两个项目收益各自的方差

$$DX = EX^2 - (EX)^2 = 11^2 \times 0.2 + 3^2 \times 0.7 + (-3)^2 \times 0.1 - 4^2 = 15.4, $$

$$DY = EY^2 - (EY)^2 = 6^2 \times 0.2 + 4^2 \times 0.7 + (-1)^2 \times 0.1 - (3.9)^2 = 3.29$$

及标准差

$$\sigma_X = \sqrt{15.4} = 3.92, \quad \sigma_Y = \sqrt{3.29} = 1.81$$

因为标准差（方差也一样）越大，则收益的波动越大，从而风险程度也就越大. 所以从标准差看，投资项目 A 收益比投资项目 B 收益大一倍多. 若收益与风险综合权衡，该投资者还是应选择投资项目 B 为好.

4.2.2　方差的性质

以下假设随机变量的方差存在.

性质 1　设 C 为常数，则 $DC = 0$. 即常量的方差等于零.

性质 2　设 C 为任意常数，则 $D(X + C) = DX$.

证　$D(X + C) = E[X + C - E(X + C)]^2$
$\qquad\qquad\quad = E[X + C - EX - C]^2$
$\qquad\qquad\quad = E(X - EX)^2 = DX.$

性质 3　设 C 为任意常数，则 $D(CX) = C^2 DX$.

证　$D(CX) = E[CX - E(CX)]^2 = E(CX - CEX)^2$
$\qquad\qquad\ = E[C^2(X - EX)^2] = C^2 DX.$

性质 4　设 k、b 为常数，则 $D(kX + b) = k^2 DX$.

性质 5　若随机变量 X 与 Y 独立，则
$$D(X \pm Y) = DX + DY.$$

证　$D(X \pm Y) = E[(X \pm Y) - E(X \pm Y)]^2$
$\qquad\qquad\quad = E[(X - EX) \pm (Y - EY)]^2$
$\qquad\qquad\quad = E[(X - EX)^2 + (Y - EY)^2 \pm 2(X - EX)(Y - EY)]$
$\qquad\qquad\quad = E(X - EX)^2 + E(Y - EY)^2 \pm 2E(X - EX)(Y - EY)$
$\qquad\qquad\quad = DX + DY \pm 2E(X - EX)(Y - EY). \qquad\qquad (4.2.5)$

而 $E(X-EX)(Y-EY)=E(XY)-EXEY$，因 X 与 Y 独立，由期望的性质 6 可知，$E(XY)-EXEY=0$，所以，当 X 与 Y 独立时，有

$$D(X\pm Y)=DX+DY.$$

性质 5 可以推广到任意有限个随机变量的情况，即若 X_1，X_2，$\cdots$，X_n 相互独立，则

$$D\left(\sum_{i=1}^{n}X_i\right)=\sum_{i=1}^{n}DX_i.$$

性质 6 随机变量 X 的方差 $DX=0$ 的充分必要条件是 $P(X=EX)=1$.

从直观上看，这个结论是很明显的. 证明从略.

由数学期望和方差的性质可知，对于任意随机变量 X，只要它的期望 EX 和方差 DX 存在，且 $DX>0$，则随机变量

$$X^*=\frac{X-EX}{\sqrt{DX}}$$

的期望 $EX^*=0$，方差 $DX^*=1$. 我们把 X^* 称作 X 的**标准化随机变量**.

习题 4-2

1. 若随机变量 X 满足 $EX=DX=\lambda$，且 $E[(X-1)(X-2)]=1$，试求 λ.

2. 若随机变量 X 满足 $EX=-2$，$E(X^2)=5$，求 $D(1-3X)$.

3. 设 X 为随机变量，C 为常数，证明 $DX\leqslant E(X-C)^2$. 试解析此结论说明了什么？

4. 已知投资某一项目的收益率 X 是一个随机变量，其分布为

X	1%	2%	3%	4%	5%	6%
P	0.1	0.1	0.2	0.3	0.2	0.1

一位投资者在该项目上投资 10 万元，问：他预期获得多少收入？收入的方差是多大？

5. 设甲、乙两家灯泡厂生产的灯泡的寿命（单位：小时）X 和 Y 的概率分布分别为

X	900	1000	1100
P	0.1	0.8	0.1

Y	950	1000	1050
P	0.3	0.4	0.3

试问哪家工厂生产的灯泡质量较好？

6. 已知离散型随机变量 X 的概率函数为

X	-2	-1	0	1	2
P	0.1	0.2	0.2	0.3	0.2

求 $E(2X+1)$，$E(3X^2+5)$ 及 DX.

7. 设随机变量 X 的密度函数为

$$f(x) = \begin{cases} x, & 0 \leqslant x \leqslant 1; \\ 2-x, & 1 < x < 2; \\ 0, & \text{其他}. \end{cases}$$

求 EX 及 DX.

8. 设随机变量 X 的密度函数为

$$f(x) = \frac{1}{2\lambda} e^{-\frac{|x-\mu|}{\lambda}}, \quad -\infty < x < +\infty, \lambda > 0$$

求 EX 及 DX.

9. 设随机变量 X_1, X_2, X_3, X_4 相互独立, 且有

$$EX_i = i, \ DX_i = 5 - i, \ i = 1, 2, 3, 4,$$

设 $Y = 2X_1 - X_2 + 3X_3 - \dfrac{1}{2}X_4$, 求 EY, DY.

10. 设 X 与 Y 是两个相互独立的随机变量, 其密度函数分别为

$$f_X(x) = \begin{cases} 2x, & 0 < x < 1, \\ 0, & \text{其他} \end{cases}, \quad f_Y(y) = \begin{cases} e^{-y+5}, & y > 5, \\ 0, & \text{其他} \end{cases}$$

求 $E(X+Y)$, $E(3X-2Y)$, $E(XY)$, $D(X-Y)$.

11. 设随机变量 X_1, X_2, $\cdots$, X_n 相互独立, 且具有相同的数学期望 μ 和方差 σ^2, 令

$$\bar{X} = \frac{1}{n}\sum_{i=1}^{n} X_i, \quad S^2 = \frac{1}{n-1}\sum_{i=1}^{n} (X_i - \bar{X})^2$$

求 $E\bar{X}$, $D\bar{X}$ 和 ES^2.

习题选讲

§4.3　常见分布的数学期望与方差

由于随机变量的数学期望由其概率分布唯一确定, 因此, 我们常把具有相同概率分布的随机变量的数学期望称为其分布的数学期望. 下面给出几种常见分布的数学期望和方差.

4.3.1　常见离散型分布的数学期望和方差

1. 0 – 1 分布

设随机变量 X 服从参数为 p 的 0 – 1 分布, 其概率函数为 $P(X = k) = p^k(1-p)^{1-k}$, $k = 0, 1$, 则

$$EX = 0 \times (1-p) + 1 \times p = p \tag{4.3.1}$$

而 $EX^2 = 0^2 \times (1-p) + 1^2 \times p = p$, 所以

$$DX = EX^2 - (EX)^2 = p - p^2 = p(1-p) = pq \tag{4.3.2}$$

其中 $q = 1 - p$.

2. 二项分布

设随机变量 X 服从参数为 n、p 的二项分布，即 $X \sim B(n, p)$，其概率函数为

$$P(X = k) = C_n^k p^k q^{n-k}, \quad k = 0, 1, 2, \cdots, n,$$

其中 $0 < p < 1$，$q = 1 - p$，则

$$EX = \sum_{k=0}^{n} k C_n^k p^k q^{n-k} = \sum_{k=1}^{n} \frac{n!}{(k-1)!(n-k)!} p^k q^{n-k}$$

$$= np \sum_{k=1}^{n} \frac{(n-1)!}{(k-1)!(n-k)!} p^{k-1} q^{n-k} = np \sum_{k-1=0}^{n-1} C_{n-1}^{k-1} p^{k-1} q^{n-k}$$

$$= np \tag{4.3.3}$$

用同样方法计算可得 $EX^2 = npq + n^2 p^2$，所以

$$DX = EX^2 - (EX)^2 = npq + n^2 p^2 - (np)^2 = npq \tag{4.3.4}$$

另外，还可以把服从参数为 n、p 的二项分布的随机变量 X 写成 n 个相互独立且同服从参数为 p 的 $0-1$ 分布的随机变量之和，再利用期望和方差的性质进行计算。即设 X 表示在 n 重伯努利试验中 A 发生的次数，X_i 表示第 i 次试验中事件 A 发生的次数（$i = 1, 2, \cdots, n$），$X = \sum_{i=1}^{n} X_i \sim B(n, p)$，且 $X_i(i = 1, 2, \cdots, n)$ 服从参数为 p 的 $0-1$ 分布，$X_1, X_2, \cdots, X_n$ 相互独立。由式（4.3.1）和式（4.3.2）可知，$EX_i = p$，$DX_i = pq(i = 1, 2, \cdots, n)$，所以

$$EX = E\left(\sum_{i=1}^{n} X_i\right) = \sum_{i=1}^{n} EX_i = \sum_{i=1}^{n} p = np,$$

$$DX = D\left(\sum_{i=1}^{n} X_i\right) = \sum_{i=1}^{n} DX_i = \sum_{i=1}^{n} pq = npq.$$

此结果表明，在 n 重伯努利试验中，事件 A 发生的平均次数为 np。例如，设 $P(A) = 0.1$，则在 100 次重复独立试验中，我们可以期望事件 A 大约会发生 10 次。

3. 几何分布

设 X 服从参数为 p 的几何分布，其概率函数为

$$P(X = k) = (1-p)^{k-1} p, \quad k = 1, 2, \cdots.$$

由 $\sum_{k=1}^{\infty} k x^{k-1} = \frac{1}{(1-x)^2}$（$|x| < 1$）可知，$\sum_{k=1}^{\infty} k(1-p)^{k-1} = \frac{1}{p^2}$，故

$$EX = \sum_{k=1}^{\infty} k(1-p)^{k-1} p = \frac{1}{p^2} \cdot p = \frac{1}{p} \tag{4.3.5}$$

由 $\sum_{k=1}^{\infty} k^2 x^{k-1} = \frac{1+x}{(1-x)^3}$（$|x| < 1$）可得

$$EX^2 = \sum_{k=1}^{\infty} k^2 (1-p)^{k-1} p = \frac{2-p}{p^2},$$

所以

$$DX = EX^2 - (EX)^2 = \frac{2-p}{p^2} - \left(\frac{1}{p}\right)^2 = \frac{1-p}{p^2} \qquad (4.3.6)$$

4. 泊松分布

设 X 服从参数为 λ 的泊松分布, 其概率函数为 $P(X=k) = \dfrac{\lambda^k}{k!} \mathrm{e}^{-\lambda}$,

$k = 0, 1, 2, \cdots$, 则

$$
\begin{aligned}
EX &= \sum_{k=0}^{\infty} k \cdot \frac{\lambda^k}{k!} \mathrm{e}^{-\lambda} = \sum_{k=1}^{\infty} \frac{\lambda^k}{(k-1)!} \mathrm{e}^{-\lambda} \\
&= \lambda \sum_{k=1}^{\infty} \frac{\lambda^{k-1}}{(k-1)!} \mathrm{e}^{-\lambda} \xrightarrow{\;\diamondsuit\, m=k-1\;} \lambda \sum_{m=0}^{\infty} \frac{\lambda^m}{m!} \mathrm{e}^{-\lambda} = \lambda \qquad (4.3.7)
\end{aligned}
$$

$$
\begin{aligned}
EX^2 &= \sum_{k=0}^{\infty} k^2 \frac{\lambda^k}{k!} \mathrm{e}^{-\lambda} = \sum_{k=1}^{\infty} \frac{k\lambda^k}{(k-1)!} \mathrm{e}^{-\lambda} \\
&= \sum_{k=1}^{\infty} \frac{(k-1)\lambda^k}{(k-1)!} \mathrm{e}^{-\lambda} + \sum_{k=1}^{\infty} \frac{\lambda^k}{(k-1)!} \mathrm{e}^{-\lambda} \\
&= \lambda^2 \sum_{k-2=0}^{\infty} \frac{\lambda^{k-2}}{(k-2)!} \mathrm{e}^{-\lambda} + \lambda \sum_{k-1=0}^{\infty} \frac{\lambda^{k-1}}{(k-1)!} \mathrm{e}^{-\lambda} \\
&= \lambda^2 + \lambda,
\end{aligned}
$$

所以

$$DX = EX^2 - (EX)^2 = \lambda^2 + \lambda - \lambda^2 = \lambda \qquad (4.3.8)$$

可见, 泊松分布的数学期望恰是其分布的参数 λ, 这在应用中是十分方便的. 比如, 我们知道, 通常在某段时间内到达商店的顾客数服从泊松分布, 因此, 若要比较两个商店在一段时间内的平均客流量的大小, 只需比较一下它们各自的顾客数的分布参数就可以了.

4.3.2 常见连续型分布的数学期望和方差

1. 均匀分布

设 X 服从区间 $[a, b]$ 上的均匀分布, 其密度函数为

$$f(x) = \begin{cases} \dfrac{1}{b-a}, & a \leqslant x \leqslant b; \\ 0, & \text{其他}. \end{cases}$$

则

$$EX = \int_{-\infty}^{+\infty} x f(x) \mathrm{d}x = \int_a^b \frac{x}{b-a} \mathrm{d}x = \frac{a+b}{2} \qquad (4.3.9)$$

而

$$EX^2 = \int_{-\infty}^{+\infty} x^2 f(x)\,\mathrm{d}x = \int_a^b x^2 \frac{1}{b-a}\mathrm{d}x = \frac{b^2+ab+a^2}{3},$$

所以

$$DX = EX^2 - (EX)^2 = \frac{b^2+ab+a^2}{3} - \left(\frac{a+b}{2}\right)^2 = \frac{(b-a)^2}{12} \quad (4.3.10)$$

我们看到，均匀分布 $U[a,b]$ 的数学期望恰是区间 $[a,b]$ 的中点，这直观地表示了数学期望的意义.

2. 指数分布

设 X 服从参数为 λ 的指数分布，其密度函数为

$$f(x) = \begin{cases} \lambda \mathrm{e}^{-\lambda x}, & x>0 \\ 0, & x\leqslant 0 \end{cases},$$

其中 $\lambda > 0$，则

$$\begin{aligned} EX &= \int_{-\infty}^{+\infty} xf(x)\,\mathrm{d}x = \int_0^{+\infty} \lambda x\mathrm{e}^{-\lambda x}\mathrm{d}x = -\int_0^{+\infty} x\mathrm{d}(\mathrm{e}^{-\lambda x}) \\ &= -x\mathrm{e}^{-\lambda x}\Big|_0^{+\infty} + \int_0^{+\infty}\mathrm{e}^{-\lambda x}\mathrm{d}x = \frac{1}{\lambda} \end{aligned} \quad (4.3.11)$$

$$EX^2 = \int_{-\infty}^{+\infty} x^2 f(x)\,\mathrm{d}x = \int_0^{+\infty}\lambda x^2\mathrm{e}^{-\lambda x}\mathrm{d}x = \frac{2}{\lambda^2},$$

所以

$$DX = EX^2 - (EX)^2 = \frac{2}{\lambda^2} - \left(\frac{1}{\lambda}\right)^2 = \frac{1}{\lambda^2} \quad (4.3.12)$$

由此可见，如果一种电子元件的使用寿命 X 服从参数为 $\lambda(\lambda>0)$ 的指数分布，则这种元件的平均使用寿命为 $\frac{1}{\lambda}$. 在部分行业中，若某种元器件的平均寿命为 10^k（小时），相应参数 $\lambda=10^{-k}$，人们称该产品为 "k 级产品". 现在一些可靠性要求很高的元器件可达 "9 级".

3. 正态分布

设 $X \sim N(\mu, \sigma^2)$，由 2.4.2 小节的例 2 可知，$Y = \dfrac{X-\mu}{\sigma} \sim N(0,1)$. 而

$$EY = \int_{-\infty}^{+\infty} \frac{x}{\sqrt{2\pi}}\mathrm{e}^{-\frac{x^2}{2}}\mathrm{d}x = 0,$$

$$DY = EY^2 = \int_{-\infty}^{+\infty} \frac{x^2}{\sqrt{2\pi}}\mathrm{e}^{-\frac{x^2}{2}}\mathrm{d}x = -\int_{-\infty}^{+\infty} \frac{x}{\sqrt{2\pi}}\mathrm{d}\left(\mathrm{e}^{-\frac{x^2}{2}}\right)$$

$$= -\frac{x}{\sqrt{2\pi}}\mathrm{e}^{-\frac{x^2}{2}}\Big|_{-\infty}^{+\infty} + \int_{-\infty}^{+\infty}\frac{1}{\sqrt{2\pi}}\mathrm{e}^{-\frac{x^2}{2}}\mathrm{d}x = 1;$$

再由 $X = \sigma Y + \mu$，得

$$EX = \sigma EY + \mu = \mu \qquad (4.3.13)$$

$$DX = \sigma^2 DY = \sigma^2 \qquad (4.3.14)$$

可见，正态分布 $N(\mu,\ \sigma^2)$ 中的参数 μ，σ^2 分别是它的数学期望和方差.

　　至此，我们看到，常见分布中的参数，或者为分布的某种数字特征，或者与分布的某种数字特征存在一定的数量关系. 这样，对这些常见分布来说，知道了其数学期望和方差，该分布便可唯一确定下来.

　　为了便于比较和记忆，我们将几种常见随机变量的分布及其数学期望与方差汇集于表 4 – 4.

表 4 – 4

分布名称	概率函数或密度函数	期望	方差
0 – 1 分布	$P(X=k) = p^k q^{1-k} \quad (k=0,\ 1)$	p	pq
二项分布	$P(X=k) = C_n^k p^k q^{n-k} \quad (k=0,\ 1,\ \cdots,\ n)$	np	npq
几何分布	$P(X=k) = (1-p)^{k-1} p \quad (k=1,\ 2,\ \cdots)$	$\dfrac{1}{p}$	$\dfrac{1-p}{p^2}$
泊松分布	$P(X=k) = \dfrac{\lambda^k}{k!} e^{-\lambda} \quad (k=0,\ 1,\ \cdots)$	λ	λ
均匀分布	$f(x) = \begin{cases} \dfrac{1}{b-a}, & a \leqslant x \leqslant b \\ 0, & \text{其他} \end{cases}$	$\dfrac{a+b}{2}$	$\dfrac{(b-a)^2}{12}$
指数分布	$f(x) = \begin{cases} \lambda e^{-\lambda x}, & x > 0 \\ 0, & x \leqslant 0 \end{cases}$	$\dfrac{1}{\lambda}$	$\dfrac{1}{\lambda^2}$
正态分布	$\varphi(x) = \dfrac{1}{\sqrt{2\pi}\sigma} e^{-\frac{(x-\mu)^2}{2\sigma^2}}$	μ	σ^2

习题 4 – 3

　　1. 假定每个人的生日在各个月份的机会是相同的，求 3 个人的生日在第一季度的平均人数.

　　2. 一厂家生产的每台仪器以概率 0.7 可以直接出厂，以概率 0.3 需要进一步调试，经调试以后以概率 0.8 可以出厂，以概率 0.2 不合格不能出厂，现在该厂生产 $n(n \geqslant 2)$ 台仪器（设仪器生产过程相互独立）. 求不能出厂的仪器数的期望和方差.

习题选讲

　　3. 设 X 表示 10 次独立重复射击命中目标的次数，每次命中目标的概率是 0.4，求 EX^2.

　　4. 设 X 的概率函数为

$$P(X=k) = \frac{1}{2^k}, \quad k=1,\ 2,\ \cdots,$$

求 EX 及 DX.

　　5. 一袋内装有 5 个白球和 2 个黑球，现从中每次摸取一个球，取到黑球就

放回，取出白球则停止摸球，求摸球次数 X 的期望和方差.

6. 设随机变量 X 服从参数为 λ 的泊松分布，且 $E[(X-2)(X-3)]=2$，求 λ 的值.

7. 设 X 的密度函数为

$$f(x) = \frac{1}{\sqrt{\pi}} e^{-x^2+2x-1},$$

求 EX 及 DX.

8. 设随机变量 X 与 Y 都服从 $[0,1]$ 上的均匀分布，求 $E(X+Y)$.

9. 设随机变量 X 与 Y 相互独立，密度函数分别为

$$f_X(x) = \begin{cases} 2e^{-2x}, & x>0 \\ 0, & x\leqslant 0 \end{cases}, \quad f_Y(y) = \begin{cases} 4e^{-4y}, & y>0, \\ 0, & y\leqslant 0 \end{cases}$$

求 $E(X+Y)$，$D(X+Y)$.

§4.4 协方差与相关系数

一般来说，二维随机变量 (X, Y) 中的两个随机变量 X 与 Y 是相依并互相影响的，而 EX、EY 只反映了 X 与 Y 各自的平均值，DX、DY 只反映了 X 与 Y 各自离开平均值的偏离程度，它们没有对 X 与 Y 间的相互联系提供任何信息. 本节主要介绍一个能描述 X 与 Y 之间某种联系及这种联系紧密程度的特征数.

4.4.1 协方差

在方差性质 5 的推导过程中，我们得到当 X 与 Y 相互独立时，有 $E[(X-EX)(Y-EY)]=0$. 也就是说，当 $E[(X-EX)(Y-EY)] \neq 0$ 时，X 与 Y 肯定不独立. 这表明 $E[(X-EX)(Y-EY)]$ 的数值反映了 X 与 Y 之间某方面的相互关系.

定义 4.6 设二维随机变量 (X, Y)，若 $E[(X-EX)(Y-EY)]$ 存在，则称它为 X 与 Y 的**协方差**（covariance），记作 $\text{Cov}(X, Y)$，即

$$\text{Cov}(X, Y) = E[(X-EX)(Y-EY)]. \tag{4.4.1}$$

显然，$\text{Cov}(X, X) = DX$. 协方差本质上是随机变量 (X, Y) 函数 $g(X, Y) = (X-EX)(Y-EY)$ 的数学期望，因此可按公式 (4.1.5) 或公式 (4.1.6) 计算. 但是，实际计算时用得更多的是下面公式：

$$\text{Cov}(X, Y) = E(XY) - EXEY. \tag{4.4.2}$$

由定义 4.6 及式 (4.2.5) 可得

$$D(X \pm Y) = DX + DY \pm 2\mathrm{Cov}(X, Y). \tag{4.4.3}$$

这个结论还可以推广到任意有限个随机变量的情形，即对任意 n 个随机变量 $X_1, X_2, \cdots, X_n$，有

$$D\left(\sum_{i=1}^{n} X_i\right) = \sum_{i=1}^{n} DX_i + 2 \sum_{1 \leqslant i < j \leqslant n} \mathrm{Cov}(X_i, X_j) \tag{4.4.4}$$

例 1　设二维随机变量 (X, Y) 的联合分布如表 4 - 5 所示.

表 4 - 5

X＼Y	-1	0	1
-1	$\frac{1}{8}$	$\frac{1}{8}$	$\frac{1}{8}$
0	$\frac{1}{8}$	0	$\frac{1}{8}$
1	$\frac{1}{8}$	$\frac{1}{8}$	$\frac{1}{8}$

求 $\mathrm{Cov}(X, Y)$，并判定 X 与 Y 是否独立.

解　由 (X, Y) 的联合分布可得关于 X、Y 的边缘分布分别为

X	-1	0	1
P	3/8	2/8	3/8

Y	-1	0	1
P	3/8	2/8	3/8

容易求得 $EX = 0$，$EY = 0$，$E(XY) = 0$. 所以，$\mathrm{Cov}(X, Y) = E(XY) - EXEY = 0$.

由于 $P(X=0, Y=0) \neq P(X=0)P(Y=0)$，所以 X 与 Y 不独立.

例 2　设二维连续型随机变量 (X, Y) 的密度函数为

$$f(x, y) = \begin{cases} x + y, & 0 \leqslant x \leqslant 1, \ 0 \leqslant y \leqslant 1; \\ 0, & \text{其他}. \end{cases}$$

求 $\mathrm{Cov}(X, Y)$.

解　由联合密度函数 $f(x, y)$ 可求出 (X, Y) 关于 X、Y 的边缘密度函数分别为

$$f_X(x) = \begin{cases} x + \dfrac{1}{2}, & 0 \leqslant x \leqslant 1; \\ 0, & \text{其他}. \end{cases}$$

$$f_Y(y) = \begin{cases} y + \dfrac{1}{2}, & 0 \leqslant y \leqslant 1; \\ 0, & \text{其他}. \end{cases}$$

于是，

$$EX = \int_{-\infty}^{+\infty} x f_X(x)\,\mathrm{d}x = \int_0^1 x\left(x + \frac{1}{2}\right)\mathrm{d}x = \frac{7}{12},$$

同理 $EY = \dfrac{7}{12}$. 而

$$E(XY) = \int_{-\infty}^{+\infty}\int_{-\infty}^{+\infty} xyf(x,\ y)\,\mathrm{d}x\mathrm{d}y = \int_0^1\int_0^1 xy(x+y)\,\mathrm{d}x\mathrm{d}y = \frac{1}{3},$$

所以，

$$\mathrm{Cov}(X,\ Y) = E(XY) - EXEY = \frac{1}{3} - \frac{7}{12}\times\frac{7}{12} = -\frac{1}{144}.$$

由协方差的定义容易推出协方差具有以下性质：

（i） $\mathrm{Cov}(X,\ Y) = \mathrm{Cov}(Y,\ X)$；

（ii） 对任意常数 a、b，有 $\mathrm{Cov}(aX,\ bY) = ab\mathrm{Cov}(X,\ Y)$；

（iii） 若 $\mathrm{Cov}(X_i,\ Y)$ 存在 $(i=1,\ 2)$，则

$$\mathrm{Cov}(X_1+X_2,\ Y) = \mathrm{Cov}(X_1,\ Y) + \mathrm{Cov}(X_2,\ Y)；$$

（iv） $\mathrm{Cov}(c,\ X) = 0$，c 为任意常数；

（v） 若 X 与 Y 相互独立，则 $\mathrm{Cov}(X,\ Y) = 0$.

下面介绍 n 维随机变量协方差矩阵.

设 $(X_1,\ X_2,\ \cdots,\ X_n)$ 为 n 维随机变量，若 $X_1,\ X_2,\ \cdots,\ X_n$ 之间的协方差都存在，即 $\mathrm{Cov}(X_i,\ X_j) = E\big[(X_i - EX_i)(X_j - EX_j)\big]$ 都存在 $(i,\ j=1,\ 2,\ \cdots,\ n)$，则称 n 阶方阵

$$\begin{bmatrix} \mathrm{Cov}(X_1,\ X_1) & \mathrm{Cov}(X_1,\ X_2) & \cdots & \mathrm{Cov}(X_1,\ X_n) \\ \mathrm{Cov}(X_2,\ X_1) & \mathrm{Cov}(X_2,\ X_2) & \cdots & \mathrm{Cov}(X_2,\ X_n) \\ \cdots & \cdots & \cdots & \cdots \\ \mathrm{Cov}(X_n,\ X_1) & \mathrm{Cov}(X_n,\ X_2) & \cdots & \mathrm{Cov}(X_n,\ X_n) \end{bmatrix}$$

为 n 维随机变量 $(X_1,\ X_2,\ \cdots,\ X_n)$ 的**协方差矩阵**，记作 $\mathrm{Cov}(X,\ X)$，其中，$X = (X_1,\ X_2,\ \cdots,\ X_n)$.

需要指出的是，虽然协方差 $\mathrm{Cov}(X,\ Y)$ 的值对 X 与 Y 之间存在着某种联系提供了一些信息，但由于协方差 $\mathrm{Cov}(X,\ Y)$ 的数值不仅与 X 和 Y 之间的联系有关，而且与 X 和 Y 的计量单位以及 X 和 Y 与它们期望的偏差有关，因此无法根据协方差的大小去判断 X 与 Y 之间这种联系的紧密程度.

注意到 X 与 Y 之间的相互关系和 X 的标准化随机变量 $X^* = \dfrac{X - EX}{\sqrt{DX}}$ 与 Y 的标准化随机变量 $Y^* = \dfrac{Y - EY}{\sqrt{DY}}$ 之间的相互关系一致，所以 $\mathrm{Cov}(X^*,\ Y^*)$ 的值也就反映了 X 与 Y 之间存在的某种联系，并且

$$\mathrm{Cov}(X^*,\ Y^*) = E\left(\frac{X - EX}{\sqrt{DX}}\cdot\frac{Y - EY}{\sqrt{DY}}\right) = \frac{E(X - EX)(Y - EY)}{\sqrt{DX}\sqrt{DY}} =$$

$\dfrac{\mathrm{Cov}(X,\ Y)}{\sqrt{DX}\sqrt{DY}}$ 在反映 X 与 Y 之间相互关系方面恰好弥补了 $\mathrm{Cov}(X,\ Y)$ 的不足之处. 因而我们引入下述定义.

4.4.2　相关系数

相关系数

定义 4.7　设二维随机变量 (X, Y)，$\mathrm{Cov}(X, Y)$ 存在，且 $DX >$ 0，$DY > 0$，则称 $\dfrac{\mathrm{Cov}(X, Y)}{\sqrt{DX}\,\sqrt{DY}}$ 为 X 与 Y 的**相关系数**（correlation coefficient），记作 $\rho_{X, Y}$ 或简记作 ρ. 即

$$\rho = \frac{\mathrm{Cov}(X, Y)}{\sqrt{DX}\,\sqrt{DY}} = \frac{E\big[(X - EX)(Y - EY)\big]}{\sqrt{DX}\,\sqrt{DY}} \tag{4.4.5}$$

由定义 4.7 可知，X 与 Y 的相关系数 ρ 就是 X 的标准化随机变量 X^* 与 Y 的标准化随机变量 Y^* 的协方差，即 $\rho = \mathrm{Cov}(X^*, Y^*)$，它与协方差 $\mathrm{Cov}(X, Y)$ 同为正，或同为负，或同为零.

例 1　在 4.4.1 小节的例 2 中，求 X 与 Y 的相关系数 ρ.

解　由 4.4.1 小节的例 2 可知：

$$EX^2 = \int_{-\infty}^{+\infty} x^2 f_X(x)\,\mathrm{d}x = \int_0^1 x^2\left(x + \frac{1}{2}\right)\mathrm{d}x = \frac{5}{12}.$$

同理，$EY^2 = \dfrac{5}{12}$. 所以，

$$DX = EX^2 - (EX)^2 = \frac{5}{12} - \left(\frac{7}{12}\right)^2 = \frac{11}{144},$$

同理，$DY = \dfrac{11}{144}$. 所以

$$\rho = \frac{\mathrm{Cov}(X, Y)}{\sqrt{DX}\,\sqrt{DY}} = \frac{-\dfrac{1}{144}}{\dfrac{11}{144}} = -\frac{1}{11} \approx -0.091.$$

例 2　已知 $DX = 4$，$DY = 9$，X 与 Y 的相关系数 $\rho = 0.5$，求 $D(X - Y)$.

解　由相关系数的定义可知

$$\mathrm{Cov}(X, Y) = \sqrt{DX}\,\sqrt{DY}\rho = \sqrt{4} \times \sqrt{9} \times 0.5 = 3,$$

由式（4.4.3）得

$$D(X - Y) = DX + DY - 2\mathrm{Cov}(X, Y) = 4 + 9 - 2 \times 3 = 7.$$

由以上讨论只能得出：当相关系数 $\rho \neq 0$ 时，有 $\mathrm{Cov}(X, Y) \neq 0$，从而肯定 X 与 Y 之间存在着某种联系. 但并不知道 ρ 究竟表示 X 与 Y 之间有什么形式的联系？这种联系的紧密程度又用什么尺度来衡量？为此，我们来讨论相关系数的性质.

引理　设 (X, Y) 为二维随机变量，EX^2、EY^2 都存在，则

$$\big[E(XY)\big]^2 \leqslant EX^2 \cdot EY^2. \tag{4.4.6}$$

证　考虑实变量 t 的函数

$$g(t) = E(tX - Y)^2 = t^2 EX^2 - 2tE(XY) + EY^2,$$

对任意实数 t，由于 $(tX - Y)^2 \geq 0$，所以 $g(t) \geq 0$，因此有

$$\Delta = 4[E(XY)]^2 - 4EX^2 \cdot EY^2 \leq 0,$$

即

$$[E(XY)]^2 \leq EX^2 \cdot EY^2.$$

柯西

不等式（4.4.6）称为柯西[1]—施瓦茨[2]不等式.

定理 4.3　设随机变量 X 与 Y 的相关系数为 ρ，则 $|\rho| \leq 1$.

证　令 $X_1 = X - EX$，$Y_1 = Y - EY$，则 $DX = EX_1^2$，$DY = EY_1^2$，对 X_1、Y_1 运用柯西—施瓦茨不等式可得

$$\rho^2 = \frac{[E(X - EX)(Y - EY)]^2}{DX \cdot DY} = \frac{[E(X_1 Y_1)]^2}{EX_1^2 \cdot EY_1^2} \leq 1,$$

所以 $|\rho| \leq 1$.

施瓦茨

定理 4.4　设 ρ 是 X 与 Y 的相关系数，则 $|\rho| = 1$ 的充要条件是 X 与 Y 以概率 1 存在线性关系，即存在常数 a，b，使得

$$P(Y = aX + b) = 1.$$

证明从略.

定理 4.4 表明：当 $|\rho| = 1$ 时，除去一个零概率事件外，X 与 Y 之间存在着线性关系，也就是 X 与 Y 之间线性关系不成立的事件的概率为零，此时称随机变量 X 与 Y **完全线性相关**（若 $\rho = 1$，称 X 与 Y **完全正相关**；若 $\rho = -1$，称 X 与 Y **完全负相关**）. 这时如果把 (X, Y) 看作随机点，(X, Y) 的观察值点 (x, y) 在平面上的散点图呈一条直线状.

下面，我们进一步说明相关系数 ρ 的特征.

对于二维随机变量 (X, Y)，考虑以 X 的线性函数 $aX + b$ 来逼近 Y，要使逼近程度最好，常数 a、b 的选择自然应使均方误差

$$\mathbf{e} = E[Y - (aX + b)]^2 \tag{4.4.7}$$

达到最小. 将式（4.4.7）写成下面形式：

$$\begin{aligned}
\mathbf{e} &= E[Y - (aX + b)]^2 \\
&= E[(Y - EY) - a(X - EX) + (EY - aEX - b)]^2 \\
&= E[(Y - EY)^2 + a^2(X - EX)^2 + (EY - aEX - b)^2 \\
&\quad - 2a(Y - EY)(X - EX) + 2(Y - EY)(EY - aEX - b) \\
&\quad - 2a(X - EX)(EY - aEX - b)] \\
&= E(Y - EY)^2 + a^2 E(X - EX)^2 + (EY - aEX - b)^2 \\
&\quad - 2aE[(X - EX)(Y - EY)]
\end{aligned}$$

---

① 柯西（Cauchy，1789 - 1857），法国数学家，他的研究涉及数学的各个领域，最大贡献是发展了复变函数的原理. 柯西对力学、物理学和天文学也有研究，主要著作有《分析教程》《无穷小计算讲义》《无穷小在几何中的应用》.

② 施瓦茨（Schwarz，1843 - 1921），德国数学家.

$$= DY + a^2 DX + (EY - aEX - b)^2 - 2a\rho\sqrt{DX}\sqrt{DY}.$$

令

$$\begin{cases} \dfrac{\partial \mathbf{e}}{\partial a} = 2aDX - 2(EY - aEX - b)EX - 2\rho\sqrt{DX}\sqrt{DY} = 0, \\[3mm] \dfrac{\partial \mathbf{e}}{\partial b} = -2(EY - aEX - b) = 0. \end{cases}$$

解得

$$a = \frac{\sqrt{DY}}{\sqrt{DX}}\rho, \quad b = EY - EX \cdot \frac{\sqrt{DY}}{\sqrt{DX}}\rho.$$

这样最佳逼近为

$$L(X) = \frac{\sqrt{DY}}{\sqrt{DX}}\rho X + EY - EX\frac{\sqrt{DY}}{\sqrt{DX}}\rho.$$

这一逼近的均方误差为

$$\mathbf{e} = E[Y - L(X)]^2 = (1 - \rho^2)DY.$$

若 $\rho = \pm 1$ 时，则 $E[Y - L(X)]^2 = 0$，从而 $Y = L(X)$. 这说明 X 与 Y 有严格的线性关系，如前所述. 若 $0 < |\rho| < 1$，则 $|\rho|$ 的值越接近于 1，均方误差越小，说明 $L(X)$ 与 Y 的接近程度越高，即 X 与 Y 之间的线性关系程度越强；反之，当 $|\rho|$ 接近于 0 时，则表明它们之间的线性关系程度弱. 当 $\rho = 0$ 时，均方误差为 DY，这时 X 的线性作用已不存在，即 X 与 Y 不存在线性关系，称 X 与 Y **不相关**. 由此可见，相关系数 ρ 是刻画随机变量间线性关系强弱的一个数字特征. 更确切地说，ρ 应该称为线性相关系数.

注意，X 与 Y 不相关和 X 与 Y 独立是两个不同的概念. X 与 Y 不相关是指 X 与 Y 之间不存在线性关系，而不排除 X 与 Y 之间存在其他关系. 而只要 X 与 Y 有关系，它们就不会相互独立. 因此，若 X 与 Y 不相关，则 X 与 Y 未必独立；反之，若 X 与 Y 独立，则 X 与 Y 一定不相关，此时 X 与 Y 之间没有任何关系，自然也没有线性关系了.

例3 设有 $X \sim N(0, 1)$，$Y = X^2$，则 $\mathrm{Cov}(X, Y) = E(XY) - EXEY = E(X^3)$，而

$$EX^3 = \int_{-\infty}^{+\infty} x^3 \frac{1}{\sqrt{2\pi}} e^{-\frac{x^2}{2}} \mathrm{d}x = 0,$$

故 $\mathrm{Cov}(X, Y) = 0$，从而 X 与 Y 的相关系数 $\rho = 0$，即 X 与 Y 不相关；但 X 与 Y 之间却存在函数关系 $Y = X^2$，因此 X 与 Y 并不相互独立.

应该特别指出，若 $(X, Y) \sim N(\mu_1, \mu_2, \sigma_1^2, \sigma_2^2, \rho)$，可以求得 ρ 就是 X 与 Y 的相关系数. 而由 3.2.4 小节例 1 可知，X 与 Y 独立的充分必要条件是 $\rho = 0$. 因此，对服从二维正态分布的随机变量 (X, Y) 来说，X 与 Y 独立和 X 与 Y 不相关是等价的.

习题 4 – 4

1. 设 (X, Y) 的联合密度为

$$f(x, y) = \begin{cases} 6xy^2, & 0 < x < 1, \ 0 < y < 1; \\ 0, & \text{其他} . \end{cases}$$

求 $\text{Cov}(X, Y)$.

2. 设 (X, Y) 的联合密度为

$$f(x, y) = \begin{cases} \mathrm{e}^{-(x+y)}, & x > 0, \ y > 0; \\ 0, & \text{其他} . \end{cases}$$

求 $\text{Cov}(X, Y)$ 及相关系数 ρ.

3. 设 (X, Y) 的联合概率密度为

$$f(x, y) = \begin{cases} \dfrac{1}{\pi}, & x^2 + y^2 \leqslant 1; \\ 0, & \text{其他} . \end{cases}$$

求 X 与 Y 的协方差 $\text{Cov}(X, Y)$ 和相关系数 $\rho_{X, Y}$，并判断 X 与 Y 是否相互独立.

4. 设 (X, Y) 的联合分布为

X \ Y	-1	0	1
1	0	0.2	0.1
2	0.3	0.4	0

求 $E(XY)$，$E(2X - Y)$，$\text{Cov}(X, Y)$ 及相关系数 ρ，并判断 X 与 Y 是否独立.

5. 已知 $EX = 2$，$EY = 4$，$DX = 25$，$DY = 36$，$\rho = 0.4$，求 $E(3X^2 - 2XY + Y^2 - 3)$，$D(X + Y)$，$D(X - Y)$，$D(2X + 3Y + 5)$.

6. 设 X 与 Y 是两个随机变量，且 $Y = aX + b$，$a \neq 0$，a、b 为常数，DX 存在且不等于零，求 $\rho_{X, Y}$.

习题选讲

7. 已知随机变量 X 与 Y 的相关系数为 ρ，令 $X_1 = aX + b$，$Y_1 = cY + d$，其中 a、b、c、d 均为常数，求 X_1 与 Y_1 的相关系数.

8. 已知 $DX = 1$，$DY = 4$，$\text{Cov}(X, Y) = 1$，记 $X_1 = X - 2Y$，$X_2 = 2X - Y$，求 DX_1、DX_2 及 X_1 与 X_2 的相关系数.

9. 设 (X, Y) 服从二维正态分布，且 $X \sim N(0, 3)$，$Y \sim N(0, 4)$，相关系数 $\rho = -\dfrac{1}{4}$，试写出 X 与 Y 的联合密度函数.

10. 已知随机变量 X 与 Y 的协方差矩阵为 $\begin{pmatrix} 9 & 3 \\ 3 & 2 \end{pmatrix}$，求 $D(2X + Y)$.

§4.5 随机变量的矩——原点矩与中心矩

矩也是描述随机变量的特征数，它将在数理统计中得到应用.

4.5.1　原点矩

定义 4.8　设 X 为随机变量，k 为正整数，则称 EX^k 为随机变量 X 的 k 阶**原点矩**（origin moment），记作 v_k，即

$$v_k = EX^k, \quad (k = 1, 2, \cdots).\qquad(4.5.1)$$

设 X 为离散型随机变量，其概率函数为 $P(X = x_i) = p_i$，$i = 1$，2，$\cdots$，则

$$v_k = \sum_i x_i^k p_i.\qquad(4.5.2)$$

设 X 为连续型随机变量，其密度函数为 $f(x)$，则

$$v_k = \int_{-\infty}^{+\infty} x^k f(x)\,\mathrm{d}x.\qquad(4.5.3)$$

显然，一阶原点矩 v_1 就是随机变量的数学期望 EX.

4.5.2　中心矩

定义 4.9　设 X 为随机变量，k 为正整数，则称 $E(X - EX)^k$ 为随机变量 X 的 k 阶**中心矩**（central moment），记作 μ_k，即

$$\mu_k = E(X - EX)^k, \quad k = 1, 2, \cdots\qquad(4.5.4)$$

设 X 为离散型随机变量，其概率函数为 $P(X = x_i) = p_i$，$i = 1$，2，$\cdots$，则

$$\mu_k = \sum_i (x_i - EX)^k p_i.\qquad(4.5.5)$$

设 X 为连续型随机变量，其密度函数为 $f(x)$，则

$$\mu_k = \int_{-\infty}^{+\infty} (x - EX)^k f(x)\,\mathrm{d}x.\qquad(4.5.6)$$

显然，一阶中心矩恒等于零，二阶中心矩 μ_2 就是方差 DX.

例 1　设 $X \sim N(\mu, \sigma^2)$，试求 X 的 k 阶中心距.

解　X 的 k 阶中心距为

$$
\begin{aligned}
\mu_k &= E(X - EX)^k \\
&= \frac{1}{\sqrt{2\pi}\,\sigma} \int_{-\infty}^{+\infty} (x - \mu)^k \mathrm{e}^{-\frac{(x-\mu)^2}{2\sigma^2}}\,\mathrm{d}x \\
&\xlongequal{\diamondsuit\, t = \frac{x-\mu}{\sigma}} \frac{\sigma^k}{\sqrt{2\pi}} \int_{-\infty}^{+\infty} t^k \mathrm{e}^{-\frac{t^2}{2}}\,\mathrm{d}t.
\end{aligned}
$$

当 k 为奇数时，上述积分被积函数是奇函数，故 $\mu_k = 0$，$k = 1$，3，5，$\cdots$. 当 k 为偶数时，上述积分被积函数为偶函数，作变换 $z = \dfrac{t^2}{2}$，可得

$$\mu_k = \sqrt{\frac{2}{\pi}}\sigma^k 2^{\frac{k-1}{2}}\int_0^{+\infty} z^{\frac{k-1}{2}}\mathrm{e}^{-z}\mathrm{d}z = \sqrt{\frac{2}{\pi}}\sigma^k 2^{\frac{k-1}{2}}\varGamma\left(\frac{k+1}{2}\right)$$

$$= \sigma^k(k-1)(k-3)\cdots 1, k = 2,4,6,\cdots.$$

于是正态分布的前四阶中心矩分别为

$$\mu_1 = 0,\ \mu_2 = \sigma^2,\ \mu_3 = 0,\ \mu_4 = 3\sigma^4.$$

由此例可以看出，当一个随机变量的分布关于它的数学期望对称时，它的一切奇数阶中心矩等于 0，这表明，如果一个随机变量的所有奇数阶中心矩不全为 0 时，该随机变量的分布就不再关于它的期望对称了．因此，中心矩不仅可利用刻画随机变量取值的分散程度，还可以描述分布的不对称程度．

在概率统计中常用的是低阶矩，高于四阶的矩极少使用．

习题 4 – 5

1. 设随机变量 X 服从区间 $[a, b]$ 上的均匀分布，求 X 的 k 阶原点矩和三阶中心矩．

2. 设随机变量 X 的密度函数为 $f(x) = \begin{cases} \dfrac{1}{2}x, & 0 < x < 2 \\ 0, & \text{其他} \end{cases}$，求 X 的一至三阶原点矩和中心矩．

3. 设 X 为随机变量，试将 X 的三阶中心矩 $\mu_3 = E(X - EX)^3$ 用 X 的一阶、二阶、三阶原点矩来表示，并由此计算当 X 服从参数为 λ 的指数分布时，X 的三阶中心矩．

习　题　四

1. 填空题．

（1）10 张奖券，其中 8 张为 2 元的，2 张为 5 元的，某人从中随机无放回地取 3 张，则此人抽到奖券金额的数学期望是_____元．

（2）设随机变量 $X \sim B(n, p)$，已知 $EX = 6$，$DX = 3.6$，则 $n = $ _____，$p = $ _____．

（3）已知随机变量 $X \sim P(\lambda)$，且 $EX = 2$，则 $DX = $ _____，$P(X = 1) = $ _____．

（4）设随机变量 $X \sim U[2, 6]$，则 $E(-2X + 3) = $ _____，$D(-2X + 3) = $ _____．

（5）若 $f(x) = \dfrac{1}{2\sqrt{2\pi}}\mathrm{e}^{-\frac{(x-1)^2}{8}}$ 为随机变量 X 的密度函数，则 $DX = $ _____．

（6）设随机变量 X 服从参数为 1 的指数分布，则 $E(X + \mathrm{e}^{-2X}) = $ _____．

（7）设相互独立的随机变量 X 和 Y 的方差分别为 4 和 2，则 $D(3X - 2Y) = $ _____．

习题选讲

（8）设二维随机变量 (X, Y) 的概率分布为

Y\X	0	1
0	0.4	a
1	b	0.1

若随机事件 $\{X=0\}$ 与 $\{X+Y=1\}$ 相互独立，则 $E(XY) = $ _____．

（9）设二维随机变量 (X, Y) 的概率分布为

Y\X	−1	0	1
0	0.07	0.18	0.15
1	0.08	0.32	0.20

则 X^2 和 Y^2 的协方差 $\mathrm{Cov}(X^2, Y^2) = $ _____．

（10）设随机变量 X 和 Y 的相关系数为 0.9，若 $Z = X - 0.4$，则 Z 和 Y 的相关系数为_____．

（11）已知 $DX = 16$，$DY = 9$，$\rho = 0.2$，则 $D(X - Y) = $ _____．

2. 选择题．

（1）设随机变量 X 的概率函数为 $P(X = n) = \dfrac{1}{n(n+1)}$，$n = 1, 2, \cdots$，则 $EX = $（　　）．

　　（A）0　　　　（B）1　　　　（C）$\dfrac{1}{2}$　　　　（D）不存在

（2）设 X 的密度函数为

$$f(x) = \begin{cases} \dfrac{1}{2}\mathrm{e}^{-\frac{1}{2}x}, & x > 0; \\ 0, & x \leqslant 0. \end{cases}$$

则（　　）正确．

　　（A）$E(2X+1) = 5$　　　　　　（B）$D(2X+1) = 16$
　　（C）$E(2X+1) = 2$　　　　　　（D）$D(2X+1) = 9$

（3）设随机变量 X 的密度函数为 $f(x) = \dfrac{1}{\sqrt{\pi}}\mathrm{e}^{-x^2+2x-1}$，则（　　）．

　　（A）$EX = 1$，$DX = \dfrac{1}{2}$　　　　　　（B）$EX = 1$，$DX = \dfrac{1}{\sqrt{2}}$

　　（C）$EX = \dfrac{1}{2}$，$DX = 1$　　　　　　（D）$EX = 1$，$DX = 2$

（4）设 (X, Y) 为二维随机变量，则（　　）正确．
　　（A）$E(XY) = EXEY$　　　　　　（B）$\mathrm{Cov}(X, Y) = E(XY) - EXEY$
　　（C）$D(X \pm Y) = DX + DY$　　　（D）$D(X \pm Y) = DX + DY \pm 2\mathrm{Cov}(X, Y)$

（5）如果 X 与 Y 不相关，则（　　）．
　　（A）$E(XY) = EXEY$　　　　　　（B）$D(X+Y) = DX + DY$
　　（C）$D(XY) = DXDY$　　　　　　（D）$D(X-Y) = DX - DY$

（6）如果 X 与 Y 满足 $D(X+Y) = D(X-Y)$，则（　　）．

    （A）X 与 Y 独立   （B）X 与 Y 不相关

    （C）X 与 Y 不独立   （D）X 与 Y 独立、不相关

（7）设 (X, Y) 服从二维正态分布，则 X 与 Y 不相关是 X 与 Y 独立的（   ）.

    （A）必要条件   （B）充分条件

    （C）充要条件   （D）无关的条件

（8）设随机变量 X_1，X_2，$\cdots$，X_n 相互独立同分布，已知

X_i	0	1
P	$1-p$	p

$i = 1, 2, \cdots, n$，则（   ）.

    （A）$\sum\limits_{i=1}^{n} X_i$ 仍服从 $0-1$ 分布   （B）$\sum\limits_{i=1}^{n} X_i \sim B(n, p)$

    （C）$\sum\limits_{i=1}^{n} X_i \sim N(0, 1)$ （D）$E\left(\sum\limits_{i=1}^{n} X_i\right) = np, \ D\left(\sum\limits_{i=1}^{n} X_i\right) = np(1-p)$

（9）设随机变量 X_1，X_2，$\cdots$，$X_n (n>1)$ 独立同分布，且方差为 $\sigma^2 > 0$. 记 $Y = \dfrac{1}{n} \sum\limits_{i=1}^{n} X_i$，则（   ）.

    （A）$\mathrm{Cov}(X_1, Y) = \sigma^2$ （B）$\mathrm{Cov}(X_1, Y) = \dfrac{\sigma^2}{n}$

    （C）$D(X_1 + Y) = \dfrac{n+2}{n}\sigma^2$ （D）$D(X_1 - Y) = \dfrac{n+1}{n}\sigma^2$

（10）将一枚硬币独立重复掷 n 次，以 X 和 Y 分别表示硬币正面朝上和反面朝上的次数，则随机变量 X 和 Y 的相关系数等于（   ）.

    （A）1 （B）0 （C）0.5 （D）-1

（11）设 X 服从泊松分布 $P(\lambda)$，则（   ）.

    （A）一阶原点矩 $v_1 = \lambda$ （B）一阶中心矩 $\mu_1 = 0$

    （C）二阶原点矩 $v_2 = \lambda(1+\lambda)$ （D）二阶中心矩 $\mu_2 = \lambda$

3. 一台设备由三大部件构成，在设备运转过程中各部件需要调整的概率相应为 0.1、0.2、0.3，假设各部件的状态相互独立，以 X 表示同时需要调整的部件数，试求 X 的数学期望 EX 和方差 DX.

4. 设 X 的密度函数为

$$f(x) = \begin{cases} \dfrac{2}{\pi}\cos^2 x, & -\dfrac{\pi}{2} \leqslant x \leqslant \dfrac{\pi}{2}; \\ 0, & \text{其他}. \end{cases}$$

求 EX 和 DX.

5. 设随机变量 X 的概率分布为

$$P(X=k) = \frac{1}{5}, \quad k = 1, 2, 3, 4, 5$$

求 EX、EX^2、$E(X+2)^2$、DX.

6. 设 X 服从 $\left[-\dfrac{1}{2}, \dfrac{1}{2}\right]$ 上的均匀分布，求 $Y = \sin \pi X$ 的数学期望.

7. 设随机变量 X 的密度函数为

$$f(x) = \begin{cases} ax, & 0 < x < 2 \\ cx + b, & 2 \leqslant x \leqslant 4 \\ 0, & \text{其他} \end{cases}$$

已知 $EX = 2$，$P(1 < X < 3) = \dfrac{3}{4}$. 求（1）$a$，$b$，$c$；（2）$Y = e^X$ 的期望与方差.

8. 随机变量 Y 是连续型随机变量 X 的函数，$Y = e^{\lambda X}(\lambda > 0)$，若 EX 存在，求证对于任何实数 a 都有

$$P(X \geqslant a) \leqslant e^{-\lambda a} \cdot EY.$$

9. 设 X 是非负连续型随机变量，证明：对 $x > 0$，有

$$P(X < x) \geqslant 1 - \frac{EX}{x}.$$

10. 若随机变量 X 与 Y 独立，且方差存在，则

$$D(XY) = DXDY + (EX)^2 DY + (EY)^2 DX.$$

11. 在一次拍卖中，两人竞买一幅名画，拍卖以暗标形式进行，并以最高价成交. 设两个人的出价相互独立且均服从 $[1，2]$ 上的均匀分布，求这幅画的期望成交价格.

12. 二维离散型随机变量 $(X，Y)$ 的联合分布为

Y \ X	-1	0	1	2
1	0.1	0.1	0.2	0.1
2	0	0.1	0.1	0.3

（1）求 X 与 Y 的边缘分布；（2）判断 X 与 Y 是否独立？（3）求 X 与 Y 的协方差 $\mathrm{Cov}(X，Y)$.

13. 两只股票 A 与 B，在一个给定时期内的收益率 r_A 与 r_B 均为随机变量，已知 r_A 与 r_B 的协方差矩阵为

$$V = \begin{pmatrix} 16 & 6 \\ 6 & 9 \end{pmatrix}.$$

现将一笔资金按比例 x，$1 - x$ 分别投资到股票 A 与 B 上形成一个投资组合 P，记其收益率为 r_P.

（1）求 r_A 与 r_B 的相关系数；

（2）求 Dr_P；

（3）在不允许卖空的情况下（即 $0 \leqslant x \leqslant 1$），$x$ 为何值时 Dr_P 最小，何时 $Dr_P \leqslant \min\{Dr_A，Dr_B\}$.

14. 两种证券 A 与 B 的收益率 r_A 与 r_B，人们常用收益率的方差来衡量证券的风险，收益率的方差为正的证券称为风险证券. 如果 A 与 B 均为风险证券，且 $|\rho_{A,B}| \neq 1$，证明 A 与 B 的任意投资组合 P（允许卖空）必然也是风险证券；若 $|\rho_{A,B}| = 1$，何时得到无风险组合？并构造相应的无风险组合.

15. 已知某只股票价格变化率 r 与银行利率 r_f 存在一定的联系，设 r 与 r_f 的联合概率分布如下：

r r_f	-3%	1%	2%	3%	4%	5%	6%	7%
1%	0.015	0.015	0.045	0.09	0.03	0.06	0.03	0.015
1.5%	0.025	0.05	0.1	0.15	0.075	0.05	0.025	0.025
2%	0.06	0.04	0.03	0.02	0.02	0.02	0.01	0

（1）求该股票价格的平均变化率；

（2）如果已知利率 $r_f = 1.5\%$，求股票价格的平均变化率.

16. 设二维随机变量 (X, Y) 服从区域 $D = \{(x, y) \mid 0 < x < 1, 0 < x < y < 1\}$ 上的均匀分布，求 X 和 Y 的协方差和相关系数.

17. 设 (X, Y) 的联合密度为

$$f(x, y) = \begin{cases} 8xy, & 0 \leq x \leq y \leq 1; \\ 0, & 其他. \end{cases}$$

求 X 和 Y 的协方差和相关系数.

18. 已知随机变量 X 与 Y 分别服从正态分布 $N(1, 3^2)$ 和 $N(0, 4^2)$，且 X 与 Y 的相关系数 $\rho = -\frac{1}{2}$，设 $Z = \frac{X}{3} + \frac{Y}{2}$. 求（1）数学期望 EZ 和方差 DZ；

（2）X 与 Z 的相关系数 $\rho_{X,Z}$.

19. 设二维随机变量 (X, Y) 在矩形 $G = \{(x, y) \mid 0 \leq x \leq 2, 0 \leq y \leq 1\}$ 上服从均匀分布，记

$$U = \begin{cases} 1, & X > Y; \\ 0, & X \leq Y. \end{cases} \qquad V = \begin{cases} 1, & X > 2Y; \\ 0, & X \leq 2Y. \end{cases}$$

求 U 和 V 的相关系数.

第 5 章
大数定律与中心极限定理

概率统计的研究对象是随机现象的统计规律,而这种统计规律只有通过在相同条件下对随机现象进行大量重复观测才能显现出来. 本章所介绍的大数定律和中心极限定理使用极限的方法研究随机现象的统计规律性. 大数定律阐述的是一系列随机变量和的平均结果的稳定性,中心极限定理描述的是满足一定条件的一系列随机变量之和的极限分布问题.

§5.1 大数定律

在日常生产生活实践中,人们评判一个事物往往要进行多次观察和记录,在条件允许的条件下,用这些多次结果的平均作为衡量的标准,而且随着试验次数的增加,这个平均越来越接近于该事物的真实状况. 例如,在运动会上体操运动员某动作的成绩,是将各个评委打的分数加以平均作为最后的成绩,而且参评的评委越多,这个平均分应越接近于运动员的真实水平;在评估一个学校的某课程的学习状况时,随机选取 50 名学生参加考试,这 50 名学生的平均成绩就作为评估该课程水平的标准,而且参加考试的学生越多,这个平均成绩就应越接近于该课程学习状态的真实水平;在测量某一物体的长度时,一般要进行多次测量,然后将多次测量结果加以平均作为该物体的长度,而且随着测量次数的增加,该平均值越来越接近于该物体长度的真实值.

以上事例说明,任何一次试验的结果都表现出随机性,但大量重复试验的平均结果、事件发生的频率和大量观测值的平均值实际上是稳定的,几乎是非随机的. **大数定律**就是说明大量重复试验的平均结果的稳定性的一系列数学定理的总称,亦称大数定理.

为了后面论证大数定理的需要，我们先介绍一个重要不等式，它在理论上和实际中都有重要应用．

切比雪夫

5.1.1 切比雪夫[①]不等式

定理 5.1 设随机变量 X 的期望 EX 及方差 DX 都存在，则对任意 $\varepsilon > 0$，有

$$P(\,|\,X-EX\,|\geqslant\varepsilon)\leqslant\frac{DX}{\varepsilon^2} \tag{5.1.1}$$

证 设 X 为连续型随机变量，其密度函数为 $f(x)$，则

$$
\begin{aligned}
P(\,|\,X-EX\,|\geqslant\varepsilon) &= \int_{|x-EX|\geqslant\varepsilon} f(x)\,\mathrm{d}x \\
&\leqslant \int_{|x-EX|\geqslant\varepsilon} \frac{(x-EX)^2}{\varepsilon^2}f(x)\,\mathrm{d}x \\
&\leqslant \int_{-\infty}^{+\infty} \frac{(x-EX)^2}{\varepsilon^2}f(x)\,\mathrm{d}x = \frac{DX}{\varepsilon^2}.
\end{aligned}
$$

当 X 为离散型随机变量时，只需在上述证明中把密度函数换成概率函数，把积分号换成求和号即可．

不等式（5.1.1）就是著名的**切比雪夫不等式**，它的一个等价形式是

$$P(\,|\,X-EX\,|<\varepsilon)\geqslant 1-\frac{DX}{\varepsilon^2} \tag{5.1.2}$$

由式（5.1.1）或式（5.1.2）都可以看出，当方差 DX 越小时，X 取值于区间 $(EX-\varepsilon,\ EX+\varepsilon)$ 内的概率就越大，即 X 的取值越集中在 EX 的附近，由此也说明了方差的大小刻画了随机变量取值的分散程度．另外，切比雪夫不等式还给出了当随机变量的期望、方差已知而分布未知时，估计事件 $\{|\,X-EX\,|<\varepsilon\}$ 或 $\{|\,X-EX\,|\geqslant\varepsilon\}$ 的概率的一种方法，但一般来说，它给出的估计是比较粗糙的．

例 1 已知正常男性成年人每 1 毫升血液中白细胞数平均是 7300，标准差为 700．利用切比雪夫不等式估计每毫升白细胞数在 $5200\sim9400$ 的概率．

解 设 X 表示每毫升血液中的白细胞数，则 $EX=7300$，$DX=700^2=490000$．要估计事件 $\{5200<X<9400\}$ 的概率，利用切比雪夫不等式有

$$
\begin{aligned}
P(5200<X<9400) &= P(\,|\,X-7300\,|<2100) \\
&\geqslant 1-\frac{DX}{(2100)^2}
\end{aligned}
$$

[①] 切比雪夫（Чебышёв, п. л, 1821 – 1894），俄罗斯数学家、机械学家．

$$= 1 - \frac{490000}{(2100)^2} = \frac{8}{9}.$$

例 2　设随机变量 X 的均值、方差分别为 $EX = \mu$，$DX = \sigma^2 > 0$，试估计 $P\{ |X - \mu| \geqslant 3\sigma \}$ 的大小.

解　由式（5.1.1）得

$$P\{ |X - \mu| \geqslant 3\sigma \} \leqslant \frac{DX}{(3\sigma)^2} = \frac{\sigma^2}{9\sigma^2} \approx 0.111.$$

可见，对任意分布，只要均值和方差存在，则随机变量 X 取值偏离其均值 μ 超过 3 倍均方差的概率小于 0.111. 应当注意，假如已知 X 的分布，则往往可以得到更加精确的估计.

例如，若 $X \sim N(\mu, \sigma^2)$，则由附表三，可得
$$P\{ |X - \mu| \geqslant 3\sigma \} = 1 - P\{ |X - \mu| < 3\sigma \} = 2(1 - \Phi_0(3)) \approx 0.0027.$$

5.1.2　切比雪夫大数定律

定义 5.1　设 $\{X_n\}$ 为随机变量序列，a 是一常数，若对于任意正数 ε，都有

$$\lim_{n \to \infty} P\{ |X_n - a| < \varepsilon \} = 1, \tag{5.1.3}$$

或

$$\lim_{n \to \infty} P\{ |X_n - a| \geqslant \varepsilon \} = 0, \tag{5.1.4}$$

则称序列 $\{X_n\}$ **依概率收敛**于 a，记作 $X_n \xrightarrow{P} a.$

由定义 5.1 可知，如果 $X_n \xrightarrow{P} a$，则不论给定多么小的正数 ε，X_n 落在 $(a - \varepsilon, a + \varepsilon)$ 内的概率随着 n 增大而接近于 1，从而很大的 n 对应的随机变量 X_n 的取值密集在 a 的附近. 值得注意的是，这里的收敛是在概率意义下的收敛性. 也就是说，对于给定的 $\varepsilon > 0$，不论 n 多么大，X_n 与 a 的偏差大于 ε 是可能的，只不过当 n 很大时，出现这种偏差的可能性小而已.

如果 X 是一随机变量，且 $(X_n - X) \xrightarrow{P} 0$，则称 $\{X_n\}$ 依概率收敛于 X，记作 $X_n \xrightarrow{P} X.$

历史上，伯努利首先从理论上证明了在重复独立试验中，事件 A 出现的频率依概率收敛于事件 A 的概率，即下面的定理.

定理 5.2　（**伯努利大数定律**）设 m_n 是 n 重伯努利试验中 A 发生的次数，p 是事件 A 在每次试验中发生的概率，则对任意 $\varepsilon > 0$，有

$$\lim_{n \to \infty} P\left\{ \left| \frac{m_n}{n} - p \right| < \varepsilon \right\} = 1, \tag{5.1.5}$$

或

$$\lim_{n \to \infty} P \left\{ \left| \frac{m_n}{n} - p \right| \geq \varepsilon \right\} = 0. \tag{5.1.6}$$

证 因为 $m_n \sim B(n, p)$，$Em_n = np$，$Dm_n = np(1-p)$，则

$$E\left(\frac{m_n}{n}\right) = p, \quad D\left(\frac{m_n}{n}\right) = \frac{p(1-p)}{n}$$

于是，对任意 $\varepsilon > 0$，由切比雪夫不等式，得

$$P \left\{ \left| \frac{m_n}{n} - p \right| < \varepsilon \right\} \geq 1 - \frac{\frac{p(1-p)}{n}}{\varepsilon^2} = 1 - \frac{p(1-p)}{n\varepsilon^2},$$

又 $P \left\{ \left| \frac{m_n}{n} - p \right| < \varepsilon \right\} \leq 1$，所以

$$1 - \frac{p(1-p)}{n\varepsilon^2} \leq P \left\{ \left| \frac{m_n}{n} - p \right| < \varepsilon \right\} \leq 1,$$

当 $n \to \infty$ 时，上式左端趋于 1，因此

$$\lim_{n \to \infty} P \left\{ \left| \frac{m_n}{n} - p \right| < \varepsilon \right\} = 1.$$

伯努利大数定律以严格的数学形式表述了频率的稳定性，即当重复试验次数 n 充分大时，事件 A 发生的频率与其概率有较大偏差的可能性很小。而经验告诉我们，"概率接近于 0 的事件（小概率事件）在个别试验中看作实际上是不可能发生的；或者反过来说，概率接近于 1 的事件（大概率事件）在个别试验中当作是一定要发生的。"这一重要原则就是所谓的**实际推断原理**，也称**小概率原理**。因此，由实际推断原理，当试验次数很大时，用事件发生的频率作为概率的近似值是合理的。

定义 5.2 若对任何正整数 $m \geq 2$，X_1，X_2，$\cdots$，X_m 相互独立，则称随机变量序列 X_1，X_2，$\cdots$，X_n，$\cdots$ 是**相互独立**的。此时，若所有 X_i 又有相同的分布函数，则称随机变量 X_1，X_2，$\cdots$，X_n，$\cdots$ 是**独立同分布**的随机变量序列。

在定理 5.2 的条件下，若记 $X_i = \begin{cases} 1, & \text{第 } i \text{ 次试验中 } A \text{ 发生} \\ 0, & \text{第 } i \text{ 次试验 } A \text{ 中不发生} \end{cases}$

$(i = 1, 2, \cdots, n)$，则 X_1，X_2，$\cdots$，X_n 独立同分布，$EX_i = p$，$DX_i = p(1-p)$ $(i = 1, 2, \cdots, n)$，且 $m_n = \sum_{i=1}^{n} X_i$，则

$$\frac{m_n}{n} = \frac{1}{n} \sum_{i=1}^{n} X_i, \quad p = E\left(\frac{1}{n} \sum_{i=1}^{n} X_i\right) = \frac{1}{n} \sum_{i=1}^{n} EX_i$$

于是，定理 5.2 中的式（5.1.5）可以写为

$$\lim_{n \to \infty} P \left\{ \left| \frac{1}{n} \sum_{i=1}^{n} X_i - \frac{1}{n} \sum_{i=1}^{n} EX_i \right| < \varepsilon \right\} = 1 \tag{5.1.7}$$

一般地，若随机变量序列 X_1，X_2，$\cdots$，X_n，$\cdots$ 的数学期望都存

在且满足式（5.1.7），则称随机变量序列 $\{X_n\}$ **服从大数定律**. 定理 5.2 是大数定律的一种特殊情形. 下面再介绍另外两个常用的大数定律，它们的主要差别表现在定理的条件上.

定理 5.3　（**切比雪夫大数定律**）设 X_1，X_2，$\cdots$，X_n，$\cdots$ 是两两不相关的随机变量序列，期望 EX_i 和方差 DX_i 都存在，而且方差有界，即存在常数 M，使得 $DX_i \leqslant M(i=1,2,\cdots)$，则对任意 $\varepsilon > 0$，有

$$\lim_{n\to\infty} P\left\{\left|\frac{1}{n}\sum_{i=1}^{n}X_i - \frac{1}{n}\sum_{i=1}^{n}EX_i\right| < \varepsilon\right\} = 1. \tag{5.1.8}$$

证　由期望的性质，得

$$E\left(\frac{1}{n}\sum_{i=1}^{n}X_i\right) = \frac{1}{n}\sum_{i=1}^{n}EX_i$$

又 X_1，X_2，$\cdots$，X_n，$\cdots$ 两两不相关，即 $\mathrm{Cov}(X_i, X_j) = 0$，$i \neq j$，$i, j = 1, 2, \cdots$，由方差性质和式（4.4.4），得

$$D\left(\frac{1}{n}\sum_{i=1}^{n}X_i\right) = \frac{1}{n^2}\sum_{i=1}^{n}DX_i \leqslant \frac{nM}{n^2} = \frac{M}{n}.$$

于是，由切比雪夫不等式，对任意 $\varepsilon > 0$，有

$$P\left\{\left|\frac{1}{n}\sum_{i=1}^{n}X_i - \frac{1}{n}\sum_{i=1}^{n}EX_i\right| < \varepsilon\right\} \geqslant 1 - \frac{D\left(\dfrac{1}{n}\sum_{i=1}^{n}X_i\right)}{\varepsilon^2} \geqslant 1 - \frac{M}{n\varepsilon^2},$$

所以

$$1 - \frac{M}{n\varepsilon^2} \leqslant P\left\{\left|\frac{1}{n}\sum_{i=1}^{n}X_i - \frac{1}{n}\sum_{i=1}^{n}EX_i\right| < \varepsilon\right\} \leqslant 1,$$

从而

$$\lim_{n\to\infty} P\left\{\left|\frac{1}{n}\sum_{i=1}^{n}X_i - \frac{1}{n}\sum_{i=1}^{n}EX_i\right| < \varepsilon\right\} = 1.$$

切比雪夫大数定律给出了平均值稳定性的科学描述. 在定理的条件下，$\bar{X} = \dfrac{1}{n}\sum_{i=1}^{n}X_i$ 依概率收敛于其均值 $\dfrac{1}{n}\sum_{i=1}^{n}EX_i$，即当 n 充分大时，n 个随机变量的算术均值 $\bar{X} = \dfrac{1}{n}\sum_{i=1}^{n}X_i$ 的取值密集在其期望值 $\dfrac{1}{n}\sum_{i=1}^{n}EX_i$ 附近.

注意到，切比雪夫大数定律只要求随机变量序列 $\{X_n\}$ 两两不相关，期望和方差都存在，且方差有界，因此，若 $\{X_n\}$ 是独立同分布的随机变量序列，期望和方差都存在，则 $\{X_n\}$ 必定服从大数定律，于是我们有下面结论.

推论　设 X_1，X_2，$\cdots$，X_n，$\cdots$ 是独立同分布的随机变量序列，$EX_i = \mu$，$DX_i = \sigma^2(i=1,2,\cdots)$，则对任意的 $\varepsilon > 0$，有

$$\lim_{n\to\infty}P\left\{\left|\frac{1}{n}\sum_{i=1}^{n}X_i-\mu\right|<\varepsilon\right\}=1. \qquad (5.1.9)$$

值得注意的是，在推论中随机变量方差存在的条件是可以去掉的，这便得到著名的辛钦大数定律.

辛钦

定理 5.4 （辛钦[①]**大数定律**）设 X_1，X_2，$\cdots$，X_n，$\cdots$是独立同分布的随机变量序列，且数学期望 $EX_i=\mu(i=1,2,\cdots)$ 存在，则 $\{X_n\}$ 服从大数定律，即对任意的 $\varepsilon>0$，有

$$\lim_{n\to\infty}P\left\{\left|\frac{1}{n}\sum_{i=1}^{n}X_i-\mu\right|<\varepsilon\right\}=1. \qquad (5.1.10)$$

证明从略.

辛钦大数定律使我们关于算术平均值的法则有了理论依据. 假设要测量某一物理量，其真值为 μ，为了求得 μ，我们进行 n 次测量. 由于测量时不可避免地存在种种误差，使得 n 次测量的结果 x_1，x_2，$\cdots$，x_n 是不完全相同的，这些结果可看作是独立同分布且以 μ 为期望的随机变量 X_1，X_2，$\cdots$，X_n 的一组观测值. 定理表明，当 n 充分大时，$\overline{X}_n=\frac{1}{n}\sum_{i=1}^{n}X_i$ 的取值就集中在 μ 附近，因此把 $\frac{1}{n}\sum_{i=1}^{n}x_i$ 作为 μ 的近似值是合理的.

习题 5 – 1

1. 设随机变量 X 的方差 $DX=2$，试根据切比雪夫不等式估计概率 $P(|X-EX|\geqslant2)$.

2. 设随机变量 X_1，X_2，$\cdots$，X_n（$n\geqslant2$）独立同分布，$EX_1=0$，$DX_1=1$，试根据切比雪夫不等式估计概率 $P\left(\left|\sum_{i=1}^{n}X_i\right|\geqslant n\right)$.

3. 某校共有 4900 名学生，已知每天晚上每个学生到阅览室去学习的概率为 0.1，估计去阅览室的学生数在 400～600 名的概率.

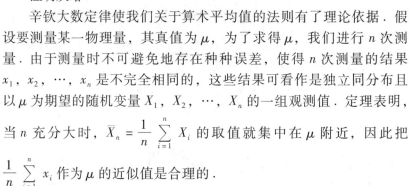

习题选讲

4. 某电网有 10000 盏灯，夜晚每盏灯打开的概率为 0.7，假定各灯的开、关彼此独立. 用切比雪夫不等式估计夜晚同时开着的灯的数量在 6800～7200 盏的概率.

5. 投掷一枚均匀硬币 1000 次，试利用切比雪夫不等式估计出现正面次数在 450～550 次的概率.

6. 设 X_1，X_2，$\cdots$，X_n，$\cdots$是两两不相关的随机变量序列，期望 EX_i 和方差 DX_i 都存在，且满足 $\frac{1}{n^2}D\left(\sum_{i=1}^{n}X_i\right)\to0(n\to\infty)$，证明：$\{X_n\}$ 服从大数定律.

7. 设 $\{X_n\}$ 为独立同分布的随机变量序列，其共同的概率分布为

---

① 辛钦（А. Я. Хинчин，1894 – 1959），俄罗斯数学家，在函数论、数论和概率方面有诸多成就.

$$P\left(X_n = \frac{2^k}{k^2}\right) = \frac{1}{2^k}, \qquad k = 1,\ 2,\ \cdots$$

试问：$\{X_n\}$ 是否适用切比雪夫大数定律？是否适用辛钦大数定律？

8. 设 $\{X_n\}$ 为独立同分布的随机变量序列，其共同的分布函数为

$$F(x) = \frac{1}{2} + \frac{1}{\pi}\arctan\frac{x}{a}, \quad -\infty < x < +\infty.$$

试问：$\{X_n\}$ 是否适用辛钦大数定律？

中心极限定理
及其应用

§5.2 中心极限定理

在实际问题中，我们遇到的许多随机现象都是由大量相互独立的随机因素综合影响所形成的，其中每一个因素在总的影响中所起的作用是微小的. 例如，一门大炮向一指定目标射击时的弹着点与目标的偏离问题，影响弹着点与目标的偏离的随机因素包括大炮炮身结构导致的误差、炮弹及炮弹内炸药质量导致的误差、瞄准时的误差、受风速和风向的干扰而造成的误差、空气温度和湿度变化导致的误差等. 我们所关心的偏离是这众多随机因素所引起的误差的总和，而它们中的每一个的影响作用只是它们作用总和的较小的一部分，并且所有这些不同因素所引起的局部误差可以看作是相互独立的. 再如，某城市一小时内的耗电量问题，该城市的耗电量是大量用户耗电量之和，而每一用户的耗电量是总耗电量中微小的一部分，且不同用户的耗电量是相互独立的；发生虫害的某一地区的害虫数是许多小块地区上害虫数的总和，等等. 与此类似的例子是很多的，这就需要讨论每一个对总和只产生微小影响的大量独立随机变量和的分布问题.

在概率论中，把研究在某种条件下大量独立同分布的随机变量和的极限分布为正态分布的一系列定理，称为**中心极限定理**. 由于这类极限定理是概率论发展史上一个相当长时间内研究的中心课题，因此才有中心极限定理的名称.

中心极限定理是 18 世纪由法国数学家棣莫弗首先提出来的，到现在内容已经十分丰富了. 下面介绍的独立同分布随机变量序列的中心极限定理是其中最简单、最常用的一个.

定理 5.5　（独立同分布的中心极限定理）设 X_1, X_2, $\cdots$, X_n, $\cdots$ 是独立同分布的随机变量序列，$EX_i = \mu$，$DX_i = \sigma^2$，$0 < \sigma^2 < +\infty$ $(i = 1,\ 2,\ \cdots)$，则对任意实数 x，有

$$\lim_{n\to\infty} P\left(\frac{\sum\limits_{i=1}^{n} X_i - n\mu}{\sqrt{n}\sigma} \leq x\right) = \Phi_0(x) \tag{5.2.1}$$

其中，$\Phi_0(x)$ 是标准正态分布 $N(0，1)$ 的分布函数.

证明从略.

注意到 $P\left(\dfrac{\sum\limits_{i=1}^{n}X_i - n\mu}{\sqrt{n}\sigma}\leqslant x\right)$ 是随机变量 $Y_n = \dfrac{\sum\limits_{i=1}^{n}X_i - n\mu}{\sqrt{n}\sigma}$ 的分布函数，而 Y_n 是 $\sum\limits_{i=1}^{n}X_i$ 的标准化随机变量，因此，定理 5.5 表明，独立同分布的随机变量之和的标准化随机变量的极限分布是标准正态分布 $N(0，1)$.

在实际应用时，只要 $X_1，X_2，\cdots，X_n，\cdots$ 独立同分布（不论 X_i 服从什么分布），且 $EX_i=\mu$，$DX_i=\sigma^2>0$，当 n 较大时，就按 $Y_n = \dfrac{\sum\limits_{i=1}^{n}X_i - n\mu}{\sqrt{n}\sigma}$ 服从 $N(0，1)$，或 $\sum\limits_{i=1}^{n}X_i$ 服从 $N(n\mu，n\sigma^2)$ 来处理.

林德伯格

定理 5.5 通常称为**林德伯格**[1]**—列维**[2]**中心极限定理**（central limit theorem），它对离散型和连续型随机变量都是适用的. 下面通过实例来说明如何应用这个定理.

例 1 设某商店每天接待顾客 100 人，设每位顾客的消费额（元）服从 $[0，60]$ 上的均匀分布，且顾客的消费是相互独立的. 求商店的日销售额超过 3500 元的概率.

列维

解 设第 i 个顾客的消费额为 X_i（元）（$i=1，2，\cdots，100$），则 $X_1，X_2，\cdots，X_{100}$ 独立同分布，且 $EX_i=30$，$DX_i=300$. 而商店的日销售额为 $\sum\limits_{i=1}^{100}X_i$. 由独立同分布中心极限定理知

$$\frac{\sum\limits_{i=1}^{100}X_i - 3000}{100\sqrt{3}}\overset{\text{近似}}{\sim}N(0，1)，$$

故所求概率为

$$P\left(\sum_{i=1}^{100}X_i>3500\right)=1-P\left(\sum_{i=1}^{100}X_i\leqslant 3500\right)$$

$$=1-P\left(\frac{\sum\limits_{i=1}^{100}X_i-3000}{100\sqrt{3}}\leqslant\frac{3500-3000}{100\sqrt{3}}\right)$$

$$=1-P\left(\frac{\sum\limits_{i=1}^{100}X_i-3000}{100\sqrt{3}}\leqslant 2.887\right)$$

---

① 林德伯格（Lindeberg，1876 – 1932），芬兰数学家.
② 列维（Lévy，1886 – 1971），法国数学家.

$$\approx 1 - \Phi_0(2.887) = 1 - 0.998 = 0.002.$$

例 2 一名射击运动员在一次射击中所得环数 X 的概率函数为

X	10	9	8
P	0.5	0.3	0.2

求在 100 次射击中所得总环数介于 915 环与 945 环之间的概率.

解 用 X_i 表示该运动员第 i 次射击所得的环数,则 X_1,X_2,$\cdots$,X_{100} 相互独立且与 X 同分布,$EX_i = 9.3$,$DX_i = 0.61$($i = 1$,2,$\cdots$,100).该运动员 100 次射击所得总环数为 $\sum_{i=1}^{100} X_i$,由独立同分布中心极限定理可知

$$\frac{\sum_{i=1}^{100} X_i - 930}{\sqrt{61}} \overset{\text{近似}}{\sim} N(0,1),$$

于是,所求的概率为

$$P\left(915 \leqslant \sum_{i=1}^{100} X_i \leqslant 945\right) = P\left(\frac{915-930}{\sqrt{61}} \leqslant \frac{\sum_{i=1}^{100} X_i - 930}{\sqrt{61}} \leqslant \frac{945-930}{\sqrt{61}}\right)$$

$$= P\left(-1.92 \leqslant \frac{\sum_{i=1}^{100} X_i - 930}{\sqrt{61}} \leqslant 1.92\right)$$

$$\approx 2\Phi_0(1.92) - 1 = 0.94514.$$

作为林德伯格—列维中心极限定理的特殊情形,我们给出棣莫弗—拉普拉斯中心极限定理,它是概率论史上的第一个中心极限定理.

定理 5.6 (棣莫弗—拉普拉斯定理) 设 Y_n 服从参数为 n,$p(0 < p < 1)$ 的二项分布,则对任意实数 x 有

$$\lim_{n \to \infty} P\left(\frac{Y_n - np}{\sqrt{np(1-p)}} \leqslant x\right) = \Phi_0(x) \qquad (5.2.2)$$

其中,$\Phi_0(x)$ 是标准正态分布的分布函数.

证 设 X_1,X_2,$\cdots$,X_n,$\cdots$ 相互独立,且都服从参数为 p 的 0-1 分布,则 $EX_i = p$,$DX_i = p(1-p)$,且 $Y_n = \sum_{i=1}^{n} X_i$.由定理 5.5 即得到式(5.2.2).

定理 5.6 表明,当 n 很大时,$\frac{Y_n - np}{\sqrt{np(1-p)}}$ 近似地服从标准正态分布 $N(0,1)$;或者说,Y_n 近似地服从正态分布 $N(np, np(1-p))$,即二项分布以正态分布为极限分布.这样,若 $X \sim B(n,p)$,当 n 很

大时，二项分布的概率计算问题可以转化为正态分布来计算，这将使计算量大大减少．

例3 保险事业是较早应用概率论的部门之一，它们为了估计企业利润，需要计算各种各样的概率．若一年中某类保险者里面每个人死亡的概率是 0.005，现在 10000 个这类人参加人寿保险，试求未来一年中在这些保险者里面，死亡人数不超过 70 的概率．

解 设 X 表示在这 10000 个参保者中未来一年内死亡的人数，则 X 服从参数 $n=10000$，$p=0.005$ 的二项分布，故所求概率为

$$P(X \leqslant 70) = \sum_{k=0}^{70} C_{10000}^k \times 0.005^k \times 0.995^{10000-k}.$$

直接计算这个数值是非常困难的，但注意到 $n=10000$ 很大，应用棣莫弗—拉普拉斯定理，则得

$$P(X \leqslant 70) = P\left(\frac{X-np}{\sqrt{np(1-p)}} \leqslant \frac{70-np}{\sqrt{np(1-p)}}\right)$$

$$\approx \Phi_0\left(\frac{70-10000 \times 0.005}{\sqrt{10000 \times 0.005 \times 0.995}}\right)$$

$$= \Phi_0(2.84) = 0.9977.$$

应该指出，若 $X \sim B(n, p)$，当 n 很大时，$P(X=k)$ 的计算就变得较为不易，这时常用与之相等的概率 $P\left(k-\frac{1}{2} < X < k+\frac{1}{2}\right)$ 表示，并有

$$P(X=k) = P\left(k-\frac{1}{2} < X < k+\frac{1}{2}\right)$$

$$\approx \Phi_0\left(\frac{k+\frac{1}{2}-np}{\sqrt{np(1-p)}}\right) - \Phi_0\left(\frac{k-\frac{1}{2}-np}{\sqrt{np(1-p)}}\right) \quad (5.2.3)$$

当然，概率 $P(X=k)$ 还可用棣莫弗—拉普拉斯局部极限定理计算，这里就不予以论述了．

例4 设每颗子弹击中飞机的概率为 0.01，求 500 发子弹中有 5 发击中的概率．

解 设击中飞机的子弹数为 X，则 $X \sim B(500, 0.01)$，所以，$P(X=5) = C_{500}^5 \times 0.01^5 \times 0.99^{495}$．

如此计算很繁．如应用式（5.2.3），这里 $n=500$，$p=0.01$，$np=5$，$np(1-p)=4.95$，有

$$P(X=5) = P\left(5-\frac{1}{2} < X < 5+\frac{1}{2}\right)$$

$$\approx \Phi_0\left(\frac{5+\frac{1}{2}-5}{\sqrt{4.95}}\right) - \Phi_0\left(\frac{5-\frac{1}{2}-5}{\sqrt{4.95}}\right) \approx 0.178.$$

例 5　设元件的正品率为 0.8，若要以 0.95 的概率使箱内正品数大于 1000 只，问箱内至少要装多少只元件？

例 5 讲解

解　设箱内至少装 n 只元件，其中的正品数记为 X，则 $X \sim B(n, 0.8)$，$np = 0.8n$，$np(1-p) = 0.16n$.

由棣莫弗—拉普拉斯定理，得

$$P(X > 1000) = P\left(\frac{X - 0.8n}{\sqrt{0.16n}} > \frac{1000 - 0.8n}{\sqrt{0.16n}}\right) = 1 - \Phi_0\left(\frac{1000 - 0.8n}{0.4\sqrt{n}}\right),$$

又 $P(X > 1000) = 0.95$，所以，

$$\Phi_0\left(\frac{1000 - 0.8n}{0.4\sqrt{n}}\right) = 1 - 0.95 = 0.05.$$

利用 $\Phi_0(x)$ 的性质，有

$$\Phi_0\left(\frac{0.8n - 1000}{0.4\sqrt{n}}\right) = 1 - \Phi_0\left(\frac{1000 - 0.8n}{0.4\sqrt{n}}\right) = 1 - 0.05 = 0.95.$$

查附表三，得

$$\frac{0.8n - 1000}{0.4\sqrt{n}} \approx 1.64$$

解得 $n = 1279$.

我们在 2.3.1 小节中曾经给出用泊松分布来近似二项分布. 一般来说，对于参数为 n、p 的二项分布，当 n 较大，以致 np 较大时，用正态分布作近似比较好；当 n 较大，p（或 $1-p$）较小，而 np（或 $n(1-p)$）大小适中时，用泊松分布近似比较有效.

习题 5 - 2

1. 设一袋盐的重量（千克）是一个随机变量，期望值为 1，方差为 0.01，一箱装 100 袋盐. 求一箱的重量超过 102 千克的概率.

2. 对某地进行轰炸，每次命中的炮弹数为一随机变量，期望值为 2，方差为 1.69. 求 100 次轰炸中有 180 发到 200 发炮弹命中目标的概率.

3. 一射手每次射击所得环数 X 是一随机变量，其概率分布为

X	10	9	8
P	0.3	0.4	0.3

习题选讲

求射击 100 次所得总环数超过 900 环的概率.

4. 抽样检查产品质量时，如果发现次品多于 10 个，则拒绝接受这批产品，设某批产品次品率为 10%，问至少应抽取多少个产品检查才能使得拒绝接受该产品的概率达到 0.9？

5. 一个复杂系统由 100 个相互独立的元件组成，系统运行期间每个元件损坏的概率为 0.1，又知为使系统正常运行，至少需要有 85 个元件工作. 求系统正常运行的概率.

6. 有一批建筑房屋用的木柱，其中 80% 的长度不小于 3m，现从这批木柱中随机地取出 100 根，问其中至少有 30 根短于 3m 的概率是多少？

7. 一家有 500 间客房的大旅馆的每间房装有 2kW（千瓦）的空调机. 若开房率为 80%，需要多少千瓦的电力才能有 99% 的可能性保证有足够的电力使用空调机？

8. 在一家保险公司有一万人参加保险，每年每人付 12 元保费. 在一年内这些人死亡的概率为 0.006，死亡后家属可向保险公司领取 1000 元，试求：

（1）保险公司亏本的概率；

（2）保险公司一年的利润不少于 6 万元的概率.

9. 某单位为了了解人们对某决议的态度进行抽样调查. 设该单位每人赞成该决议的概率为 $p(0<p<1)$，p 未知，且人们赞成与否相互独立. 问要调查多少人，才能使赞成该决议的人数频率作为 p 的近似值，其误差不超过 ± 0.01 的概率达 0.95 以上.

习 题 五

1. 填空题.

习题选讲

（1）设随机变量 X 与 Y 的期望值 $EX=-2$，$EY=2$，方差 $DX=1$，$DY=4$，而相关系数 $\rho=-0.5$，则根据切比雪夫不等式有 $P(|X+Y|\geqslant 6)\leqslant$＿＿＿＿＿＿＿＿.

（2）设随机变量 X 的期望 $EX=\mu$，方差 $DX=\sigma^2$，则由切比雪夫不等式，有 $P(|X-\mu|\geqslant 3\sigma)\leqslant$＿＿＿＿＿＿＿＿.

（3）设 X_1，X_2，$\cdots$，X_n，$\cdots$ 为独立同分布的随机变量序列，X_i 服从参数为 λ 的指数分布，则 $\overline{X}_n=\dfrac{1}{n}\sum\limits_{i=1}^{n}X_i$ 依概率收敛于＿＿＿＿＿＿＿＿.

（4）设 X_1，X_2，$\cdots$，X_n，$\cdots$ 是相互独立的随机变量序列，且 $X_i(i=1,2,\cdots,n,\cdots)$ 都服从区间 $[0,\alpha]$ 上的均匀分布，则当 n 充分大时，$\overline{X}=\dfrac{1}{n}\sum\limits_{i=1}^{n}X_i\sim$

＿＿＿＿＿＿＿＿.

（5）设 X_1，X_2，$\cdots$，X_{100} 为独立同分布的随机变量，若 $EX_i=1$，$DX_i=2.5$，$(i=1,2,\cdots,100)$，则 $P\{\sum\limits_{i=1}^{100}X_i\geqslant 90\}\approx$＿＿＿＿＿＿＿＿.

2. 选择题.

（1）已知随机变量 X 的期望 EX 及方差 DX，而分布未知，则对于任何实数 a，b $(a<b)$，都可以直接用切比雪夫不等式估计出概率的是（ ）.

（A）$P(a<X<b)$ （B）$P(a<X-EX<b)$

（C）$P(-a<X<a)$ （D）$P(|X-EX|\geqslant b-a)$

（2）设随机变量 X_1，X_2，$\cdots$，X_9 相互独立，$EX_i=1$，$DX_i=1$，$(i=1,2,\cdots,9)$，则对于任意给定的 $\varepsilon>0$，有（ ）.

（A）$P\left(\left|\sum\limits_{i=1}^{9}X_i-1\right|<\varepsilon\right)\geqslant 1-\dfrac{1}{\varepsilon^2}$

（B）$P\left(\left|\dfrac{1}{9}\sum\limits_{i=1}^{9}X_i-1\right|<\varepsilon\right)\geqslant 1-\dfrac{1}{9\varepsilon^2}$

(C) $P\left(\left|\sum\limits_{i=1}^{9}X_i-9\right|<\varepsilon\right)\geqslant1-\dfrac{1}{\varepsilon^2}$

(D) $P\left(\left|\sum\limits_{i=1}^{9}X_i-9\right|<\varepsilon\right)\geqslant1-\dfrac{9}{\varepsilon^2}$

(3) 设随机事件 A 在第 i 次试验中发生的概率为 $p(i=1,2,\cdots,n)$，且事件 A 发生与否不受前后试验的影响. 记 m_n 为事件 A 在 n 次试验中发生的次数，则对于任意正数 ε，恒有 $\lim\limits_{n\to\infty}P\left\{\left|\dfrac{m_n}{n}-p\right|<\varepsilon\right\}=(\qquad)$.

(A) 1　　　　(B) 0　　　　(C) $\dfrac{1}{2}$　　　(D) 不确定

(4) 设随机变量序列 $\{X_n\}$ 相互独立，$X_n\sim U[-n,n]$，$n=1,2,\cdots$，则对 $\{X_n\}$（　　　）.

(A) 可使用切比雪夫大数定律　(B) 不可使用切比雪夫大数定律

(C) 可使用辛钦大数定律　　　(D) 不可使用辛钦大数定律

(5) 设随机变量序列 $X_1,X_2,\cdots,X_n,\cdots$ 独立同分布，$\overline{X}=\dfrac{1}{n}\sum\limits_{i=1}^{n}X_i$，则当 n 足够大时，关于 $\overline{X}$ 近似分布正确的是（　　　）.

(A) 若 $X_i\sim\mathrm{Exp}(\lambda)$，则 $\overline{X}$ 的近似分布为 $N\left(\lambda,\dfrac{\lambda}{n}\right)$

(B) 若 $X_i\sim\mathrm{Exp}(\lambda)$，则 $\overline{X}$ 的近似分布为 $N\left(\dfrac{1}{\lambda},\dfrac{1}{n\lambda^2}\right)$

(C) 若 $X_i\sim P(\lambda)$，则 $\overline{X}$ 的近似分布为 $N(n\lambda,n\lambda)$

(D) 若 $X_i\sim P(\lambda)$，则 $\overline{X}$ 的近似分布为 $N(\lambda,n\lambda)$

(6) 设 $X\sim B(100,0.2)$，则 $P(10\leqslant X\leqslant30)\approx(\qquad)$.

(A) $\varPhi_0(30)-\varPhi_0(10)$　　　(B) $\varPhi_0(10)-\varPhi_0(0)$

(C) $\varPhi_0(2.5)-\varPhi_0(-2.5)$　(D) $2\varPhi_0(2.5)-1$

(7) 如果随机变量 $X_1,X_2,\cdots,X_n$ 相互独立，且都服从参数为 λ（$\lambda>0$）的泊松分布，则当 n 充分大时，随机变量 $Y=(\qquad)$ 近似服从标准正态分布.

(A) $\dfrac{\sum\limits_{i=1}^{n}X_i-\lambda}{\lambda}$　　　　　　(B) $\dfrac{\sum\limits_{i=1}^{n}X_i-\lambda}{\sqrt{\lambda}}$

(C) $\dfrac{\sum\limits_{i=1}^{n}X_i-n\lambda}{n\lambda}$　　　　　(D) $\dfrac{\sum\limits_{i=1}^{n}X_i-n\lambda}{\sqrt{n\lambda}}$

3. 随机地掷 10 颗骰子，用切比雪夫不等式估计点数总和在 20 和 50 之间的概率.

4. 设独立随机变量序列 $X_1,X_2,\cdots,X_n,\cdots$，其中 $X_k(k=1,2,\cdots)$ 的分布律为

X_k	$-ka$	0	ka
P	$\dfrac{1}{2k^2}$	$1-\dfrac{1}{k^2}$	$\dfrac{1}{2k^2}$

证明：$X_1,X_2,\cdots,X_n,\cdots$ 满足切比雪夫大数定律.

5. 在 n 重伯努利试验中，每次试验成功的概率为 0.75，问至少要做多少次　　　*163*

试验，才能使试验成功的频率在 0.74 和 0.76 之间的概率不低于 0.9？

6. 当掷一枚均匀硬币时，问至少应当掷多少次才能保证正面出现的频率在 0.4 至 0.6 的概率不小于 0.9？试用切比雪夫不等式和中心极限定理分别求解，并比较它们的精确性.

7. 某保险公司多年的统计资料表明，在索赔中被盗索赔户占 20%，以 X 表示在随机抽查的 100 个索赔户中，因被盗向保险公司索赔的户数. 利用棣莫弗—拉普拉斯定理，求被盗索赔户不少于 14 户且不多于 30 户的概率.

8. 食堂为 1000 名学生服务，每个学生去食堂吃早餐的概率为 0.6，去与不去食堂用餐互不影响. 问食堂想以 99.7% 的把握保障供应，每天应准备多少份早餐？

9. 设某单位有 260 部电话，每部电话约有 4% 的时间使用外线通话，且每部电话是否使用外线通话是相互独立的. 问该单位至少要安装多少条外线，才能以 95% 以上的概率保证每部电话需要外线通话时可以打通？

10. 设有 30 个电子元件 D_1，D_2，$\cdots$，D_{30}，它们的使用情况如下：D_1 损坏后立即使用 D_2，D_2 损坏后立即使用 D_3，$\cdots$依次类推. 设每个元件的使用寿命（小时）X_i（$i=1$，2，$\cdots$，30）服从参数 $\lambda=1$ 的指数分布，令 T 为 30 个元件使用总时数，求使用总时数超过 35 小时的概率.

11. 独立地测量一个物理量，每次测量产生的随机误差都服从 $[-1,1]$ 上的均匀分布. 问 36 次测量中平均误差不超过 $\dfrac{1}{6}$ 的概率.

12. 某市有 50 个无线寻呼台，每个寻呼台在每分钟内收到的电话呼叫次数服从参数 $\lambda=0.05$ 的泊松分布，求该市在某时刻一分钟内收到的电话呼叫次数的总和大于 3 次的概率.

13. 计算机在进行加法时，每个加数取整数（取最为接近它的整数），设所有的取整误差是相互独立的，且它们都服从 $[-0.5,0.5]$ 上的均匀分布.
（1）若将 1500 个数相加，问误差总和的绝对值超过 15 的概率是多少；
（2）最少多少个数加在一起可使得误差总和的绝对值小于 10 的概率不超过 90%.

14. 某螺丝钉厂的废品率为 0.01，问一盒中应装多少只螺丝钉才能使盒中至少会有 100 个合格品的概率不小于 95%？

15. 证明（泊松大数定律）：设 $\{X_k\}$ 是相互独立的随机变量序列，且 $P(X_k=1)=p_k$，$P(X_k=0)=1-p_k$，（$k=1$，2，$\cdots$），则对任意 $\varepsilon>0$，有

$$\lim_{n\to\infty}P\left(\left|\frac{1}{n}\sum_{k=1}^{n}X_k-\frac{1}{n}\sum_{k=1}^{n}p_k\right|<\varepsilon\right)=1.$$

16. 设 X_1，X_2，$\cdots$，X_n，$\cdots$相互独立，都服从参数为 λ 的指数分布. 试证

$$\lim_{n\to\infty}P\left(\left(\frac{1}{\sqrt{n}}\sum_{i=1}^{n}X_i-\frac{\sqrt{n}}{\lambda}\right)\leqslant\frac{x}{\lambda}\right)=\Phi_0(x),$$

其中 $\Phi_0(x)$ 为标准正态分布函数.

第 6 章
数理统计的基本概念

本书前五章的内容是概率论的相关内容，从本章开始进入数理统计部分. 概率论是数理统计的基础，而数理统计是概率论的重要应用.

数理统计作为一门学科，内容十分丰富. 它研究的问题大致包括两大类：一类是研究如何科学地安排试验，才能最经济、最有效地取得所必需的数据资料；另一类是研究如何整理分析所得到的数据，并以这些数据带来的信息为依据，对所关心的问题做出尽可能精确、可靠的判断和预测，为某种决策提供依据. 本书着重讨论后一类问题，即**统计推断问题**.

本章我们将介绍总体、样本以及统计量等基本概念，并给出几个常用统计量及抽样分布.

§6.1 总体与样本

6.1.1 总体

在数理统计中，把具有一定共性的研究对象的全体构成的集合称作**总体**（population）或**母体**，组成总体的每一个元素称为**个体**（individual）. 如果总体中包含有限个个体，则称为**有限总体**；否则，称为**无限总体**. 在实际问题中，对于含个体相当多的有限总体，在处理上也作为无限总体来看待.

例如，要考察某灯泡厂某天生产灯泡的质量，则该厂某天生产的灯泡的全体就是总体，而每一个灯泡就是个体. 又如，要调查某大学全体学生的身高状况，则该学校全体大学生就是总体，而每一个学生就是个体.

对多数实际问题，总体中的个体是一些实实在在的人或物.然而在统计研究中，我们所关心的并不是每个个体本身，而是与每个个体相联系的一项或几项数量指标特征和该数量指标在总体中的分布情况.例如，对于上面的某大学全体学生的总体，每个学生有许多特征：性别、年龄、身高、体重、民族、籍贯，等等，而在该问题中，我们关心的只是该校学生身高这个指标特征如何，其他特征暂不予考虑.这时，个体就是每个学生所具有的数量指标特征——身高，而所有学生的身高就构成总体.这样一来，若抛开实际背景，总体就是每个个体具有的某项数量指标的全体，就是一堆数，这堆数中有大有小，有的出现的机会多，有的出现的机会少，从这个意义上看，总体可用一随机变量来概括，这个随机变量就是所关心的数量指标 X，其取值就是那一堆有大有小的数，其取值规律就是那些数出现机会的多少.因此，数量指标 X 的分布就完全描述了总体中我们所关心的那个数量指标特征在总体中的分布情况，这正是所要研究的对象.由于我们只关心总体的数量指标 X，以后就把总体与数量指标 X 等同起来，即**总体是一个随机变量——数量指标 X**，通常简单地说成总体 X，随机变量 X 的分布称为**总体分布**，即研究对象所取数据指标的分布，以后说总体与总体的分布是同一个意思.

在有些问题中，我们对每一研究对象可能要观测两个甚至更多的指标特征，此时总体就可用多维随机变量来描述，例如，上面的某大学全体学生的总体，若我们关心的数量指标特征是身高 X 和体重 Y，则此总体就是二维随机变量 (X, Y)，并称这样的总体为**二维总体**.在本书中主要讨论一维总体，多维总体是多元统计分析主要研究的对象.

需要指出，今后提到的总体总是指分布未知或至少某些参数未知的随机变量，总体通常用 X、Y、Z 等表示.以后常使用"总体 X""总体 X 的分布""指数分布总体"（总体的分布为指数分布）"正态总体"（总体的分布为正态分布）"离散型总体""连续型总体"等术语.

例1 考察某厂产品的质量，以 0 记合格品，以 1 记不合格品，则从研究对象的实体方面，总体是指该厂生产的全部合格品与不合格品；从研究对象的数量指标方面，总体是指由 0 或 1 组成的一堆数；从总体 X 的分布方面，若以 p 表示这堆数中 1 的比例（不合格品率），则该总体 X 的分布可由 0-1 分布表示：

$$P(X=1)=p, P(X=0)=1-p$$

6.1.2　样本

上面提到，总体的分布一般来说是未知的，或者它的某些参数是未知的，数理统计的任务就是根据总体中部分个体的数据资料来对总体的分布或它的未知参数进行统计推断.

为了判断总体服从何种分布或估计未知参数应取何值，最理想的办法是对每个个体逐个进行观察，即进行全面调查，但实际上这样做往往是不现实的. 其一是如果总体所含个体太多，全面检查成本过高，人力、物力、财力和时间都不允许；其二是有些检验具有破坏性，例如，检验电子元件的使用寿命，一旦检验完了，电子元件也就报废了. 实践中，人们经常采用从总体中按一定的原则抽取若干个个体进行观察，然后通过对所得数据的统计分析来推断总体. 这种按照一定原则从总体中选取部分个体进行观察和试验的过程称为**抽样**. 所抽取的部分个体的全体称为取自总体的**样本**，样本中的个体又称为**样品**，样本中个体的数目称为**样本容量**或**样本大小**. 记从总体 X 中第 i 次抽样所得个体为 X_i，$i = 1,2,\cdots,n$，则容量为 n 的样本可记为 $(X_1,X_2,\cdots,X_n)$. 由于每次抽样都是一个随机试验，其结果是随机的，可将其看成一个随机变量的取值，于是 X_i 为一随机变量，这样，容量为 n 的样本 $(X_1,X_2,\cdots,X_n)$ 便是一个 n 维随机变量. 但对具体某次抽样，抽样的结果是 n 个确定的数值 $(x_1,x_2,\cdots,x_n)$，称为**样本的观测值**，简称**样本值**，它是样本 $(X_1,X_2,\cdots,X_n)$ 的一个可能取值. 需要说明一点，今后在符号上我们不严格区分样本和样本值，从上下文的叙述可以很容易看出哪个是样本，哪个是样本值.

由于抽样的目的是对总体进行统计推断，为使抽取的样本能很好地反映总体的信息，必须考虑抽样的方法. 最常用的一种抽样方法叫作**简单随机抽样**，它要求抽取的样本 $(X_1,X_2,\cdots,X_n)$ 满足下面两点：

（i）$X_1,X_2,\cdots,X_n$ 中每一个与所考察的总体 X 有相同的分布. 这就要求总体 X 中每个个体被抽到的机会是均等的.

（ii）$X_1,X_2,\cdots,X_n$ 相互独立. 这就要求每次从总体中抽取个体既不影响其他各次抽取，也不受其他各次抽取的影响.

由简单随机抽样得到的样本 $(X_1,X_2,\cdots,X_n)$ 称为**简单随机样本**，即若随机变量 $X_1,X_2,\cdots,X_n$ 相互独立，且每个 $X_i(i=1,2,\cdots,n)$ 与总体 X 有相同的分布，则称 n 维随机变量 $(X_1,X_2,\cdots,X_n)$ 是取自总体 X 的一个简单随机样本.

如无特别说明，后面章节所提到的样本，都是指简单随机样本，简称样本. 但简单随机样本是一种非常理想化的样本，在实际应用中要获得严格意义下的简单随机样本并不容易．在重复抽样场合，即每次抽取的个体观察之后再放回总体，使每次抽样面对相同的总体，这时只要随机抽取样本，便可得到简单随机样本，在不重复抽样的场合，即抽取的个体观察后不再放回总体，则得不到简单随机样本．需要指出的是，由于有放回抽样使用起来不方便，有时甚至无法放回，因此实际操作中通常采用无放回抽样．这时若所考察的总体是无限的或总体中的个体数量相当大，可以近似地把无放回抽样视为有放回抽样，所得到的样本看成是一个简单随机样本．

关于样本还有一个问题，就是小样本和大样本的提法问题．严格地讲，当样本容量 n 有限时，样本是小样本；当样本容量 $n \to \infty$ 时，研究的是大样本问题．在应用上，往往根据实际情况确定一个界限，如 30，当 $n \leqslant 30$ 时认为样本是小的，当 $n > 30$ 时认为样本是大的．

6.1.3 样本的分布

总体 X 的容量为 n 的样本是一个 n 维随机变量 $(X_1, X_2, \cdots, X_n)$，其中 $X_1, X_2, \cdots, X_n$ 相互独立且与总体同分布，我们称 $(X_1, X_2, \cdots, X_n)$ 的联合分布为**样本的分布**.

设总体 X 的分布函数为 $F(x)$，$(X_1, X_2, \cdots, X_n)$ 是取自总体 X 的样本，则 $(X_1, X_2, \cdots, X_n)$ 的联合分布函数为

$$F(x_1, x_2, \cdots, x_n) = F(x_1)F(x_2)\cdots F(x_n) = \prod_{i=1}^{n} F(x_i)$$

$$(6.1.1)$$

若总体 X 为离散型随机变量，其概率分布为 $P\{X = x\} = p(x)$，则样本 $(X_1, X_2, \cdots, X_n)$ 的联合概率分布为

$$P\{X_1 = x_1, X_2 = x_2, \cdots, X_n = x_n\} = p(x_1)p(x_2)\cdots p(x_n) = \prod_{i=1}^{n} P\{X_i = x_i\}$$

$$(6.1.2)$$

若总体 X 为连续型随机变量，其概率密度函数为 $f(x)$，则样本 $(X_1, X_2, \cdots, X_n)$ 的联合概率密度函数为

$$f(x_1, x_2, \cdots, x_n) = f(x_1)f(x_2)\cdots f(x_n) = \prod_{i=1}^{n} f(x_i) \quad (6.1.3)$$

例1 设总体 X 服从参数为 p 的 $0-1$ 分布，$(X_1, X_2, \cdots, X_n)$ 为来自总体 X 的样本，试求样本的联合概率分布.

解 总体 X 的概率分布可写为

$$P\{X = x\} = p^x \cdot (1-p)^{1-x}, \ x = 0, 1,$$

则样本的联合概率分布为

$$P\{X_1 = x_1, X_2 = x_2, \cdots, X_n = x_n\} = P\{X_1 = x_1\}P\{X_2 = x_2\}\cdots P\{X_n = x_n\}$$

$$= p^{x_1}(1-p)^{1-x_1} \cdot p^{x_2}(1-p)^{1-x_2} \cdot \cdots \cdot p^{x_n}(1-p)^{1-x_n}$$

$$= p^{\sum\limits_{i=1}^{n} x_i}(1-p)^{n-\sum\limits_{i=1}^{n} x_i} \qquad x_i = 0, 1; i = 1, 2, \cdots, n$$

例 2 设总体 X 为正态总体, $X \sim N(\mu, \sigma^2)$, $(X_1, X_2, \cdots, X_n)$ 是来自总体 X 的样本, 试求样本的联合概率密度函数.

解 总体 X 的概率密度函数为

$$f(x) = \frac{1}{\sqrt{2\pi}\sigma} e^{-\frac{(x-\mu)^2}{2\sigma^2}}, \ x \in (-\infty, +\infty)$$

则样本的联合概率密度函数为

$$f(x_1, x_2, \cdots, x_n) = \prod_{i=1}^{n} f(x_i) = \prod_{i=1}^{n} \frac{1}{\sqrt{2\pi}\sigma} e^{-\frac{(x_i-\mu)^2}{2\sigma^2}}$$

$$= \left(\frac{1}{\sqrt{2\pi}\sigma}\right)^n e^{-\frac{1}{2\sigma^2}\sum\limits_{i=1}^{n}(x_i-\mu)^2}$$

例 3 设总体 X 服从参数为 λ 的泊松分布, $(X_1, X_2, \cdots, X_n)$ 为来自总体 X 的样本, 试求该样本的联合概率分布.

解 总体 X 的概率分布为

$$P\{X = x\} = \frac{\lambda^x}{x!} e^{-\lambda}, \quad x = 0, 1, 2, \cdots$$

则样本的概率分布为

$$P\{X_1 = x_1, X_2 = x_2, \cdots, X_n = x_n\} = \prod_{i=1}^{n} P\{X_i = x_i\}$$

$$= \prod_{i=1}^{n} \frac{\lambda^{x_i}}{x_i!} e^{-\lambda} = \frac{\lambda^{\sum\limits_{i=1}^{n} x_i}}{x_1! x_2! \cdots x_n!} e^{-n\lambda},$$

其中, $x_i (i = 1, 2, \cdots, n)$ 为非负整数.

一般情况下, 提到样本的分布, 连续型总体的样本分布是指样本的联合概率密度函数, 离散型总体的样本分布是指样本的联合概率分布.

习题 6 –1

1. 为了了解某专业本科毕业生的就业情况, 调查了某地区 30 名 2011 年毕业的该专业本科生实习期满的月薪情况. (1) 该项研究的总体是什么? (2) 该项研究的样本是什么? 样本容量又是多少?

2. 什么是简单随机样本? 怎样抽样可得到简单随机样本.

3. 设某厂大量生产某种产品, 其不合格率 p 未知, 每 m 件产品包装为一盒. 为了检验产品的质量, 任意抽取 n 盒, 查其中的不合格品数, 试说明什么是总体, 什么是样本, 并指出样本的分布.

4. 设总体服从参数为 p 的几何分布, $(X_1, X_2, \cdots, X_n)$ 是来自总体 X 的样本, 求样本 $(X_1, X_2, \cdots, X_n)$ 的概率分布.

5. 某厂生产的电容器的使用寿命服从指数分布, 为了了解其平均寿命, 从中

抽出 n 件产品测其实际使用寿命. 该问题的总体是什么? 样本是什么? 样本的分布是什么?

6. 设总体 X 服从二项分布 $B(n, p)$，试写出来自总体 X 的简单随机样本 $(X_1, X_2, \cdots, X_m)$ 的分布.

7. 设总体 X 服从 $[\theta_1, \theta_2]$ 上的均匀分布，试写出来自总体 X 的简单随机样本 $(X_1, X_2, \cdots, X_n)$ 的分布.

8. 假设一位运动员在完全相同的条件下重复进行 n 次打靶，试给出总体样本的统计描述.

9. 美国某高校根据毕业生返校情况记录，宣布该校毕业生的年平均工资为 5 万美元，你对此有何评论?

习题选讲

$$\S 6.2 \quad 统 \ 计 \ 量$$

6.2.1 统计量的定义

数理统计的任务是由样本推断总体. 但在处理实际问题时，很少直接利用样本进行推断，这是因为尽管样本来自总体，带有总体的信息，但这些信息是分散的，不便使用，而是需要针对不同的问题构造出样本的某种函数，以便把样本中所包含的有关问题的信息提取出来，然后再利用这种信息进行推断. 我们把不含任何未知参数的样本的函数称为统计量.

定义 6.1 设 $(X_1, X_2, \cdots, X_n)$ 是取自总体 X 的容量为 n 的样本，$h(x_1, x_2, \cdots, x_n)$ 是不含未知参数的 n 元连续函数，则 $T = h(X_1, X_2, \cdots, X_n)$ 是一个随机变量，称为**统计量** (statistic).

例如

$$T = X_1 + X_2 + \cdots + X_n,$$
$$T = X_1^2 + X_2^2 + \cdots + X_n^2,$$
$$T = \max(|X_1|, |X_2|, \cdots, |X_n|)$$

都是统计量. 但若总体 X 服从正态分布 $N(\mu, \sigma^2)$，其中 μ、σ^2 未知，则

$$(X_1 - \mu)^2 + (X_2 - \mu)^2 + \cdots + (X_n - \mu)^2,$$
$$\frac{1}{n\sigma^2}(X_1 + X_2 + \cdots + X_n)$$

就不是统计量.

当得到样本 $(X_1, X_2, \cdots, X_n)$ 的观测值 $(x_1, x_2, \cdots, x_n)$ 时，也就得到了统计量 $T = h(X_1, X_2, \cdots, X_n)$ 的观测值 $h(x_1, x_2, \cdots,$

x_n），它是一个确定的数值.

在具体的统计问题中，选用什么样的统计量是一个依赖于具体情况与要求而定的问题. 统计量的选取不仅要针对问题的需要，同时又要具备良好的性质且便于应用. 下面我们介绍一些常用的统计量.

6.2.2　常用统计量

定义 6.2　设 $(X_1, X_2, \cdots, X_n)$ 是取自总体 X 的样本，称统计量

$$\bar{X} = \frac{1}{n} \sum_{i=1}^{n} X_i \tag{6.2.1}$$

为**样本均值**（sample mean）；

$$S^2 = \frac{1}{n-1} \sum_{i=1}^{n} (X_i - \bar{X})^2 \tag{6.2.2}$$

为**样本方差**（sample variance）；

$$S = \sqrt{S^2} = \sqrt{\frac{1}{n-1} \sum_{i=1}^{n} (X_i - \bar{X})^2} \tag{6.2.3}$$

为**样本标准差**（sample standard deviation）；

$$A_k = \frac{1}{n} \sum_{i=1}^{n} X_i^k, \quad k = 1, 2, \cdots \tag{6.2.4}$$

为样本的 k 阶**原点矩**；

$$B_k = \frac{1}{n} \sum_{i=1}^{n} (X_i - \bar{X})^k, \quad k = 1, 2, \cdots \tag{6.2.5}$$

为样本的 k 阶**中心矩**.

设样本 $(X_1, X_2, \cdots, X_n)$ 的观测值为 $(x_1, x_2, \cdots, x_n)$，则样本均值、样本方差、样本标准差、样本的 k 阶原点矩、样本的 k 阶中心矩的观测值分别为 $\bar{x} = \frac{1}{n} \sum_{i=1}^{n} x_i$，$s^2 = \frac{1}{n-1} \sum_{i=1}^{n} (x_i - \bar{x})^2$，$s = \sqrt{\frac{1}{n-1} \sum_{i=1}^{n} (x_i - \bar{x})^2}$，$a_k = \frac{1}{n} \sum_{i=1}^{n} x_i^k$，$b_k = \frac{1}{n} \sum_{i=1}^{n} (x_i - \bar{x})^k$.

样本均值是样本的一阶原点矩，即 $\bar{X} = A_1$，它反映了总体均值的信息；样本方差与样本的二阶中心矩相差一个常数因子，即 $S^2 = \frac{n}{n-1} B_2$，它反映了总体方差的信息，它们是数理统计中两个重要的统计量. 我们也常常用 $S_0^2 = \frac{1}{n} \sum_{i=1}^{n} (X_i - \bar{X})^2$（称为**未修正样本方差**），即二阶中心矩 B_2 来估计总体方差，至于 S^2、S_0^2 在这方面的差异，将在下一章讲述.

设 $(X_1, X_2, \cdots, X_n)$ 为来自总体 X 的容量为 n 的样本，$(Y_1, Y_2, \cdots, Y_n)$ 为来自总体 Y 的容量为 n 的样本.

记

$$\bar{X} = \frac{1}{n} \sum_{i=1}^{n} X_i, \quad S_1^2 = \frac{1}{n} \sum_{i=1}^{n} (X_i - \bar{X})^2;$$

$$\bar{Y} = \frac{1}{n} \sum_{i=1}^{n} Y_i, \quad S_2^2 = \frac{1}{n} \sum_{i=1}^{n} (Y_i - \bar{Y})^2.$$

称统计量

$$S_{12} = \frac{1}{n} \sum_{i=1}^{n} (X_i - \bar{X})(Y_i - \bar{Y}) \tag{6.2.6}$$

为两个样本之间的**协方差（相关矩）**.

称统计量

$$R = \frac{S_{12}}{S_1 S_2} \tag{6.2.7}$$

为两样本之间的**相关系数**.

例1 取某型号火箭8枚进行射程试验，测得数据如下（单位：km）

$$54, 52, 49, 57, 43, 47, 50, 51$$

试计算样本均值和样本方差.

解 $\bar{x} = \frac{1}{n} \sum_{i=1}^{n} x_i = \frac{1}{8} \sum_{i=1}^{8} x_i$

$$= \frac{1}{8} \times (54 + 52 + 49 + 57 + 43 + 47 + 50 + 51) = 50.375$$

$$s^2 = \frac{1}{n-1} \sum_{i=1}^{n} (x_i - \bar{x})^2 = \frac{1}{8-1} \sum_{i=1}^{8} (x_i - 50.375)^2 = 18.27.$$

例2 设总体 X 服从参数为 λ 的泊松分布，$(X_1, X_2, \cdots, X_n)$ 为来自总体 X 的样本，求 $E\bar{X}$，$D\bar{X}$.

解 由题给条件，知 $EX = DX = \lambda$. 于是

$$E\bar{X} = E\left(\frac{1}{n} \sum_{i=1}^{n} X_i\right) = \frac{1}{n} \sum_{i=1}^{n} EX_i = \frac{1}{n} \cdot n \cdot EX = EX = \lambda,$$

$$D\bar{X} = D\left(\frac{1}{n} \sum_{i=1}^{n} X_i\right) = \frac{1}{n^2} \sum_{i=1}^{n} DX_i = \frac{1}{n^2} \cdot n \cdot DX = \frac{1}{n} DX = \frac{\lambda}{n}.$$

定理6.1 设总体 X 的均值 $EX = \mu$ 及方差 $DX = \sigma^2$，样本 $(X_1, X_2, \cdots, X_n)$ 来自总体 X，则

(i) $E\bar{X} = \mu$; $\tag{6.2.8}$

(ii) $D(\bar{X}) = \frac{1}{n}\sigma^2$; $\tag{6.2.9}$

(iii) $ES^2 = \sigma^2$. $\tag{6.2.10}$

证 由已知条件知，$X_1, X_2, \cdots, X_n$ 相互独立且与总体同分布，于是

$$E\bar{X} = E\left(\frac{1}{n} \sum_{i=1}^{n} X_i\right) = \frac{1}{n} \sum_{i=1}^{n} EX_i = \frac{1}{n} \sum_{i=1}^{n} \mu = \mu;$$

$$D\bar{X} = D\left(\frac{1}{n}\sum_{i=1}^{n}X_i\right) = \frac{1}{n^2}\sum_{i=1}^{n}DX_i = \frac{1}{n^2}\sum_{i=1}^{n}\sigma^2 = \frac{1}{n^2}n\sigma^2 = \frac{1}{n}\sigma^2.$$

故式（6.2.8）、式（6.2.9）成立.

下证式（6.2.10）. 注意到

$$\begin{aligned}
\sum_{i=1}^{n}(X_i - \bar{X})^2 &= \sum_{i=1}^{n}\left[(X_i - \mu) - (\bar{X} - \mu)\right]^2 \\
&= \sum_{i=1}^{n}\left[(X_i - \mu)^2 - 2(X_i - \mu)(\bar{X} - \mu) + (\bar{X} - \mu)^2\right] \\
&= \sum_{i=1}^{n}(X_i - \mu)^2 - 2(\bar{X} - \mu)\sum_{i=1}^{n}(X_i - \mu) + n(\bar{X} - \mu)^2 \\
&= \sum_{i=1}^{n}(X_i - \mu)^2 - 2n(\bar{X} - \mu)^2 + n(\bar{X} - \mu)^2 \\
&= \sum_{i=1}^{n}(X_i - \mu)^2 - n(\bar{X} - \mu)^2,
\end{aligned}$$

于是

$$\begin{aligned}
ES^2 &= E\left[\frac{1}{n-1}\sum_{i=1}^{n}(X_i - \bar{X})^2\right] \\
&= \frac{1}{n-1}\left[E\left(\sum_{i=1}^{n}(X_i - \mu)^2\right) - nE(\bar{X} - \mu)^2\right] \\
&= \frac{1}{n-1}\left[\sum_{i=1}^{n}E(X_i - \mu)^2 - nD\bar{X}\right] \\
&= \frac{1}{n-1}\left[n\sigma^2 - n\frac{\sigma^2}{n}\right] = \sigma^2.
\end{aligned}$$

即式（6.2.10）成立.

习题 6 – 2

1. 设 $(X_1, X_2, \cdots, X_n)$ 是来自总体 X 的样本，$EX = \mu$，$DX = \sigma^2$. 确定下列函数是否为统计量？

（1）$T_1 = X_1$；

（2）$T_2 = X_1 + X_2$；

（3）$T_3 = \frac{1}{n}\sum_{i=1}^{n}(X_i - \mu)^2$，$\mu$ 未知；

（4）$T_4 = \frac{1}{\sigma^2}\sum_{i=1}^{n}(X_i - \bar{X})^2$，$\sigma^2$ 已知；

（5）$T_5 = \max\{X_1, X_2, \cdots, X_n\}$；

（6）$T_6 = \max\{X_1, X_2, \cdots, X_n\} - \min\{X_1, X_2, \cdots, X_n\}$.

2. 设 $(X_1, X_2, \cdots, X_n)$ 是来自总体 X 的样本，

（1）令 $Y_i = X_i - \bar{X}$，$i = 1, 2, \cdots, n$，证明 $\bar{Y} = \frac{1}{n}\sum_{i=1}^{n}Y_i = 0$.

（2）令 $Y_i = X_i - a$，（a 为任意实数），$i = 1, 2, \cdots, n$. 证明：

(i) $\bar{X} = \bar{Y} + a$;

(ii) $\sum\limits_{i=1}^{n} (Y_i - \bar{Y})^2 = \sum\limits_{i=1}^{n} (X_i - \bar{X})^2$.

习题选讲

3. 设 X_1, X_2, $\cdots$, X_n 是来自总体 X 的样本，$\bar{X} = \dfrac{1}{n}\sum\limits_{i=1}^{n} X_i$，分别求出总体分布为下列指定分布的 $E\bar{X}$, $D\bar{X}$.

（1）X 服从二项分布 $X \sim B(m, p)$；

（2）X 服从泊松分布 $X \sim P(\lambda)$；

（3）X 服从指数分布 $X \sim \mathrm{Exp}(\lambda)$.

4. 设总体 $X \sim U[a, b]$，X_1, X_2, $\cdots$, X_n 为 X 的一个样本，求 $E\bar{X}$, $D\bar{X}$, ES^2.

5. 设随机变量 X_1, X_2, $\cdots$, X_{100} 独立同分布，且 $EX_i = 0$，$DX_i = 10$，$i = 1$, 2, $\cdots$, 100，令 $\bar{X} = \dfrac{1}{100}\sum\limits_{i=1}^{100} X_i$，求 $E\left\{\sum\limits_{i=1}^{100} (X_i - \bar{X})^2\right\}$.

6. 从总体 X 中抽取容量为 10 的样本，样本观测值为 4，5，6，0，3，1，4，2，1，4，试计算样本均值、样本方差、样本标准差.

7. 观察 20 个新生婴儿的体重，观测结果如下：

婴儿体重 x_i（g）	2550	2850	3150	3450	3750
频数 n_i	2	3	8	5	2

试计算样本均值、样本方差、样本标准差和样本二阶中心矩.

8. 设总体 X 的期望为 $EX = \mu$，方差 $DX = \sigma^2$，$(X_1$, X_2, $\cdots$, $X_n)$ 为来自总体 X 的样本，证明 $ES_0^2 = \dfrac{n-1}{n}\sigma^2$.

§6.3 抽样分布

当用统计量推断总体时，必须知道统计量的分布. 统计量的分布称为**抽样分布**（sampling distribution）. 一般来说，抽样分布不易求出，或者求出来的分布过于复杂而难以应用. 所幸的是，当总体分布为正态分布时，一些常用统计量的分布便不难确定，而常见的总体大都服从或近似服从正态分布. 下面先介绍在数理统计中占重要地位的几个分布，然后给出正态总体下的几个常用统计量的分布.

6.3.1 数理统计中的重要分布

1. 正态分布

正态分布在 2.3.2 小节中已介绍过. 在数理统计中，经常假定总体服从的分布是正态分布, 其主要原因自然是正态分布的常见性. 另外, 正态总体的情形比较容易处理, 而总体服从其他分布的抽样分布往往非常复杂.

2. χ^2 分布

若随机变量 X 的密度函数为

$$f_{\chi^2(n)}(x) = \begin{cases} \dfrac{1}{2^{\frac{n}{2}}\Gamma\left(\dfrac{n}{2}\right)}x^{\frac{n}{2}-1}e^{-\frac{x}{2}}, & x>0; \\ 0, & x\leqslant 0. \end{cases} \tag{6.3.1}$$

则称 X 服从自由度为 n 的 χ^2 **分布**, 记作 $X \sim \chi^2(n)$, 其中 $\Gamma(\cdot)$ 是 Γ 函数. 图 6-1 给出了自由度 n 取不同值时, χ^2 分布的密度函数曲线.

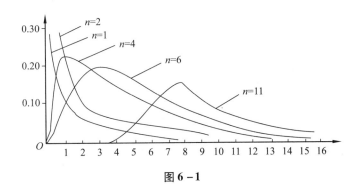

图 6-1

从图 6-1 可以看出 χ^2 分布具有如下特点:

(1) $\chi^2(2)$ 是 $\lambda = \dfrac{1}{2}$ 的指数分布;

(2) χ^2 分布的密度函数曲线的形状取决于其自由度的大小, $\chi^2(n)$ ($n \geqslant 3$) 的密度函数曲线为单峰曲线, 从原点开始递增, 在 $x = n-2$ 处取得最大值, 然后递减, 渐近于 x 轴, 关于 $x = n-2$ 不对称, χ^2 分布为不对称分布, 但随着其自由度的增大, 密度函数曲线的峰值向右移动, 其图形变得比较平缓逐渐趋于对称, 可用正态分布来近似.

χ^2 分布是统计估计与推断中最重要的连续型分布之一, 它是由阿贝[1] (Abbe) 于 1863 年首先给出, 后来由赫尔墨特[2] (Helmert) 和卡尔·皮尔逊 (Karl Pearson) 分别于 1875 年和 1890 年推导出来的. 它广泛运用于检验数学模型是否适合所得数据, 即拟合优度检验, 以及检验数据间的相关性等.

阿贝

赫尔墨特

———————————

[1] 阿贝 (Ernst Abbe, 1840-1905), 德国物理学家、数学家、光学家、企业家和社会改革家。阿贝对显微镜理论有重要的贡献。

[2] 赫尔墨特 (Helmert, 1843-1917), 德国大地测量学家。

定理 6.2 若随机变量 X_1，X_2，$\cdots$，X_n 相互独立，且同服从标准正态分布，则 $\chi^2 = \sum\limits_{i=1}^{n} X_i^2 \sim \chi^2(n)$.

证明从略.

服从自由度为 n 的 χ^2 分布的随机变量 X 的数学期望和方差分别为 $EX = n$，$DX = 2n$（证明留作习题）. 应用中心极限定理可得，若 $X \sim \chi^2(n)$，则当 n 充分大时，$\dfrac{X-n}{\sqrt{2n}}$ 近似服从标准正态分布 $N(0, 1)$.

定理 6.3 若 $X \sim \chi^2(n)$，$Y \sim \chi^2(m)$，且 X 与 Y 相互独立，则
$$X + Y \sim \chi^2(n+m)$$

证明从略.

推论 若 X_1，X_2，$\cdots$，X_n 相互独立，且 $X_i \sim \chi^2(n_i)(i=1, 2, \cdots, n)$，则
$$\sum_{i=1}^{n} X_i \sim \chi^2\left(\sum_{i=1}^{n} n_i \right).$$

本书附表四对某些不同的自由度 n 及不同的 $\alpha(0 < \alpha < 1)$ 给出了满足等式
$$P(\chi^2 > \chi_\alpha^2(n)) = \alpha$$
的临界值 $\chi_\alpha^2(n)$ 的数值（见图 6-2），上式中 $\chi^2 \sim \chi^2(n)$. 临界值 $\chi_\alpha^2(n)$ 也称为自由度为 n 的 χ^2 分布**上 α 分位数**或 α 水平的**上侧分位数（点）**. 由附表四可查得 $\chi_{0.05}^2(10) = 18.3$，$\chi_{0.1}^2(25) = 34.4$，等等.

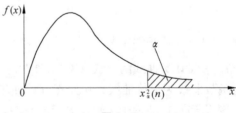

图 6-2

例 1 已知随机变量 $X \sim \chi^2(10)$，求满足 $P\{X > a\} = 0.025$，$P\{X < b\} = 0.05$ 的 a 和 b.

解 因 $n = 10$，$\alpha = 0.025$，查附表四可得 $a = \chi_{0.025}^2(10) = 20.5$. 对于 $P\{X < b\} = 0.05$，由 $P\{X < b\} = 1 - P\{X \geqslant b\} = 0.05$，得
$$P\{X \geqslant b\} = 0.95,$$
查附表四得 $b = \chi_{0.95}^2(10) = 3.940$.

例 2 设 X_1，X_2，$\cdots$，X_6 为来自总体 $N(0, 2^2)$ 的样本，求
$$P\left\{ \sum_{i=1}^{6} X_i^2 > 6.54 \right\}.$$

解　因为 X_1，X_2，$\cdots$，X_6 是来自总体 $N(0, 2^2)$ 的样本，故有

$$X_i \sim N(0, 2^2)，\frac{X_i}{2} \sim N(0, 1)，(i = 1, 2, \cdots, 6)$$

由定理 6.2，知 $\sum\limits_{i=1}^{6} \left(\frac{X_i}{2}\right)^2 \sim \chi^2(6)$，从而有：

$$P\left\{\sum_{i=1}^{6} X_i^2 > 6.54\right\} = P\left\{\sum_{i=1}^{6} \left(\frac{X_i}{2}\right)^2 > \frac{6.54}{4}\right\} = P\{\chi^2(6) > 1.635\}$$

查附表四，从表内找最接近 1.635 的数所对应的概率为 0.95，即

$$P\left\{\sum_{i=1}^{6} X_i^2 > 6.54\right\} = 0.95.$$

3. t 分布

若随机变量 X 的密度函数为

$$f_{t(n)}(x) = \frac{\Gamma\left(\dfrac{n+1}{2}\right)}{\sqrt{n\pi}\Gamma\left(\dfrac{n}{2}\right)}\left(1 + \frac{x^2}{n}\right)^{-\frac{n+1}{2}}, \tag{6.3.2}$$

则称 X 服从自由度为 n 的 **t 分布**，记作 $X \sim t(n)$.

t 分布最早是英国统计学家哥塞特[①]提出的，他最早发现了 t 分布与标准正态分布之间的微小差别．哥塞特年轻时在牛津大学学习数学和化学，1899 年开始在一家酿酒厂担任酿酒化学技师，从事试验和数据分析工作，由于哥塞特接触的样本容量都较小，只有 4 个、5 个，通过大量实验数据的积累，哥塞特发现 $t = \sqrt{n-1}(\bar{X}-\mu)/s$ 的分布与传统认为的 $N(0, 1)$ 分布不同，特别是尾部概率相差较大（见图 6-3）．由此，哥塞特怀疑是否有另一个分布族存在，通过深入研究，哥塞特于 1908 年以笔名"学生"（Student）发表了此项研究成果，所以也称 t 分布为**学生氏分布**．t 分布的发现在统计史上具有划时代的意义，打破了正态分布一统天下的局面，开创了小样本统计推断的新纪元．

哥塞特

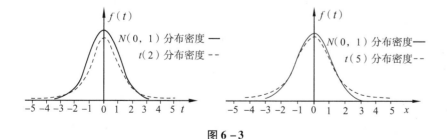

图 6-3

[①]　哥塞特（W. S. Gosset，1876 - 1937），英国统计学家、化学家，推断统计学派的先驱者．

图 6-3 描绘了 $t(2)$、$t(5)$ 及 $N(0,1)$ 分布的密度函数曲线．由图可见，t 分布密度函数曲线很像标准正态分布密度函数曲线．实际上，当 $n \geqslant 30$ 时，t 分布与标准正态分布的差别已经很小了．

定理 6.4 若 $X \sim N(0,1)$，$Y \sim \chi^2(n)$，且 X 与 Y 相互独立，则

$$T = \frac{X}{\sqrt{Y/n}} \sim t(n).$$

证明从略．

本书附表六对某些不同的自由度 n 及不同数 $\alpha(0 < \alpha < 1)$ 给出了满足等式

$$P(T > t_\alpha(n)) = \alpha$$

的临界值 $t_\alpha(n)$ 的数值（见图 6-4），上式中 $T \sim t(n)$．临界值 $t_\alpha(n)$ 也称为自由度为 n 的 t 分布**上 α 分位数**或 α 水平的**上侧分位数（点）**．例如，由附表六查得 $t_{0.05}(10) = 1.812$，$t_{0.01}(12) = 2.681$，等等．注意在应用中，当自由度 $n \geqslant 30$ 时，就用正态分布近似，即 $t_\alpha(n) \approx u_\alpha$．其中 u_α 为标准正态分布的上 α 分位数．

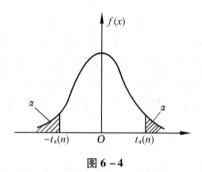

图 6-4

由 t 分布的密度函数曲线关于 y 轴对称及分位数的定义可以推得，t 分布的上 α 分位数有如下性质：

$$t_{1-\alpha}(n) = -t_\alpha(n).$$

例 3 设随机变量 $X \sim N(2,1)$，随机变量 Y_1，Y_2，Y_3，Y_4 均服从 $N(0,4)$，且 X，Y_1，Y_2，Y_3，Y_4 相互独立，令

$$T = \frac{4(X-2)}{\sqrt{\sum\limits_{i=1}^{4} Y_i^2}}$$

试求 T 的分布，并确定 t_0 的值，使 $P(|T| > t_0) = 0.01$．

例 3 讲解

解 由于 X，Y_1，Y_2，Y_3，Y_4 相互独立，且 $X \sim N(2,1)$，$\dfrac{Y_i}{2} \sim N(0,1)$，$i = 1, 2, 3, 4$，故

$$X^* = \frac{X-2}{1} \sim N(0,1)，\quad Y = \sum_{i=1}^{4} \left(\frac{Y_i}{2}\right)^2 \sim \chi^2(4)，\text{且 } X^* \text{ 与 } Y \text{ 独立}.$$

由定理 6.4，得

$$T = \frac{4(X-2)}{\sqrt{\sum\limits_{i=1}^{4} Y_i^2}} = \frac{\dfrac{X-2}{1}}{\sqrt{\sum\limits_{i=1}^{4}\left(\dfrac{Y_i}{2}\right)^2 \Big/ 4}} \sim t(4).$$

由 $P(|T| > t_0) = 0.01$，得 $P(T > t_0) = 0.005$，即 $t_0 = t_{0.005}(4)$.
查附表六，得 $t_0 = t_{0.005}(4) = 4.604$.

4. F 分 布

若随机变量 X 的密度函数为

$$f_{F(n_1, n_2)}(x) = \begin{cases} \dfrac{\Gamma\left(\dfrac{n_1+n_2}{2}\right)}{\Gamma\left(\dfrac{n_1}{2}\right)\Gamma\left(\dfrac{n_2}{2}\right)}\left(\dfrac{n_1}{n_2}\right)\left(\dfrac{n_1}{n_2}x\right)^{\frac{n_1}{2}-1}\left(1+\dfrac{n_1}{n_2}x\right)^{-\frac{n_1+n_2}{2}}, & x \geqslant 0; \\[4mm] 0, & x < 0. \end{cases}$$

$$(6.3.3)$$

则称 X 服从第一个自由度为 n_1，第二个自由度为 n_2 的 **F 分布**，记作
$X \sim F(n_1, n_2)$.

图 6-5 描绘了 F 分布的密度函数曲线.

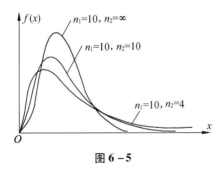

$n_1=10, n_2=\infty$

$n_1=10, n_2=10$

$n_1=10, n_2=4$

图 6-5

F 分布是英国统计学家费舍尔[1]于 1924 年提出，并以其姓氏的第一个字母命名的. 它广泛运用于检验两组数据之间是否有显著性差异.

定理 6.5　设 $X \sim \chi^2(n_1)$，$Y \sim \chi^2(n_2)$，且 X 与 Y 相互独立，则

$$F = \frac{X/n_1}{Y/n_2} \sim F(n_1, n_2).$$

证明从略.

费舍尔

---

[1]　费舍尔（R. A. Fisher, 1890 – 1962），英国数学家、统计学家、遗传学家. 费舍尔是数理统计的奠基人，并且贡献巨大，他的著作有《研究工作的统计方法》《自然选择的遗传学理论》《统计方法与科学推理》《实验的设计》《生物、农业与医学的统计表》等.

由定理 6.5 易得，若 $F \sim F(n_1, n_2)$，则 $\frac{1}{F} \sim F(n_2, n_1)$.

例 4 讲解

例 4 设 $(X_1, X_2, \cdots, X_6)$ 为来自总体 $X \sim N(0, \sigma^2)$ 的样本，试问统计量 $\frac{2(X_1^2 + X_2^2)}{X_3^2 + X_4^2 + X_5^2 + X_6^2}$ 服从何种分布？

解 由题给条件，知 $\frac{X_i}{\sigma} \sim N(0, 1)$ $(i = 1, 2, \cdots, 6)$，且相互独立，于是 $X = \frac{X_1^2}{\sigma^2} + \frac{X_2^2}{\sigma^2} \sim \chi^2(2)$，$Y = \frac{X_3^2}{\sigma^2} + \frac{X_4^2}{\sigma^2} + \frac{X_5^2}{\sigma^2} + \frac{X_6^2}{\sigma^2} \sim \chi^2(4)$，且 X 与 Y 相互独立. 由定理 6.5，得

$$\frac{\frac{X_1^2 + X_2^2}{\sigma^2} \big/ 2}{\frac{X_3^2 + X_4^2 + X_5^2 + X_6^2}{\sigma^2} \big/ 4} = \frac{2(X_1^2 + X_2^2)}{X_3^2 + X_4^2 + X_5^2 + X_6^2} \sim F(2, 4).$$

本书附表五对某些 n_1, n_2 及 α $(0 < \alpha < 1)$ 给出了满足等式

$$P(F > F_\alpha(n_1, n_2)) = \alpha$$

的临界值 $F_\alpha(n_1, n_2)$ 的数值（见图 6-6），上式中 $F \sim F(n_1, n_2)$. 临界值 $F_\alpha(n_1, n_2)$ 也称为 F 分布**上 α 分位数**或 α 水平的**上侧分位数（点）**.

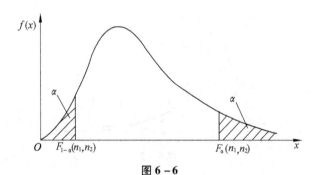

图 6-6

F 分布的分位数具有如下性质：

$$F_{1-\alpha}(n_1, n_2) = \frac{1}{F_\alpha(n_2, n_1)}. \tag{6.3.4}$$

此式常常用来求 F 分布没有列出的某些上侧分位数. 例如，由附表五可查得 $F_{0.05}(12, 15) = 2.48$，利用式 (6.3.4) 可得 $F_{0.95}(15, 12) = \frac{1}{F_{0.05}(12, 15)} = \frac{1}{2.48} = 0.403$.

例 5 设 $F \sim F(10, 15)$，求 λ_1, λ_2，使得 $P\{F > \lambda_1\} = 0.01$，$P\{F \leqslant \lambda_2\} = 0.01$.

解 由 $P\{F > \lambda_1\} = 0.01$，知 $\lambda_1 = F_{0.01}(10, 15)$，查附表五，得

$\lambda_1 = 3.80$.

而 $P\{F \leqslant \lambda_2\} = 0.01$ 中的 λ_2 无法直接查附表五得到，由于

$$P\{F \leqslant \lambda_2\} = P\left\{\frac{1}{F} \geqslant \frac{1}{\lambda_2}\right\} = 0.01, \quad \frac{1}{F} \sim F(15, 10),$$

可见 $\dfrac{1}{\lambda_2} = F_{0.01}(15, 10)$，查附表五得 $\dfrac{1}{\lambda_2} = 4.56$，即 $\lambda_2 = \dfrac{1}{4.56} = 0.293$.

6.3.2　正态总体下的抽样分布

本段我们着重来讨论正态分布总体下的一些常见统计量的抽样分布，最常用的统计量自然是样本均值 $\bar{X}$ 和样本方差 S^2.

定理 6.6　设总体 $X \sim N(\mu, \sigma^2)$，$\{X_1, X_2, \cdots, X_n\}$ 为来自总体 X 的样本，样本均值 $\bar{X} = \dfrac{1}{n} \sum\limits_{i=1}^{n} X_i$，样本方差 $S^2 = \dfrac{1}{n-1} \sum\limits_{i=1}^{n} (X_i - \bar{X})^2$，则

（1）$\bar{X} \sim N\left(\mu, \dfrac{\sigma^2}{n}\right)$，或 $\dfrac{\bar{X} - \mu}{\sigma} \sqrt{n} \sim N(0, 1)$；

（2）$\dfrac{(n-1)S^2}{\sigma^2} = \dfrac{1}{\sigma^2} \sum\limits_{i=1}^{n} (X_i - \bar{X})^2 \sim \chi^2(n-1)$；

（3）$\bar{X}$ 与 S^2 相互独立.

证明从略.

利用这一基本的抽样分布定理，可以得出一些常用统计量的分布，下面的定理以后经常用到.

定理 6.7　设总体 $X \sim N(\mu, \sigma^2)$，$\{X_1, X_2, \cdots, X_n\}$ 为来自总体 X 的样本，则

（1）$\chi^2 = \dfrac{1}{\sigma^2} \sum\limits_{i=1}^{n} (X_i - \mu)^2 \sim \chi^2(n)$；

（2）$T = \dfrac{\bar{X} - \mu}{S} \sqrt{n} \sim t(n-1)$.

其中，$\bar{X}$ 和 S 分别为样本均值和样本标准差.

证　（1）显然 $\chi^2 = \dfrac{1}{\sigma^2} \sum\limits_{i=1}^{n} (X_i - \mu)^2 = \sum\limits_{i=1}^{n} \left(\dfrac{X_i - \mu}{\sigma}\right)^2$，

又 $X_i \sim N(\mu, \sigma^2)$，即 $\dfrac{X_i - \mu}{\sigma} \sim N(0, 1)$，$(i = 1, 2, \cdots, n)$，且 $X_1, X_2, \cdots, X_n$ 相互独立，由定理 6.2 知，$\chi^2 \sim \chi^2(n)$.

（2）由定理 6.6，知 $\dfrac{\bar{X} - \mu}{\sigma} \sqrt{n} \sim N(0, 1)$，$\dfrac{(n-1)S^2}{\sigma^2} \sim \chi^2(n-1)$，

又 $\bar{X}$ 与 S^2 相互独立，从而 $\dfrac{\bar{X}-\mu}{\sigma}\sqrt{n}$ 与 $\dfrac{(n-1)S^2}{\sigma^2}$ 独立，所以由定理 6.4，得

$$\frac{\dfrac{\bar{X}-\mu}{\sigma}\sqrt{n}}{\sqrt{\dfrac{(n-1)S^2}{\sigma^2}\Big/(n-1)}}=\frac{\bar{X}-\mu}{S}\sqrt{n}\sim t(n-1)$$

即 $T=\dfrac{\bar{X}-\mu}{S}\sqrt{n}\sim t(n-1)$.

定理 6.8 设样本 $\{X_1,X_2,\cdots,X_{n_1}\}$ 来自总体 $X\sim N(\mu_1,\sigma_1^2)$，样本 $\{Y_1,Y_2,\cdots,Y_{n_2}\}$ 来自总体 $Y\sim N(\mu_2,\sigma_2^2)$，且 X 和 Y 相互独立. 记 $\bar{X}=\dfrac{1}{n_1}\sum\limits_{i=1}^{n_1}X_i$，$\bar{Y}=\dfrac{1}{n_2}\sum\limits_{i=1}^{n_2}Y_i$ 分别表示两个样本的均值，$S_1^2=\dfrac{1}{n_1-1}\sum\limits_{i=1}^{n_1}(X_i-\bar{X})^2$，$S_2^2=\dfrac{1}{n_2-1}\sum\limits_{i=1}^{n_2}(Y_i-\bar{Y})^2$ 分别表示这两个样本的方差，则

（1） $U=\dfrac{(\bar{X}-\bar{Y})-(\mu_1-\mu_2)}{\sqrt{\dfrac{\sigma_1^2}{n_1}+\dfrac{\sigma_2^2}{n_2}}}\sim N(0,1)$；

（2） $F=\dfrac{S_1^2/\sigma_1^2}{S_2^2/\sigma_2^2}\sim F(n_1-1,n_2-1)$；

（3） 当 $\sigma_1^2=\sigma_2^2=\sigma^2$ 时，

$$T=\frac{(\bar{X}-\bar{Y})-(\mu_1-\mu_2)}{\sqrt{\dfrac{(n_1-1)S_1^2+(n_2-1)S_2^2}{n_1+n_2-2}}\sqrt{\dfrac{1}{n_1}+\dfrac{1}{n_2}}}\sim t(n_1+n_2-2).$$

证 （1）由定理 6.6 结论（1）及所给条件，知

$\bar{X}\sim N\Big(\mu_1,\dfrac{\sigma_1^2}{n_1}\Big)$，$\bar{Y}\sim N\Big(\mu_2,\dfrac{\sigma_2^2}{n_2}\Big)$，且 $\bar{X}$ 与 $\bar{Y}$ 相互独立，所以

$$\bar{X}-\bar{Y}\sim N\Big(\mu_1-\mu_2,\dfrac{\sigma_1^2}{n_1}+\dfrac{\sigma_2^2}{n_2}\Big),$$

将 $\bar{X}-\bar{Y}$ 标准化，得 $U=\dfrac{(\bar{X}-\bar{Y})-(\mu_1-\mu_2)}{\sqrt{\dfrac{\sigma_1^2}{n_1}+\dfrac{\sigma_2^2}{n_2}}}\sim N(0,1)$.

（2）由定理 6.6 结论（2）及所给条件，知

$\dfrac{(n_1-1)S_1^2}{\sigma_1^2}\sim\chi^2(n_1-1)$，$\dfrac{(n_2-1)S_2^2}{\sigma_2^2}\sim\chi^2(n_2-1)$，

且它们相互独立，于是根据定理 6.5，可得

$$F = \frac{\dfrac{(n_1-1)S_1^2}{\sigma_1^2}\Big/(n_1-1)}{\dfrac{(n_2-1)S_2^2}{\sigma_2^2}\Big/(n_2-1)} = \frac{S_1^2/\sigma_1^2}{S_2^2/\sigma_2^2} \sim F(n_1-1,\ n_2-1).$$

（3）当 $\sigma_1^2 = \sigma_2^2 = \sigma^2$ 时，由（1）得，

$$U_1 = \frac{(\bar{X}-\bar{Y})-(\mu_1-\mu_2)}{\sigma\sqrt{\dfrac{1}{n_1}+\dfrac{1}{n_2}}} \sim N(0,\ 1)$$

又 $\dfrac{(n_1-1)S_1^2}{\sigma^2} \sim \chi^2(n_1-1)$，$\dfrac{(n_2-1)S_2^2}{\sigma^2} \sim \chi^2(n_2-1)$，且二者相互

独立，由定理 6.3，得

$$V = \frac{(n_1-1)S_1^2}{\sigma^2} + \frac{(n_2-1)S_2^2}{\sigma^2} = \frac{(n_1-1)S_1^2+(n_2-1)S_2^2}{\sigma^2} \sim \chi^2(n_1+n_2-2),$$

另外，由已知 $\bar{X}$，$\bar{Y}$，S_1^2，S_2^2 相互独立，可得 U_1 与 V 相互独立.

综上所述，由定理 6.4，得

$$\frac{U_1}{\sqrt{\dfrac{V}{n_1+n_2-2}}} \sim t(n_1+n_2-2).$$

即

$$\frac{(\bar{X}-\bar{Y})-(\mu_1-\mu_2)}{\sqrt{\dfrac{(n_1-1)S_1^2+(n_2-1)S_2^2}{n_1+n_2-2}}\sqrt{\dfrac{1}{n_1}+\dfrac{1}{n_2}}} \sim t(n_1+n_2-2).$$

例 1　设总体 X 服从正态分布 $N(\mu,\ \sigma^2)$，$\bar{X}$ 与 S^2 分别是样本均值与样本方差. 若样本容量为 16，求 k，使得
$$P(\bar{X}>\mu+kS)=0.95.$$

例 1 讲解

解　由定理 6.7 可知

$$\frac{\bar{X}-\mu}{S}\sqrt{n} = \frac{4(\bar{X}-\mu)}{S}.$$

服从自由度为 $n-1=15$ 的 t 分布. 根据

$$P(\bar{X}>\mu+kS) = P\left(\frac{4(\bar{X}-\mu)}{S}>4k\right)=0.95.$$

确定 k. 查附表六得 $t_{0.05}(15)=1.753$，于是 $4k=-1.753$，即
$$k=-0.438.$$

例 2　设总体 X 服从正态分布 $N(\mu,\ \sigma^2)$，样本 $(X_1,\ X_2,\ \cdots,\ X_{n+1})$ 来自总体 X. 以 $\bar{X}_n$ 及 S_n^2 表示样本 $(X_1,\ X_2,\ \cdots,\ X_n)$ 的样本均值及样本方差. 求统计量

例 2 讲解

$$\frac{X_{n+1}-\bar{X}_n}{S_n}\sqrt{\frac{n}{n+1}}$$

的分布.

解 由定理 6.6 结论（1）可知，$\bar{X}_n$ 服从 $N\left(\mu, \dfrac{\sigma^2}{n}\right)$，而 X_{n+1} 与总体同分布，X_{n+1} 服从 $N(\mu, \sigma^2)$. 因为 X_{n+1} 和 $\bar{X}_n$ 相互独立，因此

$$X_{n+1} - \bar{X}_n \sim N\left(0, \left(1 + \frac{1}{n}\right)\sigma^2\right),$$

将 $X_{n+1} - \bar{X}_n$ 标准化，得

$$U = \frac{X_{n+1} - \bar{X}_n}{\sigma\sqrt{\dfrac{n+1}{n}}} \sim N(0, 1).$$

另外，根据定理 6.6 结论（2）知，$\dfrac{(n-1)S_n^2}{\sigma^2}$ 服从自由度为 $(n-1)$ 的 χ^2 分布，且它与 U 独立，由定理 6.4 可知

$$\frac{X_{n+1} - \bar{X}_n}{\sigma\sqrt{\dfrac{n+1}{n}}} \left/ \sqrt{\frac{(n-1)S_n^2}{\sigma^2(n-1)}} \right. = \frac{X_{n+1} - \bar{X}_n}{S_n}\sqrt{\frac{n}{n+1}}$$

服从自由度为 $(n-1)$ 的 t 分布.

习题 6 – 3

1. 查表求下列分布的上分位数.

（1）$\chi^2_{0.05}(8)$，$\chi^2_{0.95}(8)$；

（2）$t_{0.05}(20)$，$t_{0.95}(15)$；

（3）$F_{0.05}(12, 20)$，$F_{0.95}(12, 20)$，$F_{0.95}(20, 12)$.

2. 从一正态总体中抽取容量为 16 的样本，设样本均值与总体均值之差的绝对值在 4 以上的概率为 0.02，求总体的标准差.

3. 调节一个装瓶机使其对每个瓶子的灌装量均值为 μ 盎司，通过观察这台装瓶机对每个瓶子的灌装量服从标准差 $\sigma = 1.0$ 盎司的正态分布. 随机抽取由这台机器灌装的 9 个瓶子形成一个样本，并测定每个瓶子的灌装量. 试确定样本均值偏离总体均值不超过 0.3 盎司的概率.

4. 设 $Z_1, Z_2, \cdots, Z_6$ 为来自总体 $N(0, 1)$ 的一个样本，试确定常数 b，使得 $P(\sum\limits_{i=1}^{6} Z_i^2 \leq b) = 0.95$.

5. 设总体 X 服从 $N(0, \sigma^2)$，从总体中取出一个容量为 6 的样本 $(X_1, X_2, \cdots, X_6)$，令 $Y = (X_1 + X_2 + X_3)^2 + (X_4 + X_5 + X_6)^2$，试确定常数 c，使得 cY 服从 χ^2 分布.

6. 设总体 X, Y 相互独立，均服从 $N(0, 3^2)$ 分布，样本 $X_1, X_2, \cdots, X_9$ 与 $Y_1, Y_2, \cdots, Y_9$ 分别是来自 X, Y，求统计量 $U = \dfrac{X_1 + \cdots + X_9}{\sqrt{Y_1^2 + \cdots + Y_9^2}}$ 所服从的分布.

7. 设总体 $X \sim N(\mu, \sigma^2)$，从该总体中抽取一个容量为 10 的样本 $(X_1, X_2, \cdots, X_{10})$，求

习题选讲

（1）$P\left\{\dfrac{\sigma^2}{4} \leqslant \dfrac{1}{10}\displaystyle\sum_{i=1}^{10}(X_i-\mu)^2 \leqslant 2.3\sigma^2\right\}$；

（2）$P\left\{\dfrac{\sigma^2}{4} \leqslant \dfrac{1}{10}\displaystyle\sum_{i=1}^{10}(X_i-\bar{X})^2 \leqslant 2.3\sigma^2\right\}$.

8. 设 $\bar{X}$，$\bar{Y}$ 是来自总体 $N(\mu,\sigma^2)$ 的容量为 n 的两个相互独立的简单随机样本的均值，试确定 n，使得两个样本均值之差的绝对值超过 σ 的概率大约为 0.01.

9. 设总体 $X \sim N(50,6^2)$ 与 $Y \sim N(46,4^2)$ 相互独立，从总体 X 中抽取一个容量为 10 的样本 $(X_1,X_2,\cdots,X_{10})$，从总体 Y 中抽取一个容量为 8 的样本 $(Y_1,Y_2,\cdots,Y_8)$，求（1）$P\{0<\bar{X}-\bar{Y}<8\}$；（2）$P\left\{\dfrac{S_1^2}{S_2^2}<8.28\right\}$.

10. 设 $X \sim \chi^2(n)$，试证（1）$EX=n$；（2）$DX=2n$.

11. 证明：若随机变量 $T \sim t(n)$，则 $T^2 \sim F(1,n)$.

§6.4　经验分布函数

6.4.1　次序统计量

设 $(X_1,X_2,\cdots,X_n)$ 是来自总体 X 的样本，记 $(x_1,x_2,\cdots,x_n)$ 为样本的一个观测值，将样本观测值按递增的次序排列，得到
$$x_1^* \leqslant x_2^* \leqslant \cdots \leqslant x_n^*.$$
当 $(X_1,X_2,\cdots,X_n)$ 取值为 $(x_1,x_2,\cdots,x_n)$ 时，定义 $X_{(k)}$ 的取值为 x_k^*，由此得到的随机变量 $X_{(k)}(k=1,2,\cdots,n)$ 是样本 $(X_1,X_2,\cdots,X_n)$ 的函数，称为样本 $(X_1,X_2,\cdots,X_n)$ 的第 k 个**次序统计量**（order statistic）. x_1^*，x_2^*，$\cdots$，x_n^* 分别为次序统计量 $X_{(1)}$，$X_{(2)}$，$\cdots$，$X_{(n)}$ 的观测值.

易见 $X_{(1)} \leqslant X_{(2)} \leqslant \cdots \leqslant X_{(n)}$，并且 $X_{(1)}=\min(X_1,X_2,\cdots,X_n)$，$X_{(n)}=\max(X_1,X_2,\cdots,X_n)$. 不难得出，若总体 X 的分布函数为 $F(x)$，则 $X_{(k)}$ 的分布函数为
$$G_k(x)=P(X_{(k)}\leqslant x)=\sum_{i=k}^{n}C_n^i[F(x)]^i[1-F(x)]^{n-i},\ k=1,2,\cdots,n.$$
特别地，$X_{(n)}$ 的分布函数为
$$G_n(x)=[F(x)]^n \qquad (6.4.1)$$
$X_{(1)}$ 的分布函数为
$$G_1(x)=1-[1-F(x)]^n \qquad (6.4.2)$$
设 $X_{(1)}$，$X_{(2)}$，$\cdots$，$X_{(n)}$ 为样本 $(X_1,X_2,\cdots,X_n)$ 的次序统计

量，称统计量

$$R = X_{(n)} - X_{(1)} \tag{6.4.3}$$

为样本的**极差**.

显然，样本极差 $R \geqslant 0$，表示样本观测值的波动幅度，它反映了总体标准差 σ 的信息.

6.4.2　经验分布函数

设样本 $(X_1, X_2, \cdots, X_n)$ 来自总体 X，$(x_1, x_2, \cdots, x_n)$ 为样本观测值，$X_{(1)}, X_{(2)}, \cdots, X_{(n)}$ 为样本的次序统计量，其观测值分别记为 $x_{(1)}, x_{(2)}, \cdots, x_{(n)}$，则称函数

$$F_n(x) = \begin{cases} 0, & x < x_{(1)}; \\ \dfrac{k}{n}, & x_{(k)} \leqslant x < x_{(k+1)}, \quad k = 1, 2, \cdots, n-1; \\ 1, & x \geqslant x_{(n)}. \end{cases} \tag{6.4.4}$$

为总体 X 的**经验分布函数**或**样本分布函数**.

显然，$0 \leqslant F_n(x) \leqslant 1$，$F_n(+\infty) = 1$，$F_n(-\infty) = 0$，$F_n(x)$ 关于 x 不减且右连续，即 $F_n(x)$ 具备分布函数的特征，同时它又是根据样本构造出来的，故称它为经验分布函数.

经验分布函数的图形如图 6-7 所示.

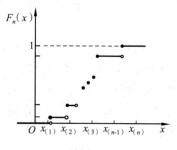

图 6-7

经验分布函数是样本的函数，对任意固定的 x，$F_n(x)$ 是一个随机变量，它表示样本观察值 $(x_1, x_2, \cdots, x_n)$ 中不大于 x 的频率. 因此，$nF_n(x)$ 服从二项分布 $B(n, p)$，其中 $p = F(x) = P(X \leqslant x)$，$F(x)$ 为总体 X 的分布函数. 所以，$F_n(x)$ 具有概率分布

$$P\left(F_n(x) = \frac{k}{n}\right) = C_n^k p^k (1-p)^{n-k}$$

$$= C_n^k [F(x)]^k [1 - F(x)]^{n-k}, \ k = 0, 1, 2, \cdots, n. \tag{6.4.5}$$

它的数学期望和方差分别为

$$E(F_n(x)) = F(x) \tag{6.4.6}$$

$$D(F_n(x)) = \frac{1}{n}F(x)[1 - F(x)] \tag{6.4.7}$$

由伯努利大数定律有

$$\lim_{n \to \infty} P(\,|\,F_n(x) - F(x)\,| < \varepsilon) = 1 \tag{6.4.8}$$

事实上，还可证明：对任一固定的 x，$-\infty < x < +\infty$，有

$$P(\lim_{n \to \infty} F_n(x) = F(x)) = 1 \tag{6.4.9}$$

式（6.4.8）和式（6.4.9）说明，当 n 很大时，经验分布函数 $F_n(x)$ 可以作为总体分布函数 $F(x)$ 的近似.

习题 6 − 4

1. 设总体以等概率取 0，1，2，现从中抽取一个容量为 3 的样本，试求 $P\{X_{(1)} = 0\}$ 与 $P\{X_{(2)} = 0\}$.

2. 设总体以等概率取 1，2，3，现从中抽取一个容量为 5 的样本，试分别求 $X_{(1)}$ 与 $X_{(5)}$ 的分布.

3. 设总体 X 服从参数为 λ 的指数分布，$(X_1, X_2, \cdots, X_n)$ 为其一个样本，试写出样本的极小值 $X_{(1)}$ 与极大值 $X_{(n)}$ 的分布函数，并求 $P(X_{(1)} > a)$ 与 $P(X_{(n)} \leqslant b)$（其中 a，b 为给定正数）.

习题选讲

4. 某保险公司记录的 6 起火灾事故的损失数据如下（单位：万元）：

1.86， 0.75， 3.21， 2.45， 1.98， 4.12

试求该样本的经验分布函数.

习 题 六

1. 填空题.

（1）为了了解国内统计学专业本科毕业生的就业情况，我们调查了某地区 36 名 2015 年毕业的统计学专业本科毕业生实习期满后的月薪情况，则该问题的总体为_____，样本为_____.

（2）设总体 $X \sim U[a, b]$，$(X_1, X_2, \cdots, X_{30})$ 是来自总体 X 的样本，则 $E\bar{X} = $ _____，$D\bar{X} = $ _____，$ES^2 = $ _____.

（3）设总体 $X \sim N(2, 0.5^2)$，$(X_1, X_2, \cdots, X_9)$ 是来自总体 X 的样本，则 $P(1.5 < \bar{X} < 3.5) = $ _____.

（4）设总体 X 与 Y 独立并且都服从正态分布 $N(0, \sigma^2)$，已知 $X_1, \cdots, X_m$ 与 $Y_1, \cdots, Y_n$ 是分别来自总体 X 与 Y 的简单随机样本，统计量 $T = \dfrac{2(X_1 + \cdots + X_m)}{\sqrt{Y_1^2 + \cdots + Y_n^2}}$ 服从自由度为 n 的 t 分布，则 $\dfrac{m}{n} = $ _____.

习题选讲

（5）设 $X_1, X_2, \cdots, X_9$ 是来自总体 $X \sim N(a, 4)$ 的简单随机样本，$\bar{X}$ 为样本均值，则满足 $P\{|\bar{X} - a| < a\} = 0.95$ 的常数 $a = $ _____.

（6）设总体 X 服从标准正态分布，$X_1, X_2, \cdots, X_n$ 是取自总体 X 的简单随

机样本，则统计量 $\dfrac{\sqrt{n-1}X_1}{\sqrt{\sum\limits_{i=2}^{n}X_i^2}}$ 服从_____分布.

(7) 设 X_1, X_2, $\cdots$, X_n 是总体 $N(\mu, 4)$ 的样本，$\bar{X}$ 是样本均值，则当 $n \geqslant$ _____时，有 $E(\bar{X}-\mu)^2 \leqslant 0.1$.

(8) 设随机变量 $X \sim F(n, n)$ 且 $P(X>a)=0.2$，这里 a 为常数，则 $P\left(X>\dfrac{1}{a}\right)=$ _____.

(9) 设 X_1, X_2, $\cdots$, X_{10} 是来自正态总体 $X \sim N(\mu, 4^2)$ 的简单随机样本，S^2 为样本方差，已知 $P\{S^2>a\}=0.1$，则 $a=$ _____.

(10) 设总体 X 在区间 $[0, 2]$ 上服从均匀分布，$F_n(x)$ 是来自总体 X 的容量为 n 的简单随机样本的经验分布函数，则对任意 $x \in [0, 2]$，有 $EF_n(x)=$ _____，$DF_n(x)=$ _____.

2. 选择题.

(1) 设 $(X_1, X_2, \cdots, X_n)$ 是来自总体 X 的样本，X 存在期望 $EX=\mu$，存在方差 $DX=\sigma^2>0$，μ 未知，σ^2 已知，则 （ ）是统计量.

(A) $T_1 = X_1^2 + X_2^2 + \cdots + X_n^2$ 　　　 (B) $T_2 = \sum\limits_{i=1}^{n}(X_i-\mu)^2$

(C) $T_3 = \dfrac{\bar{X}-\mu}{\sigma}$ 　　　　　　　　　 (D) $T_4 = \dfrac{\bar{X}}{\sigma^2}$

(2) 设总体 X 服从正态分布，$EX=-1$，$EX^2=2$，$(X_1, X_2, \cdots, X_n)$ 是一样本，则 $\bar{X} \sim$ （ ）.

(A) $N(-1, 1)$ 　　　　　　　　 (B) $N\left(-1, \dfrac{1}{n}\right)$

(C) $N\left(-\dfrac{1}{n}, 1\right)$ 　　　　　　 (D) $N\left(-\dfrac{1}{n}, \dfrac{1}{n}\right)$

(3) 设总体 $X \sim N(0, 1)$，样本 $(X_1, X_2, \cdots, X_n)$ $(n>1)$ 来自总体 X，则 （ ）.

(A) $\bar{X} \sim N(0, 1)$ 　　　　　　　 (B) $n\bar{X} \sim N(0, n)$

(C) $\sum\limits_{i=1}^{n}X_i^2 \sim \chi^2(n)$ 　　　　　 (D) $\dfrac{\bar{X}}{S} \sim t(n-1)$

(4) 设 $(X_1, X_2, \cdots, X_6)$ 是来自总体 $X \sim N(0, \sigma^2)$ 的样本，则 （ ）$\sim$ $F(2, 4)$.

(A) $\dfrac{2(X_1^2+X_2^2)}{X_3^2+X_4^2+X_5^2+X_6^2}$ 　　　 (B) $\dfrac{X_1^2-X_2^2}{X_3^2+X_4^2+X_5^2+X_6^2}$

(C) $\dfrac{X_3^2+X_4^2+X_5^2+X_6^2}{X_1^2+X_2^2}$ 　　　 (D) $\dfrac{2(X_1^2+X_2^2+X_3^2+X_4^2)}{X_1^2+X_2^2}$

(5) 设 (X_1, X_2, X_3, X_4) 是来自总体 $X \sim N(\mu, \sigma^2)$ 的样本，则 $\dfrac{X_1-X_2}{\sqrt{(X_3-X_4)^2}} \sim$ （ ）.

(A) $\chi^2(1)$ 　　 (B) $F(1, 2)$ 　　 (C) $t(1)$ 　　 (D) $N(0, 1)$

(6) 设随机变量 X 服从 n 个自由度的 t 分布，定义 t_α 满足 $P\{X \leqslant t_\alpha\}=1-\alpha$，$0<\alpha<1$. 若 $P(|X|>x)=b$，$b>0$，则 x 等于 （ ）.

$(A)\ t_{1-b}$ $(B)\ t_{1-\frac{b}{2}}$ $(C)\ t_b$ $(D)\ t_{\frac{b}{2}}$

（7）设随机变量 $X \sim t(n)\,(n>1)$，$Y = \dfrac{1}{X^2}$，则（ ）.

$(A)\ Y \sim \chi^2(n)$ $(B)\ Y \sim \chi^2(n-1)$

$(C)\ Y \sim F(n,\ 1)$ $(D)\ Y \sim F(1,\ n)$

（8）设两个正态分布总体 $X \sim N(\mu_1,\ 1)$，$Y \sim N(\mu_2,\ 1)$，$X_1,\ \cdots,\ X_m$ 与 $Y_1,\ \cdots,\ Y_n$ 是分别来自总体 X 与 Y 的相互独立的简单随机样本，$\bar X$ 与 $\bar Y$ 分别为其样本均值，S_1^2 与 S_2^2 分别是其样本方差，则（ ）.

$(A)\ \bar X - \bar Y - (\mu_1 - \mu_2) \sim N(0,\ 1)$

$(B)\ S_1^2 + S_2^2 \sim \chi^2(m+n-2)$

$(C)\ \dfrac{S_1^2}{S_2^2} \sim F(m-1,\ n-1)$

$(D)\ \dfrac{\bar X - \bar Y - (\mu_1 - \mu_2)}{\sqrt{\dfrac{S_1^2 + S_2^2}{m+n-2}}\sqrt{\dfrac{1}{m}+\dfrac{1}{n}}} \sim t(m+n-2)$

（9）设 $X_1,\ \cdots,\ X_n$ 为来自 $N(0,\ \sigma^2)$ 的一个样本，$\bar X$ 和 S^2 分别为样本均值和样本方差，则服从自由度为 $n-1$ 的 t 分布的随机变量是（ ）.

$(A)\ \dfrac{\sqrt{n}\bar X}{S}$ $(B)\ \dfrac{\sqrt{n}\bar X}{S^2}$ $(C)\ \dfrac{n\bar X}{S}$ $(D)\ \dfrac{n\bar X}{S^2}$

（10）设 $X_1,\ \cdots,\ X_n$ 为来自 $N(0,\ \sigma^2)$ 的一个样本，$\bar X$ 和 S^2 分别为样本均值和样本方差，则（ ）.

$(A)\ \dfrac{\bar X^2}{S^2} \sim F(1,\ n-1)$ $(B)\ \dfrac{(n-1)\bar X^2}{S^2} \sim F(1,\ n-1)$

$(C)\ \dfrac{n\bar X^2}{S^2} \sim F(1,\ n-1)$ $(D)\ \dfrac{(n+1)\bar X^2}{S^2} \sim F(1,\ n-1)$

（11）设随机变量 X 与 Y 都服从标准正态分布，则（ ）.

$(A)\ X+Y$ 服从正态分布 $(B)\ X^2+Y^2$ 服从 χ^2 分布

$(C)\ X^2$ 和 Y^2 都服从 χ^2 分布 $(D)\ \dfrac{X^2}{Y^2}$ 服从 F 分布

（12）设 $F_n(x)$ 是来自总体 X 的容量为 n 的简单随机样本的经验分布函数，$F(x)$ 是总体 X 的分布函数，则对于一个给定的 x，下列命题错误的是（ ）.

$(A)\ F_n(x)$ 是分布函数 $(B)\ F_n(x)$ 以概率收敛于 $F(x)$

$(C)\ F_n(x)$ 是一统计量 $(D)\ F_n(x)$ 其数学期望是 $F(x)$

3. 设总体 X 与 Y 独立，均服从 $N(\mu,\ 3)$，样本 $(X_1,\ X_2,\ \cdots,\ X_9)$ 和 $(Y_1,\ Y_2,\ \cdots,\ Y_{27})$ 分别来自总体 X 与 Y. 求两个样本均值差的绝对值大于 0.2 的概率.

4. 分别从方差为 10 和 21 的两个独立的正态总体中抽取容量为 8 和 10 的样本，求第一个样本方差不小于第二个样本方差两倍的概率.

5. 证明：容量为 2 的样本 $(X_1,\ X_2)$ 的样本方差为 $S^2 = \dfrac{1}{2}(X_1 - X_2)^2$.

6. 设 $X_1,\ X_2,\ X_3,\ X_4$ 是来自正态总体 $N(0,\ 2^2)$ 的简单随机样本，记 $X = a(X_1 - 2X_2)^2 + b(3X_3 - 4X_4)^2$，求 $a,\ b$ 的值，使统计量 X 服从 χ^2 分布，并指出

其自由度.

7. 设随机变量 $X \sim F(n, n)$，证明 $P(X < 1) = 0.5$.

8. 设 $X_1, \cdots, X_{16}$ 是来自 $N(\mu, \sigma^2)$ 的样本，已知样本标准差 $s = 1.79$，试求 $P(|\bar{X} - \mu| < 0.6)$.

9. 设 $(X_1, X_2, \cdots, X_{15})$ 是来自正态总体 $N(0, 9)$ 的简单随机样本，求统计量 $Y = \dfrac{1}{2} \dfrac{X_1^2 + X_2^2 + \cdots + X_{10}^2}{X_{11}^2 + X_{12}^2 + \cdots + X_{15}^2}$ 的分布类型及其自由度.

10. 设随机变量 $F \sim F(n_1, n_2)$，$F_\alpha(n_1, n_2)$ 为其上 α 分位数，证明：

$$F_{1-\alpha}(n_1, n_2) = \frac{1}{F_\alpha(n_2, n_1)}.$$

11. 设总体 X 服从正态分布 $N(\mu, 4)$，$\bar{X}$ 为来自总体 X 的简单随机样本的样本均值. 试分别求满足下列各关系式的最小样本容量 n：

(1) $P\{|\bar{X} - \mu| \leq 0.1\} \geq 0.95$；　　(2) $E(|\bar{X} - \mu|^2) \leq 0.10$.

12. 设总体 X 的密度函数 $f(x) = \begin{cases} 6x(1-x) & 0 < x < 1 \\ 0 & \text{其他} \end{cases}$，$(X_1, X_2, \cdots, X_5)$ 为来自总体 X 的样本，$(X_{(1)}, X_{(2)}, \cdots, X_{(5)})$ 为样本的次序统计量，求 $X_{(5)}$ 的密度函数 $f_{X_{(5)}}(x)$.

13. 设 $X_1, \cdots, X_{16}$ 为来自总体 $N(8, 4)$ 的样本，求 $P(X_{(16)} > 10)$，$P(X_{(1)} > 5)$.

14. 设 $X \sim N(0, 1)$，随机抽取样本 $X_1, X_2, \cdots, X_n$，$\bar{X}$ 为样本均值，S^2 为样本方差，试指出 $\sum\limits_{i=1}^{n} X_i^2 - n\bar{X}^2$ 与 $\dfrac{n\bar{X}^2}{S^2}$ 各服从什么分布，并写出此分布的自由度.

15. 设 X_1, X_2, X_3, X_4 相互独立且服从相同分布 $\chi^2(n)$，令 $Y = \dfrac{X_1 + X_2 + X_3}{3X_4}$，试写出 Y 的分布.

16. 设 X 服从正态分布 $N(\mu, \sigma^2)$，从中抽取容量为 16 的样本，S^2 为样本方差，μ, σ^2 未知，求 $P\left\{\dfrac{S^2}{\sigma^2} \leq 2.039\right\}$.

17. 总体 $X \sim N(0, \sigma^2)$，(X_1, X_2) 为总体的样本，求 $Y = (X_1 + X_2)^2 / (X_1 - X_2)^2$ 的分布.

18. 设 $(X_1, X_2, \cdots, X_9)$ 是来自正态总体 $N(0, 4)$ 的简单随机样本，统计量 $Y = a(X_1 + X_2)^2 + b(X_3 + X_4 + X_5)^2 + c(X_6 + X_7 + X_8 + X_9)^2$ 服从 χ^2 分布，求 a, b, c，以及 Y 的自由度.

19. 设 $X_1, X_2, \cdots, X_n$ 是来自总体 $N(\mu, \sigma^2)(\sigma > 0)$ 的简单随机样本，记统计量 $T = \dfrac{1}{n} \sum\limits_{i=1}^{n} X_i^2$，求 ET.

20. 设 $(X_1, X_2, \cdots, X_9)$ 是总体 $N(\mu, \sigma^2)$ 的样本，$Y_1 = \dfrac{1}{6} \sum\limits_{i=1}^{6} X_i$，$Y_2 = \dfrac{1}{3}(X_7 + X_8 + X_9)$，$S^2 = \dfrac{1}{2} \sum\limits_{i=7}^{9} (X_i - Y_2)^2$，$Z = \dfrac{\sqrt{2}(Y_1 - Y_2)}{S}$，求 Z 的分布.

21. 设两个正态分布总体 $X \sim N(\mu_1, \sigma_1^2)$，$Y \sim N(\mu_2, \sigma_2^2)$，$X_1, \cdots, X_m$ 与 $Y_1, \cdots, Y_n$ 是分别来自总体 X 与 Y 的相互独立的简单随机样本，S_1^2 与 S_2^2 分别是其样本方差，已知 $m = 8$，$S_1^2 = 8.75$，$n = 10$，$S_2^2 = 2.66$，求 $P\{\sigma_1^2 < \sigma_2^2\}$.

第 7 章
参 数 估 计

数理统计的核心内容是由样本推断总体，即所谓统计推断，而参数估计是统计推断的基本形式之一．本章介绍参数估计的基本知识，并着重讨论估计参数的方法和形式．

如果总体 X 的分布形式已知，例如，已知 X 服从正态分布 $N(\mu, \sigma^2)$，未知的只是分布中的参数 μ 或 σ^2，要估计的是参数或参数的某一函数的值，这一类问题称为**参数估计问题**．参数估计有点估计和区间估计两种形式．

§7.1　参数的点估计

设总体 X 的分布函数为 $F(x; \theta)$，F 的形式已经确定，例如泊松分布或正态分布等，参数 θ 是未知的．θ 可以表示一个参数，如泊松分布中的 λ，也可表示若干个参数组成的参数向量，如正态分布中的 (μ, σ^2)．θ 的取值范围称为**参数空间**，记作 Θ. 若总体服从泊松分布 $P(\lambda)$，则 $\Theta = \{\lambda \mid \lambda > 0\} = (0, +\infty)$；若总体服从 $N(\mu, \sigma^2)$，则 $\Theta = \{(\mu, \sigma^2) \mid -\infty < \mu < +\infty, 0 < \sigma^2 < +\infty\}$，等等．所谓**参数的点估计**，就是选择参数空间的一个点作为参数的真值的估计值．这个点怎么选？一般做法是先收集关于 θ 的信息，即从总体中抽出样本 $(X_1, X_2, \cdots, X_n)$，再把样本中蕴含的关于 θ 的信息集中起来，即构造一个合适的统计量（称为未知参数的**估计量**），把样本观测值 $(x_1, x_2, \cdots, x_n)$ 代入这个估计量，计算出估计量的观测值，用它作为 θ 的真值的近似值（称为未知参数的**估计值**）．将参数 θ 的估计量及估计值分别记作 $\hat{\theta} = \hat{\theta}(X_1, X_2, \cdots, X_n)$，$\hat{\theta} = \hat{\theta}(x_1, x_2, \cdots, x_n)$，二者都称为 θ 的**点估计**．

如何构造参数 θ 的点估计？具体的方法有许多，这里介绍两种求点估计的方法：矩估计法和极大似然估计法.

7.1.1 矩估计法

设总体 X，$(X_1, X_2, \cdots, X_n)$ 是来自总体 X 的样本，由概率论知识我们知道，若总体 X 的 k 阶原点矩 EX^k 存在，则 EX^m 也存在，$m = 1, 2, \cdots, k$. 由于 $X_1, X_2, \cdots, X_n$ 相互独立且与总体 X 同分布，从而 $X_1^m, X_2^m, \cdots, X_n^m$ 也相互独立且与 X^m 同分布. 于是由辛钦大数定律，样本的 m 阶原点矩 $A_m = \dfrac{1}{n} \sum\limits_{i=1}^{n} X_i^m$ 依概率收敛于总体的 m 阶原点矩 $EX^m (m = 1, 2, \cdots, k)$. 这就启发我们在利用样本所提供的信息对总体分布中的未知参数作估计时，可以用样本各阶矩作为估计量去估计总体各阶矩. 按这种思想方法去获取参数点估计的方法叫作**矩估计法**. 用矩估计法所确定的估计量称为**矩估计量**，相应的估计值称为**矩估计值**. 矩估计量与矩估计值统称为**矩估计**.

具体来说，所谓矩估计法就是用样本矩作为总体相应矩的估计；用样本矩的函数作为总体相应矩同样函数的估计. 需要强调的是，这里的矩可以是原点矩也可以是中心矩.

矩估计法是一种古老的点估计方法，它是由英国统计学家卡尔·皮尔逊（K. Pearson）于 1894 年提出的，目前仍在较广泛地应用着.

按照矩估计法的基本思想，下面给出求矩估计的一般方法.

设总体 X 的分布函数含有 l 个未知参数 $\theta_1, \theta_2, \cdots, \theta_l$，$(X_1, X_2, \cdots, X_n)$ 是来自总体 X 的样本. 假定总体 X 的 k 阶原点矩 $EX^k (k = 1, 2, \cdots, l)$ 存在，则 EX^k 一般是未知参数 $\theta_1, \theta_2, \cdots, \theta_l$ 的函数，记作 $EX^k = g_k(\theta_1, \theta_2, \cdots, \theta_l)$，$k = 1, 2, \cdots, l$. 这时，我们取样本的 k 阶原点矩 $A_k = \dfrac{1}{n} \sum\limits_{i=1}^{n} X_i^k$ 作为总体的 k 阶原点矩 $g_k(\theta_1, \theta_2, \cdots, \theta_l)$ 的估计，列出方程组

$$\begin{cases} g_1(\hat{\theta}_1, \hat{\theta}_2, \cdots, \hat{\theta}_l) = \dfrac{1}{n} \sum\limits_{i=1}^{n} X_i, \\ g_2(\hat{\theta}_1, \hat{\theta}_2, \cdots, \hat{\theta}_l) = \dfrac{1}{n} \sum\limits_{i=1}^{n} X_i^2, \\ \cdots\cdots\cdots\cdots\cdots\cdots\cdots\cdots \\ g_l(\hat{\theta}_1, \hat{\theta}_2, \cdots, \hat{\theta}_l) = \dfrac{1}{n} \sum\limits_{i=1}^{n} X_i^l. \end{cases} \tag{7.1.1}$$

从式（7.1.1）中解出

$$\begin{cases} \hat{\theta}_1 = \hat{\theta}_1(X_1, X_2, \cdots, X_n), \\ \hat{\theta}_2 = \hat{\theta}_2(X_1, X_2, \cdots, X_n), \\ \cdots\cdots\cdots\cdots\cdots\cdots \\ \hat{\theta}_l = \hat{\theta}_l(X_1, X_2, \cdots, X_n), \end{cases}$$

则 $\hat{\theta}_1$，$\hat{\theta}_2$，$\cdots$，$\hat{\theta}_l$ 就分别是 θ_1，θ_2，$\cdots$，θ_l 的矩估计.

例 1　设总体 X 服从正态分布 $N(\mu, \sigma^2)$，$(X_1, X_2, \cdots, X_n)$ 是来自 X 的样本，求 μ 与 σ^2 的矩估计.

解　总体中含有两个未知参数 μ、σ^2，又知总体 X 的一阶原点矩 $EX = \mu$，二阶原点矩 $EX^2 = DX + (EX)^2 = \sigma^2 + \mu^2$；样本的一阶原点矩 $\bar{X} = \dfrac{1}{n} \sum\limits_{i=1}^{n} X_i$，二阶原点矩 $A_2 = \dfrac{1}{n} \sum\limits_{i=1}^{n} X_i^2$. 令

$$\begin{cases} \hat{\mu} = \bar{X}, \\ \hat{\sigma}^2 + \hat{\mu}^2 = A_2. \end{cases}$$

解这个方程组，得 μ、σ^2 的矩估计分别为

$$\hat{\mu} = \bar{X},$$

$$\hat{\sigma}^2 = A_2 - \bar{X}^2 = \frac{1}{n} \sum_{i=1}^{n} X_i^2 - \bar{X}^2 = \frac{1}{n} \sum_{i=1}^{n} (X_i - \bar{X})^2 = B_2.$$

可见，μ、σ^2 的矩估计分别是样本的一阶原点矩和样本的二阶中心矩. 事实上，在本例中，无论总体的分布形式如何，总体均值和方差的矩估计分别总是样本均值 $\bar{X}$ 和样本二阶中心矩 B_2.

例 2　设总体 $X \sim P(\lambda)$，$(X_1, X_2, \cdots, X_n)$ 是来自 X 的样本，求 λ 的矩估计.

解　因 $EX = \lambda$，所以 λ 的矩估计为 $\hat{\lambda} = \bar{X}$.

另外，$DX = \lambda$，即 $EX^2 - (EX)^2 = \lambda$，所以又得 λ 的一个矩估计

$$\hat{\lambda} = \frac{1}{n} \sum_{i=1}^{n} X_i^2 - \bar{X}^2 = \frac{1}{n} \sum_{i=1}^{n} (X_i - \bar{X})^2 = B_2.$$

此例说明矩估计可以不唯一. $\bar{X}$ 与 B_2 哪一个好呢？这涉及估计量优劣的判断标准（下节介绍）. 在合理准则下，都可证明 $\bar{X}$ 优于 B_2. 一般来说，当矩估计不唯一时，取低阶矩得到的那一个.

例 3　设总体 X 服从 $[\theta_1, \theta_2]$ 上的均匀分布，样本 $(X_1, X_2, \cdots, X_n)$ 来自 X，求 θ_1 和 θ_2 的矩估计.

解　这是两个参数的矩估计问题. 因 $EX = \dfrac{1}{2}(\theta_1 + \theta_2)$，$EX^2 = DX + (EX)^2 = \dfrac{1}{12}(\theta_2 - \theta_1)^2 + \left[\dfrac{1}{2}(\theta_1 + \theta_2)\right]^2$，令

$$\begin{cases} \dfrac{1}{2}(\hat{\theta}_1 + \hat{\theta}_2) = \bar{X}, \\ \dfrac{1}{12}(\hat{\theta}_2 - \hat{\theta}_1)^2 + \left[\dfrac{1}{2}(\hat{\theta}_1 + \hat{\theta}_2)\right]^2 = A_2. \end{cases}$$

解得 θ_1、θ_2 的矩估计分别为

$$\hat{\theta}_1 = \bar{X} - \sqrt{3B_2}, \quad \hat{\theta}_2 = \bar{X} + \sqrt{3B_2}.$$

例4 设总体 X 的概率分布为

X	1	2	3
P	θ^2	$2\theta(1-\theta)$	$(1-\theta)^2$

其中，θ 为未知参数. 现抽得一样本值为 $\{1, 2, 1\}$，求参数 θ 的矩估计值.

解 令 $EX = \bar{X}$，又

$$EX = 1 \times \theta^2 + 2 \times 2\theta(1-\theta) + 3 \times (1-\theta)^2 = 3 - 2\theta,$$

所以

$$3 - 2\theta = \bar{X}$$

即参数 θ 的矩估计量为 $\hat{\theta} = \dfrac{3}{2} - \dfrac{1}{2}\bar{X}$. 样本均值的观测值为 $\bar{x} = \dfrac{1}{3}(1 + 2 + 1) = \dfrac{4}{3}$，于是参数 θ 的矩估计值为 $\hat{\theta} = \dfrac{3}{2} - \dfrac{1}{2} \times \dfrac{4}{3} = \dfrac{5}{6}$.

矩估计法的特点是简便易行，在使用时，并不需要事先知道总体的分布. 但在总体分布类型已知时，由于矩估计法没有充分利用总体分布所提供的关于未知参数的信息，因此矩估计不一定是理想的估计. 另外，矩估计量不具有唯一性，这在应用中是不利的；矩估计法应用的前提是总体矩要存在，但有时这一点不一定成立. 因此，有必要研究其他的求点估计的方法.

7.1.2 极大似然估计法

我们知道，概率大的事件比概率小的事件更易于发生，因此若在一次试验中，事件 A 发生了，则可认为试验条件应该对 A 的出现是最为有利的，或者说试验条件应使得 A 发生的概率最大，这就是所谓的**极大似然原理**. 依据这一原理，这时若事件 A 的概率与参数 θ 有关 $P(A) = p(\theta)$，$\theta \in \Theta$，那么使 $P(A)$ 达到最大的参数值是最有利于 A 发生的试验条件，故应将使事件 A 发生的概率最大的参数值作为未知参数的估计值，这就是极大似然估计法的基本思想. 我们再通过一个简单的例子加以说明这一思想.

例1 设一个袋子中装有白球、黑球99个和1个，但不知道白球多还是黑球多，我们要了解袋子中黑白球各是多少？为此，我们从袋子中任取一球，假设结果为黑球（记为 A），这时事件 A 的概率为

$P(A) = \dfrac{\theta}{100}$，其中 θ 可能取值 1 或 99. 显然，θ 取值 99 比 θ 取值 1 更有利于 A 的出现，既然在试验中事件 A 发生了，那么我们有理由相信试验的条件应有利于 A 的出现，即把 99 作为参数 θ 的估计值更合理，由此可断定袋中有 99 个黑球，1 个白球. 这里我们用到了极大似然估计法的基本思想.

下面我们应用极大似然原理分别就离散型总体和连续型总体给出求未知参数点估计的另一种方法——极大似然估计法.

设总体 X 为离散型随机变量，其概率函数为 $P(X = x) = p(x; \theta_1, \theta_2, \cdots, \theta_k)$，其中 $\theta_1, \theta_2, \cdots, \theta_k$ 为未知参数，$\theta = (\theta_1, \theta_2, \cdots, \theta_k) \in \Theta$. $(X_1, X_2, \cdots, X_n)$ 为来自总体 X 的样本，样本 $(X_1, X_2, \cdots, X_n)$ 的概率函数为

$$P(X_1 = x_1, X_2 = x_2, \cdots, X_n = x_n) = \prod_{i=1}^{n} p(x_i; \theta_1, \theta_2, \cdots, \theta_k).$$

$$(7.1.2)$$

当一次具体的抽样完成之后，$(X_1, X_2, \cdots, X_n)$ 有了观测值 $(x_1, x_2, \cdots, x_n)$，$x_i (i = 1, 2, \cdots, n)$ 是一组确定的数，把它们代入式 (7.1.2)，则 $\prod_{i=1}^{n} p(x_i; \theta_1, \theta_2, \cdots, \theta_k)$ 仅仅是 $\theta_1, \theta_2, \cdots, \theta_k$ 的函数，我们把它记作 $L(\theta_1, \theta_2, \cdots, \theta_k)$，并称

$$L(\theta_1, \theta_2, \cdots, \theta_k) = \prod_{i=1}^{n} p(x_i; \theta_1, \theta_2, \cdots, \theta_k) \quad (7.1.3)$$

为参数 $\theta = (\theta_1, \theta_2, \cdots, \theta_k)$ 的**似然函数**，似然函数 $L(\theta_1, \theta_2, \cdots, \theta_k)$ 是事件 $\{X_1 = x_1, X_2 = x_2, \cdots, X_n = x_n\}$ 的概率，当 $\theta_1, \theta_2, \cdots, \theta_k$ 变动时，函数 $L(\theta_1, \theta_2, \cdots, \theta_k)$ 的值也变动，似然函数值的大小意味着样本值 $(x_1, x_2, \cdots, x_n)$ 出现的可能性大小. 既然在试验中已经得到了样本值 $(x_1, x_2, \cdots, x_n)$，即事件 $\{X_1 = x_1, X_2 = x_2, \cdots, X_n = x_n\}$ 发生了，所以做出对 $\theta_1, \theta_2, \cdots, \theta_k$ 的估计时应有利于这一事件的发生，即取使 $L(\theta_1, \theta_2, \cdots, \theta_k)$ 达到最大的 $\hat{\theta}_1, \hat{\theta}_2, \cdots, \hat{\theta}_k$ 作为对 $\theta_1, \theta_2, \cdots, \theta_k$ 的估计.

设总体 X 为连续型随机变量，其密度函数为 $f(x; \theta_1, \theta_2, \cdots, \theta_k)$，其中 $\theta_1, \theta_2, \cdots, \theta_k$ 为未知参数，$\theta = (\theta_1, \theta_2, \cdots, \theta_k) \in \Theta$. $(X_1, X_2, \cdots, X_n)$ 为来自总体 X 的样本，样本 $(X_1, X_2, \cdots, X_n)$ 的密度函数为

$$\prod_{i=1}^{n} f(x_i; \theta_1, \theta_2, \cdots, \theta_k). \quad (7.1.4)$$

对于一次具体抽样，得样本观测值 $(x_1, x_2, \cdots, x_n)$，代入上式，则 $\prod_{i=1}^{n} f(x_i; \theta_1, \theta_2, \cdots, \theta_k)$ 是 $\theta_1, \theta_2, \cdots, \theta_k$ 的函数，记作 $L(\theta_1,$

θ_2，$\cdots$，θ_k），并称

$$L(\theta_1，\theta_2，\cdots，\theta_k) = \prod_{i=1}^{n} f(x_i；\theta_1，\theta_2，\cdots，\theta_k) \quad (7.1.5)$$

为参数 $\theta = (\theta_1，\theta_2，\cdots，\theta_k)$ 的**似然函数**，它的值的大小与（X_1，X_2，$\cdots$，X_n）落在（x_1，x_2，$\cdots$，x_n）附近这一事件概率的大小成正比. 类似地，我们选择使 $L(\theta_1，\theta_2，\cdots，\theta_k)$ 达到最大值的 $\hat{\theta}_1，\cdots，\hat{\theta}_k$ 作为对 $\theta_1，\theta_2，\cdots，\theta_k$ 的估计.

总之，有了样本观测值（x_1，x_2，$\cdots$，x_n），即事件 $\{X_1 = x_1，X_2 = x_2，\cdots，X_n = x_n\}$ 发生了，似然函数 $L(\theta_1，\theta_2，\cdots，\theta_k)$ 反映了 $\theta = (\theta_1，\theta_2，\cdots，\theta_k)$ 的各不同值导出这个事件发生可能性的大小. 我们选择使 $L(\theta_1，\theta_2，\cdots，\theta_k)$ 达到最大值的那个参数值作为未知参数的估计. 这种求点估计的方法叫作**极大似然估计法**.

定义 7.1 对于似然函数 $L(\theta_1，\theta_2，\cdots，\theta_k)$（式（7.1.3）或式（7.1.5）），若存在样本值（x_1，x_2，$\cdots$，x_n）的函数 $\hat{\theta}_i = \hat{\theta}_i (x_1，x_2，\cdots，x_n)(i = 1，2，\cdots，k)$，使

$$L(\hat{\theta}_1，\hat{\theta}_2，\cdots，\hat{\theta}_k) = \max_{(\theta_1，\theta_2，\cdots，\theta_k) \in \Theta} L(\theta_1，\theta_2，\cdots，\theta_k)，$$

$$(7.1.6)$$

则称 $\hat{\theta}_i = \hat{\theta}_i(x_1，x_2，\cdots，x_n)$ 为 θ_i 的**极大似然估计值**，$i = 1，2，\cdots$，k；称相应的统计量 $\hat{\theta}_i = \hat{\theta}_i(X_1，X_2，\cdots，X_n)$ 为 θ_i 的**极大似然估计量**，$i = 1，2，\cdots，k$.

极大似然估计值与极大似然估计量统称为**极大似然估计**.

由定义 7.1 可知，求总体参数 $\theta = (\theta_1，\theta_2，\cdots，\theta_k)$ 的极大似然估计问题就是求似然函数 $L(\theta_1，\theta_2，\cdots，\theta_k)$ 的最大值点 $\hat{\theta} = (\hat{\theta}_1，\hat{\theta}_2，\cdots，\hat{\theta}_k)$ 问题. 当似然函数 $L(\theta_1，\theta_2，\cdots，\theta_k)$ 可微时，要使 $L(\theta_1，\theta_2，\cdots，\theta_k)$ 取得最大值，$\hat{\theta}_1，\hat{\theta}_2，\cdots，\hat{\theta}_k$ 必须满足

$$\begin{cases} \dfrac{\partial L}{\partial \theta_1} = 0， \\ \dfrac{\partial L}{\partial \theta_2} = 0， \\ \cdots\cdots \\ \dfrac{\partial L}{\partial \theta_k} = 0. \end{cases} \quad (7.1.7)$$

方程组（7.1.7）称为**似然方程组**. 由它可解得 $\theta_1，\theta_2，\cdots，\theta_k$ 的极大似然估计 $\hat{\theta}_1，\hat{\theta}_2，\cdots，\hat{\theta}_k$.

由于 $\ln L$ 与 L 在同一点达到最大值，而且，一般说来，求 $\ln L$ 的最大值点更为容易. 因此，$\theta = (\theta_1，\theta_2，\cdots，\theta_k)$ 的极大似然估计 $\hat{\theta} = (\hat{\theta}_1，\hat{\theta}_2，\cdots，\hat{\theta}_k)$ 常常通过解下面对数似然方程组

$$\begin{cases} \dfrac{\partial \ln L}{\partial \theta_1} = 0, \\[2mm] \dfrac{\partial \ln L}{\partial \theta_2} = 0, \\[2mm] \cdots\cdots \\[2mm] \dfrac{\partial \ln L}{\partial \theta_k} = 0 \end{cases} \qquad (7.1.8)$$

求得.

如果方程组（7.1.7）或方程组（7.1.8）有唯一解，又能验证它是一个极大值点，则它必是所求的极大似然估计. 有时，用式（7.1.7）或式（7.1.8）行不通，这时只好按定义式（7.1.6）直接求极大似然估计.

在求似然函数最大值点的过程中，假定样本值（x_1, x_2, $\cdots$, x_n）已经给定，从中解出 θ_1, θ_2, $\cdots$, θ_k, 记为 $\hat{\theta}_1$, $\hat{\theta}_2$, $\cdots$, $\hat{\theta}_k$. 实际上，（x_1, x_2, $\cdots$, x_n）也是随每次抽样而变化的，因此 $\hat{\theta}_i = \hat{\theta}_i(x_1$, x_2, $\cdots$, $x_n)$ 是（x_1, x_2, $\cdots$, x_n）的函数，对不同的样本值，参数的估计值 $\hat{\theta}_i$ 一般会有差异.

例 2 设总体 $X \sim P(\lambda)$, 样本（X_1, X_2, $\cdots$, X_n）来自 X, 求参数 λ 的极大似然估计.

解 总体 X 的概率函数为

$$P(X = k) = \frac{\lambda^k}{k!} \mathrm{e}^{-\lambda}, \quad (k = 0, 1, 2, \cdots)$$

则 λ 的似然函数为

$$L(\lambda) = \prod_{i=1}^{n} \frac{\lambda^{x_i}}{x_i!} \mathrm{e}^{-\lambda} = \frac{1}{\prod\limits_{i=1}^{n} x_i!} \lambda^{\sum\limits_{i=1}^{n} x_i} \mathrm{e}^{-n\lambda}.$$

取对数，得

$$\ln L = -\ln\left(\prod_{i=1}^{n} x_i! \right) + \left(\sum_{i=1}^{n} x_i \right) \ln \lambda - n\lambda.$$

对 λ 求导数，并令导数为 0, 得似然方程

$$\frac{\mathrm{d}\ln L}{\mathrm{d}\lambda} = \frac{1}{\lambda} \sum_{i=1}^{n} x_i - n = 0.$$

所以，λ 的极大似然估计为

$$\hat{\lambda} = \frac{1}{n} \sum_{i=1}^{n} X_i = \bar{X}.$$

因为最终要得到 λ 的估计量，所以最后一步把样本观测值（x_1, x_2, $\cdots$, x_n）又换成了样本（X_1, X_2, $\cdots$, X_n），以后的例题中我们直接给出参数的估计量.

由上例可以看出，泊松分布的参数 λ, 其极大似然估计与矩估计

一样.

例3 设总体 X 服从参数为 λ 的指数分布，$(X_1, X_2, \cdots, X_n)$ 为来自 X 的样本，求参数 λ 的极大似然估计.

解 总体 X 的密度函数为

$$f(x; \lambda) = \begin{cases} \lambda e^{-\lambda x}, & x > 0; \\ 0, & x \leqslant 0. \end{cases}$$

则 λ 的似然函数为

$$L(\lambda) = \prod_{i=1}^{n} \lambda e^{-\lambda x_i} = \lambda^n e^{-\lambda \sum_{i=1}^{n} x_i}.$$

取对数，得

$$\ln L = n\ln\lambda - \lambda \sum_{i=1}^{n} x_i.$$

对 λ 求导数，并令导数为 0，得似然方程

$$\frac{n}{\lambda} - \sum_{i=1}^{n} x_i = 0.$$

解这个方程，得 λ 的极大似然估计

$$\hat{\lambda} = \frac{n}{\sum_{i=1}^{n} X_i} = \frac{1}{\bar{X}}.$$

可见，指数分布的参数 λ，其极大似然估计与矩估计的结果是相同的.

例4 设总体 $X \sim N(\mu, \sigma^2)$，样本 $(X_1, X_2, \cdots, X_n)$ 来自 X，求 μ, σ^2 的极大似然估计.

解 总体 X 的密度函数为

$$f(x; \mu, \sigma^2) = \frac{1}{\sqrt{2\pi}\sigma} e^{-\frac{(x-\mu)^2}{2\sigma^2}},$$

则 μ, σ^2 的似然函数为

$$L(\mu, \sigma^2) = \prod_{i=1}^{n} \frac{1}{\sqrt{2\pi}\sigma} e^{-\frac{(x_i-\mu)^2}{2\sigma^2}} = (2\pi)^{-\frac{n}{2}} (\sigma^2)^{-\frac{n}{2}} e^{-\frac{1}{2\sigma^2}\sum_{i=1}^{n}(x_i-\mu)^2}.$$

因求 σ^2 的估计，所以把 σ^2 看作一个整体. 取对数，得

$$\ln L = -\frac{n}{2}\ln(2\pi) - \frac{n}{2}\ln(\sigma^2) - \frac{1}{2\sigma^2} \sum_{i=1}^{n} (x_i - \mu)^2.$$

求偏导数，并令其为 0，得似然方程组

$$\begin{cases} \dfrac{\partial \ln L}{\partial \mu} = \dfrac{1}{\sigma^2} \sum_{i=1}^{n} (x_i - \mu) = 0, \\ \dfrac{\partial \ln L}{\partial \sigma^2} = -\dfrac{n}{2\sigma^2} + \dfrac{1}{2\sigma^4} \sum_{i=1}^{n} (x_i - \mu)^2 = 0. \end{cases}$$

198 解方程组，得 μ 与 σ^2 的极大似然估计

$$\hat{\mu} = \frac{1}{n} \sum_{i=1}^{n} X_i = \bar{X},$$

$$\hat{\sigma}^2 = \frac{1}{n} \sum_{i=1}^{n} (X_i - \bar{X})^2 = B_2.$$

正态分布的两个参数 μ、σ^2 的极大似然估计与其矩估计完全一样.

在上例中，若把 σ 看成未知参数去求它的极大似然估计，则可求得 σ 的极大似然估计为

$$\hat{\sigma} = \sqrt{\frac{1}{n} \sum_{i=1}^{n} (X_i - \bar{X})^2}.$$

比较 $\hat{\sigma}^2$ 与 $\hat{\sigma}$，则有 $\hat{\sigma}^2 = (\hat{\sigma})^2$. 一般地，若 $\hat{\theta}$ 为 θ 的极大似然估计，又 $u = g(\theta)$ 是 θ 的函数且存在反函数 $\theta = h(u)$，则 $g(\hat{\theta})$ 是 $g(\theta)$ 的极大似然估计. 这种性质叫**极大似然估计的不变性**.

例 5　设总体 X 服从 $[\theta_1, \theta_2]$ 上的均匀分布，样本 $(X_1, X_2, \cdots, X_n)$ 来自 X，求参数 θ_1、θ_2 的极大似然估计.

例 5 讲解

解　θ_1、θ_2 的似然函数为

$$L(\theta_1, \theta_2) = \frac{1}{(\theta_2 - \theta_1)^n}.$$

取对数，得

$$\ln L = -n\ln(\theta_2 - \theta_1).$$

求偏导数得似然方程

$$\begin{cases} \dfrac{\partial \ln L}{\partial \theta_1} = \dfrac{n}{\theta_2 - \theta_1} = 0, \\ \dfrac{\partial \ln L}{\partial \theta_2} = \dfrac{-n}{\theta_2 - \theta_1} = 0. \end{cases}$$

方程组无解，用此法求不出 θ_1、θ_2 的极大似然估计. 现在我们从定义 7.1 出发确定 θ_1, θ_2 的极大似然估计. 很明显，要使似然函数 $L(\theta_1, \theta_2)$ 取得最大值，则 $\theta_2 - \theta_1$ 应尽可能地小，注意到 θ_1, θ_2 必须满足 $\theta_1 \leqslant x_i \leqslant \theta_2$, $i = 1, 2, \cdots, n$，于是 θ_1, θ_2 的极大似然估计为

$$\hat{\theta}_1 = \min\{X_1, X_2, \cdots, X_n\} = X_{(1)},$$
$$\hat{\theta}_2 = \max\{X_1, X_2, \cdots, X_n\} = X_{(n)}.$$

均匀分布的两个参数 θ_1 与 θ_2，其极大似然估计不再与矩估计相同.

参数的极大似然估计法是英国统计学家费舍尔于 1912 年提出来的，它是在总体分布类型已知的情况下使用的一种参数估计方法. 由于极大似然估计充分利用了已知总体分布类型所蕴含的信息，因此极大似然估计一般具有较多的优良性质，但它的计算往往比较复杂.

习题 7 – 1

1. 从一批电子元件中抽取 8 个进行寿命测试，得到如下数据（单位：小时）：

1050，1100，1130，1040，1250，1300，1200，1080.

试对这批元件的平均寿命及寿命分布的标准差给出矩估计.

2. 设总体 X 服从参数为 p 的 0 – 1 分布，$p(0 < p < 1)$ 未知，$(X_1, X_2, \cdots, X_n)$ 是来自总体 X 的样本. 求 p 的矩估计和极大似然估计.

3. 设总体 X 服从参数为 p 的几何分布，$p(0 < p < 1)$ 未知，$(X_1, X_2, \cdots, X_n)$ 是来自总体 X 的样本. 求 p 的矩估计.

4. 设总体 $X \sim B(n, p)$，参数 $p(0 < p < 1)$ 未知，$(X_1, X_2, \cdots, X_n)$ 是来自总体 X 的样本. 求 p 的矩估计和极大似然估计.

5. 设总体 $X \sim B(n, p)$，参数 n 和 p 都是未知的，n 是正整数，$0 < p < 1$，$(X_1, X_2, \cdots, X_n)$ 是来自总体 X 的样本. 求 n 和 p 的矩估计.

6. 设总体 X 服从 $\left[\theta - \dfrac{1}{2}, \ \theta + \dfrac{1}{2} \right]$ 上的均匀分布，其中 θ 为未知参数，$(X_1, X_2, \cdots, X_n)$ 是来自总体 X 的样本. 求 θ 的矩估计.

7. 设总体 $X \sim N(0, \sigma^2)$，σ^2 未知，$(X_1, X_2, \cdots, X_n)$ 是来自总体 X 的样本. 求 σ^2 的极大似然估计.

8. 设电话总机在某段时间内接到呼唤次数服从泊松分布 $P(\lambda)$. 现收集了 42 个数据如下：

接到呼唤的次数	0	1	2	3	4	5
出现的频数	7	10	12	8	3	2

试求未知参数 λ 的极大似然估计.

9. 为了估计湖中有多少条鱼，从中捞出 1000 条，标上记号后放回湖中，然后再捞出 150 条鱼，发现其中有 10 条鱼有记号，问湖中有多少条鱼，才能使 150 条鱼中出现 10 条带记号的鱼的概率最大？

习题选讲

§7.2 点估计的优良性准则

上节我们介绍了两种求未知参数点估计的方法. 可以看到，对于同一个被估计的参数，可以有多个不同的统计量作为它的估计量（实际上，从估计量的定义可知，原则上任何统计量都可以作为未知参数的估计量），估计量不同，估计效果也不同，而这些估计量中究竟哪个好？哪个差？这涉及估计量的评价标准问题. 常用的标准有很多，本节介绍最常用的三条标准.

7.2.1　无偏性

设 $\hat{\theta}(X_1, X_2, \cdots, X_n)$ 是参数 θ 的估计量，它是一个随机变量，对于不同的样本观测值会得到不同的估计值. 我们希望估计值在未知参数真值附近摆动，即它的期望值等于未知参数的真值，这就导致无偏性这个标准.

定义 7.2　设总体 X 的分布中含有未知参数 $\theta \in \Theta$，Θ 为参数空间，样本 $(X_1, X_2, \cdots, X_n)$ 来自总体 X，$\hat{\theta} = \hat{\theta}(X_1, X_2, \cdots, X_n)$ 为未知参数 θ 的估计量. 若

$$E\hat{\theta} = \theta, \ \theta \in \Theta \tag{7.2.1}$$

成立，则称 $\hat{\theta}$ 为参数 θ 的**无偏估计量**（unbiased estimator），简称**无偏估计**，或称估计量 $\hat{\theta}$ 具有无偏性；否则称 $\hat{\theta}$ 为 θ 的有偏估计量.

若 $\lim\limits_{n\to\infty} E\hat{\theta} = \theta$，则称 $\hat{\theta}$ 是 θ 的**渐近无偏估计**.

例 1　设总体 X 有期望 $EX = \mu$，方差 $DX = \sigma^2$，样本 $(X_1, X_2, \cdots, X_n)$ 来自 X，则

（1）样本均值 $\bar{X}$ 是 μ 的无偏估计；

（2）样本方差 S^2 是 σ^2 的无偏估计；

（3）未修正样本方差 S_0^2 是 σ^2 的有偏估计.

证　（1）由定理 6.1 可知，$E\bar{X} = \mu$，故 $\bar{X}$ 是 μ 的无偏估计；

（2）由定理 6.1 可知，$ES^2 = \sigma^2$，因此 S^2 是 σ^2 的无偏估计；

（3）由于 $S_0^2 = \dfrac{n-1}{n} S^2$，$ES_0^2 = \dfrac{n-1}{n} ES^2 = \dfrac{n-1}{n} \sigma^2$，故 S_0^2 是 σ^2 的有偏估计. 而 $\lim\limits_{n\to\infty} ES_0^2 = \sigma^2$，因此 S_0^2 是 σ^2 的一个渐近无偏估计.

可见，S_0^2 作为 σ^2 的估计是有偏的，S^2 作为 σ^2 的估计是无偏的. 因此，通常用 S^2 作为总体方差的估计. 当然，当样本容量较大时，S^2 与 S_0^2 之间的差别是十分微小的.

上述例 1 中的结论与总体的分布类型无关，只要总体的均值、方差存在，样本均值总是总体均值的无偏估计，样本方差总是总体方差的无偏估计.

若 $\hat{\theta}$ 为参数 θ 的一个估计，$g(\theta)$ 为 θ 的函数，通常我们总是用 $g(\hat{\theta})$ 去估计 $g(\theta)$. 但是，需要注意的是，即使 $E\hat{\theta} = \theta$，也不一定有 $Eg(\hat{\theta}) = g(\theta)$. 也就是说，由 $\hat{\theta}$ 是 θ 的无偏估计，我们不能断言 $g(\hat{\theta})$ 是 $g(\theta)$ 的无偏估计.

例 2　设总体 X 的方差 $DX = \sigma^2$ 未知，样本 $(X_1, X_2, \cdots, X_n)$ 来自总体 X，S^2 为样本方差，则样本标准差 S 不是总体标准差 σ 的无偏估计.

事实上，由于 $DS = ES^2 - (ES)^2 = \sigma^2 - (ES)^2$，注意到方差总是非负的，即 $DS \geqslant 0$，所以有

$$ES = \sqrt{\sigma^2 - DS} \leqslant \sigma,$$

这表明，样本标准差 S 不是总体标准差 σ 的无偏估计.

无偏估计是对估计量的一个常见而重要的要求，无偏性的实际意义是指没有系统性的偏差.

例 3 设总体 X 的均值 $\mu = EX$ 未知，方差有限，样本 $(X_1, X_2, \cdots, X_n)$ 来自总体 X，则

$$\hat{\mu} = \sum_{i=1}^{n} c_i X_i \qquad (7.2.2)$$

为 μ 的无偏估计，其中 $c_1, c_2, \cdots, c_n$ 为常数且满足条件 $\sum_{i=1}^{n} c_i = 1$.

这是因为

$$E\hat{\mu} = \sum_{i=1}^{n} c_i EX_i = \sum_{i=1}^{n} c_i \mu = \mu.$$

由此可见，同一个未知参数的无偏估计有时可能有许多个，自然我们希望从中挑选出比较好的无偏估计. 显然，应以取值密集在未知参数附近者为好，即无偏估计以方差小者为好，这就引进了有效性这一概念.

7.2.2 有效性

定义 7.3 设总体 X 的分布中含有未知参数 $\theta \in \Theta$，Θ 为参数空间，样本 $(X_1, X_2, \cdots, X_n)$ 来自总体 X，$\hat{\theta}_1$ 和 $\hat{\theta}_2$ 为 θ 的两个无偏估计，且它们的方差都存在. 若对一切 $\theta \in \Theta$，有

$$D(\hat{\theta}_1) \leqslant D(\hat{\theta}_2), \qquad (7.2.3)$$

且至少有一个 $\theta \in \Theta$ 使得上述不等号严格成立，则称无偏估计 $\hat{\theta}_1$ 比无偏估计 $\hat{\theta}_2$ 有效.

若 $\hat{\theta}^*$ 是 θ 的方差有限的无偏估计中方差最小者，则称 $\hat{\theta}^*$ 为 θ 的**最小方差无偏估计**，或称 $\hat{\theta}^*$ 为 θ 的**有效估计**（efficient estimator）.

例 1 设总体 X 有期望 $EX = \mu$ 和方差 $DX = \sigma^2$，μ 与 σ^2 都未知. 样本 $(X_1, X_2, \cdots, X_n)$ 来自 X，比较 μ 的两个无偏估计 X_1 与 $\bar{X}$ 的有效性.

解 因为 $DX_1 = DX = \sigma^2$，$D\bar{X} = \dfrac{\sigma^2}{n}$，所以 $\bar{X}$ 比 X_1 有效.

例 2 条件同例 1，试证 $\bar{X}$ 在 μ 的所有线性无偏估计中方差最小.
证 μ 的线性无偏估计是指

$$\hat{\theta} = a_1 X_1 + a_2 X_2 + \cdots + a_n X_n,$$

其中 $\sum\limits_{i=1}^{n} a_i = 1$. 由于

$$D\hat{\theta} = D\left(\sum_{i=1}^{n} a_i X_i\right) = \sum_{i=1}^{n} D(a_i X_i) = \sum_{i=1}^{n} a_i^2 DX_i = \sigma^2 \sum_{i=1}^{n} a_i^2,$$

$$D\bar{X} = \frac{1}{n}\sigma^2,$$

所以只需证明 $\sum\limits_{i=1}^{n} a_i^2 \geqslant \frac{1}{n}$. 这是因为

$$1 = \left(\sum_{i=1}^{n} a_i\right)^2 = \sum_{i=1}^{n} a_i^2 + \sum_{i<j} 2a_i a_j \leqslant \sum_{i=1}^{n} a_i^2 + \sum_{i<j}(a_i^2 + a_j^2) = n\sum_{i=1}^{n} a_i^2.$$

需要指出的是, 对两个 (或多个) 无偏估计, 才比较它们的有效性. 在有偏估计比较中, 评价估计量的好坏另有标准.

7.2.3 相合性 (一致性)

样本的容量 n 越大, 从总体带出的信息就越多, 因此, 一个好的估计量与待估参数的真值任意接近的可能性应该随 n 的增大而增大. 把这个观点作为评价估计量好坏的标准, 就得到相合性的概念.

定义 7.4 设总体 X 的分布包含未知参数 $\theta \in \Theta$, Θ 为参数空间. $\hat{\theta}_n$ 表示样本容量为 n 时未知参数 θ 的估计量. 若对于一切 $\theta \in \Theta$, $\hat{\theta}_n$ 都依概率收敛于 θ, 即对任意给定的 $\varepsilon > 0$, 有

$$\lim_{n\to\infty} P(|\hat{\theta}_n - \theta| < \varepsilon) = 1,$$

则称 $\hat{\theta}_n$ 为 θ 的**相合估计** (consistent estimator) 或**一致估计**, 或称 $\hat{\theta}_n$ 具有**相合性**.

相合性是估计量的大样本性质, 只有在样本容量很大时才讨论估计量是否为相合估计. 相合性是对估计量的最基本的要求. 如果一个估计量不具有相合性, 那么无论样本多大, 也不能把未知参数估计到预先指定的精度, 这种估计量显然是不足取的.

设总体的均值 $EX = \mu$, $\bar{X}_n$ 是容量为 n 时的样本均值, 由大数定律得

$$\lim_{n\to\infty} P(|\bar{X}_n - \mu| < \varepsilon) = 1,$$

所以, $\bar{X}_n$ 是 μ 的相合估计.

以上讨论了三种衡量估计量的标准: 无偏性、有效性与相合性. 从统计方法来看, 自然要求一个估计量具有相合性. 然而用相合性来衡量估计量的好坏时, 要求样本容量适当地大, 但这在实际中有时是难以做到的; 无偏性在直观上比较合理, 有效性无论在直观上还是理论上都比较合理, 所以它们都是较常用的标准.

习题 7 – 2

1. 设 (X_1, X_2, X_3, X_4) 是从总体 X 中抽出的样本，总体的期望和方差分别是 $EX = \mu, DX = \sigma^2$.

（1）证明下列统计量都是 μ 的无偏估计.

（i）$Z_1 = X_1$；

（ii）$Z_2 = \dfrac{1}{3} X_1 + \dfrac{2}{3} X_2$；

（iii）$Z_3 = \dfrac{1}{3} X_1 + \dfrac{1}{3} X_2 + \dfrac{1}{3} X_3$；

（iv）$Z_4 = \dfrac{1}{4} X_1 + \dfrac{1}{4} X_2 + \dfrac{1}{4} X_3 + \dfrac{1}{4} X_4$.

（2）分别求出它们的方差，判断哪一个是它们中最有效的.

习题选讲

2. 设总体 X 服从 $[0, \theta]$ 上的均匀分布，$\theta > 0$ 未知. $(X_1, X_2, \cdots, X_n)$ 是来自 X 的样本，证明（1）$\hat{\theta}_1 = 2\overline{X}$ 是 θ 的无偏估计；（2）$\hat{\theta}_2 = \dfrac{n+1}{n} \max\limits_{1 \le i \le n} X_i$ 比 $\hat{\theta}_1$ 更有效.

3. 设总体 X 服从正态分布 $N(\mu, \sigma^2)$，$(X_1, X_2, \cdots, X_n)$ 是来自 X 的一个样本，记 $\hat{\sigma}^2 = C \sum\limits_{i=1}^{n-1} (X_{i+1} - X_i)^2$. 问 C 为何值时，$\hat{\sigma}^2$ 是 σ^2 的一个无偏估计量？

4. 设总体 X 的均值 $EX = \mu$ 为已知，方差 $DX = \sigma^2$ 为未知，样本 $(X_1, X_2, \cdots, X_n)$ 来自总体 X，证明 $\hat{\sigma}^2 = \dfrac{1}{n} \sum\limits_{i=1}^{n} (X_i - \mu)^2$ 是 σ^2 的无偏估计.

5. 设总体 $X \sim N(\mu, \sigma^2)$，μ 为未知，$(X_1, X_2, \cdots, X_n)$ 是来自总体 X 的样本，$\overline{X}$ 是样本均值，证明 $\overline{X}^2$ 不是 μ^2 的无偏估计.

6. 设 $\hat{\theta}_1$ 和 $\hat{\theta}_2$ 是 θ 的两个无偏估计，且 $D\hat{\theta}_1 = \sigma_1^2$，$D\hat{\theta}_2 = \sigma_2^2$，如果 $\hat{\theta}_1$ 和 $\hat{\theta}_2$ 相互独立，证明

$$\hat{\theta} = c\hat{\theta}_1 + (1-c)\hat{\theta}_2, 0 \le c \le 1$$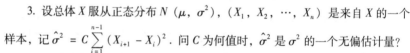

是 θ 的无偏估计，并确定 c 的值，使得 $D\hat{\theta}$ 达到最小.

7. 设总体 X 的密度为 $f(x; \theta) = \begin{cases} \mathrm{e}^{-(x-\theta)}, & x > \theta, \\ 0, & \text{其他}, \end{cases}$ $(X_1, X_2, \cdots, X_n)$ 是来自 X 的一个样本. 求 θ 的极大似然估计，它是否是无偏估计？

8. 设总体 X 的 k 阶原点矩 EX^k 存在，$(X_1, X_2, \cdots, X_n)$ 是来自总体 X 的样本，证明样本的 k 阶原点矩 $A_k = \dfrac{1}{n} \sum\limits_{i=1}^{n} X_i^k$ 是总体 k 阶原点矩 EX^k 的相合估计.

§7.3 参数的区间估计

前面我们讨论了参数的点估计，它是用一个数 $\hat{\theta}$ 去估计未知参数 θ. 但是，点估计仅仅是未知参数 θ 的一个近似值，而在对未知参数 θ

的估计中我们还常常希望估计未知参数 θ 的真值所在范围，并要知道这个范围包含 θ 的可靠性（概率的大小）．这样的范围通常用区间形式给出，这种形式的估计称为参数的**区间估计**．区间估计所回答的问题是未知参数 θ 在什么范围内及这个范围包含 θ 的可靠性，而不是未知参数等于什么．

7.3.1 区间估计的基本概念

1. 置信区间

在区间估计理论中，被广泛接受的一种观点是置信区间，它是由波兰著名统计学家奈曼[①]于 1934 年提出的．

奈曼

定义 7.5 设总体 X 的分布中含有未知参数 θ，$\theta \in \Theta$，Θ 为参数空间．$(X_1, X_2, \cdots, X_n)$ 是来自 X 的样本，$\hat{\theta}_1 = \hat{\theta}_1(X_1, X_2, \cdots, X_n)$ 和 $\hat{\theta}_2 = \hat{\theta}_2(X_1, X_2, \cdots, X_n)$ 是两个统计量，且 $\hat{\theta}_1 < \hat{\theta}_2$．对于给定的数 $\alpha(0 < \alpha < 1)$，如果

$$P(\hat{\theta}_1 \leqslant \theta \leqslant \hat{\theta}_2) = 1 - \alpha \tag{7.3.1}$$

对所有 $\theta \in \Theta$ 成立，则称 $[\hat{\theta}_1, \hat{\theta}_2]$ 为 θ 的置信系数为 $1 - \alpha$ 的**区间估计**（interval estimation）或**置信区间**，$\hat{\theta}_1$ 和 $\hat{\theta}_2$ 分别称为 θ 的**置信下限**和**置信上限**．

需要指出的是，因为 $\hat{\theta}_1$ 和 $\hat{\theta}_2$ 是统计量，所以置信区间 $[\hat{\theta}_1, \hat{\theta}_2]$ 是一个随机区间，对一组给定的样本观测值 $(x_1, x_2, \cdots, x_n)$，区间的端点也随之确定，它是一个普通的区间，称之为置信区间的观测值，也称为置信区间．求参数 θ 的区间估计就是指，求出满足式 (7.3.1) 的随机区间 $[\hat{\theta}_1, \hat{\theta}_2]$，或者根据样本观测值求得的用以估计 θ 的具体区间．

式 (7.3.1) 中的置信系数 $1 - \alpha$ 又称为**置信水平**或**置信度**，它是置信区间 $[\hat{\theta}_1, \hat{\theta}_2]$ 套住待估计参数 θ 的概率，其含义是若抽样得 k 组样本观测值，对应每组样本值都确定一个置信区间 $[\hat{\theta}_1, \hat{\theta}_2]$，每个这样的区间可能包含未知参数 θ 的真值，也可能不包含 θ 的真值，但平均而言，大约有 $100(1 - \alpha)\%$ 个区间包含参数 θ 的真值，不包含参数 θ 的区间大约有 $100\alpha\%$ 个．易见，置信系数 $1 - \alpha$ 是刻画区间估计的可靠性的，所以要尽量大．为了制表方便，α 常取 0.05、0.01 或 0.1．另外，参数 θ 虽然是未知的，但却是确定的，所以一般不说 θ 落在区间 $[\hat{\theta}_1, \hat{\theta}_2]$，等等．

区间估计除了对可靠性的要求之外，还有关于精度的要求．所谓

---

① 奈曼（J. Neyman, 1894 – 1981），美国数学家和统计学家．他在数理统计方面的工作有估计理论和假设检验理论．

精度，有不同的准则．比如区间的长度就可作为精度的度量，长度越短，区间估计的精度就越高．一个好的区间估计应有较高的可靠性和精度．但是，可靠性和精度是互相矛盾的，提高一个常常要以降低另一个为代价．寻找区间估计的时候这两个标准要统筹考虑，不能只强调一个而忽视另一个．例如，要估计某大学一年级男生身高平均值 θ，如果置信区间为 $[\hat{\theta}_1, \hat{\theta}_2]$，把样本代入算出的观测值为 $[0.5, 2.5]$（单位：米），可靠性是足够大了，但是精度太差了，这样的估计和没有估计没什么两样．因此，在求参数的区间估计时普遍采纳的原则是：先确定一个置信系数，在此前提下尽量提高估计的精度．

2. 枢 轴 变 量 法

枢轴变量法是求置信区间的一个方法，适用于连续型总体．用枢轴变量法求置信区间的一般步骤如下：

（i）找一个与待估参数 θ 有关的统计量 T，一般是 θ 的一个良好的点估计；

（ii）找一个 T、θ 的函数 $I = I(T, \theta)$，其分布 F 已知且与 θ 无关，称 $I(T, \theta)$ 为**枢轴变量**；

（iii）对于给定的置信系数 $1 - \alpha$，确定分布 F 的上 $\dfrac{\alpha}{2}$ 分位数 $v_{\frac{\alpha}{2}}$ 和

上 $\left(1 - \dfrac{\alpha}{2}\right)$ 分位数 $v_{1-\frac{\alpha}{2}}$，此时，

$$P(v_{1-\frac{\alpha}{2}} \leqslant I(T, \theta) \leqslant v_{\frac{\alpha}{2}}) = 1 - \alpha;$$

（iv）由不等式 $v_{1-\frac{\alpha}{2}} \leqslant I(T, \theta) \leqslant v_{\frac{\alpha}{2}}$，解出 $\hat{\theta}_1 \leqslant \theta \leqslant \hat{\theta}_2$，区间 $[\hat{\theta}_1, \hat{\theta}_2]$ 就是 θ 的置信系数为 $1 - \alpha$ 的置信区间．

上述求未知参数置信区间的关键在于构造枢轴变量 $I = I(T, \theta)$，故把这种方法称为**枢轴变量法**．需要注意的是，在上述第三步（iii）中，只要选取两个常数 c，d，使 $P(c \leqslant I(T, \theta) \leqslant d) = 1 - \alpha$，再由 $c \leqslant I(T, \theta) \leqslant d$ 解出 $\hat{\theta}_1 \leqslant \theta \leqslant \hat{\theta}_2$，即可得 θ 的置信系数为 $1 - \alpha$ 的置信区间 $[\hat{\theta}_1, \hat{\theta}_2]$．$c$，$d$ 的不同选择，对应不同的置信区间，也就是说，对同一置信度，可以有多个不同的置信区间，但通常按（iii），选 $c = v_{1-\frac{\alpha}{2}}$，$d = v_{\frac{\alpha}{2}}$，这样做或者估计精度更高或者更实用．

注意，当需要求 θ 的某一函数 $g(\theta)$ 的置信区间时，枢轴变量法仍适用，只需将上述讨论中的 θ 换为 $g(\theta)$．

7.3.2　一个正态总体均值和方差的区间估计

现在用枢轴变量法求正态总体均值和方差的区间估计．设总体 $X \sim N(\mu, \sigma^2)$，$(X_1, X_2, \cdots, X_n)$ 是来自 X 的样本，$1 - \alpha$ 是置信系数．

1. 均值 μ 的区间估计

（1）方差 σ^2 已知时，均值 μ 的区间估计.

先找一个 μ 的良好的点估计，此处选样本均值 $\bar{X}$. 由于总体 $X \sim N(\mu,\ \sigma^2)$，所以

$$U = \frac{\sqrt{n}(\bar{X} - \mu)}{\sigma} \sim N(0,\ 1). \qquad (7.3.2)$$

对于给定的 $1 - \alpha$，令 $P\left(U > u_{\frac{\alpha}{2}}\right) = \frac{\alpha}{2}$，即 $\Phi_0\left(u_{\frac{\alpha}{2}}\right) = 1 - \frac{\alpha}{2}$，查附表三

得标准正态分布上 $\frac{\alpha}{2}$ 分位数 $u_{\frac{\alpha}{2}}$. 注意到对标准正态分布有 $u_{1 - \frac{\alpha}{2}} = -u_{\frac{\alpha}{2}}$，于是

$$P\left(-u_{\frac{\alpha}{2}} \leqslant \frac{\sqrt{n}(\bar{X} - \mu)}{\sigma} \leqslant u_{\frac{\alpha}{2}}\right) = 1 - \alpha,$$

上式可改写为

$$P\left(\bar{X} - \frac{\sigma}{\sqrt{n}} u_{\frac{\alpha}{2}} \leqslant \mu \leqslant \bar{X} + \frac{\sigma}{\sqrt{n}} u_{\frac{\alpha}{2}}\right) = 1 - \alpha.$$

所以，μ 的置信系数为 $1 - \alpha$ 的置信区间为

$$\left[\bar{X} - \frac{\sigma}{\sqrt{n}} u_{\frac{\alpha}{2}},\quad \bar{X} + \frac{\sigma}{\sqrt{n}} u_{\frac{\alpha}{2}}\right]. \qquad (7.3.3)$$

由式（7.3.3），μ 的置信度为 $1 - \alpha$ 的置信区间的长度为 $l = \frac{2\sigma}{\sqrt{n}} u_{\frac{\alpha}{2}}$，

它不依赖于样本，而只依赖于样本容量 n 及 $u_{\frac{\alpha}{2}}$. 易见，在样本容量一定的条件下，置信度提高即 α 减少，这时 $u_{\frac{\alpha}{2}}$ 增大，从而置信区间的长度变大，估计精度降低. 若要既不降低估计精度，又要提高置信度，那么只有增大样本容量，但增大样本容量通常导致成本增加，同时还要受到试验条件的制约.

例 1　从大批灯泡中随机地抽取 5 个，测得寿命数据分别为（单位：小时）：

1650，　1700，　1680，　1820，　1800.

假定灯泡寿命 $X \sim N(\mu,\ 9)$，求这批灯泡平均寿命的置信区间（$\alpha = 0.05$）.

解　这是一个方差 $\sigma^2 = 9$ 已知的正态总体均值 μ 的区间估计问题，用公式（7.3.3）.

这里 $n = 5$，$\sigma = 3$，计算得 $\bar{x} = 1730$. 由 $\alpha = 0.05$，查附表三得分位点 $u_{0.025} = 1.96$，于是

$$\bar{x} - \frac{\sigma}{\sqrt{n}} u_{\frac{\alpha}{2}} = 1730 - \frac{3}{\sqrt{5}} \times 1.96 = 1727.37,$$

$$\bar{x} + \frac{\sigma}{\sqrt{n}} u_{\frac{\alpha}{2}} = 1730 + \frac{3}{\sqrt{5}} \times 1.96 = 1732.63,$$

即这批灯泡平均寿命 μ 的置信区间为 $[1727.37, 1732.63]$.

（2）方差 σ^2 未知时，均值 μ 的区间估计.

当 σ^2 未知时，枢轴变量式（7.3.2）就不能使用了，因其中含有未知参数，我们用样本标准差 S 代替式（7.3.2）中的 σ，得枢轴变量：

$$T = \frac{\sqrt{n}(\bar{X} - \mu)}{S} \sim t(n-1). \tag{7.3.4}$$

对于给定的 $1 - \alpha$，查附表六得上 $\frac{\alpha}{2}$ 分位数 $t_{\frac{\alpha}{2}}(n-1)$. 注意到对 t 分布有 $t_{1-\frac{\alpha}{2}}(n-1) = -t_{\frac{\alpha}{2}}(n-1)$，于是

$$P\left(-t_{\frac{\alpha}{2}}(n-1) \leqslant \frac{\sqrt{n}(\bar{X} - \mu)}{S} \leqslant t_{\frac{\alpha}{2}}(n-1) \right) = 1 - \alpha,$$

所以，μ 的置信系数为 $1 - \alpha$ 的置信区间为

$$\left[\bar{X} - \frac{S}{\sqrt{n}} t_{\frac{\alpha}{2}}(n-1), \quad \bar{X} + \frac{S}{\sqrt{n}} t_{\frac{\alpha}{2}}(n-1) \right]. \tag{7.3.5}$$

在实际问题中，方差未知比方差已知的情形更为常见，所以这种情形的区间估计更有用.

例 2 在例 1 中设 σ^2 未知，其他条件不变，求 μ 的置信区间（$\alpha = 0.05$）.

解 用公式（7.3.5），经计算得 $\bar{x} = 1730$，$s = 75.50$，由 $n = 5$，查附表六得 $t_{0.025}(4) = 2.776$，所以，μ 的置信区间为 $[1636.27, 1823.73]$.

2. 方差的区间估计

（1）均值 μ 已知时，方差 σ^2 的区间估计.

由于 $\hat{\sigma}^2 = \frac{1}{n} \sum_{i=1}^{n} (X_i - \mu)^2$ 是 σ^2 的无偏估计量，故令枢轴变量为

$$\chi^2 = \frac{n\hat{\sigma}^2}{\sigma^2} = \frac{1}{\sigma^2} \sum_{i=1}^{n} (X_i - \mu)^2, \tag{7.3.6}$$

则由定理 6.7 知，$\chi^2 \sim \chi^2(n)$. 对于给定的 $1 - \alpha$，查附表四得 $\chi^2_{1-\frac{\alpha}{2}}(n)$ 和 $\chi^2_{\frac{\alpha}{2}}(n)$，于是

$$P\left(\chi^2_{1-\frac{\alpha}{2}}(n) \leqslant \frac{1}{\sigma^2} \sum_{i=1}^{n} (X_i - \mu)^2 \leqslant \chi^2_{\frac{\alpha}{2}}(n) \right) = 1 - \alpha,$$

所以，σ^2 的置信系数为 $1 - \alpha$ 的置信区间为

$$\left[\frac{\sum_{i=1}^{n} (X_i - \mu)^2}{\chi^2_{\frac{\alpha}{2}}(n)}, \quad \frac{\sum_{i=1}^{n} (X_i - \mu)^2}{\chi^2_{1-\frac{\alpha}{2}}(n)} \right]. \tag{7.3.7}$$

（2）均值 μ 未知时，方差 σ^2 的区间估计.

因为样本方差 S^2 是总体方差 σ^2 的无偏估计量，故我们用 S^2 构造枢轴变量

$$\chi^2 = \frac{(n-1)S^2}{\sigma^2}, \tag{7.3.8}$$

则由定理 6.6 可知，$\chi^2 \sim \chi^2(n-1)$. 对于给定的置信度 $1-\alpha$，查附表四得 $\chi^2_{1-\frac{\alpha}{2}}(n-1)$，$\chi^2_{\frac{\alpha}{2}}(n-1)$，于是

$$P(\chi^2_{1-\frac{\alpha}{2}}(n-1) \leqslant \frac{(n-1)S^2}{\sigma^2} \leqslant \chi^2_{\frac{\alpha}{2}}(n-1)) = 1-\alpha,$$

所以，σ^2 的置信系数为 $1-\alpha$ 的置信区间为

$$\left[\frac{(n-1)S^2}{\chi^2_{\frac{\alpha}{2}}(n-1)}, \quad \frac{(n-1)S^2}{\chi^2_{1-\frac{\alpha}{2}}(n-1)}\right]. \tag{7.3.9}$$

例 3　对某塔的高度进行了 5 次测量，数据（单位：米）分别为：

90.5，　90.4，　89.7，　89.6，　90.2.

设测量数据服从正态分布，在下面两种情形下分别求方差的置信区间（$\alpha = 0.05$）.

（1）假设塔的真实高度为 90 米；

（2）假设塔的真实高度未知.

解　这是一个正态总体方差 σ^2 的区间估计问题.

（1）均值 $\mu = 90$ 已知，用公式（7.3.7）. 由 $n=5$，$\alpha = 0.05$，查附表四得分位点 $\chi^2_{0.025}(5) = 12.8$，$\chi^2_{0.975}(5) = 0.831$. 计算得

$$\sum_{i=1}^{n}(x_i - \mu)^2 = \sum_{i=1}^{5}(x_i - 90)^2 = 0.7.$$

于是

$$\frac{\sum_{i=1}^{n}(x_i - \mu)^2}{\chi^2_{\frac{\alpha}{2}}(n)} = \frac{\sum_{i=1}^{5}(x_i - 90)^2}{\chi^2_{0.025}(5)} = \frac{0.7}{12.8} = 0.055,$$

$$\frac{\sum_{i=1}^{n}(x_i - \mu)^2}{\chi^2_{1-\frac{\alpha}{2}}(n)} = \frac{\sum_{i=1}^{5}(x_i - 90)^2}{\chi^2_{0.975}(5)} = \frac{0.7}{0.831} = 0.842,$$

所以方差 σ^2 的置信区间为 $[0.055, 0.842]$.

（2）均值 μ 未知，用公式（7.3.9）. 这里 $n=5$，$\alpha = 0.05$，查附表四得分位点 $\chi^2_{0.025}(4) = 11.1$，$\chi^2_{0.975}(4) = 0.484$，计算得

$$s^2 = 0.167, \quad (n-1)s^2 = 0.668,$$

代入公式（7.3.9），得方差 σ^2 的置信区间为 $[0.060, 1.380]$.

关于一个正态总体均值和方差的置信区间，可汇总列于表 7-1 中，以便查用.

表 7 - 1 μ 和 σ^2 的 $1 - \alpha$ 置信区间

未知参数		枢轴变量及分布	$1 - \alpha$ 置信区间
μ	σ^2 已知	$U = \dfrac{\bar{X} - \mu}{\sigma}\sqrt{n} \sim N(0,\ 1)$	$\left[\bar{X} - \dfrac{\sigma}{\sqrt{n}}u_{\frac{\alpha}{2}},\ \bar{X} + \dfrac{\sigma}{\sqrt{n}}u_{\frac{\alpha}{2}}\right]$
	σ^2 未知	$T = \dfrac{\bar{X} - \mu}{S}\sqrt{n} \sim t(n-1)$	$\left[\bar{X} - \dfrac{S}{\sqrt{n}}t_{\frac{\alpha}{2}}(n-1),\ \bar{X} + \dfrac{S}{\sqrt{n}}t_{\frac{\alpha}{2}}(n-1)\right]$
σ^2	μ 已知	$\dfrac{1}{\sigma^2}\sum\limits_{i=1}^{n}(X_i - \mu)^2 \sim \chi^2(n)$	$\left[\dfrac{\sum\limits_{i=1}^{n}(X_i - \mu)^2}{\chi^2_{\frac{\alpha}{2}}(n)},\ \dfrac{\sum\limits_{i=1}^{n}(X_i - \mu)^2}{\chi^2_{1-\frac{\alpha}{2}}(n)}\right]$
	μ 未知	$\dfrac{(n-1)S^2}{\sigma^2} \sim \chi^2(n-1)$	$\left[\dfrac{(n-1)S^2}{\chi^2_{\frac{\alpha}{2}}(n-1)},\ \dfrac{(n-1)S^2}{\chi^2_{1-\frac{\alpha}{2}}(n-1)}\right]$

7.3.3　两个正态总体均值差和方差比的区间估计

在实际中，常常要对两个对象的同一特征进行比较. 例如，已知某产品的质量指标 X 服从正态分布，但由于工艺改变、原料不同、设备条件不同或操作人员不同等因素，引起总体均值、方差有所改变，我们需要知道这些改变有多大. 这就需要考虑两正态总体的均值差与方差比的区间估计问题.

设两个正态总体 $X \sim N(\mu_1,\ \sigma_1^2)$，$Y \sim N(\mu_2,\ \sigma_2^2)$，且 X 与 Y 相互独立，样本 $(X_1,\ X_2,\ \cdots,\ X_{n_1})$ 和 $(Y_1,\ Y_2,\ \cdots,\ Y_{n_2})$ 分别来自总体 X 和 Y，$\bar{X}$、$\bar{Y}$ 和 S_1^2、S_2^2 分别为两样本的均值和方差，$1 - \alpha$ 是给定的置信系数.

1. 均值差 $\mu_1 - \mu_2$ 的区间估计

（1）σ_1^2，σ_2^2 都已知.

由于 $\bar{X} - \bar{Y}$ 是 $\mu_1 - \mu_2$ 的无偏估计，故用 $\bar{X} - \bar{Y}$ 构造枢轴变量

$$U = \frac{(\bar{X} - \bar{Y}) - (\mu_1 - \mu_2)}{\sqrt{\dfrac{\sigma_1^2}{n_1} + \dfrac{\sigma_2^2}{n_2}}}, \tag{7.3.10}$$

由定理 6.8 知，$U \sim N(0,\ 1)$. 与一个正态总体方差已知的均值区间估计类似，可得 $\mu_1 - \mu_2$ 的置信系数为 $1 - \alpha$ 的置信区间为

$$\left[(\bar{X} - \bar{Y}) - u_{\frac{\alpha}{2}}\sqrt{\frac{\sigma_1^2}{n_1} + \frac{\sigma_2^2}{n_2}},\ (\bar{X} - \bar{Y}) + u_{\frac{\alpha}{2}}\sqrt{\frac{\sigma_1^2}{n_1} + \frac{\sigma_2^2}{n_2}}\right], \tag{7.3.11}$$

其中 $u_{\frac{\alpha}{2}}$ 为标准正态分布上 $\dfrac{\alpha}{2}$ 分位数.

例 1　设自总体 $N(\mu_1, 25)$ 得到一容量为 10 的样本, 其样本均值 $\bar{x} = 19.8$, 自总体 $N(\mu_2, 36)$ 得到容量为 12 的样本, 其样本均值 $\bar{y} = 24.0$, 并且两样本相互独立, 求 $\mu_1 - \mu_2$ 的置信区间 ($\alpha = 0.1$).

解　这是两个正态总体均值差 $\mu_1 - \mu_2$ 的区间估计问题. 因为方差 $\sigma_1^2 = 25$, $\sigma_2^2 = 36$ 已知, 利用公式 (7.3.11).

由 $\alpha = 0.1$, 查附表三的分位点 $u_{0.05} = 1.645$. 已知 $\bar{x} = 19.8$, $\bar{y} = 24.0$, 由 $n_1 = 10$, $n_2 = 12$, 计算得

$$\sqrt{\frac{\sigma_1^2}{n_1} + \frac{\sigma_2^2}{n_2}} = \sqrt{\frac{25}{10} + \frac{36}{12}} = 2.345,$$

于是

$$(\bar{x} - \bar{y}) - u_{\frac{\alpha}{2}}\sqrt{\frac{\sigma_1^2}{n_1} + \frac{\sigma_2^2}{n_2}} = 19.8 - 24.0 - 1.645 \times 2.345 = -8.06,$$

$$(\bar{x} - \bar{y}) + u_{\frac{\alpha}{2}}\sqrt{\frac{\sigma_1^2}{n_1} + \frac{\sigma_2^2}{n_2}} = 19.8 - 24.0 + 1.645 \times 2.345 = -0.34,$$

所以 $\mu_1 - \mu_2$ 的置信区间为 $[-8.06, -0.34]$.

(2) $\sigma_1^2 = \sigma_2^2 = \sigma^2$, 但 σ^2 未知.

令枢轴变量为

$$T = \frac{(\bar{X} - \bar{Y}) - (\mu_1 - \mu_2)}{\sqrt{\dfrac{(n_1 - 1)S_1^2 + (n_2 - 1)S_2^2}{n_1 + n_2 - 2}}\sqrt{\dfrac{1}{n_1} + \dfrac{1}{n_2}}}, \qquad (7.3.12)$$

则由定理 6.8 可知, $T \sim t(n_1 + n_2 - 2)$. 与一个正态总体方差未知的均值区间估计类似, 可得 $\mu_1 - \mu_2$ 的置信系数为 $1 - \alpha$ 的置信区间为

$$\left[(\bar{X} - \bar{Y}) - t_{\frac{\alpha}{2}}(n_1 + n_2 - 2)\sqrt{\frac{(n_1 - 1)S_1^2 + (n_2 - 1)S_2^2}{n_1 + n_2 - 2}}\sqrt{\frac{1}{n_1} + \frac{1}{n_2}}, \right.$$

$$\left. (\bar{X} - \bar{Y}) + t_{\frac{\alpha}{2}}(n_1 + n_2 - 2)\sqrt{\frac{(n_1 - 1)S_1^2 + (n_2 - 1)S_2^2}{n_1 + n_2 - 2}}\sqrt{\frac{1}{n_1} + \frac{1}{n_2}} \right].$$

$$(7.3.13)$$

例 2　为比较 A、B 两种型号灯泡的寿命, 随机抽取 A 型灯泡 5 只, 测得平均寿命 $\bar{x}_A = 1000$ 小时, 标准差 $s_A = 28$ 小时; 随机抽取 B 型灯泡 7 只, 测得平均寿命 $\bar{x}_B = 980$ 小时, 标准差 $s_B = 32$ 小时. 设总体都是正态的, 并且由生产过程知它们的方差相等. 求两总体均值差 $\mu_A - \mu_B$ 的置信区间 ($\alpha = 0.01$).

解　由实际抽样的随机性可推知这两种类型灯泡样本相互独立, 又因为它们的总体方差相等, 故应由式 (7.3.13) 来确定置信区间.

已知 $\bar{x}_A = 1000$, $\bar{x}_B = 980$, $s_A = 28$, $s_B = 32$, $n_1 = 5$, $n_2 = 7$, 计算得

$$\sqrt{\frac{(n_1-1)s_A^2+(n_2-1)s_B^2}{n_1+n_2-2}}\sqrt{\frac{1}{n_1}+\frac{1}{n_2}}=\sqrt{\frac{4\times28+6\times32}{10}}\sqrt{\frac{1}{5}+\frac{1}{7}}=17.837,$$

又由 $\alpha=0.01$，查附表六的分位点 $t_{\frac{\alpha}{2}}(n_1+n_2-2)=t_{0.005}(10)=$ 3.169，代入公式（7.3.13）得 $\mu_A-\mu_B$ 的置信区间为 $[-36.53，76.53]$。

2. 方差比 $\frac{\sigma_1^2}{\sigma_2^2}$ 的区间估计

我们只讨论均值 μ_1，μ_2 都未知的情形．

由于 S_1^2 与 S_2^2 分别是 σ_1^2 与 σ_2^2 的无偏估计，故我们用 $\frac{S_1^2}{S_2^2}$ 构造枢轴变量

$$F=\frac{S_1^2/\sigma_1^2}{S_2^2/\sigma_2^2} \tag{7.3.14}$$

则由定理 6.8 可知，$F\sim F(n_1-1，n_2-1)$．对给定的 $1-\alpha$，查附表五得 $F_{\frac{\alpha}{2}}(n_1-1，n_2-1)$，$F_{1-\frac{\alpha}{2}}(n_1-1，n_2-1)$．于是

$$P\left(F_{1-\frac{\alpha}{2}}(n_1-1，n_2-1)\leqslant\frac{S_1^2/\sigma_1^2}{S_2^2/\sigma_2^2}\leqslant F_{\frac{\alpha}{2}}(n_1-1，n_2-1)\right)=1-\alpha.$$

所以，$\frac{\sigma_1^2}{\sigma_2^2}$ 的置信系数为 $1-\alpha$ 的置信区间为

$$\left[\frac{S_1^2}{S_2^2}\frac{1}{F_{\frac{\alpha}{2}}(n_1-1，n_2-1)}，\frac{S_1^2}{S_2^2}\frac{1}{F_{1-\frac{\alpha}{2}}(n_1-1，n_2-1)}\right].$$

$$\tag{7.3.15}$$

例 3 设两正态总体 $N(\mu_1，\sigma_1^2)$ 和 $N(\mu_2，\sigma_2^2)$ 的参数均未知，依次取容量为 25，15 的两独立样本，测得样本方差依次为 $s_1^2=6.38$，$s_2^2=5.15$，求两总体方差比 σ_1^2/σ_2^2 的置信区间（$\alpha=0.1$）．

解 因 $n_1=25$，$n_2=15$，所以 $n_1-1=24$，$n_2-1=14$；又 $1-\alpha=0.9$，$\alpha/2=0.05$，$1-\alpha/2=0.95$，查附表五得

$$F_{0.05}(24，14)=2.35,$$

$$F_{0.95}(24，14)=\frac{1}{F_{0.05}(14，24)}=\frac{1}{2.13}.$$

而

$$\frac{s_1^2}{s_2^2}=\frac{6.38}{5.15}=1.239,$$

所以由式（7.3.15）得 σ_1^2/σ_2^2 的置信区间为 $[0.527，2.639]$．

习题 7-3

1. 什么是置信区间？它与置信水平有什么关系？寻求参数置信区间的一般

步骤是什么?

2. 在区间估计中,总是希望反映区间估计可靠程度的置信水平 $1 - \alpha$ 越大越好,同时也希望反映区间估计精度的置信区间的平均长度越小越好,这两者能否兼顾?

3. 已知每袋食糖净重 X (克)服从正态分布 $N(\mu, 25^2)$,从一批袋装食糖中随机抽取 9 袋,测量其净重分别为

　　497,　　506,　　518,　　524,　　488,　　510,　　515,　　515,　　511,

试以 0.95 的置信系数,求每袋食糖平均净重 μ 的置信区间.

4. 已知成年人的脉搏 X (次/分钟)服从正态分布 $N(\mu, \sigma^2)$,从一批成年人中随机抽取 10 人,测量其脉搏分别为

　　68,　　69,　　72,　　73,　　66,　　70,　　69,　　71,　　74,　　68,

试以 0.95 的置信系数,求每人平均脉搏 μ 的置信区间.

5. 假设桃园的产量 $X \sim N(\mu, \sigma^2)$. 从一桃园中随机地抽取了 10 棵桃树,测得其产量(单位:千克)分别为:101, 120, 155, 140, 137, 132, 109, 118, 135, 144. 以 0.95 的置信系数估计全园桃树的平均产量. (1)标准差 $\sigma = 15$ (千克); (2) σ^2 未知.

6. 对 30 名学生的体育成绩统计见下表:

成绩	50	60	65	70	75	80	85	90
人数	2	4	2	4	5	6	4	3

设成绩服从正态分布,求平均成绩的置信区间($\alpha = 0.1$).

7. 设总体 $X \sim N(\mu, 1)$,其中 μ 为未知参数,样本 $(X_1, X_2, \cdots, X_n)$ 来自 X. 为得到 μ 的长度不超过 0.2,置信系为 0.99 的置信区间,样本容量 n 至少要多大?

8. 设测量误差 $X \sim N(0, \sigma^2)$,随机地抽取 26 个样品,算得样本均值 $\bar{x} = 0.2$,样本标准差 $s = 2$,求 σ^2 的置信区间($\alpha = 0.1$).

9. 已知每个滚珠直径 X (毫米)服从正态分布 $N(\mu, \sigma^2)$,从一批滚珠中随机抽取 5 个,测量其直径分别为

　　　　14.6,　　15.1,　　14.9,　　15.2,　　15.1,

求每个滚珠直径方差 σ^2 的置信区间($\alpha = 0.05$).

10. 已知每个灯泡寿命 X (小时)服从正态分布 $N(\mu, \sigma^2)$,从一批灯泡中随机抽取 10 个,测量其寿命分别为

　　1050, 1100, 1080, 1120, 1200, 1250, 1040, 1130, 1300, 1200,

试以 0.90 的置信系数,求(1)每个灯泡平均寿命 μ 的置信区间;(2)每个灯泡寿命方差 σ^2 的置信区间.

11. 欲比较甲、乙两种棉花品种的优劣. 现假设用它们纺出的棉纱强度分别服从 $N(\mu_1, 2.18^2)$ 和 $N(\mu_2, 1.76^2)$,试验者从这两种棉纱中分别抽取样本 $(X_1, X_2, \cdots, X_{200})$ 和 $(Y_1, Y_2, \cdots, Y_{100})$,其均值 $\bar{x} = 5.32$,$\bar{y} = 5.76$. 试给出 $\mu_1 - \mu_2$ 的置信系数为 0.95 的置信区间.

12. 为了估计磷肥对某种农作物增产的作用,选 20 块条件大致相同的地块

进行对比试验，其中 10 块地施磷肥，另外 10 块地不施磷肥，得到单位面积的产量（单位：千克）如下：

施磷肥：620，570，650，600，630，580，570，600，600，580；

不施磷肥：560，590，560，570，580，570，600，550，570，550.

设施磷肥的地块单位面积产量 $X \sim N(\mu_1, \sigma^2)$，不施磷肥的地块单位面积产量 $Y \sim N(\mu_2, \sigma^2)$. 求 $\mu_1 - \mu_2$ 的置信水平为 0.95 的置信区间.

13. 甲、乙两实验员独立地对某种聚合物的含氯量用相同的方法做 10 次测定，其测定值的方差分别为 0.5419 和 0.6065，假定测定值服从正态分布，均值 μ_1，μ_2 均未知，求 $\dfrac{\sigma_1^2}{\sigma_2^2}$ 的置信系数为 0.90 置信区间.

习 题 七

1. 填空题.

(1) 设总体 X 存在期望 μ 和方差 σ^2，若样本观测值为 (1，1，100)，则 μ 的矩估计 $\hat{\mu} =$ _____，σ^2 的矩估计 $\hat{\sigma}^2 =$ _____.

(2) 设总体 $X \sim N(\mu, \sigma^2)$，(X_1, X_2, X_3) 是来自总体 X 的一个样本，若 $\hat{\mu} = \dfrac{1}{3}X_1 + aX_2 + \dfrac{1}{6}X_3$ 是未知参数 μ 的无偏估计，则 $a =$ _____.

(3) 设总体 X 服从 $[0, \theta]$ 上的均匀分布，$(X_1, X_2, \cdots, X_n)$ 是来自总体 X 的一个样本，则未知参数 θ 的极大似然估计 $\hat{\theta} =$ _____.

(4) 设总体 $X \sim N(\mu, 0.9^2)$，样本 $(X_1, X_2, \cdots, X_9)$ 来自总体 X，样本均值 $\bar{x} = 5$，则 μ 的置信系数为 0.99 的置信区间为_____.

2. 选择题.

(1) 设总体 X 服从参数为 p 的 $0-1$ 分布，(0，1，0，1，1) 是样本观测值，则 p 的矩估计 $\hat{p} = ($ $)$.

　(A) $\dfrac{1}{5}$ (B) $\dfrac{2}{5}$ (C) $\dfrac{3}{5}$ (D) $\dfrac{4}{5}$

(2) 设总体 X 服从 $[0, \theta]$ 上的均匀分布，(2，0，3，4，1) 为样本观测值，则 θ 的矩估计 $\hat{\theta} = ($ $)$.

　(A) 1   (B) 2   (C) 3   (D) 4

(3) 设总体 X 的期望 $EX = \mu$ 存在，$(X_1, X_2, \cdots, X_n)$ 是样本，$\hat{\mu}_1$，$\hat{\mu}_2$ 分别是 μ 的矩估计和极大似然估计，当 X 服从 (   ) 时，$\hat{\mu}_1 = \hat{\mu}_2$.

　(A) $N(\mu, \sigma^2)$　　　　　　(B) 泊松分布

　(C) 指数分布　　　　　　(D) $0-1$ 分布

(4) 设总体 $X \sim B(m, p)$，$(X_1, X_2, \cdots, X_n)$ 是它的一个样本，则 (   ) 是 p 的无偏估计.

　(A) $\hat{p}_1 = \dfrac{X_i}{m}$ $(i = 1, 2, \cdots, n)$ (B) $\hat{p}_2 = \dfrac{\bar{X}}{m}$

　(C) $\hat{p}_3 = \dfrac{X_i + \bar{X}}{2m}$ $(i = 1, 2, \cdots, n)$ (D) $\hat{p}_4 = \dfrac{X_i + 2\bar{X}}{3m}$ $(i = 1, 2, \cdots, n)$

(5) 总体 $X \sim N(\mu, 1)$，(X_1, X_2) 是 X 的一个样本，以下关于 μ 的无偏估计量中，最有效的是 (   ).

(A) $\dfrac{1}{3}X_1 + \dfrac{2}{3}X_2$　　　　(B) $\dfrac{1}{4}X_1 + \dfrac{3}{4}X_2$

(C) $\dfrac{1}{5}X_1 + \dfrac{4}{5}X_2$　　　　(D) $\dfrac{1}{2}X_1 + \dfrac{1}{2}X_2$

（6）设样本 $(X_1, X_2, \cdots, X_n)$ 来自总体 X，$EX = \mu$，$DX = \sigma^2$，样本均值、样本方差分别为 $\bar{X} = \dfrac{1}{n}\sum\limits_{i=1}^{n}X_i$，$S^2 = \dfrac{1}{n-1}\sum\limits_{i=1}^{n}(X_i - \bar{X})^2$．则下面错误的是（　　）．

习题选讲

(A) $\dfrac{1}{n}\sum\limits_{i=1}^{n}(X_i - \bar{X})^2$ 是 σ^2 的无偏估计

(B) $\bar{X}$ 是 μ 的无偏估计

(C) $X_i\,(i = 1, 2, \cdots, n)$ 是 μ 的无偏估计

(D) S^2 是 σ^2 的无偏估计

（7）设总体 $X \sim N(\mu, \sigma^2)$，其中 σ^2 已知，若样本容量 n 和置信系数 $1-\alpha$ 均不变，则对于不同的样本观测值，总体均值 μ 的置信区间的长度（　　）．

(A) 变长　　　　(B) 变短

(C) 不变　　　　(D) 不能确定

（8）设一批零件的长度服从正态分布 $N(\mu, \sigma^2)$，其中 μ, σ^2 均未知，现从中随机抽取 16 个零件，测得样本均值 $\bar{x} = 20\text{cm}$，样本标准差 $s = 1\text{cm}$，则 μ 的置信系数为 0.90 的置信区间是（　　）．

(A) $\left[20 - \dfrac{1}{4}t_{0.05}(16),\ 20 + \dfrac{1}{4}t_{0.05}(16)\right]$

(B) $\left[20 - \dfrac{1}{4}t_{0.1}(16),\ 20 + \dfrac{1}{4}t_{0.1}(16)\right]$

(C) $\left[20 - \dfrac{1}{4}t_{0.05}(15),\ 20 + \dfrac{1}{4}t_{0.05}(15)\right]$

(D) $\left[20 - \dfrac{1}{4}t_{0.1}(15),\ 20 + \dfrac{1}{4}t_{0.1}(15)\right]$

3. 设总体 $X \sim B(n, p)$，参数 p 和 n 都是未知的，n 是正整数，$0 < p < 1$．$(X_1, X_2, \cdots, X_m)$ 是来自总体 X 的样本，求参数 p 和 n 的矩估计．

4. 设总体 X 的密度函数为

$$f(x;\theta) = \begin{cases} \dfrac{2}{\theta^2}(\theta - x), & 0 < x < \theta, \\ 0, & \text{其他} \end{cases}$$

$(X_1, X_2, \cdots, X_n)$ 是来自总体 X 的样本，求参数 θ 的矩估计．

5. 设总体 X 的密度函数为

$$f(x) = \begin{cases} e^{-(x-\theta)} & x \geqslant \theta \\ 0 & x < \theta \end{cases}$$

其中 θ 是未知参数，$(X_1, X_2, \cdots, X_n)$ 是来自总体 X 的样本，求 θ 的矩估计．

6. 设总体 X 的密度为

$$f(x;\theta) = \begin{cases} \theta x^{\theta-1}, & 0 < x < 1 \\ 0, & \text{其他} \end{cases},$$

其中 $\theta > 0$ 是未知参数．$(X_1, X_2, \cdots, X_n)$ 是来自 X 的样本，求 θ 的极大似然估计．

7. 设总体 X 服从 $[\theta, \theta+1]$ 上的均匀分布，其中参数 θ 是未知的，$(X_1, X_2, \cdots, X_n)$ 是来自该总体的样本.

（1）证明样本均值 $\overline{X}$ 不是 θ 的无偏估计；

（2）求 θ 的矩估计，证明它是 θ 的无偏估计.

8. 假设某市每月死于交通事故的人数 X 服从参数为 λ 的泊松分布，$\lambda > 0$ 为未知参数，现有以下样本值：

$$3, 2, 0, 5, 4, 3, 1, 0, 7, 2, 0, 2.$$

试求月无死亡的概率的极大似然估计值.

9. 假设新生儿体重（单位：g）服从正态分布 $N(\mu, \sigma^2)$，现测量 10 名新生儿体重，得数据如下：

3100　3480　2520　3700　2520　3200　2800　3800　3020　3260

求（1）参数 μ 和 σ^2 的矩估计；（2）参数 σ^2 的一个无偏估计.

10. 设 $(X_1, X_2, \cdots, X_n)$ 为来自总体 X 的样本，总体 X 的概率分布为

X	1	2	3
P	θ^2	$2\theta(1-\theta)$	$(1-\theta)^2$

其中 $0 < \theta < 1$，分别以 n_1，n_2 表示 $(X_1, X_2, \cdots, X_n)$ 中 1，2 出现的次数，试求（1）未知参数 θ 的极大似然估计；（2）未知参数 θ 的矩估计；（3）当样本值为 (1, 1, 2, 1, 3, 2) 时的极大似然估计值和矩估计值.

11. 设总体 X 服从 $[0, \theta]$ 上的均匀分布，其中 $\theta > 0$ 是未知参数. $(X_1, X_2, \cdots, X_n)$ 是来自 X 的样本，证明 $\hat{\theta} = (n+1)\min(X_1, X_2, \cdots, X_n)$ 是 θ 的无偏估计量.

12. 设连续型总体 X 的密度函数为

$$f(x; \theta) = \begin{cases} \dfrac{x}{\theta} e^{-\frac{x^2}{2\theta}}, & x > 0, \\ 0, & x \leqslant 0 \end{cases}$$

$(X_1, X_2, \cdots, X_n)$ 是来自总体 X 的样本，求参数 θ 的极大似然估计量 $\hat{\theta}$；并讨论 $\hat{\theta}$ 的无偏性.

13. 设总体 X 的密度函数为

$$f(x; \theta) = \begin{cases} \theta, & 0 < x < 1 \\ 1-\theta, & 1 \leqslant x < 2 \\ 0, & \text{其他} \end{cases}$$

其中 $\theta(0 < \theta < 1)$ 是未知参数，$(X_1, X_2, \cdots, X_n)$ 是来自总体 X 的样本，记 N 为样本值 $x_1, x_2, \cdots, x_n$ 中小于 1 的个数. 求（1）θ 的矩估计；（2）θ 的极大似然估计.

14. 从工厂产品库中随机抽取 16 只零件，测得它们的长度（单位：厘米）为

2.10，　2.14，　2.13，　2.15，　2.12，　2.13，　2.15，　2.10，

2.13，　2.14，　2.12，　2.10，　2.11，　2.11，　2.14，　2.13，

假设零件长度分布为 $N(\mu, \sigma^2)$，试分如下两种情况求 μ 的置信系数为 0.95 的置信区间.（1）$\sigma^2 = 0.01^2$；（2）σ^2 未知.

15. 岩石密度的测量结果 X 服从正态分布 $N(\mu, \sigma^2)$. 现抽取 12 个样本，

测得

$$\sum_{i=1}^{12} x_i = 32.1, \quad \sum_{i=1}^{12} x_i^2 = 89.92.$$

分别对（1）已知 $\mu = 2.7$；（2）μ 未知两种情形，求方差 σ^2 置信区间.（$\alpha = 0.10$）

16. 设随机变量 X 服从正态分布 $N(\mu, 2.8^2)$，现随机地抽取容量为 10 的样本，算得样本均值 $\bar{x} = 1500$.

（1）求 μ 的置信系数为 0.95 的置信区间；

（2）要想使置信系数为 0.95 的置信区间长度小于 1，样本容量 n 至少要多大?

（3）样本容量 $n = 100$，那么区间 $[\bar{x} - 1, \bar{x} + 1]$ 作为 μ 的置信区间，其置信系数是多少?

17. 假设 0.50，1.25，0.80，2.00 是来自总体 X 的简单随机样本的观测值. 已知 $Y = \ln X$ 服从正态分布 $N(\mu, 1)$.

（1）求 X 的数学期望 EX；

（2）求 μ 的置信系数为 0.95 的置信区间；

（3）利用上述结果，求 EX 的置信系数为 0.95 的置信区间.

18. 从两独立正态总体 $X \sim N(\mu_1, 9)$，$Y \sim N(\mu_2, 16)$ 中分别抽取容量为 25，30 的样本，算得样本均值 $\bar{x} = 95$，$\bar{y} = 90$，求均值差 $\mu_1 - \mu_2$ 的置信区间（$\alpha = 0.1$）.

19. 从某中学高三男女生中各抽取 5 名，测得其身高（米）分别为：

男：1.74，1.65，1.68，1.82，1.70；

女：1.52，1.60，1.66，1.68，1.59.

设人的身高服从正态分布，求男女生平均身高之差的置信区间（$\alpha = 0.05$）.

20. 两台机床加工同一种零件，分别抽取 6 个和 9 个零件，测量其长度计算得 $\sum_{i=1}^{6} (x_i - \bar{x})^2 = 1.225$，$\sum_{i=1}^{9} (y_i - \bar{y})^2 = 2.856$，假定各台机床加工零件长度独立且服从正态总体. 求两个总体方差之比 $\dfrac{\sigma_1^2}{\sigma_2^2}$ 的置信区间（$\alpha = 0.05$）.

21. 做 n 次独立试验，用 ξ_n 表示事件 A 发生的次数，n 较大. 设 A 在每次试验中发生的概率为 p，用中心极限定理求 p 的区间估计（置信系数为 $1 - \alpha$）.

第 8 章

假 设 检 验

假设检验是统计推断的另一种重要形式，所谓假设检验就是在总体分布类型未知或分布类型已知但含有未知参数的情况下，为了推断总体的分布类型或某些未知参数，首先提出某些关于总体的假设，然后根据样本提供的信息对所提出的假设作出接受或拒绝的判断过程．假设检验分为参数假设检验和非参数假设检验两种类型．

本章主要介绍假设检验的基本概念，参数假设检验将讨论一个正态总体的参数假设检验、两个正态总体的参数假设检验，非参数假设检验将讨论分布拟合优度检验．

§8.1 假设检验的基本概念

8.1.1 假设检验问题

为了说明什么是假设检验问题，我们先看几个例子．

例 1 某化学日用品有限责任公司用包装机包装洗衣粉，洗衣粉包装机在正常工作时装包量 X（单位：克）服从 $N(500, 2^2)$，每天开工后需要检验包装机工作是否正常．某天开工后在装好的洗衣粉中任取 9 袋，其重量为：505，499，502，506，498，498，497，510，503. 假定总体标准差 $\sigma = 2$ 不变，试问这天包装机工作是否正常？

由题意，某天装包重量 X 服从正态分布 $N(\mu, 2^2)$. 若包装机工作正常，则应有 $X \sim N(500, 2^2)$. 不难得出，若 $\mu = 500$，记为 H_0，成立，即 $X \sim N(500, 2^2)$，则可认为包装机工作正常；若 $\mu \neq 500$，记为 H_1，成立，则可认为包装机工作不正常．于是检验包装机工作是否正常就转化为由抽样得到的信息对 H_0 和 H_1 是否成立作出选择判断的问题.

例2　某厂有一批产品共10000件，按规定标准，次品率不得超过3%才可出厂.质量检验员从中任意抽取100件，发现其中有5件次品，问这批产品能否出厂？

在该例中，用 p 表示这批产品的次品率，由题意，若次品率 $p \leqslant 3\%$，记为 H_0，则这批产品能够出厂；若次品率 $p > 3\%$，记为 H_1，则该批产品就不能出厂.于是问题转化为依据样本的次品率 $\frac{5}{100} = 5\%$ 这一信息来推断这批产品的次品率 p 是否可认为不超过3%，即要在 H_0 和 H_1 之间做出选择的问题.

例3　在针织品的漂白工艺过程中，要考察温度对针织品断裂强力（主要质量指标）的影响.为了比较70℃与80℃的影响有无差别，在这两个温度下分别重复做了8次试验，得到数据如下（单位：千克）：

70℃时的强力：20.5，18.8，19.8，20.9，21.5，19.5，21.0，21.2；

80℃时的强力：17.7，20.3，20.0，18.8，19.0，20.1，20.2，19.1.

问两种温度下的强力是否有显著差异（假定强力分别服从正态分布 $N(\mu_1, \sigma^2)$ 和 $N(\mu_2, \sigma^2)$）？

用 X 和 Y 分别表示针织品70℃时的断裂强力和80℃时的断裂强力，则 $X \sim N(\mu_1, \sigma^2)$，$Y \sim N(\mu_2, \sigma^2)$.显然，若 $\mu_1 = \mu_2$，记为 H_0，则可认为两种温度对针织品的断裂强力无显著影响；若 $\mu_1 \neq \mu_2$，记为 H_1，则可认为两种温度对针织品的断裂强力有显著影响.于是检验两种温度下的断裂强力是否有显著差异的问题就转化为由抽样得到的信息对 H_0 和 H_1 哪一个成立作出判断的问题.

例4　抛掷一颗骰子100次，1点，2点，……，6点出现次数依次为16，19，18，17，16，14.问这颗骰子是否均匀？

用 X 表示抛掷后骰子出现的点数，若骰子均匀，则 X 的概率分布应为

$$P(X = k) = \frac{1}{6}, \quad k = 1, 2, \cdots, 6$$

（这时称 X 服从6点均匀分布）.记 H_0 表示"X 服从6点均匀分布"，H_1 表示"X 不服从6点均匀分布".显然，若 H_0 成立，则可判定骰子均匀；若 H_1 成立，则可判定骰子不均匀.于是判断这颗骰子是否均匀的问题转化为由样本值来判断 H_0 和 H_1 哪一个成立的问题.

在实际生活中，有很多与以上4个例子类似的问题，即需要根据样本值对关于总体分布中的未知参数或总体分布类型的某个陈述或论断的正确性进行推断，这类问题称为**假设检验问题**.

在数理统计中，我们将这些有待验证的关于总体分布所作的各种陈述或论断称为**统计假设**（statistic hypothesis），简称**假设**. 习惯上用字母 H 表示"假设". 如上面各例中的 H_0 和 H_1 都是假设. 若假设是关于总体分布的未知参数的，称为**参数假设**；否则，称为**非参数假设**. 如上面例 1、例 2、例 3 中的假设都是参数假设，例 4 中的假设为非参数假设.

对于一个假设检验问题，首先根据实际问题的要求提出统计假设，提出假设的目的是要根据样本观测值进一步判断假设的真伪. 在数理统计中，利用样本对假设的真伪进行判断，作出接受或拒绝的过程称为**假设检验**（hypothesis testing）. 由于假设分为参数假设与非参数假设，故假设检验又分为**参数假设检验**和**非参数假设检验**.

如果一个假设检验问题只提出一个统计假设，而我们的目的也正是为了判断这一统计假设是否成立，并不同时研究其他统计假设，这类假设检验问题称为**显著性检验**问题.

对假设检验问题进一步深入讨论时，往往需要提出两个甚至更多个统计假设，以便当判定一个假设不真而拒绝时，接受什么样的假设，或者当判定一个假设是真的而接受时，拒绝什么样的假设. 设 H_0 和 H_1 是关于某个假设检验问题的两个统计假设，并且两者必居其一，即或 H_0 真实 H_1 不真，或者 H_1 真实 H_0 不真，称其中一个为**原假设**（**基本假设**或**零假设**），而另一个为它的**对立假设**（或**备择假设**）. 习惯上，以 H_0 表示原假设，而以 H_1 表示对立假设. 但是，两者的划分不是绝对的. 在处理具体问题时，通常把不能轻易否定的假设作为原假设 H_0，但并不是说 H_0 绝对正确且永远不能被否定，当根据样本信息得到充分的理由否定 H_0 时，就应该否定 H_0 而接受与之对立的对立假设 H_1. 对立假设的提出取决于研究中要解决的问题，常常是在对问题的叙述中就表达了什么应当作为对立假设，对立假设是在拒绝原假设后应予以接受的假设. 有时，原假设的选定还要考虑数学上处理的方便. 本章所讨论的假设检验问题就是利用样本提供的信息在原假设 H_0 和对立假设 H_1 之间作出拒绝哪一个接受哪一个的判断，简称 **H_0 对 H_1 的检验问题**.

需要指出的是，在一个假设检验问题中，检验的是原假设，检验者关心的是原假设被拒绝还是被接受，检验的目的是根据样本观测值证伪原假设. 虽然，一个检验的结果总要在原假设和对立假设中拒绝一个接受另一个，但是，这种拒绝和接受有先后之分，有主动和被动之分. 当拒绝原假设时才接受对立假设，当接受原假设时才拒绝对立假设，而不是相反.

上面例 1 ~ 例 4 中的原假设与对立假设列于表 8 – 1 中.

表 8 - 1

	原假设 H_0	对立假设 H_1
例 1	$H_0: \mu = 500$	$H_1: \mu \neq 500$
例 2	$H_0: p \leqslant 3\%$	$H_1: p > 3\%$
例 3	$H_0: \mu_1 = \mu_2$	$H_1: \mu_1 \neq \mu_2$
例 4	$H_0: X$ 服从 6 点均匀分布	$H_1: X$ 不服从 6 点均匀分布

8.1.2　假设检验的基本思想

对一个假设检验问题，如何推断原假设 H_0 是否成立呢？我们先看一个例子.

设一箱中有红白两种颜色的球共 100 个，甲说"箱里有 99 个白球"，现从箱中任取一球，发现是红球，试判断甲的说法是否正确？显然，可以判定甲说法不正确. 因为假若"箱里有 99 个白球"成立，那么事件"从箱中取到红球"就是一个其概率只有 0.01 的小概率事件. 依据小概率原理，在一次试验中概率很小的事件是不会发生的. 而现在它竟然发生了，故我们完全有理由（99% 的把握）怀疑甲的说法，即认为甲的说法不正确. 当然，如果从箱中取到白球，我们就没有理由不相信甲的说法，只能权且接受甲的说法了.

上面这个例子的解决问题的方法包含了假设检验的基本思想. 具体来说，要作出拒绝原假设 H_0 还是接受 H_0 的判断，我们先在假定要检验的原假设 H_0 成立的前提下，构造一个能说明问题的小概率事件 A. 如果依据样本得到的信息小概率事件 A 发生了，而事件 A 是在原假设 H_0 成立的前提下才成为一个小概率事件，依据小概率原理，这表明假定原假设 H_0 成立与试验结果矛盾，我们有理由怀疑作为小概率事件发生前提的原假设 H_0 的正确性，因而拒绝原假设 H_0. 反之，如果小概率事件没有发生，这表明没有出现与原假设 H_0 成立矛盾的试验结果，因此没有充足的理由拒绝原假设 H_0，从而只得接受原假设 H_0. 当然，我们也没有理由肯定 H_0 是真实的. 这时可根据需要，通过再次抽样或其他方法做进一步研究.

综上所述，假设检验的基本思想实质上是一种基于小概率原理的带有概率性质的反证法. 假设检验中所谓的"矛盾"，并非逻辑中的绝对矛盾，而是基于人们在实践中广泛采用的原则——小概率原理，即小概率事件在一次试验中是不会发生的. 至于多小的概率才算是小概率，这要由实际问题的不同需要来决定. 以后将"小概率"记为 $\alpha(0 < \alpha < 1)$，它是根据实际问题的要求，人为取定的，通常 α 取 0.1, 0.05, 0.01, 0.005, 0.001 等. 显然，α 越小，这时若小概率

事件发生，那么怀疑原假设的理由就越显著，从而拒绝原假设就越有说服力，因此在假设检验中，将 α 称为**显著性水平**或**检验水平**.

下面我们结合 8.1.1 小节中的例 1 阐述如何对一个假设进行检验.

在例 1 中，由题意，包装机工作是否正常等价于检验 H_0: $\mu = 500$ 成立，还是 H_1: $\mu \neq 500$ 成立，于是我们提出假设

$$H_0: \mu = 500; \quad H_1: \mu \neq 500.$$

下面的问题就是利用样本提供的信息来判断原假设 H_0 是否成立.

由于要检验的假设涉及总体均值 μ，故首先想到是否可借助样本均值 $\bar{X}$ 这一统计量来判断. 我们知道，样本均值 $\bar{X}$ 是总体均值 μ 的一个无偏估计，$\bar{X}$ 观测值的大小在一定程度上反映了 μ 的大小. 因此，当 H_0 成立时，这时 $\bar{X} \sim N\left(500, \left(\frac{2}{3}\right)^2\right)$，$\bar{X}$ 的观测值 $\bar{x}$ 应集中在 $\mu_0 = 500$ 附近，即 $|\bar{x} - 500|$ 较大的可能性很小. 于是，当 $|\bar{x} - 500|$ 太大时，我们就应该拒绝 H_0. 注意到，衡量 $|\bar{x} - 500|$ 的大小可归结为衡量 $|u| = \left|\frac{\bar{x} - 500}{2/3}\right|$ 的大小，而当 H_0 成立时，$U = \frac{\bar{X} - 500}{2/3} \sim N(0, 1)$，这时 U 的取值应该在 0 的附近. 如果一次具体抽样所得样本值使得 $|U|$ 的观测值 $|u|$ 太大，则应该拒绝 H_0. 基于上面的分析，当 H_0 成立时，我们应如下构造小概率事件

$$A = \left\{\left|\frac{\bar{X} - 500}{2/3}\right| > c\right\}, \text{其中 } c \text{ 为常数}$$

当样本观测值满足 $\left|\frac{\bar{X} - 500}{2/3}\right| > c$ 时，应拒绝 H_0；否则，应接受 H_0. 至于 c 取多少，由给定的检验水平确定.

假设给定的检验水平为 $\alpha(0 < \alpha < 1)$，令

$$P\left\{\left|\frac{\bar{X} - 500}{2/3}\right| > c\right\} = \alpha,$$

由于 $U = \frac{\bar{X} - 500}{2/3} \sim N(0, 1)$，于是

$$P\left\{\frac{\bar{X} - 500}{2/3} > c\right\} = \frac{\alpha}{2},$$

可见，c 为标准正态分布上 $\frac{\alpha}{2}$ 分位点 $u_{\frac{\alpha}{2}}$，即对于给定检验水平 α，所构造的小概率事件为

$$A = \left\{\left|\frac{\bar{X} - 500}{2/3}\right| > u_{\frac{\alpha}{2}}\right\}.$$

这时，若样本值 $(x_1, x_2, \cdots, x_9) \in \left\{(x_1, x_2, \cdots, x_9) \mid \left|\frac{\bar{x} - 500}{2/3}\right| > u_{\frac{\alpha}{2}}\right\}$，即小概率事件 A 发生，则应拒绝原假设 H_0，而接受 H_1；否则，接受 H_0，而拒绝 H_1.

从上述检验过程可见，统计量 $U = \dfrac{\overline{X} - 500}{2/3}$ 的概率分布和分位数 $u_{\frac{\alpha}{2}}$ 对于构造本例中的小概率事件至关重要，称 U 为假设 H_0 的**检验统计量**，称 $u_{\frac{\alpha}{2}}$ 为**临界值**，并称作出拒绝 H_0 结论的样本观测值的集合

$$W = \{(x_1, x_2, \cdots, x_9) \mid |u| > u_{\frac{\alpha}{2}}\}$$

为 H_0 的**拒绝域**，而称样本观测值的集合

$$\overline{W} = \{(x_1, x_2, \cdots, x_9) \mid |u| \leqslant u_{\frac{\alpha}{2}}\}$$

为 H_0 的**接受域**，其中 $u = \dfrac{\bar{x} - 500}{2/3}$ 是检验统计量 $U = \dfrac{\overline{X} - 500}{2/3}$ 的观测值. 今后分别将它们简记为 $W = \{|u| > u_{\frac{\alpha}{2}}\}$ 和 $\overline{W} = \{|u| \leqslant u_{\frac{\alpha}{2}}\}$. 显然，$H_0$ 的拒绝域即是使小概率事件 $A = \left\{ \left| \dfrac{\overline{X} - 500}{2/3} \right| > u_{\frac{\alpha}{2}} \right\}$ 发生的样本观测值的集合，故 $P\{(X_1, X_2, \cdots, X_9) \in W\} = \alpha$.

在本例中，若取检验水平 $\alpha = 0.05$，查附表三可得 $u_{\frac{\alpha}{2}} = u_{0.025} = 1.96$，这时拒绝域为

$$W = \{|u| > 1.96\}.$$

对已知的样本观测值，计算得，样本均值 $\bar{x} = 502$，于是检验统计量 U 的观测值为

$$u = \frac{\bar{x} - 500}{2/3} = \frac{502 - 500}{2/3} = 3,$$

比较可知 $|u| = 3 > u_{0.025} = 1.96$，即样本观测值属于拒绝域 W，所以拒绝原假设 H_0，即认为该天包装机工作不正常.

由上述解决问题过程，我们可归纳出解决假设检验问题的一般步骤：

（i）根据问题的要求提出原假设 H_0 和对立假设 H_1；

（ii）选取一个适当的检验统计量 $T(X_1, X_2, \cdots, X_n)$，使在 H_0 成立的情形下，其分布完全已知，并根据 H_0 及 H_1 的特点，构造一个小概率事件 $\{T \in I\}$，确定 H_0 的拒绝域 W 形状.

（iii）对于给定的检验水平 $\alpha (0 < \alpha < 1)$，在 H_0 成立的情形下，令

$$P\{T \in I\} = \alpha$$

求出临界值，确定 I，从而确定出 H_0 的具体的拒绝域

$$W = \{(x_1, x_2, \cdots, x_n) \mid t \in I\}$$

和接受域 $\overline{W} = \{(x_1, x_2, \cdots, x_n) \mid t \notin I\}$，其中 t 为检验统计量的观测值 $T(x_1, x_2, \cdots, x_n)$.

（iv）根据已知样本观测值 $(x_1, \cdots, x_n)$ 算出检验统计量 $T(X_1, X_2, \cdots, X_n)$ 的观测值 t. 当 $t \in I$，即 $(x_1, \cdots, x_n) \in W$，则拒绝 H_0，从而接受 H_1；否则，接受 H_0，拒绝 H_1.

对各种统计假设的检验都按以上四个步骤进行，只是不同的问题中要选择不同的检验统计量，并根据所提出的假设构造相应的小概率事件，确定出拒绝域的形状．这里小概率事件的构造是关键，是由原假设和对立假设共同确定，它的发生应不利于原假设而有利于对立假设．

8.1.3　假设检验中的两类错误

如上所述，在对原假设 H_0 进行检验时，我们作出拒绝和接受原假设 H_0 的依据是小概率原理．在一次抽样中，若小概率事件发生了，则拒绝原假设；若小概率事件没有发生，则拒绝原假设的理由不充分，因而只好接受原假设．事实上，即使原假设 H_0 成立，小概率事件也不是绝对不会发生；原假设 H_0 不成立，小概率事件也可能不发生．所以这样的检验结果可能出现以下两种类型的错误．

第一类错误是拒绝了真实的假设，即 H_0 本来正确，但检验的结果否定了 H_0．第一类错误又称**弃真错误**．显然，犯第一类错误的概率就是检验水平 α，即 $P(\text{拒绝 } H_0 \mid H_0 \text{ 为真}) = \alpha$.

第二类错误是接受了不真实的假设，即 H_0 本来不正确，但检验的结果接受了 H_0．第二类错误又称**纳伪错误**．犯纳伪错误的概率记为 β，即 $P(\text{接受 } H_0 \mid H_0 \text{ 不真}) = \beta$.

在进行假设检验时，我们自然希望犯上述两类错误的概率尽可能地小，甚至不犯错误．但在样本容量给定后，减少犯一个错误的概率，就会增大犯另一类错误的概率，一般只有增大样本容量，才有可能使两者同时减少．在实际应用中，通常的做法只控制犯第一类错误的概率 α，而不考虑犯第二类错误的概率．控制犯第一类错误的概率，就是要保护原假设 H_0，这是因为一方面，原假设 H_0 是在经验的基础上经过深思熟虑提出的，没有充分的理由不能轻易拒绝它；另一方面，往往犯第一类错误的危害性较大．这样，一旦检验后的最终结论为拒绝 H_0，由于犯一类错误的概率被控制而显得有说服力或危害较小．当然，控制犯第一类错误的概率 α 为多大合适，并没有严格标准，应视两种错误发生的严重性而定．例如，对一种新出的药品是否合格的检验，若原假设为"药品合格"，则我们宁可"弃真"，使 α 大些，而不愿"纳伪"．这样才能保证用药安全，虽然难免把一些合格品当废品处理了．

习题 8 –1

1. 假设检验的基本思想是什么？其中所用反证法与通常的反证法有何区别？
2. 在假设检验中，原假设和对立假设的地位是否是等同的？若不等同，应如何选取原假设和对立假设?

3. 简述什么是第一类错误? 什么是第二类错误? 怎样控制犯两类错误的概率?

4. 设假设检验中犯第一类错误的概率是 α, 犯第二类错误的概率为 β, 试问:

(1) 为何 α 正好等于显著性水平?

(2) 是否 $\alpha + \beta$ 一定等于 1?

(3) 怎样在保持 α 不变的条件下, 尽可能缩小 β?

5. 已知某砖厂生产机制砖的抗断强度 X (单位: kg/cm^2) 服从正态分布 $N(\mu, 1.21)$, 从一批机制砖中随机抽取 6 块, 测量其抗断强度分别为 32.6、30.0、31.6、32.0、31.8、31.6. 试在检验水平 $\alpha = 0.05$ 下, 检验这批机制砖的平均抗断强度 μ 为 32.0 是否成立, 试给出原假设 H_0 和对立假设 H_1.

6. 一种零件的生产标准是直径应为 10cm, 为对生产过程进行控制, 质量监测人员定期对一台加工机床检查, 确定这台机床生产的零件是否符合标准要求. 如果零件的平均直径大于或小于 10cm, 则表明生产过程不正常, 必须进行调整. 试陈述用来检验生产过程是否正常的原假设 H_0 和对立假设 H_1.

7. 一家研究机构估计, 某城市中家庭拥有汽车的比例超过 30%. 为验证这一估计是否正确, 该研究机构随机抽取了一个样本进行检验, 试给出用于检验的原假设 H_0 和对立假设 H_1.

8. 设 $(X_1, X_2, \cdots, X_{10})$ 是来自参数为 p 的 $0-1$ 总体 X 的样本, 考虑如下检验问题 $H_0: p = 0.2$, $H_1: p = 0.4$, 拒绝域取为 $W = \{(x_1, x_2, \cdots, x_{10}) \mid \bar{x} \geq 0.5\}$, 求该检验犯两类错误的概率.

习题选讲

§8.2 一个正态总体的参数假设检验

本节考虑总体 $X \sim N(\mu, \sigma^2)$ 参数 μ、σ^2 的假设检验. 检验水平为 $\alpha(o < \alpha < 1)$.

8.2.1 均值 μ 的假设检验

关于均值 μ 的假设, 我们只研究下面三种形式:

(1) $H_0: \mu = \mu_0$, $H_1: \mu \neq \mu_0$;

(2) $H_0: \mu = \mu_0$, $H_1: \mu > \mu_0$;

(3) $H_0: \mu = \mu_0$, $H_1: \mu < \mu_0$.

其中, μ_0 是一给定的数. 为方便起见, 把 (1) 中的假设叫**双边假设**, (2)、(3) 中的假设叫**单边假设**, 对它们的检验分别称为**双边检验**和**单边检验**. 实际问题中常遇到假设 $H_0: \mu \leq \mu_0$, $H_1: \mu > \mu_0$ 或 $H_0: \mu \geq \mu_0$, $H_1: \mu < \mu_0$, 它们都可简化处理为假设 (2) 或假设

(3)，这样做不影响结论的判断．请读者思考这是为什么？

当检验关于总体均值 μ 的假设时，参数 σ^2 是否已知，会影响到检验统计量的选择，故分两种情形讨论．

1. 方差 σ^2 已知的情形

设总体 $X \sim N(\mu, \sigma^2)$，其中方差 $\sigma^2 = \sigma_0^2$ 已知，μ 是待检验的参数，$(X_1, X_2, \cdots, X_n)$ 是取自总体 X 的样本，$\bar{X}$ 为样本均值．

（1）检验假设 $H_0: \mu = \mu_0$，$H_1: \mu \neq \mu_0$，其中 μ_0 是一给定的数．我们选取检验统计量

$$U = \frac{\bar{X} - \mu_0}{\sigma_0} \sqrt{n} \tag{8.2.1}$$

其观测值记为 $u = \dfrac{\bar{x} - \mu_0}{\sigma_0} \sqrt{n}$. 当 H_0 成立时，$U \sim N(0, 1)$. 对固定的 n，$|U|$ 取值不应太大，而当 H_1 成立时，$|U|$ 取值有偏大的趋势，故构造小概率事件为

$$A = (|U| > c)$$

从而拒绝域的形状为

$$W = \{(x_1, x_2, \cdots, x_n) \mid |u| > c\} \quad (c \text{ 待定})$$

至于 c 多大，由给定的检验水平 α 决定．

对于给定的检验水平 α，令

$$P(|U| > c) = \alpha$$

查附表三确定临界值 $c = u_{\frac{\alpha}{2}}$，于是 H_0 的拒绝域为

$$W = \left\{ (x_1, x_2, \cdots, x_n) \mid \left| \frac{\bar{x} - \mu_0}{\sigma_0} \sqrt{n} \right| > u_{\frac{\alpha}{2}} \right\}. \tag{8.2.2}$$

类似地，可给出关于总体均值 μ 的单边假设检验的拒绝域．

（2）检验假设 $H_0: \mu = \mu_0$，$H_1: \mu > \mu_0$，其中 μ_0 是一给定的数．令

$$P(U > u_\alpha) = \alpha$$

查附表三确定临界值 u_α，得 H_0 的拒绝域为

$$W = \left\{ (x_1, x_2, \cdots, x_n) \mid \frac{\bar{x} - \mu_0}{\sigma_0} \sqrt{n} > u_\alpha \right\} \tag{8.2.3}$$

（3）检验假设 $H_0: \mu = \mu_0$，$H_1: \mu < \mu_0$，其中 μ_0 是一给定的数．令

$$P(U < -u_\alpha) = \alpha$$

查附表三确定临界值 $-u_\alpha$，得 H_0 的拒绝域为

$$W = \left\{ (x_1, x_2, \cdots, x_n) \mid \frac{\bar{x} - \mu_0}{\sigma_0} \sqrt{n} < -u_\alpha \right\} \tag{8.2.4}$$

根据一次抽样后得到的样本观测值 $(x_1, x_2, \cdots, x_n)$ 计算检验

统计量 U 的观测值 $u = \dfrac{\bar{x} - \mu_0}{\sigma_0 / \sqrt{n}}$，并与临界值比较，做出接受 H_0 还是拒绝 H_0 的结论．需要指出的是，在处理实际问题时，若 u 与临界值相等或很接近，为了慎重，应再进行一次抽样检验．

对于一个正态总体 $N(\mu,\ \sigma^2)$ 均值为 μ 的假设检验，当 σ^2 已知时，不论是双边检验还是单边检验，都是用正态变量 $U = \dfrac{\bar{X} - \mu_0}{\sigma_0 / \sqrt{n}}$ 作为检验统计量，这种检验法称为 U **检验法**．

例 1　设某面粉厂有两台包装机，包装的面粉每袋的标准重量是 10 千克．现从中各抽测了 5 袋，其重量（单位：千克）如下：

甲机：10.1，　10，　9.8，　9.9，　9.9；

乙机：9.6，　9.5，　9.4，　9.7，　10.5.

假设袋装面粉的重量服从正态分布，标准差是 0.1，问这两台包装机的工作是否正常（检验水平 $\alpha = 0.05$）？

解　对甲机，提出假设 $H_0 : \mu = 10$，$H_1 : \mu \neq 10$．方差 $\sigma^2 = 0.1^2$ 已知．这是一个正态总体方差已知的均值的双边检验问题，故用 U 检验法．

对于检验水平 $\alpha = 0.05$，查附表三得 $u_{0.025} = 1.96$，则 H_0 的拒绝域为

$$W = \left\{ (x_1,\ x_2,\ x_3,\ x_4,\ x_5) \ \middle| \ \left| \frac{\bar{x} - 10}{0.1 / \sqrt{5}} \right| > 1.96 \right\}.$$

经计算 $\bar{x} = 9.94$，$u = \dfrac{\bar{x} - 10}{0.1 / \sqrt{5}} = -1.34$．因 $|u| = 1.34 < 1.96$，所以，接受 H_0，即认为甲机工作正常．

对乙机，提出假设 $H_0 : \mu = 10$，$H_1 : \mu \neq 10$．方差 $\sigma^2 = 0.1^2$ 已知．这也是一个正态总体方差已知的均值的双边检验问题．

由所给条件可知，H_0 的拒绝域同上．经计算 $\bar{x} = 9.74$，$u = \dfrac{\bar{x} - 10}{0.1 / \sqrt{5}} = -5.81$．因 $|u| = 5.81 > 1.96$，所以，拒绝 H_0，即认为乙机工作不正常．

例 2　质量标准规定，灯泡的平均寿命不能低于 1200 小时．现从一批灯泡中抽取 5 只，测得其寿命（小时）为：1170，1210，1220，1180，1190．设灯泡的寿命服从正态分布 $N(\mu,\ \sigma^2)$，且 $\sigma = 20$ 小时，试检验这批灯泡是否合格（检验水平 $\alpha = 0.05$）？

解　按题意，所提假设应该是 $H_0 : \mu \geq 1200$，$H_1 : \mu < 1200$．此假设检验可归结为检验假设 $H_0 : \mu = 1200$，$H_1 : \mu < 1200$．方差 $\sigma^2 = 400$ 已知．这是一个正态总体方差已知的均值的单边检验问题，故用 U 检验法．

对于检验水平 $\alpha = 0.05$，查附表三得 $u_{0.05} = 1.64$，则 H_0 的拒绝域

$$W = \left\{ (x_1,\ x_2,\ \cdots,\ x_5)\ \Big|\ \frac{\bar{x} - 1200}{20/\sqrt{5}} < -1.64 \right\}.$$

经计算 $\bar{x} = 1194$，$u = \dfrac{\bar{x} - 1200}{20/\sqrt{5}} = -0.67$．因 $-0.67 > -1.64$，所以，接受 H_0，即认为这批灯泡合格．

2. 方差 σ^2 未知的情形

设总体 $X \sim N(\mu,\ \sigma^2)$，其中方差 σ^2 未知，μ 是待检验的参数，$(X_1,\ X_2,\ \cdots,\ X_n)$ 是取自总体 X 的样本，$\bar{X}$ 和 S^2 为样本均值和样本方差．

检验假设 $H_0: \mu = \mu_0$，$H_1: \mu \neq \mu_0$，其中 μ_0 是一给定的数．

由于方差 σ^2 未知，不能再用式（8.2.1）定义的 U 统计量作为检验统计量来确定 H_0 的拒绝域．一个很自然的想法，用样本标准差 S 代替总体方差 σ，构造检验统计量

$$T = \frac{\bar{X} - \mu_0}{S}\sqrt{n} \tag{8.2.5}$$

其观测值记为 t. 当 H_0 成立时，$T \sim t(n-1)$，$|T|$ 取值不应太大，而当 H_1 成立时，$|T|$ 取值有偏大的趋势，故构造小概率事件为 $A = (|T| > c)$，从而拒绝域的形状为

$$W = \{(x_1,\ x_2,\ \cdots,\ x_n)\ |\ |t| > c\} \quad (c\ 待定)$$

对于给定的检验水平 α，令

$$P(|T| > c) = \alpha$$

查附表六确定临界值 $c = t_{\frac{\alpha}{2}}(n-1)$，于是 H_0 的拒绝域为

$$W = \left\{ (x_1,\ x_2,\ \cdots,\ x_n)\ \Big|\ \left|\frac{\bar{x} - \mu_0}{s}\sqrt{n}\right| > t_{\frac{\alpha}{2}}(n-1) \right\}. \tag{8.2.6}$$

类似地，对于假设（2）$H_0: \mu = \mu_0$，$H_1: \mu > \mu_0$，其中 μ_0 是一给定的数，可得 H_0 的拒绝域为

$$W = \left\{ (x_1,\ x_2,\ \cdots,\ x_n)\ \Big|\ \frac{\bar{x} - \mu_0}{s}\sqrt{n} > t_{\alpha}(n-1) \right\} \tag{8.2.7}$$

对于假设（3）$H_0: \mu = \mu_0$，$H_1: \mu < \mu_0$，其中 μ_0 是一给定的数，可得 H_0 的拒绝域为

$$W = \left\{ (x_1,\ x_2,\ \cdots,\ x_n)\ \Big|\ \frac{\bar{x} - \mu_0}{s}\sqrt{n} < -t_{\alpha}(n-1) \right\} \tag{8.2.8}$$

式（8.2.7）、式（8.2.8）中的 $t_{\alpha}(n-1)$ 为自由度为 $n-1$ 的 t 分布的上 α 分位数．

关于一个正态总体 $N(\mu,\ \sigma^2)$ 方差未知的均值为 μ 的假设检验，

所用检验统计量 $T = \dfrac{\overline{X} - \mu_0}{S / \sqrt{n}}$ 服从 t 分布，这种检验法称为 **T 检验法**.

例 3 从一批灯泡中抽取 50 个灯泡检验寿命，算得样本平均值 $\bar{x} = 1900$ 小时，样本标准差 $s = 490$ 小时，以 $\alpha = 1\%$ 的水平，检验这批灯泡的平均使用寿命是否为 2000 小时（假定灯泡寿命 X 服从正态分布）？

解 按题意，提出假设 $H_0: \mu = 2000$；$H_1: \mu \neq 2000$. 由于方差 σ^2 未知，这是一个正态总体方差未知的均值的双边检验问题，故用 T 检验法.

对于检验水平 $\alpha = 0.01$，查附表六得 $t_{0.005}(49) = 2.68$，则 H_0 的拒绝域为

$$W = \left\{ (x_1,\ x_2,\ \cdots,\ x_{50}) \ \middle|\ \left| \frac{\bar{x} - 2000}{490 / \sqrt{50}} \right| > 2.68 \right\}.$$

经计算 $|t| = \dfrac{|\bar{x} - 2000|}{s / \sqrt{50}} = \dfrac{|1900 - 2000|}{490 / \sqrt{50}} \approx 1.44 < 2.68$，所以，接受 H_0，即认为这批灯泡的平均使用寿命是 2000 小时.

关于一个正态总体均值 μ 的假设检验所用统计量及拒绝域列于表 8 - 2 中，以供查用.

表 8 - 2

检验法	原假设	对立假设	H_0 成立时，统计量及其分布	拒绝域 W
U 检验 ($\sigma^2 = \sigma_0^2$ 已知)	$H_0: \mu = \mu_0$	$H_1: \mu \neq \mu_0$	$U = \dfrac{\overline{X} - \mu_0}{\sigma_0} \sqrt{n} \sim N(0,\ 1)$	$\{|u| > u_{\frac{\alpha}{2}}\}$
	$H_0: \mu = \mu_0$ $H_0: \mu \leqslant \mu_0$	$H_1: \mu > \mu_0$		$\{u > u_\alpha\}$
	$H_0: \mu = \mu_0$ $H_0: \mu \geqslant \mu_0$	$H_1: \mu < \mu_0$		$\{u < -u_\alpha\}$
T 检验 (σ^2 未知)	$H_0: \mu = \mu_0$	$H_1: \mu \neq \mu_0$	$T = \dfrac{\overline{X} - \mu_0}{S} \sqrt{n} \sim t(n-1)$	$\{|t| > t_{\frac{\alpha}{2}}(n-1)\}$
	$H_0: \mu = \mu_0$ $H_0: \mu \leqslant \mu_0$	$H_1: \mu > \mu_0$		$\{t > t_\alpha(n-1)\}$
	$H_0: \mu = \mu_0$ $H_0: \mu \geqslant \mu_0$	$H_1: \mu < \mu_0$		$\{t < -t_\alpha(n-1)\}$

8.2.2 方差 σ^2 的假设检验

关于方差 σ^2 的假设，我们只研究下面的三种形式：

（1）$H_0: \sigma^2 = \sigma_0^2$，　　　$H_1: \sigma^2 \neq \sigma_0^2$；

（2）$H_0: \sigma^2 = \sigma_0^2$, $H_1: \sigma^2 > \sigma_0^2$;

（3）$H_0: \sigma^2 = \sigma_0^2$, $H_1: \sigma^2 < \sigma_0^2$.

其中，σ_0^2 是一给定的正数．在实际问题中，还会遇到假设 $H_0: \sigma^2 \leq \sigma_0^2$，$H_1: \sigma^2 > \sigma_0^2$ 和 $H_0: \sigma^2 \geq \sigma_0^2$，$H_1: \sigma^2 < \sigma_0^2$，它们分别可归结为假设（2）和假设（3），这样做不影响结论的判断．

显然，当检验关于总体方差 σ^2 的假设时，参数 μ 是否已知，会影响到检验统计量的选择和拒绝域的确定，我们也分两种情形分别讨论．

1. 均值 μ 未知的情形

设总体 $X \sim N(\mu, \sigma^2)$，其中 μ 未知，σ^2 是待检验的参数，$(X_1, X_2, \cdots, X_n)$ 是取自总体 X 的样本，$\bar{X}$ 和 S^2 为样本均值和样本方差．

检验假设 $H_0: \sigma^2 = \sigma_0^2$，$H_1: \sigma^2 \neq \sigma_0^2$，其中 σ_0^2 是一给定的数．
我们选检验统计量

$$\chi^2 = \frac{(n-1)S^2}{\sigma_0^2} = \frac{1}{\sigma_0^2} \sum_{i=1}^{n} (X_i - \bar{X})^2 \tag{8.2.9}$$

当 H_0 成立时，$\chi^2 \sim \chi^2(n-1)$．我们知道，样本方差 S^2 是总体方差 σ^2 的无偏估计量，当 H_0 成立时，S^2 的取值应该集中在 σ_0^2 附近，从而对固定的 n，比值 $\frac{(n-1)S^2}{\sigma_0^2}$ 应在 $n-1$ 附近，其取值不应太大或太小，而当 H_1 成立时，$\frac{(n-1)S^2}{\sigma_0^2}$ 的取值有偏小或偏大的趋势，故构造小概率事件为

$$A = (\chi^2 < c_1) \cup (\chi^2 > c_2) \quad (c_1, c_2 \text{ 待定})$$

从而拒绝域的形状为

$$W = \{(x_1, x_2, \cdots, x_n) \,|\, \chi^2 < c_1 \text{ 或 } \chi^2 > c_2\} \quad (c_1, c_2 \text{ 待定})$$

至于 c_1 小到什么程度、c_2 大到什么程度，由给定的检验水平 α 决定．

对于给定的检验水平 α，令

$$P\{\chi^2 < c_1 \text{ 或 } \chi^2 > c_2\} = \alpha$$

显然，满足上式的 c_1，c_2 有无穷多，通常取

$$P(\chi^2 < c_1) = P(\chi^2 > c_2) = \frac{\alpha}{2}$$

查附表四确定临界值 $c_1 = \chi_{1-\frac{\alpha}{2}}^2(n-1)$，$c_2 = \chi_{\frac{\alpha}{2}}^2(n-1)$．于是，$H_0$ 的拒绝域为

$$W = \{(x_1, x_2, \cdots, x_n) \,|\, \chi^2 < \chi_{1-\frac{\alpha}{2}}^2(n-1) \text{ 或 } \chi^2 > \chi_{\frac{\alpha}{2}}^2(n-1)\}$$

$$\tag{8.2.10}$$

类似地，对于假设（2）$H_0: \sigma^2 = \sigma_0^2$，$H_1: \sigma^2 > \sigma_0^2$，其中 σ_0^2 是

一给定的数，可得 H_0 的拒绝域为

$$W = \{(x_1, x_2, \cdots, x_n) \mid \chi^2 > \chi_\alpha^2(n-1)\} \qquad (8.2.11)$$

对于假设 (3) $H_0: \sigma^2 = \sigma_0^2$，$H_1: \sigma^2 < \sigma_0^2$，其中 σ_0^2 是一给定的数，可得 H_0 的拒绝域为

$$W = \{(x_1, x_2, \cdots, x_n) \mid \chi^2 < \chi_{1-\alpha}^2(n-1)\} \qquad (8.2.12)$$

式 (8.2.11)、式 (8.2.12) 中的 $\chi_\alpha^2(n-1)$ 和 $\chi_{1-\alpha}^2(n-1)$ 分别是自由度为 $n-1$ 的 χ^2 分布的上 α 分位数和上 $1-\alpha$ 分位数.

对于一个正态总体方差 σ^2 的假设检验，由于所用检验统计量 $\chi^2 = \dfrac{(n-1)S^2}{\sigma_0^2}$ 服从 χ^2 分布，这种检验法称为 χ^2 **检验法**.

例 1　假定成年男子的身高服从正态分布，现从某团体随机抽测了 20 名男子，算得样本均值 $\bar{x} = 1.702$（米），样本标准差 $s = 0.07$（米），试检验总体方差是否为 0.006（米^2）（$\alpha = 0.05$）？

解　按题意，提出假设 $H_0: \sigma^2 = 0.006$，$H_1: \sigma^2 \neq 0.006$. 由于均值 μ 未知，这是一个正态总体均值未知的方差的双边检验，故用 χ^2 检验法.

对于检验水平 $\alpha = 0.05$，查附表四得 $\chi_{0.975}^2(19) = 8.91$，$\chi_{0.025}^2(19) = 32.9$，则 H_0 的拒绝域为

$$W = \{(x_1, x_2, \cdots, x_{20}) \mid \chi^2 > 32.9 \text{ 或 } \chi^2 < 8.91\}.$$

经计算 $\chi^2 = \dfrac{19 \times 0.07^2}{0.006} \approx 15.517$. 因 $8.91 < 15.517 < 32.9$，所以接受 H_0，即认为总体的方差为 0.006 米^2.

例 2　某种导线，要求其电阻的标准差为 0.005 欧姆. 今在生产的一批导线中取样品 9 根，测得标准差 $s = 0.007$ 欧姆. 设总体服从正态分布，问在检验水平 $\alpha = 0.05$ 下，能认为这批导线的标准差显著地偏大吗？

解　按题意，提出假设 $H_0: \sigma^2 = 0.005^2$，$H_1: \sigma^2 > 0.005^2$. 由于 μ 未知，这是一个正态总体均值未知的方差的单边检验问题，故用 χ^2 检验法.

对于检验水平 $\alpha = 0.05$，查附表四得 $\chi_{0.05}^2(8) = 15.5$，则 H_0 的拒绝域 $W = \{(x_1, x_2, \cdots, x_9) \mid \chi^2 > 15.5\}$.

经计算 $\chi^2 = 15.68 > 15.5$，所以，拒绝 H_0，接受 H_1，即认为这批导线的标准差偏大. 注意，本例中，因统计量 χ^2 的观测值与临界值很接近，为了慎重，通常应再进行一次抽样.

2. 均值 μ 已知的情形

设总体 $X \sim N(\mu, \sigma^2)$，其中均值 $\mu = \mu_0$ 已知，σ^2 是待检验的参

数，$(X_1, X_2, \cdots, X_n)$ 是取自总体 X 的样本.

因为总体均值 μ_0 已知，在检验统计量式（8.2.9）中，用 μ_0 代替样本均值 $\bar{X}$，得检验统计量

$$\chi^2 = \frac{1}{\sigma_0^2}\sum_{i=1}^{n}(X_i - \mu_0)^2 \qquad (8.2.13)$$

当 H_0 成立时，由定理 6.7 知，$\chi^2 \sim \chi^2(n)$. 对给定的检验水平 α，类似于上述均值 μ 未知的情形，可得假设（1）、假设（2）、假设（3）中 H_0 的拒绝域分别为

$$W = \{(x_1, x_2, \cdots, x_n) \mid \chi^2 < \chi^2_{1-\frac{\alpha}{2}}(n) \text{ 或 } \chi^2 > \chi^2_{\frac{\alpha}{2}}(n)\} \qquad (8.2.14)$$

$$W = \{(x_1, x_2, \cdots, x_n) \mid \chi^2 > \chi^2_{\alpha}(n)\} \qquad (8.2.15)$$

$$W = \{(x_1, x_2, \cdots, x_n) \mid \chi^2 < \chi^2_{1-\alpha}(n)\} \qquad (8.2.16)$$

上面三个式中的 $\chi^2 = \frac{1}{\sigma_0^2}\sum_{i=1}^{n}(x_i - \mu_0)^2$ 为检验统计量式（8.2.13）在样本值 $(x_1, x_2, \cdots, x_n)$ 下的观测值，$\chi^2_{1-\frac{\alpha}{2}}(n)$，$\chi^2_{\frac{\alpha}{2}}(n)$，$\chi^2_{\alpha}(n)$，$\chi^2_{1-\alpha}(n)$ 分别为自由度为 n 的 χ^2 分布的上 $1-\frac{\alpha}{2}$，$\frac{\alpha}{2}$，α，$1-\alpha$ 分位数.

因为检验的过程和均值 μ 未知的情形类似，我们不再举例.

对于一个正态总体 $N(\mu, \sigma^2)$，均值 μ 已知的方差 σ^2 的假设检验，所用检验统计量 $\chi^2 = \frac{1}{\sigma_0^2}\sum_{i=1}^{n}(X_i - \mu_0)^2$ 服从 $\chi^2(n)$ 分布，这种检验法也称为 χ^2 **检验法**.

关于一个正态总体方差 σ^2 的假设检验所用统计量以及拒绝域列于表 8-3 中，以供查用.

表 8-3

检验法	原假设	对立假设	H_0 成立时，统计量及其分布	拒绝域 W
χ^2 检验 ($\mu = \mu_0$ 已知)	$H_0: \sigma^2 = \sigma_0^2$	$H_1: \sigma^2 \neq \sigma_0^2$	$\chi^2 = \frac{1}{\sigma_0^2}\sum_{i=1}^{n}(X_i - \mu_0)^2 \sim \chi^2(n)$	$\{\chi^2 < \chi^2_{1-\frac{\alpha}{2}}(n)$ 或 $\chi^2 > \chi^2_{\frac{\alpha}{2}}(n)\}$
	$H_0: \sigma^2 = \sigma_0^2$ $H_0: \sigma^2 \leq \sigma_0^2$	$H_1: \sigma^2 > \sigma_0^2$		$\{\chi^2 > \chi^2_{\alpha}(n)\}$
	$H_0: \sigma^2 = \sigma_0^2$ $H_0: \sigma^2 \geq \sigma_0^2$	$H_1: \sigma^2 < \sigma_0^2$		$\{\chi^2 < \chi^2_{1-\alpha}(n)\}$
χ^2 检验 (μ 未知)	$H_0: \sigma^2 = \sigma_0^2$	$H_1: \sigma^2 \neq \sigma_0^2$	$\chi^2 = \frac{(n-1)S^2}{\sigma_0^2} \sim \chi^2(n-1)$	$\{\chi^2 < \chi^2_{1-\frac{\alpha}{2}}(n-1)$ 或 $\chi^2 > \chi^2_{\frac{\alpha}{2}}(n-1)\}$
	$H_0: \sigma^2 = \sigma_0^2$ $H_0: \sigma^2 \leq \sigma_0^2$	$H_1: \sigma^2 > \sigma_0^2$		$\{\chi^2 > \chi^2_{\alpha}(n-1)\}$
	$H_0: \sigma^2 = \sigma_0^2$ $H_0: \sigma^2 \geq \sigma_0^2$	$H_1: \sigma^2 < \sigma_0^2$		$\{\chi^2 < \chi^2_{1-\alpha}(n-1)\}$

习题 8 - 2

1. 已知某面粉厂自动装袋机包装面粉，每袋面粉重量 X（单位：kg）服从正态分布 $N(25, 0.02)$，长期实践表明方差 σ^2 比较稳定，从某日所生产的一批袋装面粉中随机抽取 10 袋，测量其重量分别为

24.9，25.0，25.1，25.2，25.2，25.1，25.0，24.9，24.8，25.1

问这批袋装面粉的平均重量 μ 是否合乎标准？（$\alpha = 0.05$）

2. 已知某厂生产某种型号电子元件的使用寿命 X（小时）服从正态分布 $N(\mu, 30^2)$，从一批电子元件中随机抽取 16 只，测量其平均使用寿命为 1990 小时，试在检验水平 $\alpha = 0.01$ 下，检验这批电子元件的平均使用寿命不低于 2000 小时是否成立.

3. 从一批钢管抽取 10 根，测得其内径（单位：mm）为：

100.36　100.31　99.99　100.11　100.64
100.85　99.42　99.91　99.35　100.10

设这批钢管内直径服从正态分布 $N(\mu, \sigma^2)$，试分别在（1）已知 $\sigma = 0.5$；（2）σ 未知条件下检验假设 $H_0: \mu = 100$，$H_1: \mu > 100$（$\alpha = 0.05$）.

4. 已知某厂排放工业废水中某有害物质的含量 $X\%$ 服从正态分布 $N(\mu, \sigma^2)$，环境保护条例规定排放工业废水中该有害物质的含量不得超过 0.50%. 现从该厂所排放的工业废水中随机抽取 5 份水样，测量该有害物质的含量分别为

0.53　0.54　0.51　0.49　0.53

试在检验水平 $\alpha = 0.05$ 下，检验该厂排放工业废水中有害物质的平均含量是否超过规定标准.

5. 某市质检局接到投诉后，对一金店进行质量调查. 现从其出售的标志 18K 的项链中抽取 9 件项链，对其含金量进行检测，测得样本均值为 17.5，样本标准差为 0.7416. 假定项链的含金量 X（单位：K）服从正态分布 $N(\mu, \sigma^2)$，其平均含金量为 18K 时认为合格. 试问检测结果能否认定金店出售的产品存在质量问题？（$\alpha = 0.05$）.

6. 设某次考试的考生成绩服从正态分布，从中随机地抽取 36 位考生的成绩，算得平均成绩为 $\bar{x} = 66.5$ 分，标准差为 $s = 15$ 分. 问在显著性水平 0.05 下，是否可以认为这次考试全体考生的平均成绩为 70 分？

7. 过去某工厂向 A 公司订购原材料，自订货日开始至交货日止，平均为 49.1 日. 现改为向 B 公司订购原材料，随机抽取向 B 公司订的 8 次货，交货天数为：

46　38　40　39　52　35　48　44

问 B 公司交货日期是否较 A 公司为短？（$\alpha = 0.05$）

8. 假定学生考试成绩（百分制）服从正态分布，概率统计这门课程的分数标准差为 10 分. 从一次概率统计考试中随机抽查了 17 份试卷，样本标准差 $s = 11.8$ 分. 检验这次考试学生成绩的差距是否改变了？（$\alpha = 0.05$）.

9. 某公司生产的发动机部件的直径服从正态分布. 该公司称它的标准差 $\sigma = 0.048$ 厘米，现随机地抽取 5 个部件，测得它们的直径为

1.32　1.55　1.36　1.40　1.44

习题选讲

取检验水平 $\alpha = 0.05$. 问（1）我们能否认为该公司生产的发动机部件的直径的标准差确实为 $\sigma = 0.048$ 厘米？（2）我们能否认为 $\sigma^2 \leqslant 0.048^2$？

10. 某乡农民年人均收入在 1998 年是 860 元，标准差是 220 元，假定年人均收入服从正态分布. 2000 年从该乡随机地抽取了 10 户农民，其年人均收入（元）和户中人数分别为

| 1200（3） | 1350（4） | 1400（3） | 1700（3） | 700（4） |
| 1850（3） | 2200（4） | 1050（3） | 950（2） | 1100（2） |

取检验水平 $\alpha = 0.05$，检验（1）该乡年人均收入是否提高了？（2）贫富差距是否扩大了？

§8.3　两个正态总体的参数假设检验

上节我们讨论了一个正态总体的参数假设检验，在实际中，还经常遇到两个正态总体参数的比较问题. 例如，两种不同品牌的电子元件的平均寿命是否相同？两台机床的加工精度是否相同等. 本节将讨论两个正态总体均值的差异性假设检验和方差的差异性假设检验问题.

设有两正态总体 $X \sim N(\mu_1, \sigma_1)$，$Y \sim N(\mu_2, \sigma_2^2)$，$X$ 与 Y 相互独立，样本 $(X_1, X_2, \cdots, X_{n_1})$ 和 $(Y_1, Y_2, \cdots, Y_{n_2})$ 分别来自总体 X、Y、$\bar{X}$ 和 $\bar{Y}$ 分别是两个样本的样本均值，S_1^2 和 S_2^2 分别是两个样本的样本方差，检验水平为 α.

8.3.1　两个正态总体均值的差异性检验

关于两个总体均值差异性的假设，只考虑三种形式：

（1）$H_0: \mu_1 = \mu_2$，　　　$H_1: \mu_1 \neq \mu_2$；

（2）$H_0: \mu_1 = \mu_2$，　　　$H_1: \mu_1 > \mu_2$；

（3）$H_0: \mu_1 = \mu_2$，　　　$H_1: \mu_1 < \mu_2$.

实际问题中，常遇到假设 $H_0: \mu_1 \leqslant \mu_2$，$H_1: \mu_1 > \mu_2$ 或 $H_0: \mu_1 \geqslant \mu_2$，$H_1: \mu_1 < \mu_2$，都可简化处理为假设（2）或假设（3），这样做不影响结论的判断.

1. 两个总体方差 σ_1^2 和 σ_2^2 为已知的情形

由 $X \sim N(\mu_1, \sigma_1^2)$，$Y \sim N(\mu_2, \sigma_2^2)$，且 X 与 Y 独立，得 $\bar{X} - \bar{Y} \sim N\left(\mu_1 - \mu_2, \dfrac{\sigma_1^2}{n_1} + \dfrac{\sigma_2^2}{n_2}\right)$，其中 $\dfrac{\sigma_1^2}{n_1} + \dfrac{\sigma_2^2}{n_2}$ 已知. 令 $\mu = \mu_1 - \mu_2$，则假设

（1）、假设（2）、假设（3）分别等价于假设

  （1^*）$\mathrm{H}_0^*: \mu = 0,$ $\mathrm{H}_1^*: \mu \neq 0;$

  （2^*）$\mathrm{H}_0^*: \mu = 0,$ $\mathrm{H}_1^*: \mu > 0;$

  （3^*）$\mathrm{H}_0^*: \mu = 0,$ $\mathrm{H}_1^*: \mu < 0.$

这是一个正态总体 $N\left(\mu_1 - \mu_2, \dfrac{\sigma_1^2}{n_1} + \dfrac{\sigma_2^2}{n_2}\right)$ 方差已知的均值的假设检验问题. 利用 8.2.1 小节关于一个正态总体方差已知的均值的假设检验的 U 检验法, 可得假设（1）、假设（2）、假设（3）中 H_0 的拒绝域分别为

$$W = \{(x_1, x_2, \cdots, x_{n_1}; y_1, y_2, \cdots, y_{n_2}) \mid |u| > u_{\frac{\alpha}{2}}\} \quad (8.3.1)$$

$$W = \{(x_1, x_2, \cdots, x_{n_1}; y_1, y_2, \cdots, y_{n_2}) \mid u > u_{\alpha}\} \quad (8.3.2)$$

$$W = \{(x_1, x_2, \cdots, x_{n_1}; y_1, y_2, \cdots, y_{n_2}) \mid u < -u_{\alpha}\} \quad (8.3.3)$$

其中, $u = \dfrac{\bar{x} - \bar{y}}{\sqrt{\dfrac{\sigma_1^2}{n_1} + \dfrac{\sigma_2^2}{n_2}}}$ 为 $U = \dfrac{\bar{X} - \bar{Y}}{\sqrt{\dfrac{\sigma_1^2}{n_1} + \dfrac{\sigma_2^2}{n_2}}}$ 的观测值, $u_{\frac{\alpha}{2}}$ 和 u_{α} 分别为标准正态分布的上 $\dfrac{\alpha}{2}$ 分位数和上 α 分位数.

  例1 一卷烟厂向化验室送去 A、B 两种烟草, 化验尼古丁的含量是否相同, 从 A、B 中各随机抽取重量相同的五例进行化验, 测得尼古丁的含量（单位：毫克）为：

  A：24, 27, 26, 21, 24；

  B：27, 28, 23, 31, 26.

据经验知, A 种烟草尼古丁含量服从正态分布 $N(\mu_1, 5)$；B 种烟草尼古丁含量服从正态分布 $N(\mu_2, 8)$. 问两种烟草的尼古丁含量是否有差异（$\alpha = 0.05$）？

  解 设 A、B 两种烟草的尼古丁含量分别为 X, Y, 则 $X \sim N(\mu_1, 5)$, $Y \sim N(\mu_2, 8)$.

  按题意提出统计假设 $\mathrm{H}_0: \mu_1 = \mu_2$, $\mathrm{H}_1: \mu_1 \neq \mu_2$. 由于 $\sigma_1^2 = 5$, $\sigma_2^2 = 8$, 此题属于两个正态总体方差已知的均值差异性的双边检验问题. 对于 $\alpha = 0.05$, 查附表三得 $u_{0.025} = 1.96$, 则 H_0 的拒绝域为

$$W = \{(x_1, x_2, \cdots, x_5; y_1, y_2, \cdots, y_5) \mid |u| > 1.96\}.$$

  经计算, $\bar{x} = 24.4$, $\bar{y} = 27$, $u = \dfrac{24.4 - 27}{\sqrt{\dfrac{5}{5} + \dfrac{8}{5}}} = -1.612$. 因 $|u| =$

1.612 < 1.96, 所以接受 H_0, 即认为两种烟草的尼古丁含量没有差异.

  在上例中, 若问题为：问 A 种烟草尼古丁含量是否明显小于 B?

  此时应提出假设 $\mathrm{H}_0: \mu_1 = \mu_2$, $\mathrm{H}_1: \mu_1 < \mu_2$. 对于 $\alpha = 0.05$, 查附

表三得 $u_{0.05} = 1.64$，则 H_0 拒绝域为

$$W = \{(x_1, x_2, \cdots, x_5; y_1, y_2, \cdots, y_5) \mid u < -1.64\}.$$

因为 $u = -1.612 > -1.64$，所以接受 H_0，拒绝 H_1，即不认为 A 种烟草尼古丁含量明显小于 B 种.

2. 两个正态总体方差相等但未知的情形

现设 $\sigma_1^2 = \sigma_2^2 = \sigma^2$，但 σ^2 未知，这时 $\bar{X} - \bar{Y} \sim N\left(\mu_1 - \mu_2, \left(\dfrac{1}{n_1} + \dfrac{1}{n_2}\right)\sigma^2\right)$. 令 $\mu = \mu_1 - \mu_2$，则假设（1）、假设（2）、假设（3）分别等价于假设（1*）、假设（2*）、假设（3*）. 这是一个正态总体 $N\left(\mu_1 - \mu_2, \left(\dfrac{1}{n_1} + \dfrac{1}{n_2}\right)\sigma^2\right)$ 方差未知的均值的假设检验问题. 利用 8.2.1 小节中关于一个正态总体方差未知的均值的假设检验的 T 检验法，得假设（1）、假设（2）、假设（3）中 H_0 的拒绝域分别为

$$W = \{(x_1, x_2, \cdots, x_{n_1}; y_1, y_2, \cdots, y_{n_2}) \mid |t| > t_{\frac{\alpha}{2}}(n_1 + n_2 - 2)\},$$
$$(8.3.4)$$

$$W = \{(x_1, x_2, \cdots, x_{n_1}; y_1, y_2, \cdots, y_{n_2}) \mid t > t_{\alpha}(n_1 + n_2 - 2)\}$$
$$(8.3.5)$$

$$W = \{(x_1, x_2, \cdots, x_{n_1}; y_1, y_2, \cdots, y_{n_2}) \mid t < -t_{\alpha}(n_1 + n_2 - 2)\}$$
$$(8.3.6)$$

其中，$t = \dfrac{\bar{x} - \bar{y}}{\sqrt{\dfrac{(n_1-1)s_1^2 + (n_2-1)s_2^2}{n_1 + n_2 - 2}}\sqrt{\dfrac{1}{n_1} + \dfrac{1}{n_2}}}$ 为检验统计量 $T = \dfrac{\bar{X} - \bar{Y}}{\sqrt{\dfrac{(n_1-1)S_1^2 + (n_2-1)S_2^2}{n_1 + n_2 - 2}}\sqrt{\dfrac{1}{n_1} + \dfrac{1}{n_2}}}$ 的观测值，$t_{\frac{\alpha}{2}}(n_1 + n_2 - 2)$ 和 $t_{\alpha}(n_1 + n_2 - 2)$ 分别是自由度为 $n_1 + n_2 - 2$ 的 t 分布的上 $\dfrac{\alpha}{2}$ 分位数和上 α 分位数.

例 2 从甲、乙两个灯泡厂生产的灯泡中各取 5 只，测得其寿命（小时）如下：

甲厂：1218， 1250， 1266， 1280， 1300；

乙厂：1220， 1256， 1270， 1290， 1305.

假设灯泡的寿命服从正态分布，且两厂灯泡寿命的方差相同. 问两厂灯泡的平均寿命是否相同（$\alpha = 0.05$）？

解 设甲厂灯泡寿命 $X \sim N(\mu_1, \sigma^2)$，乙厂灯泡寿命 $Y \sim N(\mu_2, \sigma^2)$. 按题意，提出假设 $H_0: \mu_1 = \mu_2$，$H_1: \mu_1 \neq \mu_2$. 这是两个正态总体方差未知但相等的均值差异性的双边检验问题. 对于检验水平 $\alpha = 0.05$，查附表六得 $t_{0.025}(8) = 2.306$，则 H_0 的拒绝域为

$$W = \{(x_1, x_2, \cdots, x_5; y_1, y_2, \cdots, y_5) \mid |t| > 2.306\}.$$

经计算 $\bar{x} = 1262.8$，$s_1^2 = 965.2$；$\bar{y} = 1268.2$，$s_2^2 = 1076.2$，

$$t = \frac{1262.8 - 1268.2}{\sqrt{\dfrac{4 \times 965.2 + 4 \times 1076.2}{8}} \sqrt{\dfrac{1}{5} + \dfrac{1}{5}}} = -0.267.$$

因 $|t| = 0.267 < 2.306$，所以接受 H_0，认为两厂生产的灯泡平均寿命相同.

关于两个正态总体均值差的假设检验所用统计量以及拒绝域列于表 8-4，以供查用.

表 8-4

检验法	原假设	对立假设	H_0 成立时，统计量及其分布	拒绝域 W
U 检验 (σ_1^2, σ_2^2 已知)	$H_0: \mu_1 = \mu_2$	$H_1: \mu_1 \neq \mu_2$	$U = \dfrac{\bar{X} - \bar{Y}}{\sqrt{\dfrac{\sigma_1^2}{n_1} + \dfrac{\sigma_2^2}{n_2}}} \sim N(0, 1)$	$\{\|u\| > u_{\frac{\alpha}{2}}\}$
	$H_0: \mu_1 = \mu_2$ $H_0: \mu_1 \leqslant \mu_2$	$H_1: \mu_1 > \mu_2$		$\{u > u_\alpha\}$
	$H_0: \mu_1 = \mu_2$ $H_0: \mu_1 \geqslant \mu_2$	$H_1: \mu_1 < \mu_2$		$\{u < -u_\alpha\}$
t 检验 ($\sigma_1^2 = \sigma_2^2 = \sigma^2$ 未知)	$H_0: \mu_1 = \mu_2$	$H_1: \mu_1 \neq \mu_2$	$T = \dfrac{\bar{X} - \bar{Y}}{\sqrt{\dfrac{(n_1-1)S_1^2 + (n_2-1)S_2^2}{n_1 + n_2 - 2}} \sqrt{\dfrac{1}{n_1} + \dfrac{1}{n_2}}}$ $\sim t(n_1 + n_2 - 2)$	$\{\|t\| > t_{\frac{\alpha}{2}}(n_1 + n_2 - 2)\}$
	$H_0: \mu_1 = \mu_2$ $H_0: \mu_1 \leqslant \mu_2$	$H_1: \mu_1 > \mu_2$		$\{t > t_\alpha(n_1 + n_2 - 2)\}$
	$H_0: \mu_1 = \mu_2$ $H_0: \mu_1 \geqslant \mu_2$	$H_1: \mu_1 < \mu_2$		$\{t < -t_\alpha(n_1 + n_2 - 2)\}$

8.3.2 两个正态总体方差的差异性检验

这里我们只考虑两个正态总体均值 μ_1，μ_2 未知，检验两个总体方差的差异性.

关于两个总体方差差异性的假设，常考虑以下三种形式：

(1) $H_0: \sigma_1^2 = \sigma_2^2$，$H_1: \sigma_1^2 \neq \sigma_2^2$；

(2) $H_0: \sigma_1^2 = \sigma_2^2$，$H_1: \sigma_1^2 > \sigma_2^2$；

(3) $H_0: \sigma_1^2 = \sigma_2^2$，$H_1: \sigma_1^2 < \sigma_2^2$.

在实际问题中，还会遇到假设 $H_0: \sigma_1^2 \leqslant \sigma_2^2$，$H_1: \sigma_1^2 > \sigma_2^2$ 和 $H_0: \sigma_1^2 \geqslant \sigma_2^2$，$H_1: \sigma_1^2 < \sigma_2^2$，它们分别可归结为假设（2）或假设（3），

并且这样做不影响结论的判断.

检验假设 H_0：$\sigma_1^2 = \sigma_2^2$，H_1：$\sigma_1 \neq \sigma_2^2$.

注意到，上面的假设检验的核心问题是对两个总体方差的大小作出判定，而两个正数的大小又可通过它们的比来反映. 因此，我们选检验统计量

$$F = \frac{S_1^2}{S_2^2} \tag{8.3.7}$$

因为来自总体 X 与 Y 的样本方差 S_1^2 和 S_2^2 分别为 σ_1^2 和 σ_2^2 的无偏估计，所以当 H_0 成立时，$F \sim F(n_1 - 1, n_2 - 1)$，且 F 取值应集中在 1 的附近，其取值太大或太小的可能性很小，而当 H_1 成立时，F 的取值有偏大或偏小的趋势，故构造小概率事件

$$A = (F < c_1) \cup (F > c_2)$$

至于 c_1 小到什么程度、c_2 大到什么程度，由给定的检验水平 α 决定.

对于给定的检验水平 α，令

$$P\{F < c_1 \text{ 或 } F > c_2\} = \alpha$$

显然，满足上式的 c_1，c_2 有无穷多，通常取

$$P(F < c_1) = P(F > c_2) = \frac{\alpha}{2}$$

查附表五确定临界值 $c_1 = F_{1-\frac{\alpha}{2}}(n_1 - 1, n_2 - 1)$，$c_2 = F_{\frac{\alpha}{2}}(n_1 - 1, n_2 - 1)$，于是，$H_0$ 的拒绝域为

$$W = \{(x_1, x_2, \cdots, x_{n_1}; y_1, y_2, \cdots, y_{n_2}) \mid f < F_{1-\frac{\alpha}{2}}(n_1 - 1, n_2 - 1)$$
$$\text{或 } f > F_{\frac{\alpha}{2}}(n_1 - 1, n_2 - 1)\} \tag{8.3.8}$$

其中，$f = \frac{s_1}{s_2}$ 为 $F = \frac{S_1^2}{S_2^2}$ 的观测值.

类似地，对于假设（2）H_0：$\sigma_1^2 = \sigma_2^2$，H_1：$\sigma_1^2 > \sigma_2^2$，可得 H_0 的拒绝域为

$$W = \{(x_1, x_2, \cdots, x_{n_1}; y_1, y_2, \cdots, y_{n_2}) \mid f > F_\alpha(n_1 - 1, n_2 - 1)\}. \tag{8.3.9}$$

对于假设（3）H_0：$\sigma_1^2 = \sigma_2^2$，H_1：$\sigma_1^2 < \sigma_2^2$，可得 H_0 的拒绝域为

$$W = \{(x_1, x_2, \cdots, x_{n_1}; y_1, y_2, \cdots, y_{n_2}) \mid f < F_{1-\alpha}(n_1 - 1, n_2 - 1)\}. \tag{8.3.10}$$

式（8.3.9）、式（8.3.10）中的 $F_\alpha(n_1 - 1, n_2 - 1)$，$F_{1-\alpha}(n_1 - 1, n_2 - 1)$ 分别为第一个自由度为 $n_1 - 1$ 和第二个自由度为 $n_2 - 1$ 的 F 分布的上 α 分位数和上 $1 - \alpha$ 分位数.

类似地，关于两个正态总体均值未知的方差的差异性的假设检验方法称为 **F 检验法**.

例1 从两处煤矿各抽样数次，分析其含灰率（%）如下：

甲矿：24.3， 20.8， 23.7， 21.3， 17.4；

乙矿：18.2， 16.9， 20.2， 16.7.

假定各煤矿含灰率都服从正态分布，问甲、乙两矿煤的含灰率的方差是否有显著性差异（$\alpha = 0.05$）？

解 设甲、乙两矿煤的含灰率分别为 X、Y，则 $X \sim N(\mu_1,\ \sigma_1^2)$，$Y \sim N(\mu_2,\ \sigma_2^2)$.

依题意提出假设 $H_0：\sigma_1^2 = \sigma_2^2$，$H_1：\sigma_1^2 \neq \sigma_2^2$.

这是两正态总体均值未知的方差差异性的双边检验问题. 对于给定的 $\alpha = 0.05$，查附表五得 $F_{0.025}(4,\ 3) = 15.10$，$F_{0.975}(4,\ 3) = \dfrac{1}{F_{0.025}(3,\ 4)} = \dfrac{1}{9.98} \approx 0.10$，则 H_0 的拒绝域为

$$W = \{(x_1,\ \cdots,\ x_5;\ y_1,\ \cdots,\ y_4)\ |\ f < 0.10 \text{ 或 } f > 15.10\}.$$

经计算 $s_1^2 = 7.505$，$s_2^2 = 2.593$，$f = \dfrac{7.505}{2.593} \approx 2.894$. 因 $0.10 < 2.894 < 15.10$，所以接受 H_0，认为两矿煤的含灰率的方差无显著性差异.

在例1中，若问题改为：问两矿煤的含灰率有无差异？此题要在经检验接受 $H_0：\sigma_1^2 = \sigma_2^2$ 的基础上再检验假设 $H_0'：\mu_1 = \mu_2$，$H_1'：\mu_1 \neq \mu_2$. 请读者自己完成.

例2 设有甲、乙两台车床生产同一种型号的滚珠，且这两台车床生产的滚珠的直径均服从正态分布. 现从这两台车床生产的产品中分别抽取8个和9个滚珠，测得直径如下（单位：mm）：

甲车床：15.0，14.5，15.2，15.5，14.8，15.1，15.2，14.8；

乙车床：15.2，15.0，14.8，15.2，15.0，15.0，14.8，15.1，14.8.

问甲车床生产产品的方差是否不超过乙车床（$\alpha = 0.05$）？

解 用 X，Y 分别表示甲、乙两车床生产滚珠的直径，则 $X \sim N(\mu_1,\ \sigma_1^2)$，$Y \sim N(\mu_2,\ \sigma_2^2)$. 依题意提出假设 $H_0：\sigma_1^2 \leqslant \sigma_2^2$，$H_1：\sigma_1^2 > \sigma_2^2$. 此假设可归结为 $H_0：\sigma_1^2 = \sigma_2^2$，$H_1：\sigma_1^2 > \sigma_2^2$.

对于 $\alpha = 0.05$，查附表五得 $F_{0.05}(7,\ 8) = 3.50$，则 H_0 的拒绝域为

$$W = \{x_1,\ \cdots,\ x_8;\ y_1,\ \cdots,\ y_9\ |\ f > 3.50\}.$$

经计算，$s_1^2 = 0.096$，$s_2^2 = 0.026$，$f = \dfrac{0.096}{0.026} = 3.69$. 因 $3.69 > 3.50$，所以拒绝 H_0，接受 H_1，即认为甲车床生产产品直径的方差大于乙.

关于两个正态总体方差的差异性假设检验所用统计量以及拒绝域列于表 8-5，以便查阅. 有兴趣的读者可考虑一下，在两个正态总体均值已知的情形下，如何选取用于检验假设（1）、假设（2）、假

设（3）的检验统计量？此外，对给定的检验水平 α，写出假设（1）、假设（2）、假设（3）中原假设 H_0 的拒绝域，并把它们补充到表 8 - 5 中.

表 8 - 5

检验法	原假设	对立假设	统计量及其分布	拒绝域 W
F 检验 $(\mu_1, \mu_2$ 未知)	$H_0: \sigma_1^2 = \sigma_2^2$	$H_1: \sigma_1^2 \neq \sigma_2^2$	$F = \dfrac{S_1^2}{S_2^2} \sim$ $F(n_1 - 1, n_2 - 1)$	$\{f < F_{1-\frac{\alpha}{2}}(n_1 - 1, n_2 - 1)$ 或 $f > F_{\frac{\alpha}{2}}(n_1 - 1, n_2 - 1)\}$
	$H_0: \sigma_1^2 = \sigma_2^2$ $H_1: \sigma_1^2 \leqslant \sigma_2^2$	$H_1: \sigma_1^2 > \sigma_2^2$		$\{f > F_\alpha(n_1 - 1, n_2 - 1)\}$
	$H_0: \sigma_1^2 = \sigma_2^2$ $H_1: \sigma_1^2 \geqslant \sigma_2^2$	$H_1: \sigma_1^2 < \sigma_2^2$		$\{f < F_{1-\alpha}(n_1 - 1, n_2 - 1)\}$

习题 8 - 3

1. 某灯泡厂生产了两批灯泡，从第一批中抽取 10 只测试寿命，测得平均寿命 $\bar{x} = 1820$ 小时；从第二批中抽取 20 只，测得平均寿命 $\bar{y} = 1900$ 小时. 假设灯泡寿命服从正态分布，且两批灯泡的标准差分别为 400 小时与 380 小时. 问这两批灯泡的平均寿命是否相同？（$\alpha = 0.05$）

2. 甲、乙两种品牌的葡萄酒，商标上标出的酒精度都是 12%，各随机地抽取了 5 瓶，测得其酒精度（％）分别为

甲：11.5　12.7　11.9　10.8　13.2

乙：12.9　10.8　12.5　12.7　13.4

设两种品牌的葡萄酒酒精度服从正态分布，且方差相同，检验甲的酒精度是否比乙的高？（$\alpha = 0.05$）.

3. 对某种物品在处理前与处理后取样分析其含脂率如下：

处理前：0.19　0.18　0.21　0.30　0.66　0.42　0.08　0.12　0.30　0.27

处理后：0.15　0.13　0.00　0.07　0.24　0.24　0.19　0.04　0.08　0.20　0.12

假定处理前后含脂率都服从正态分布，且它们的方差相等，问处理后平均含脂率有无显著降低？（$\alpha = 0.05$）

4. 已知测得两批电子器件的样品的电阻（单位：Ω）为

A 批 (x)：0.140　0.138　0.143　0.142　0.144　0.137

B 批 (y)：0.135　0.140　0.142　0.136　0.138　0.140

设这两批器材的电阻值分别服从分布 $N(\mu_1, \sigma_1^2)$，$N(\mu_2, \sigma_2^2)$，其中 μ_1，μ_2，σ_1^2，σ_2^2 均未知，且两样本独立. 问

（1）两个总体的方差是否相等（取 $\alpha = 0.05$）？

（2）两个总体的均值是否相等（取 $\alpha = 0.05$）？

5. 已知甲校学生的体重 Xkg 服从正态分布 $N(\mu_1, \sigma_1^2)$，乙校学生的体重 Ykg 服从正态分布 $N(\mu_2, \sigma_2^2)$，从甲、乙两校学生中各随机抽取 16 名，测得其体重标准差分别为 10kg 和 19kg，试在检验水平 $\alpha = 0.05$ 下，检验甲、乙两校学生体重方差 σ_1^2 与 σ_2^2 是否无显著差异？

习题选讲

6. 甲、乙两厂生产同一种电阻, 现从甲、乙两厂的产品中分布随机抽取 16 个和 13 个样品, 测得它们的电阻值后, 计算出样本方差分别为 $s_1^2 = 1.40$, $s_2^2 = 4.38$. 假设电阻值服从正态分布, 在显著性水平 $\alpha = 0.05$ 下, 我们是否可以认为两厂生产的电阻阻值的方差: (1) $\sigma_1^2 = \sigma_2^2$; (2) $\sigma_1^2 \leqslant \sigma_2^2$.

7. 将 10 只小兔分成两组, 分别用甲、乙两种饲料喂养, 3 个月后测得其体重（千克）分别为:

$$甲: 1.56, 1.48, 1.27, 1.38, 1.42;$$
$$乙: 1.49, 1.56, 1.64, 1.55, 1.34.$$

假设小兔体重服从正态分布. 检验两种饲料喂出的小兔体重是否一样（$\alpha = 0.1$).

§8.4　拟合优度检验

在前面几节中, 我们介绍了假设检验的基本思想, 并讨论了当总体分布为正态分布时, 关于其中未知参数的假设检验问题. 但是在实际问题中, 可能遇到这样的情形, 即总体服从何种分布并不知道, 要求我们直接对总体分布提出假设, 然后根据样本所提供的信息, 检验假设是否成立. 解决这类问题的工具是英国统计学家卡尔·皮尔逊于 1900 年提出的 χ^2 **检验法**.

皮尔逊 χ^2 检验法是在总体 X 的分布未知时, 根据来自总体的样本, 检验关于总体分布的假设的一种检验方法. 具体进行检验时, 我们先提出原假设:

$$H_0: 总体 X 的分布函数为 F(x)$$

然后根据样本的经验分布和所假设的理论分布之间的吻合程度来决定是否接受原假设. 这种检验法通常称作**拟合优度检验**, 又采用的检验统计量的极限分布是 χ^2 分布, 故称其为**拟合优度 χ^2 检验法**.

在用 χ^2 检验法检验假设 H_0 时, 若在 H_0 下分布类型已知, 但其参数未知, 这时需要先用极大似然估计法（或矩估计法）估计参数, 然后再作检验.

设总体 X 的分布形式是已知的, $(X_1, X_2, \cdots, X_n)$ 是来自总体 X 的样本, 分布拟合优度 χ^2 检验法的基本思想和步骤如下:

（1）提出假设: 根据问题的要求提出原假设 H_0: 总体 X 的分布函数为 $F(x, \theta)$, 其中 $\theta = (\theta_1, \theta_2, \cdots, \theta_r)$ 为 r 维的参数.

若 $\theta = (\theta_1, \theta_2, \cdots, \theta_r)$ 未知, 则利用样本值 $(x_1, x_2, \cdots, x_n)$ 求出 θ 的估计 $\hat\theta = (\hat\theta_1, \hat\theta_2, \cdots, \hat\theta_r)$, 在 $F(x, \theta)$ 中用 $\hat\theta$ 代替 θ, 得到一个完全已知的分布函数 $F(x, \hat\theta)$.

（2）选取检验统计量: 在数轴上插入 $k-1$ 个分点

$$- \infty = a_0 < a_1 < a_2 < \cdots < a_{k-1} < a_k = + \infty$$

将区间 $(-\infty, +\infty)$ 分成 k 个互不重叠的小区间，分别记作
$A_1 = (-\infty, a_1]$，$A_2 = (a_1, a_2]$，$\cdots$，$A_{k-1} = (a_{k-2}, a_{k-1}]$，$A_k = (a_{k-1}, +\infty)$

把落入第 i 个小区间 A_i 的样本值的个数记作 f_i，$i = 1, 2, \cdots,$ n，称为**实测频数**. 显然，所有实测频数之和 $f_1 + f_2 + \cdots + f_k$ 等于样本容量 n.

根据分布函数 $F(x, \hat{\theta})$，算出总体 X 的值落入第 i 个小区间 A_i 的概率 $p_i \geq 0$，$i = 1, 2, \cdots, n$，且有 $\sum_{i=1}^{k} p_i = 1$，于是 np_i 就是落入小区间 A_i 的样本值的**理论频数**.

选取统计量

$$\chi^2 = \sum_{i=1}^{k} \frac{(f_i - np_i)^2}{np_i} \tag{8.4.1}$$

作为检验统计量. 可以证明，在 H_0 成立的条件下，式（8.4.1）所定义的统计量的极限分布为自由度为 $k - r - 1$ 的 χ^2 分布. 注意，若总体参数 $\theta = (\theta_1, \theta_2, \cdots, \theta_r)$ 已知，此时 r 取作 0.

由于分布拟合优度检验所用的检验统计量渐近 χ^2 分布，使用了大样本的性质，所以通常要求样本容量足够大，一般要求 $n \geq 30$，并且各区间的理论频数 np_i 不能太小，一般要求 $np_i \geq 5$，最好大于 10，否则最好适当合并最初划分的区间.

显然，统计量 χ^2 的大小反映了经验分布与理论分布之间的差异的大小. 如果假设 H_0 成立，则统计量 χ^2 的取值不应太大. 如果一次具体抽样所得样本值使得 χ^2 的观测值太大，则应拒绝 H_0. 至于 χ^2 大到什么程度才可以拒绝 H_0，由给定的检验水平 α 决定.

（3）确定拒绝域：对于给定的检验水平 α，由 $P(\chi^2 > \chi_\alpha(k - r - 1)) = \alpha$，查附表四确定临界值 $\chi_\alpha^2(k - r - 1)$. 于是 H_0 成立时，H_0 拒绝域为 $W = \{\chi^2 > \chi_\alpha^2(k - r - 1)\}$.

（4）作出判断：对给定的样本值，计算统计量式（8.4.1）的观测值，并与临界值 $\chi_\alpha^2(k - r - 1)$ 作比较. 若 $\chi^2 > \chi_\alpha^2(k - r - 1)$，则拒绝原假设 H_0，即不能认为总体的分布函数为 $F(x, \theta)$；否则，接受 H_0.

例1 随机地抽取了 1975 年 2 月新生儿 50 名，测得其体重如下（单位：g）：

2520	3460	2600	3320	3120	3400	2900	2420	3280	3100
2980	3160	3100	3460	2740	3060	3700	3460	3500	1600
3100	3700	3280	2800	3120	3800	3740	2940	3580	2980
3700	3460	2940	3300	2980	3480	3220	3060	3400	2680
3340	2500	2960	2900	4600	2780	3340	2500	3300	3640

试以显著性水平 $\alpha = 0.05$ 检验新生儿体重是否服从正态分布？

解　用 X 表示新生儿体重，用样本均值 $\bar{x}$ 和样本方差 s^2 作为总体分布中未知参数 μ 和 σ^2 的估计值. 经计算可得 $\hat{\mu} = \bar{x} = 3160$，$\hat{\sigma}^2 = s^2 = 465.5^2$，于是提出假设

$$H_0: X \sim N(3160, 465.5^2)$$

在数轴上选取 6 个分点 2450，2700，2950，3200，3450，3700，将数轴分为 7 个区间，

$$A_1 = (-\infty, 2450], \quad A_2 = (2450, 2700], \quad \cdots\cdots,$$
$$A_6 = (3450, 3700], \quad A_7 = (3700, +\infty)$$

在 H_0 成立的条件下，统计量 $\chi^2 = \sum_{i=1}^{k} \dfrac{(f_i - np_i)^2}{np_i}$ 的极限分布为 $\chi^2(k-r-1)$，其中 $k=7$，$r=2$（由于总体中有两个未知参数 μ 和 σ^2）.

由 $\alpha = 0.05$，查附表四可得临界值 $\chi^2_{0.05}(7-2-1) = \chi^2_{0.05}(4) = 9.49$. 于是，$H_0$ 的拒绝域为

$$W = \{(x_1, x_2, \cdots, x_{50}) \mid \chi^2 > 9.49\}.$$

为了计算统计量 χ^2 的观测值，需要先计算概率 $p_i(i=1, 2, \cdots, 7)$:

$$p_1 = P(X \leqslant 2450) = \Phi(2450) = \Phi_0\left(\frac{2450-3160}{465.5}\right) = \Phi_0(-1.53) = 0.063,$$

$$p_2 = P(2450 < X \leqslant 2700) = \Phi_0\left(\frac{2700-3160}{465.5}\right) - \Phi_0\left(\frac{2450-3160}{465.5}\right) = 0.098,$$

$$\cdots\cdots,$$

$$p_6 = P(3450 < X \leqslant 3700) = \Phi_0\left(\frac{3700-3160}{465.5}\right) - \Phi_0\left(\frac{3450-3160}{465.5}\right) = 0.145,$$

$$p_7 = P(X > 3700) = 1 - \Phi_0\left(\frac{3700-3160}{465.5}\right) = 0.123.$$

为了表示清楚，我们将计算结果列于表 8-6.

表 8-6

区间编号	区间	实测频数 f_i	概率 p_i	理论频数 np_i	$(f_i - np_i)^2$	$\dfrac{(f_i-np_i)^2}{np_i}$
1	$(-\infty, 2450]$	2	0.063	3.15	1.323	0.420
2	$(2450, 2700]$	5	0.098	4.9	0.01	0.002
3	$(2700, 2950]$	7	0.165	8.25	1.563	0.189
4	$(2950, 3200]$	12	0.210	10.5	2.25	0.214
5	$(3200, 3450]$	10	0.196	9.8	0.04	0.004
6	$(3450, 3700]$	11	0.145	7.25	14.063	1.940
7	$(3700, +\infty)$	3	0.123	6.15	9.923	1.613

计算得 $\chi^2 = \sum_{i=1}^{k} \frac{(f_i - np_i)^2}{np_i} = 4.38$，因为 $\chi^2 = 4.38 < 9.49$，所以接受 H_0，即认为新生儿体重是服从正态分布 $N(3160, 465.5^2)$.

本例中，第一个区间的理论频数 np_i 偏小，一般要求 $np_i \geqslant 5$，所以可以考虑合并最初划分的第一、第二个区间，或者重新划分.

孟德尔

χ^2 检验的一个著名的应用例子是孟德尔①豌豆试验，奥地利生物学家孟德尔在关于遗传问题的研究中，用豌豆做试验. 豌豆有黄、绿两种颜色，在对它们进行了一代杂交之后，子一代豌豆呈黄色；在对它们进行了两代杂交之后，发现子二代豌豆一部分呈黄色，另一部分呈绿色，其数目比大约是 3∶1. 孟德尔把他的实验重复了许多次，每次都得到类似的结果. 于是，他大胆地假设存在一种实体，即我们现在称为"基因"的东西，决定了豌豆的颜色. 基因有黄、绿两个状态，一共有四种组合：

（黄，黄），（黄，绿），（绿，黄），（绿，绿）

孟德尔认为，前三种配合使豌豆呈黄色，而第四种配合使豌豆呈绿色. 根据他的理论，子二代豌豆中，黄、绿豌豆之比应为 3∶1. 由于随机性，每次观察结果与 3∶1 总有些差距，因此有必要去考察这种差异是否已构成否定 3∶1 理论的充分根据，这就是如下的检验问题.

例 2 在孟德尔豌豆试验中，他的一组观察结果为黄色豌豆 70 个、绿色豌豆 27 个. 试在 $\alpha = 0.05$ 下，检验孟德尔的 3∶1 理论.

解 定义随机变量 X

$$X = \begin{cases} 1, & \text{若豌豆是黄色} \\ 0, & \text{若豌豆是绿色} \end{cases}$$

记 $p_1 = P(X=1)$，$p_2 = P(X=0)$. 提出假设

$$H_0: p_1 = \frac{3}{4}, \quad p_2 = \frac{1}{4}$$

在假设 H_0 成立的条件下，统计量 $\chi^2 = \sum_{i=1}^{k} \frac{(f_i - np_i)^2}{np_i}$ 近似服从自由度为 $k-r-1$ 的 χ^2 分布. 由于总体中没有未知参数，因此 $r=0$.

将区间 $(-\infty, +\infty)$ 分为两个区间 $A_1 = \left(\frac{1}{2}, +\infty \right)$，$A_2 = \left(-\infty, \frac{1}{2} \right]$，即 $k=2$.

由 $\alpha = 0.05$，查附表四可得临界值 $\chi_{0.05}^2(2-1) = \chi_{0.05}^2(1) = 3.841$. 于是，$H_0$ 的拒绝域为

$$W = \left\{ (x_1, x_2, \cdots, x_{97}) \mid \chi^2 > 3.841 \right\}$$

---

① 孟德尔（Gregor Johann Mendel，1822 – 1884）奥地利遗传学家，天主教圣职人员，遗传学的奠基人.

又实测频数为 $f_1 = 70$，$f_2 = 27$；样本容量 $n = f_1 + f_2 = 97$，理论频数为 $np_1 = 72.75$，$np_2 = 24.25$. 计算得 χ^2 统计量的观测值

$$\chi^2 = \sum_{i=1}^{2} \frac{(f_i - np_i)^2}{np_i} = 0.4158.$$

因为

$$\chi^2 = 0.4158 < 3.841 = \chi^2_{0.05}(1),$$

所以接受原假设 H_0，即认为黄、绿色豌豆之比为 $3:1$.

习题 8 – 4

1. 在孟德尔豌豆试验中，有一次观察发现黄色豌豆为 25 个，绿色豌豆 11 个，试在检验水平 $\alpha = 0.05$ 下，检验"黄色和绿色豆子的数目之比为 $3:1$"的理论.

2. 对取值为 0，1，2，…的离散型随机变量 X 进行了 100 次观测，结果如下表所示：

X	0	1	2	3	4	5	6	7	8	9	10	11
频数	4	8	10	14	20	16	10	7	5	3	2	1

检验 X 是否服从参数为 4 的泊松分布？（$\alpha = 0.05$）

3. 对 100 只新生羊羔测体重（千克），数据如下：

体重	1.28	1.31	1.34	1.37	1.40	1.43	1.46	1.49	1.52	1.55
频数	1	4	7	22	23	25	10	6	1	1

用分点 1.355，1.385，1.415，1.445 将 $(-\infty, +\infty)$ 分成 5 个区间，用皮尔逊 χ^2 检验法检验羊羔体重是否服从正态分布？（$\alpha = 0.05$）

习　题　八

1. 填空题.

（1）假设检验的显著性水平 α 是指检验犯_____错误概率的上限.

（2）已知总体 X 服从正态分布 $N(\mu, 1)$，关于期望 μ 的待检假设 $H_0: \mu = 0$，$H_1: \mu = 1$. 已知 X_1，…，X_9 是来自总体 X 的简单随机样本，其均值为 $\bar{x}$，若 H_0 的拒绝域为 $\{3|\bar{x}| \geq 1.96\}$，则犯第一类错误的概率 $\alpha =$ _____；犯第二类错误的概率 $\beta =$ _____.

（3）对正态总体 $N(\mu, \sigma^2)$ 的假设检验 $H_0: \mu \geq 21$，抽取一个容量为 $n = 17$ 的样本，计算 $\bar{x} = 23$，$s^2 = (3.98)^2$. 对 H_0 作检验用的统计量为_____；若显著性水平 $\alpha = 0.05$，检验结果是_____ H_0.

（4）设总体 $X \sim N(\mu, \sigma^2)$，如果使用 χ^2 检验法，且给定的显著性水平为 α，其拒绝域为 $(0, \chi^2_{1-\frac{\alpha}{2}}(n-1)] \cup [\chi^2_{\frac{\alpha}{2}}(n-1), +\infty)$，则相应的假设检验 H_0: _____；若拒绝域为 $(\chi^2_\alpha(n-1), +\infty)$，则相应的假设检验 H_0: _____.

（5）F 检验法可用于检验两个相互独立的正态总体的_____是否有显著

性差异.

（6）某种产品以往的废品率为 5%，采用技术革新措施后，对产品的样本进行检验，这种产品的废品率是否有所不同，取显著性水平 $\alpha = 0.01$，则此问题的假设检验 H_0 _____，犯第一类错误的概率为_____.

2. 选择题.

（1）下面的判断中正确的是（　　）.

　（A）当 H_0 成立时拒绝 H_0，为第一类错误

　（B）当 H_0 成立时拒绝 H_1，为第二类错误

　（C）当 H_1 成立时拒绝 H_1，为第二类错误

　（D）当 H_1 成立时接受 H_0，为第一类错误

（2）在假设检验中，显著性水平 α 是（　　）.

　（A）第一类错误概率　　　　（B）第一类错误概率的上界

　（C）第二类错误概率　　　　（D）第二类错误概率的上界

（3）设 α 是检验水平，则（　　）正确.

　（A）$P(拒绝 H_0 \mid H_0 \text{ 真}) \leqslant \alpha$

　（B）$P(接受 H_0 \mid H_1 \text{ 真}) \geqslant 1 - \alpha$

　（C）$P(拒绝 H_0 \mid H_0 \text{ 真}) + P(接受 H_0 \mid H_0 \text{ 假}) = 1$

　（D）$P(拒绝 H_0 \mid H_0 \text{ 真}) + P(接受 H_0 \mid H_0 \text{ 真}) = 1$

（4）设总体 $X \sim N(\mu, \sigma^2)$，$\sigma^2 > 0$ 未知. $(X_1, X_2, \cdots, X_n)$ 是来自 X 的样本，$\bar{X}$ 和 S^2 分别是样本均值和样本方差，则检验 $H_0: \mu = \mu_0$，$H_1: \mu \neq \mu_0$（μ_0 是一确定的数字），用统计量（　　）.

　（A）$U = \dfrac{\bar{X} - \mu_0}{\sigma}\sqrt{n}$　　　　　　（B）$T = \dfrac{\bar{X} - \mu_0}{S}\sqrt{n}$

　（C）$\chi^2 = \dfrac{1}{\sigma^2}\sum_{i=1}^{n}(X_i - \mu_0)^2$　　（D）$\chi^2 = \dfrac{n-1}{\sigma^2}S^2$

（5）设总体 $X \sim N(\mu, \sigma^2)$，$\sigma^2 > 0$ 未知. $(X_1, X_2, \cdots, X_n)$ 是来自 X 的样本，$\bar{X}$ 和 S^2 是样本均值和样本方差，则检验问题 $H_0: \mu \leqslant 1$，$H_1: \mu > 1$，当（　　）时拒绝 H_0（$\alpha = 0.05$）.

　（A）$|\bar{X} - 1| > u_{0.05}$　　　　　　（B）$\bar{X} > 1 + \dfrac{S}{\sqrt{n}}t_{0.05}(n-1)$

　（C）$|\bar{X} - 1| > \dfrac{S}{\sqrt{n}}t_{0.05}(n-1)$　　（D）$\bar{X} < 1 - \dfrac{S}{\sqrt{n}}t_{0.05}(n-1)$

（6）设 $\bar{X}$ 和 S^2 是来自正态总体 $N(\mu, \sigma^2)$ 的样本均值和样本方差，样本容量为 n，则当 $(\bar{X} - \mu_0) > t_\alpha(n-1) \cdot \dfrac{s}{\sqrt{n}}$ 时，（　　）.

　（A）拒绝 $H_0: \mu \leqslant \mu_0$　　　　（B）接受 $H_0: \mu \leqslant \mu_0$

　（C）拒绝 $H_0: \mu \geqslant \mu_0$　　　　（D）拒绝 $H_0: \mu = \mu_0$

（7）已知正态总体 $X \sim N(\mu_1, \sigma_X^2)$ 和 $Y \sim N(\mu_2, \sigma_Y^2)$ 相互独立，其中 4 个分布参数都未知. 设 $X_1, X_2, \cdots, X_m$ 和 $Y_1, Y_2, \cdots, Y_n$ 是分别来自 X 和 Y 的简单随机样本，样本均值分别为 $\bar{X}$ 和 $\bar{Y}$，样本方差相应为 S_X^2 和 S_Y^2，则检验假设 $H_0: \mu_1 \leqslant \mu_2$ 使用 t 检验的前提条件是（　　）.

习题选讲

(A) $\sigma_X^2 \leqslant \sigma_Y^2$ (B) $S_X^2 \leqslant S_Y^2$

(C) $\sigma_X^2 = \sigma_Y^2$ (D) $S_X^2 = S_Y^2$

3. 设总体 $X \sim N(\mu, 1)$，$X_1, X_2, \cdots, X_n$ 是来自 X 的样本. 对于假设检验 H_0: $\mu = 0$，H_1: $\mu \neq 0$，取显著性水平 α，拒绝域为 $W = \{|u| > \mu_{\frac{\alpha}{2}}\}$，其中 $u = \sqrt{n}\bar{x}$，求 (1) 当 H_0 成立时，犯第一类错误的概率 α_0；（2）当 H_0 不成立时（若 $\mu \neq 0$），犯第二类错误的概率 β.

4. 已知某铁厂的铁水含碳量服从正态分布 $N(4.55, 0.108^2)$，现测了 9 炉铁水，其平均含量为 4.484，假定方差没有变化，可否认为现在生产的铁水含碳量仍为 4.55 （$\alpha = 0.05$）？

5. 从新生女婴中随机地抽取 20 个，算得平均体重为 3.16 千克，样本标准差为 0.3 千克，根据历史资料可知女婴体重服从正态分布 $N(3.14, \sigma^2)$，检验现在女婴体重与过去有无显著差别（$\alpha = 0.01$）.

6. 商店从糖厂进了 9 袋糖，袋上标明的重量为 50 千克. 测的结果（千克）如下：49.65，49.35，50.25，50.60，49.15，49.85，49.75，51.05，50.25. 设重量服从正态分布，标准差为 0.575 千克，为判断这批糖在重量上是否合格，商店、糖厂、质检所应如何进行检验？提出各自的假设，并算出检验结果（$\alpha = 0.05$）.

7. 已知某厂排放工业废水中某有害物质的含量（‰）服从正态分布 $N(\mu, \sigma^2)$，环境保护条例规定排放工业废水中该有害物质的含量不得超过 0.50‰，从该厂所排放的工业废水中随机抽取 5 份水样，测量该有害物质的含量分别为：

$$0.53, \; 0.54, \; 0.51, \; 0.49, \; 0.53.$$

试在检验水平 $\alpha = 0.05$ 下，检验该厂排放工业废水中该有害物质的平均含量 μ 显著超过规定标准是否成立.

8. 某工厂用自动生产线生产金属丝，假定金属丝的折断力 X（单位：N）服从正态分布. 某日开工后，抽取 10 根作折断检测，测得其样本均值为 575.2，样本方差为 75.74，以往工厂一直把该方差保持在 64 及以下. 为此，厂方怀疑金属丝的折断力的方差是否变大了（$\alpha = 0.05$）.

9. 加工某一机器零件，根据其精度要求，标准差不得超过 0.9，现从该产品中抽测 19 个样本，得样本标准差 $s = 1.2$，当 $\alpha = 0.05$ 时，可否认为标准差变大？

10. 从甲、乙两个城市前五年的房价月环比上涨百分比中，各取样本容量分别为 9 及 8 的样本数据，得平均数及样本方差，甲市：$\bar{x}_1 = 0.230$，$s_1^2 = 0.1337$；乙市：$\bar{x}_2 = 0.269$，$s_2^2 = 0.1736$，若甲、乙两个城市前五年的房价月环比上涨百分比都服从正态分布且方差相同，问甲、乙两个城市前五年的房价月环比上涨百分比的平均值是否可以看作一样（取 $\alpha = 0.05$）？

11. 在 20 世纪 70 年代后期人们发现，酿造啤酒时，在麦芽干燥过程中形成一种致癌物质亚硝基二甲胺（NDMA）. 到了 20 世纪 80 年代初期开发了一种新的麦芽干燥过程，下面是新、老两种过程中形成的 NDMA 含量的抽样（以 10 亿份中的份数记）：

老过程	6	4	5	5	6	5	5	6	4	6	7	4
新过程	2	1	2	2	1	0	3	2	1	0	1	3

设新、老两种过程中形成的 NDMA 含量服从正态分布，且方差相等．分别以 μ_1、μ_2 记老、新过程的总体均值，取显著性水平 $\alpha = 0.05$，检验 $H_0 : \mu_1 - \mu_2 = 2$；$H_1 : \mu_1 - \mu_2 > 2$.

12. 两台车床生产同一种零件，零件长度服从正态分布，从中分别抽取 8 个和 9 个产品，测得长度分别为

甲车床	15.0	14.5	15.2	15.5	14.8	15.1	15.2	14.8	
乙车床	15.2	15.0	14.8	15.2	15.0	15.0	14.8	15.1	14.8

比较这两台车床生产的零件长度的方差是否有明显差异？（$\alpha = 0.05$）

13. 两个学校同样班级进行英语统考，两校的英语成绩均服从正态分布，分别在两个学校各选取 $n_1 = 14$ 人和 $n_2 = 12$ 人，测得英语成绩的样本方差分别为 $s_1^2 = 15.46$，$s_2^2 = 9.66$，设两学校成绩互相独立，试在显著性水平 $\alpha = 0.05$ 下检验假设 $H_0 : \sigma_1^2 = \sigma_2^2$，$H_1 : \sigma_1^2 > \sigma_2^2$.

14. 已知某中药厂应用 A，B 两种提炼方法从当归药材中提取某种有效成分，A 种提炼方法的收得率 X% 服从正态分布 $N(\mu_1, \sigma_1^2)$，B 种提炼方法的收得率 Y% 服从正态分布 $N(\mu_2, \sigma_2^2)$．应用 A 种提炼方法做了 9 次试验，测算其收得率标准差为 1.82%，应用 B 种提炼方法做了 11 次试验，测算其收得率标准差为 1.49%．试在检验水平 $\alpha = 0.01$ 下，检验 A，B 两种提炼方法的收得率方差 σ_1^2 与 σ_2^2 无显著差异是否成立．

15. 随机地选了 8 个人，分别测量了他们在早晨起床时和晚上就寝时的身高（cm），得到以下数据：

早上（x_i）	172	168	180	181	160	163	165	177
晚上（y_i）	172	167	177	179	159	161	166	175

设各对数据的差 z_i 是来自正态总体 $N(\mu_z, \sigma_z^2)$，μ_z，σ_z 均未知．问是否可以认为早晨的身高比晚上的身高要高（$\alpha = 0.05$）？

16. 抛掷一枚硬币 100 次，正面出现了 60 次，用皮尔逊 χ^2 检验法检验该硬币是否均匀？（$\alpha = 0.05$）

17. 某射手对 100 个靶各打了 5 发子弹，只记录中靶与否，射击结果如下：

中靶数	0	1	2	3	4	5
频数	2	8	10	35	30	15

用皮尔逊 χ^2 检验法检验每 5 发子弹的中靶数是否服从二项分布？（$\alpha = 0.05$）

18. 检查了 100 个零件上的疵点数，结果如下：

疵点数	0	1	2	3	4	5	6
频数	14	27	26	20	7	3	3

用皮尔逊 χ^2 检验法对整批零件上的疵点数是否服从泊松分布作拟合优度检验（$\alpha = 0.05$）.

第9章
回归分析

回归分析是研究变量之间相互关系的一种重要的统计方法，它有着广泛的应用基础．在经济学中，回归分析是进行经济计量分析的主要工具．本章我们将主要介绍一元线性回归和多元线性回归，内容包括线性回归模型的估计、检验及相应的预测和控制等．

§9.1　回归分析的基本概念

英国生物学家兼统计学家高尔顿[①]在 1889 年出版的《自然遗传》一书中首次用"回归"（regression）一词，他把同一种族中，其子代的平均身高向种族平均身高返归的趋势称为"回归现象"．现代借用"回归"一词，把由一个（或多个）变量的变化去推测另一个变量的变化的方法称为"回归方法"．

高尔顿

在自然科学、工程技术和经济活动等各种领域中，人们经常要研究变量之间的关系，探寻变量之间所具有的规律．变量之间的关系可分为两类：一类是**确定性关系**．确定性关系即是我们所熟知的函数关系，它给出这样一种对应关系，对于自变量在其允许取值范围内的每一个值，因变量按照某一法则有唯一确定的值与之对应．这里因变量依赖于自变量，并且由自变量的取值完全确定．另一类是**非确定性关系**．例如，家庭收入 X 与支出 Y 之间的关系，收入与支出有一定的依赖关系，收入高的家庭一般来说支出水平也高，但对同等收入水平的家庭其支出并不一定相同，所以，家庭收入 X 与支出 Y 之间的关系

是密切但不确定的．再如，人的身高 X 与体重 Y、某商品的价格 P 与销售量 Y 等之间的关系都属于这种类型．事实上，在现实问题中，处于同一变化过程中的变量之间大量存在着这样的非确定性关系，即某变量与其他变量有关，但不能由其他变量的值唯一确定它的取值．在数理统计中，将变量之间这种非确定性的依赖关系称为**相关关系**．相关关系的产生原因主要有两方面：一是未考虑到其他变量的影响；二是由于多方面原因造成的试验的随机误差．回归分析处理的是变量之间的这种相关关系．

在变量之间存在相关关系时，为方便起见，我们仿照函数关系把被考察的变量称为因变量，而把影响因变量取值的变量称为自变量．不过，沿用这种名称只是反映变量在问题中的地位不同，并不意味它们之间一定存在像函数关系那样的因果关系．

当因变量与自变量存在相关关系时，不论产生非确定性的原因是什么，从概率论的角度看，在自变量取值确定后，因变量取值仍带有随机性，就是说因变量总是一个随机变量．至于自变量，情况比较复杂，有时是随机的，例如上面提到的人的身高 X 与体重 Y 的问题，是从总体中随机地抽取一个人，测量其身高与体重，所以 X 与 Y 都是随机变量；而对于价格和销售量，价格可人为地给定，是非随机的．在以后的讨论中，如无特别声明，一律视自变量为非随机变量，即普通变量，其取值可以严格控制或可精确测量．

用数学方法研究和处理一些实际问题，常常是通过建立数学模型来揭示实际问题中各变量之间的内在规律的．设在一个问题中因变量 Y 与自变量 X_1, X_2, $\cdots$, X_n 有相关关系，即 Y 的值不能由 X_1, X_2, $\cdots$, X_n 的值唯一确定，因此可以设想 Y 的值由两部分构成：一部分由 X_1, X_2, $\cdots$, X_n 的影响所致，这一部分可表为 X_1, X_2, $\cdots$, X_n 的函数 $f(X_1, X_2, \cdots, X_n)$；另一部分则由其他众多随机因素所致，记为 $\mathbf{e}$，于是得

$$Y = f(X_1, X_2, \cdots, X_n) + \mathbf{e} \qquad (9.1.1)$$

其中 $\mathbf{e}$ 称为**随机误差**，通常假定其均值为 0，即 $E\mathbf{e} = 0$.

式（9.1.1）是对因变量 Y 与自变量 X_1, X_2, $\cdots$, X_n 相关关系的合理化数学表示，称为 Y 关于 X_1, X_2, $\cdots$, X_n 的**回归模型**．自变量 X_1, X_2, $\cdots$, X_n 称为**回归变量**或**解释变量**，在预测问题中，也称之为**预报因子**；因变量 Y 称为**响应变量**或**被解释变量**，在预测问题中也称之为**预测量**．

回归分析的中心内容是在因变量与自变量之间建立一个函数关系，用自变量 X_1, X_2, $\cdots$, X_n 的函数来逼近因变量 Y. 在式（9.1.1）中，自变量 $(X_1, X_2, \cdots, X_n)$ 取 $(x_1, x_2, \cdots, x_n)$ 时，因变量 Y 的条件期望为

$$E(Y \mid (X_1, X_2, \cdots, X_n) = (x_1, x_2, \cdots, x_n)) = f(x_1, x_2, \cdots, x_n),$$

所以可用 $f(x_1, x_2, \cdots, x_n)$ 作为 Y 的近似，并将这个能近似表达自变量与因变量之间关系的函数

$$y = f(x_1, x_2, \cdots, x_n)$$

称为 Y 关于 $X_1, X_2, \cdots, X_n$ 的（理论）**回归函数**（regression function），而将方程 $y = f(x_1, x_2, \cdots, x_n)$ 称为 Y 关于 $X_1, X_2, \cdots, X_n$ 的（理论）**回归方程**（regression equation）.

随机误差 $\mathbf{e}$ 的方差是回归模型的重要参数. 前面假定了 $E\mathbf{e} = 0$, 现在再假定 $D\mathbf{e} = \sigma^2$. 因为 $E[Y - f(X_1, X_2, \cdots, X_n)]^2 = E\mathbf{e}^2 = D\mathbf{e} = \sigma^2$, 所以 σ^2 的大小反映了 $f(X_1, X_2, \cdots, X_n)$ 对 Y 的近似程度.

在实际问题中，因变量的条件分布往往是未知的，理论回归函数也就无法求出. 所谓**回归分析**（regression analysis），就是在对回归函数的类型进行假设的基础上建立回归模型（9.1.1），通过试验观测的数据，求得回归函数 $f(x_1, x_2, \cdots, x_n)$ 的估计 $\hat{f}(x_1, x_2, \cdots, x_n)$（称为**经验回归函数**），检验对回归函数的假设，并利用所得经验回归函数进行预测和控制. 只含有一个回归变量的回归模型称为**一元回归模型**；否则称为**多元回归模型**. 回归函数是线性函数的回归模型称为**线性回归模型**；否则称为**非线性回归模型**. 由于大多数非线性回归模型都可化为线性回归模型，因此我们只重点介绍线性回归模型，以及在此基础上的回归分析——线性回归分析.

习题 9 – 1

1. 回归分析所研究的是变量之间的关系是确定性关系吗？简述回归分析所研究的是变量之间的关系.
2. 简述回归模型中因变量 Y 的值由哪两部分构成？
3. 一元回归模型中的随机误差 $\mathbf{e}$ 的方差大小反映出什么问题？

§9.2 一元线性回归

9.2.1 一元线性回归模型

一元线性回归模型为

$$Y = \beta_0 + \beta_1 X + \mathbf{e}, \tag{9.2.1}$$

$$E\mathbf{e} = 0, \ 0 < D\mathbf{e} = \sigma^2 < \infty. \tag{9.2.2}$$

其中，β_0、β_1 为未知参数. β_0 称为**常数项**，β_1 称为**回归系数**，更确切地说，是 Y 对 X 的回归系数.

现在对模型（9.2.1）中的变量 X、Y 进行了 n 次独立观测，得样本

$$(X_1,\ Y_1),\ (X_2,\ Y_2)\cdots,\ (X_n,\ Y_n). \qquad (9.2.3)$$

则理论模型（9.2.1）和模型（9.2.2）可以具体化为

$$Y_i = \beta_0 + \beta_1 X_i + \mathbf{e}_i,\ i=1,\ 2,\ \cdots,\ n; \qquad (9.2.4)$$

$$E\mathbf{e}_i = 0,\ D\mathbf{e}_i = \sigma^2,\ i=1,\ 2,\ \cdots,\ n. \qquad (9.2.5)$$

其中 $\mathbf{e}_1,\ \mathbf{e}_2,\ \cdots,\ \mathbf{e}_n$ 相互独立.

式（9.2.4）和式（9.2.5）是一元线性回归模型的数据形式，是对理论模型（9.2.1）和（9.2.2）进行统计推断的依据. 统计学中提到的一元线性回归模型常指这种数据形式，而对理论模型只当作背景使用.

应用中，为对回归方程的合理性进行检验，还假定 $e \sim N(0,\ \sigma^2)$，于是一元线性回归模型（9.2.1）化为

$$\begin{cases} Y = \beta_0 + \beta_1 X + \mathbf{e} \\ \mathbf{e} \sim N(0,\ \sigma^2) \end{cases} \qquad (9.2.6)$$

称式（9.2.6）为 Y 对 X 的**一元正态线性回归模型**，此时 $Y \sim N(\beta_0 + \beta_1 X,\ \sigma^2)$.

若在模型的数据形式（9.2.4）、式（9.2.5）中，进一步假设 $\mathbf{e}_i \sim N(0,\ \sigma^2)$，则 $Y_i \sim N(\beta_0 + \beta_1 X_i,\ \sigma^2)(i=1,\ 2,\ \cdots,\ n)$，且相互独立.

一元线性回归主要解决以下几个问题：

（1）利用样本对参数 β_0，β_1，σ^2 进行估计；

（2）对回归模型作显著性检验；

（3）当 $X = x_0$ 时，对 Y 的取值作预测.

9.2.2 参数 β_0，β_1，σ^2 的估计

1. 参数 β_0，β_1 的最小二乘估计

根据样本（9.2.3）对 β_0、β_1 进行估计实际上就是找一条直线（经验回归直线方程）

$$\hat{y} = \hat{\beta}_0 + \hat{\beta}_1 x, \qquad (9.2.7)$$

使得它尽可能好地拟合这些数据.

一个自然而直观的想法是，希望观测得到的样本点 $(X_i,\ Y_i)$ 与直线（9.2.7）上相应点 $(X_i,\ \hat{y}_i)$，$i=1,\ 2,\ \cdots,\ n$ 尽可能地接近，或者说使它们每一对点之间的距离尽可能地短，从而要求直线（9.2.7）使得以下平方和达到最小值

$$Q(\beta_0,\ \beta_1) = \sum_{i=1}^{n}(Y_i - \beta_0 - \beta_1 X_i)^2 \qquad (9.2.8)$$

即

$$Q(\hat{\beta}_0, \hat{\beta}_1) = \min_{\beta_0, \beta_1} Q(\beta_0, \beta_1) \qquad (9.2.9)$$

这里的 $Q(\beta_0, \beta_1)$ 是一个非负的二元函数，根据多元函数微分学的知识，$\hat{\beta}_0$、$\hat{\beta}_1$ 应该满足

$$\frac{\partial Q}{\partial \beta_0}\Big|_{\beta_0 = \hat{\beta}_0, \, \beta_1 = \hat{\beta}_1} = 0, \quad \frac{\partial Q}{\partial \beta_1}\Big|_{\beta_0 = \hat{\beta}_0, \, \beta_1 = \hat{\beta}_1} = 0,$$

即

$$\begin{cases} -2 \sum_{i=1}^{n} (Y_i - \hat{\beta}_0 - \hat{\beta}_1 X_i) = 0, \\ -2 \sum_{i=1}^{n} (Y_i - \hat{\beta}_0 - \hat{\beta}_1 X_i) X_i = 0. \end{cases}$$

整理后得

$$\begin{cases} n\hat{\beta}_0 + n\bar{X}\hat{\beta}_1 = n\bar{Y}, \\ n\bar{X}\hat{\beta}_0 + \left(\sum_{i=1}^{n} X_i^2 \right)\hat{\beta}_1 = \sum_{i=1}^{n} X_i Y_i. \end{cases}$$

其中，$\bar{X} = \dfrac{1}{n} \sum_{i=1}^{n} X_i$，$\bar{Y} = \dfrac{1}{n} \sum_{i=1}^{n} Y_i$.

解上述方程组，即可得到

$$\hat{\beta}_0 = \bar{Y} - \hat{\beta}_1 \bar{X}, \qquad (9.2.10)$$

$$\hat{\beta}_1 = \frac{\displaystyle\sum_{i=1}^{n} X_i Y_i - n\bar{X}\bar{Y}}{\displaystyle\sum_{i=1}^{n} X_i^2 - n\bar{X}^2} = \frac{\displaystyle\sum_{i=1}^{n} (X_i - \bar{X})(Y_i - \bar{Y})}{\displaystyle\sum_{i=1}^{n} (X_i - \bar{X})^2}. \qquad (9.2.11)$$

于是，经验回归直线方程为

$$\hat{y} = \hat{\beta}_0 + \hat{\beta}_1 x. \qquad (9.2.12)$$

通过使平方和式 (9.2.8) 达到最小来求未知参数估计的方法称为**最小二乘法**. 用最小二乘法获得的 $\hat{\beta}_0$、$\hat{\beta}_1$ 称为 β_0、β_1 的**最小二乘估计**.

将 $\hat{\beta}_0 = \bar{Y} - \hat{\beta}_1 \bar{X}$ 代入式 (9.2.12)，得经验回归直线方程的另一形式

$$\hat{y} - \bar{Y} = \hat{\beta}_1 (x - \bar{X}),$$

这是一条过点 $(\bar{X}, \bar{Y})$ 和 $(0, \hat{\beta}_0)$ 的直线.

为了方便起见，引入以下记号

$$L_{XX} = \sum_{i=1}^{n} (X_i - \bar{X})^2 = \sum_{i=1}^{n} X_i^2 - n\bar{X}^2 = \sum_{i=1}^{n} X_i^2 - \frac{1}{n}\left(\sum_{i=1}^{n} X_i \right)^2,$$

$$L_{YY} = \sum_{i=1}^{n} (Y_i - \bar{Y})^2 = \sum_{i=1}^{n} Y_i^2 - n\bar{Y}^2 = \sum_{i=1}^{n} Y_i^2 - \frac{1}{n}\left(\sum_{i=1}^{n} Y_i \right)^2,$$

$$L_{XY} = \sum_{i=1}^{n} (X_i - \bar{X})(Y_i - \bar{Y}) = \sum_{i=1}^{n} (X_i - \bar{X}) Y_i$$

$$= \sum_{i=1}^{n} X_i Y_i - n\bar{X}\bar{Y} = \sum_{i=1}^{n} X_i Y_i - \frac{1}{n}\left(\sum_{i=1}^{n} X_i \right)\left(\sum_{i=1}^{n} Y_i \right).$$

在此记号下，

$$\hat{\beta}_1 = \frac{L_{XY}}{L_{XX}}.$$

应该指出的是，对具有相关关系的两个变量 Y 与 X，不论它们之间的关系是否与模型（9.2.1）相符，只要有了样本（9.2.3），就可利用式（9.2.10）和式（9.2.11）形式上求得经验回归直线方程 $\hat{y} = \hat{\beta}_0 + \hat{\beta}_1 x$. 如果 Y 与 X 之间的关系离线性假设太远，那么求出线性形式的回归方程是没有意义的. 因此，Y 与 X 之间是否有线性相关关系是一个必须认真研究的重要问题.

例1 为研究家庭食品支出 Y 与收入 X 的关系，随机抽取了 10 户家庭作为样本，得到如下数据（见表 9 – 1）：

表 9 – 1

收入 X（百元）	20	30	33	40	15	13	26	38	35	43
食品支出 Y（百元）	7	9	8	11	5	4	8	10	9	10

试据此建立 Y 关于 X 的一元线性回归方程.

解 我们以收入为横坐标，以食品支出为纵坐标，将上述数据点标在平面直角坐标系上，这些点的图像称为**散点图**（见图 9 – 1）.

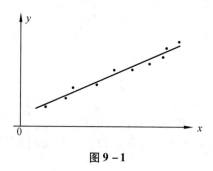

图 9 – 1

从散点图上可以看到，随着收入 X 的增加，食品支出 Y 也增加，且这些点 (x_i, y_i) $(i = 1, 2, \cdots, 10)$ 近似排列在一条直线附近. 这说明两个变量之间有线性相关关系，做一元线性回归较合适. 由所给数据按公式（9.2.10）和式（9.2.11）计算如下：

$$\sum_{i=1}^{10} x_i = 293, \quad \sum_{i=1}^{10} y_i = 81, \quad n = 10,$$

$$\bar{x} = 29.3, \quad \bar{y} = 8.1, \quad \sum_{i=1}^{10} x_i y_i = 2574,$$

$$\sum_{i=1}^{10} x_i^2 = 9577, \quad \sum_{i=1}^{10} y_i^2 = 701, \quad \frac{1}{10}\left(\sum_{i=1}^{10} x_i\right)\left(\sum_{i=1}^{10} y_i\right) = 2373.3,$$

$$\frac{1}{10}\left(\sum_{i=1}^{10} x_i\right)^2 = 8584.9, \quad \frac{1}{10}\left(\sum_{i=1}^{10} y_i\right)^2 = 656.1,$$

$$L_{xx} = 992.1, \quad L_{yy} = 44.9, \quad L_{xy} = 200.7,$$

$$\hat{\beta}_1 = \frac{L_{xy}}{L_{xx}} = \frac{200.7}{992.1} = 0.2023,$$

$$\hat{\beta}_0 = \bar{y} - \hat{\beta}_1 \bar{x} = 2.1727.$$

由此即得食品支出关于收入的一元线性回归方程为

$$\hat{y} = 2.1727 + 0.2023x.$$

下面讨论 β_0、β_1 的最小二乘估计 $\hat{\beta}_0$、$\hat{\beta}_1$ 的性质.

(i) $\hat{\beta}_0$ 和 $\hat{\beta}_1$ 分别是 β_0 和 β_1 的无偏估计.

证　　$E\hat{\beta}_1 = E\dfrac{L_{XY}}{L_{XX}} = \dfrac{1}{L_{XX}}\sum_{i=1}^{n}(X_i - \bar{X})EY_i$

$\qquad\qquad = \dfrac{1}{L_{XX}}\sum_{i=1}^{n}(X_i - \bar{X})(\beta_0 + \beta_1 X_i)$

$\qquad\qquad = \dfrac{\beta_0}{L_{XX}}\sum_{i=1}^{n}(X_i - \bar{X}) + \dfrac{\beta_1}{L_{XX}}\sum_{i=1}^{n}(X_i - \bar{X})X_i$

$\qquad\qquad = \dfrac{\beta_1}{L_{XX}}\sum_{i=1}^{n}(X_i - \bar{X})(X_i - \bar{X}) = \beta_1.$

$\qquad E\hat{\beta}_0 = E(\bar{Y} - \hat{\beta}_1 \bar{X}) = E\bar{Y} - \bar{X}E\hat{\beta}_1$

$\qquad\qquad = E\bar{Y} - \beta_1 \bar{X} = \dfrac{1}{n}\sum_{i=1}^{n}EY_i - \dfrac{\beta_1}{n}\sum_{i=1}^{n}X_i$

$\qquad\qquad = \dfrac{1}{n}\sum_{i=1}^{n}(EY_i - \beta_1 X_i) = \dfrac{1}{n}\sum_{i=1}^{n}\beta_0 = \beta_0.$

(ii) $\hat{\beta}_1$ 与 $\bar{Y}$ 不相关.

证　由

$$\bar{Y} - E\bar{Y} = \frac{1}{n}\sum_{i=1}^{n}Y_i - \frac{1}{n}\sum_{i=1}^{n}EY_i$$

$$= \frac{1}{n}\sum_{i=1}^{n}(Y_i - EY_i) = \frac{1}{n}\sum_{i=1}^{n}\mathbf{e}_i$$

$$\hat{\beta}_1 - E\hat{\beta}_1 = \frac{L_{XY}}{L_{XX}} - E\frac{L_{XY}}{L_{XX}}$$

$$= \frac{1}{L_{XX}}\left[\sum_{i=1}^{n}(X_i - \bar{X})Y_i - \sum_{i=1}^{n}(X_i - \bar{X})EY_i\right]$$

$$= \frac{1}{L_{XX}}\left[\sum_{i=1}^{n}(X_i - \bar{X})(Y_i - EY_i)\right]$$

$$= \frac{1}{L_{XX}}\sum_{i=1}^{n}(X_i - \bar{X})\mathbf{e}_i,$$

得到

$$\mathrm{Cov}(\hat{\beta}_1,\ \bar{Y}) = E(\hat{\beta}_1 - E\hat{\beta}_1)(\bar{Y} - E\bar{Y})$$

$$= \frac{1}{nL_{XX}} E\left[\left(\sum_{i=1}^{n}(X_i - \bar{X})\mathbf{e}_i\right)\left(\sum_{i=1}^{n}\mathbf{e}_i\right)\right].$$

又因

$$E(\mathbf{e}_i\mathbf{e}_j) = \begin{cases} 0, & i \neq j; \\ \sigma^2, & i = j. \end{cases}$$

所以，

$$\mathrm{Cov}(\hat{\beta}_1,\ \bar{Y}) = \frac{\sigma^2}{nL_{XX}}\sum_{i=1}^{n}(X_i - \bar{X}) = 0.$$

（iii）$\hat{\beta}_0$ 和 $\hat{\beta}_1$ 的方差分别是

$$D\hat{\beta}_0 = \left(\frac{1}{n} + \frac{\bar{X}^2}{L_{XX}}\right)\sigma^2, \tag{9.2.13}$$

$$D\hat{\beta}_1 = \frac{\sigma^2}{L_{XX}}. \tag{9.2.14}$$

证

$$D\hat{\beta}_1 = D\left(\frac{1}{L_{XX}}\sum_{i=1}^{n}(X_i - \bar{X})Y_i\right) = \frac{1}{L_{XX}^2}\sum_{i=1}^{n}(X_i - \bar{X})^2 DY_i$$

$$= \frac{1}{L_{XX}^2}\sum_{i=1}^{n}(X_i - \bar{X})^2\sigma^2 = \frac{\sigma^2}{L_{XX}}.$$

$$D\hat{\beta}_0 = D(\bar{Y} - \hat{\beta}_1\bar{X})$$

$$= D\bar{Y} + \bar{X}^2 D\hat{\beta}_1 = \frac{\sigma^2}{n} + \frac{\bar{X}^2\sigma^2}{L_{XX}} = \left(\frac{1}{n} + \frac{\bar{X}^2}{L_{XX}}\right)\sigma^2.$$

由性质（iii）知道，$\hat{\beta}_1$ 的波动大小不仅与误差项 $\mathbf{e}$ 的方差 σ^2 有关，还取决于观测数据中自变量 X 的波动程度．X 取值范围较大，则 $\hat{\beta}_1$ 的方差就小，从而 β_1 的估计精度高；反之，X 的取值范围较小，$\hat{\beta}_1$ 的方差就大，β_1 的估计精度就低．$\hat{\beta}_0$ 的方差大小不仅与 σ^2 和 X 数据取值范围大小有关，还同观测数据个数 n 有关．数据越多，且 X 数据取值范围越大，β_0 的估计精度就越高；反之就越低．这些对安排试验有一定的指导意义．

2. 误差方差 σ^2 的估计

设 $\hat{\beta}_0$、$\hat{\beta}_1$ 是在模型（9.2.4）和（9.2.5）下利用样本（9.2.3）求得的未知参数 β_0、β_1 的最小二乘估计．现在考虑随机误差 $\mathbf{e}$ 方差 σ^2 的估计．

因 $\sigma^2 = D(\mathbf{e}) = E(\mathbf{e}^2) - (E\mathbf{e})^2 = E(\mathbf{e}^2)$，即 σ^2 是 $\mathbf{e}$ 的二阶原点矩，很自然地我们可用样本（$\mathbf{e}_1$，$\mathbf{e}_2$，$\cdots$，$\mathbf{e}_n$）的二阶原点矩 $\frac{1}{n}\sum_{i=1}^{n}\mathbf{e}_i^2$ 来作为它的估计，其中

$$\mathbf{e}_i = Y_i - \beta_0 - \beta_1 X_i, \quad (i = 1, 2, \cdots, n).$$

以 $\hat{\beta}_0$、$\hat{\beta}_1$ 分别代替 β_0、β_1 得 σ^2 的估计为

$$\frac{1}{n} \sum_{i=1}^{n} (Y_i - \hat{\beta}_0 - \hat{\beta}_1 X_i)^2.$$

这个估计量是有偏的. 为了得到无偏估计量, 我们取

$$\hat{\sigma}^2 = \frac{1}{n-2} \sum_{i=1}^{n} (Y_i - \hat{\beta}_0 - \hat{\beta}_1 X_i)^2$$

$$= \frac{1}{n-2} \sum_{i=1}^{n} \delta_i^2 = \frac{S_E}{n-2}$$

作为 σ^2 的估计, 其中 $\delta_i = Y_i - \hat{\beta}_0 - \hat{\beta}_1 X_i$ 称为**残差**, $S_E = \sum_{i=1}^{n} \delta_i^2$ 称为

残差平方和. 下证 $\hat{\sigma}^2 = \dfrac{S_E}{n-2}$ 为 σ^2 的无偏估计.

事实上,

$$\begin{aligned} S_E &= \sum_{i=1}^{n} (Y_i - \hat{\beta}_0 - \hat{\beta}_1 X_i)^2 \\ &= \sum_{i=1}^{n} [Y_i - (\bar{Y} - \hat{\beta}_1 \bar{X}) - \hat{\beta}_1 X_i]^2 \\ &= \sum_{i=1}^{n} [(Y_i - \bar{Y}) - \hat{\beta}_1 (X_i - \bar{X})]^2 \\ &= \sum_{i=1}^{n} (Y_i - \bar{Y})^2 - 2\hat{\beta}_1 \sum_{i=1}^{n} (Y_i - \bar{Y})(X_i - \bar{X}) + \hat{\beta}_1^2 \sum_{i=1}^{n} (X_i - \bar{X})^2 \\ &= L_{YY} - \hat{\beta}_1^2 L_{XX}. \end{aligned}$$

$$\begin{aligned} E(L_{YY}) &= E\left[\sum_{i=1}^{n} (Y_i - \bar{Y})^2 \right] = \sum_{i=1}^{n} EY_i^2 - nE\bar{Y}^2 \\ &= \sum_{i=1}^{n} [(\beta_0 + \beta_1 X_i)^2 + \sigma^2] - n\left[(\beta_0 + \beta_1 \bar{X})^2 + \frac{\sigma^2}{n} \right] \\ &= (n-1)\sigma^2 + \beta_1^2 L_{XX}. \end{aligned}$$

$$E(\hat{\beta}_1^2 L_{XX}) = L_{XX} E(\hat{\beta}_1^2) = L_{XX}\left(\beta_1^2 + \frac{\sigma^2}{L_{XX}} \right) = \sigma^2 + L_{XX}\beta_1^2.$$

所以

$$\begin{aligned} E(S_E) &= E[L_{YY} - \hat{\beta}_1^2 L_{XX}] = E(L_{YY}) - E(\hat{\beta}_1^2 L_{XX}) \\ &= (n-1)\sigma^2 + \beta_1^2 L_{XX} - \sigma^2 - L_{XX}\beta_1^2 = (n-2)\sigma^2. \end{aligned}$$

于是 $E(\hat{\sigma}^2) = E\left(\dfrac{S_E}{n-2} \right) = \sigma^2$, 故 $\hat{\sigma}^2 = \dfrac{S_E}{n-2}$ 是 σ^2 的无偏估计.

9.2.3 线性回归的显著性检验

前面曾提到过对任何具有相关关系的两个变量 X 与 Y 的一组观

测值 (X_i, Y_i) $(i=1, 2, \cdots, n)$，都可用最小二乘法形式上求得 Y 关于 X 的经验回归直线方程．如果 Y 与 X 之间根本不存在线性相关关系，则这种形式上的回归直线方程就毫无实用意义．因此，我们必须判断 Y 与 X 之间是否确有式（9.2.1）的线性相关关系．判断方法：一是考查散点图，如果散点图中的点分布在一条直线附近（见图 9-2 (a) 或图 9-2 (b) 的形状），则可认为 Y 与 X 具有式（9.2.1）所示的关系；如果散点图呈现图 9-2 (c) 或图 9-2 (d) 的形状，则不能认为 Y 与 X 具有式（9.2.1）所示的关系．二是根据观测数据用统计方法来检验．关于线性回归的显著性检验有 F 检验法、T 检验法和 R 检验法（相关系数检验法）．下面介绍相关系数检验法．

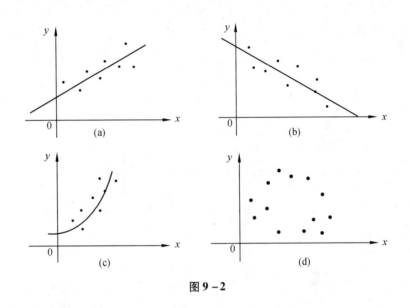

图 9-2

由式（9.2.1）可知，若 $\beta_1 = 0$，则 Y 就不依赖于 X，从而应该认为它们之间不存在线性相关关系；若 $\beta_1 \neq 0$，则 Y 与 X 之间存在线性相关关系．于是判断 Y 与 X 之间是否存在线性相关关系，就归结为检验假设：

$$H_0: \beta_1 = 0, \quad H_1: \beta_1 \neq 0$$

如果经检验，在显著性水平 α 下拒绝假设 $H_0: \beta_1 = 0$，认为回归效果是显著的，也就是说 Y 与 X 之间存在着线性相关关系，否则，认为回归效果不显著．

由第四章知，相关系数的大小可以表示两个随机变量线性关系的密切程度．对于线性回归中的变量 X 与 Y，其样本 (X_1, Y_1)，(X_2, Y_2)，$\cdots$，(X_n, Y_n) 的相关系数

$$R = \frac{\sum\limits_{i=1}^{n} (X_i - \bar{X})(Y_i - \bar{Y})}{\sqrt{\sum\limits_{i=1}^{n} (X_i - \bar{X})^2} \sqrt{\sum\limits_{i=1}^{n} (Y_i - \bar{Y})^2}} = \frac{L_{XY}}{\sqrt{L_{XX}} \sqrt{L_{YY}}},$$

是 X 与 Y 的线性相关系数 $\rho_{X,Y}$ 的一个良好估计. 所以, 可用 R 来检验 X 与 Y 的线性相关性, 选取检验统计量

$$R = \frac{L_{XY}}{\sqrt{L_{XX}} \sqrt{L_{YY}}} \tag{9.2.15}$$

易知, $|R| \leqslant 1$, 且当 H_0 成立时, $|R|$ 大的可能性很小, 而当 H_1 成立时, $|R|$ 有偏大的趋势. 于是 H_0 的拒绝域的形状为

$$W = \{(x_1, x_2, \cdots, x_n; y_1, y_2, \cdots, y_n) \mid |r| > c\} \quad (c \text{ 为待定常数}) \tag{9.2.16}$$

其中 $r = \dfrac{L_{xy}}{\sqrt{L_{xx}} \sqrt{L_{yy}}}$ 为 $R = \dfrac{L_{XY}}{\sqrt{L_{XX}} \sqrt{L_{YY}}}$ 观测值.

可以证明, 当随机误差 $\mathbf{e} \sim N(0, \sigma^2)$, $\mathbf{e}_1$, $\mathbf{e}_2$, $\cdots$, $\mathbf{e}_n$ 相互独立, 假设 H_0 成立时, 有 $R^2 = \dfrac{F}{n-2+F}$, 其中 $F \sim F(1, n-2)$. 于是, 对给定的显著性水平 α, 临界值 c 可以通过 $c = r_\alpha(n-2) = \sqrt{\dfrac{F_\alpha(1, n-2)}{n-2+F_\alpha(1, n-2)}}$ 求出. 为了方便起见, 对于不同的显著水平 α 及不同的 $n-2$ 已由 $F_\alpha(1, n-2)$ 的值计算出临界值 $r_\alpha(n-2)$, 列成表 (见附表七). 查附表七得临界值 $c = r_\alpha(n-2)$, 得 H_0 的拒绝域为

$$W = \{(x_1, x_2, \cdots, x_n; y_1, y_2, \cdots, y_n) \mid |r| > r_\alpha(n-2)\} \tag{9.2.17}$$

根据试验数据 (x_1, y_1), (x_2, y_2), $\cdots$, (x_n, y_n) 计算检验统计量 R 的观测值 r, 当 $|r| > r_\alpha(n-2)$ 时, 拒绝 H_0, 表明回归效果显著; 当 $|r| \leqslant r_\alpha(n-2)$ 时, 接受 H_0, 表明回归效果不显著.

例1 对 9.2.2 小节的例 1 中的食品支出 Y 关于收入 X 的回归方程进行显著性检验 ($\alpha = 0.05$).

解 经计算, 相关系数 R 的观测值

$$r = \frac{L_{xy}}{\sqrt{L_{xx}} \sqrt{L_{yy}}} = \frac{200.7}{\sqrt{992.1} \sqrt{44.9}} = 0.95093$$

对给定的显著性水平 $\alpha = 0.05$, 按自由度 $n - 2 = 10 - 2 = 8$ 查附表七得临界值 $r_{0.05}(8) = 0.632$, 因为 $|r| > r_{0.05}(8)$, 所以拒绝 $H_0: \beta_1 = 0$, 认为食品支出与收入有着显著的线性回归关系.

9.2.4 预测与控制

当我们求出经验回归方程并对其进行显著性检验, 认为因变量 Y

与自变量 X 之间的线性关系显著后，就可利用经验回归方程 $\hat{y} = \hat{\beta}_0 + \hat{\beta}_1 x$，由自变量的值对因变量的值进行预测，或由因变量容许取值范围对自变量进行控制.

1. 预测问题

对给定的 $X = x_0$，由式（9.2.1）得相应的 $Y_0 = \beta_0 + \beta_1 x_0 + \mathbf{e}$ 是一个随机变量，利用经验回归方程求得 $\hat{y}_0 = \hat{\beta}_0 + \hat{\beta}_1 x_0$，作为 Y_0 的预测值，这种预测叫作**点预测**.

在实际应用中，常常要求在 $X = x_0$ 时对应的随机变量 Y_0 的取值范围做预测，即在一定的显著性水平 α 下，寻找一个正数 $\delta(x_0)$，使得 Y_0 以 $1 - \alpha$ 的概率落入区间 $(\hat{y}_0 - \delta(x_0), \hat{y}_0 + \delta(x_0))$，即

$$P\{|Y_0 - \hat{y}_0| < \delta(x_0)\} = 1 - \alpha.$$

将区间 $(\hat{y}_0 - \delta(x_0), \hat{y}_0 + \delta(x_0))$ 称为 Y_0 的置信度为 $1 - \alpha$ 的**预测区间**. 这种预测叫作**区间预测**.

下面我们给出在 $X = x_0$ 处 Y_0 的置信度为 $1 - \alpha$ 的预测区间.

可以证明，在一元正态线性回归模型的情形下，有

$$T = \frac{Y_0 - \hat{y}_0}{\hat{\sigma}\sqrt{1 + \dfrac{1}{n} + \dfrac{(x_0 - \bar{X})^2}{L_{XX}}}} \sim t(n - 2)$$

对给定的显著性水平 α，令 $P\{|Y_0 - \hat{y}| \leqslant \delta(x_0)\} = 1 - \alpha$，即

$$P\left\{\left|\frac{Y_0 - \hat{y}_0}{\hat{\sigma}\sqrt{1 + \dfrac{1}{n} + \dfrac{(x_0 - \bar{X})^2}{L_{XX}}}}\right| \leqslant \frac{\delta(x_0)}{\hat{\sigma}\sqrt{1 + \dfrac{1}{n} + \dfrac{(x_0 - \bar{X})^2}{L_{XX}}}}\right\} = 1 - \alpha$$

求得 $\dfrac{\delta(x_0)}{\hat{\sigma}\sqrt{1 + \dfrac{1}{n} + \dfrac{(x_0 - \bar{X})^2}{L_{XX}}}} = t_{\frac{\alpha}{2}}(n - 2)$，即

$$\delta(x_0) = t_{\alpha/2}(n - 1)\hat{\sigma}\sqrt{1 + \frac{1}{n} + \frac{(x_0 - \bar{X})^2}{L_{XX}}},$$

故得 Y_0 的置信度为 $1 - \alpha$ 的预测区间为

$$(\hat{y}_0 - \delta(x_0), \hat{y}_0 + \delta(x_0)) \tag{9.2.18}$$

当 n 很大时，有 $t(n - 2)$ 近似 $N(0, 1)$，于是 $t_{\alpha/2}(n - 2) \approx u_{\alpha/2}$. 若进一步 x_0 较接近 $\bar{X}$，则有

$$\sqrt{1 + \frac{1}{n} + \frac{(x_0 - \bar{X})^2}{L_{XX}}} \approx 1$$

于是 Y_0 的预测区间近似为

$$(\hat{y}_0 - u_{a/2}\hat{\sigma}, \ \hat{y}_0 + u_{a/2}\hat{\sigma}). \tag{9.2.19}$$

注意，区间预测与区间估计不同，这里的 Y_0 不是一个未知参数，而是一个随机变量.

由式（9.2.18）可以看出，Y_0 的预测区间长度为 $2\delta(x_0)$ 与 x_0 有关，对于给定的 α，x_0 越靠近样本均值 $\bar{X}$，$\delta(x_0)$ 越小，预测区间长度越小，预测的精确度越高；反之则相反. 因此，使用回归直线进行预测时，自变量 X 应在自变量数据 X_1，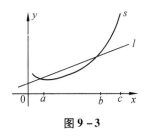X_2，$\cdots$，X_n 的变化范围之内，这叫作**内插**；如果 X 出了这个范围，则叫作**外推**. 外推时应十分小心. 例如，理论回归方程是图 9-3 中的曲线 S，经验回归方程是直线 L，数据的变化范围是 $[a, b]$，在此范围内，直线 L 可以代替曲线 S. 如果外推到 c 点，则偏差太大，因此一般不主张对回归方程做外推使用. 但是并非在什么情况下外推都不允许. 例如，X 虽然不在数据 X_1，X_2，$\cdots$，X_n 的变化范围内，但离 $\bar{X}$ 不远，就不会导致太大的偏差；再如，理论回归方程本来就是直线，外推更不成问题.

图 9-3

例 1　在 9.2.2 小节的例 1 中，设某家庭收入为 4200 元，试求食品支出的预测区间（$\alpha = 0.05$）.

解　由 9.2.2 小节的例 1 知，对收入 $X = x_0 = 42$（百元），食品支出的预测值为

$$\hat{y}_0 = 2.1727 + 0.2023 \times 42 = 10.6693.$$

又 $\hat{\sigma}^2 = \dfrac{S_E}{n-2} = \dfrac{44.9 - 0.2023 \times 200.7}{10-2} = 0.52730$，于是 $\hat{\sigma} = 0.73301$.

而 $\sqrt{1 + \dfrac{1}{n} + \dfrac{(x_0 - \bar{x})^2}{\sum\limits_{i=1}^{n}(x_i - \bar{x})^2}} = \sqrt{1 + \dfrac{1}{10} + \dfrac{(42 - 29.3)^2}{992.1}} = 1.12364$，对 $\alpha = 0.05$，查附表六得 $t_{\frac{\alpha}{2}}(n-2) = t_{0.025}(8) = 2.306$，于是

$$\delta(42) = t_{\frac{\alpha}{2}}(n-2)\hat{\sigma}\sqrt{1 + \dfrac{1}{n} + \dfrac{(x_0 - \bar{x})^2}{\sum\limits_{i=1}^{n}(x_i - \bar{x})^2}} = 0.3475,$$

$$\hat{y}_0 - \delta(42) = 8.76999, \hat{y}_0 + \delta(42) = 12.56861$$

由式（9.2.8）得置信度为 95% 的食品支出的预测区间为（8.76999，12.56861）.

2. 控 制 问 题

控制问题是预测问题的反问题，所考虑的问题是：如果要求将因

变量 Y 以置信度 $1-\alpha$ 控制在某一定范围 (y_1, y_2) 内, 那么自变量 X 应控制在什么范围内.

这里我们仅对 n 很大的情形给出控制方法, 对一般的情形, 也可类似地进行讨论. 对给出的 $y_1 < y_2$ 和置信度 $1-\alpha$, 利用式 (9.2.19), 令

$$\begin{cases} y_1 = \hat{\beta}_0 + \hat{\beta}_1 x_1 - u_{\alpha/2} \hat{\sigma} \\ y_2 = \hat{\beta}_0 + \hat{\beta}_1 x_2 + u_{\alpha/2} \hat{\sigma} \end{cases} \tag{9.2.20}$$

解得

$$\begin{cases} x_1 = (y_1 - \hat{\beta}_0 + u_{\alpha/2} \hat{\sigma}) / \hat{\beta}_1 \\ x_2 = (y_2 - \hat{\beta}_0 - u_{\alpha/2} \hat{\sigma}) / \hat{\beta}_1 \end{cases} \tag{9.2.21}$$

当 $\hat{\beta}_1 > 0$ 时, 控制范围为 (x_1, x_2); 当 $\hat{\beta}_1 < 0$ 时, 控制范围为 (x_2, x_1).

实际应用中, 要实现控制, 必须要求区间 (y_1, y_2) 的长度大于 $2u_{\alpha/2} \hat{\sigma}$, 否则控制区间不存在.

例2 在某农贸市场调查猪肉的价格和销售量的关系, 得数据如表 9−2 所示.

表 9−2

价格 X（元）	4.5	4.7	4.9	5.2	5.5	5.8	6.0	6.4	6.8	7.0
销售量 Y（吨）	20.5	19.8	18.8	17.5	16.0	15.5	15.0	14.5	14.2	13.5

（1）试求 Y 关于 X 的经验回归直线方程;

（2）对回归方程进行显著性检验;

（3）当 $X = 5.0, 6.2$ 时, 求销售量的预测值;

（4）当销售量控制在 17.0 和 16.5 时, 价格应分别调整为多少?

解 （1）经计算得

$$n = 10, \quad \bar{x} = \frac{1}{n} \sum_{i=1}^{n} x_i = 5.68, \quad \bar{y} = \frac{1}{n} \sum_{i=1}^{n} y_i = 16.53,$$

$$L_{xx} = \sum_{i=1}^{n} x_i^2 - n\bar{x}^2 = 6.856, \quad L_{yy} = \sum_{i=1}^{n} y_i^2 - n\bar{y}^2 = 54.961,$$

$$L_{xy} = \sum_{i=1}^{n} x_i y_i - n\bar{x}\bar{y} = -18.714$$

$$\hat{\beta}_1 = \frac{L_{xy}}{L_{xx}} = -2.730, \quad \hat{\beta}_0 = \bar{y} - \hat{\beta}_1 \bar{x} = 32.03$$

所以回归直线方程为

$$\hat{y} = 32.03 - 2.73x.$$

（2）经计算，相关系数 R 的观测值

$$r = \frac{L_{xy}}{\sqrt{L_{xx}}\sqrt{L_{yy}}} = \frac{-18.714}{\sqrt{6.856}\sqrt{54.961}} = -0.9641$$

对 $\alpha = 0.05$，查附表七得临界值 $r_{0.05}(8) = 0.632$，因为 $|r| > r_{0.05}(8)$，所以认为 Y 与 X 线性相关关系显著．

（3）当 $X = 5.0$ 时，Y 的预测值 $\hat{y} = 32.03 - 2.730 \times 5.0 = 18.38$；当 $X = 6.2$ 时，Y 的预测值 $\hat{y} = 32.03 - 2.730 \times 6.2 = 15.10$．

（4）当销售量 Y 控制在 17 时，价格应调整到 $X = 5.51$；当销售量 Y 控制在 16.5 时，价格应调整到 $X = 5.69$．

9.2.5 可线性化的一元非线性回归

前面讨论了一元线性回归问题，但在实际问题中，两个变量 X，Y 之间的相关关系常常不能用线性关系近似描述，但其中有些非线性的回归函数可通过变换而使之化为线性函数，这样我们就可利用线性回归的分析方法对这类非线性问题进行回归分析．常见的一些非线性函数及其线性化方法如下．

1. 双曲线型 $\dfrac{1}{y} = a + \dfrac{b}{x}$

令 $u = \dfrac{1}{y}$，$v = \dfrac{1}{x}$，则 $u = a + bv$．

2. 幂函数型 $y = ax^b$

令 $u = \lg y$，$v = \lg x$，$c = \lg a$，则 $u = c + bv$．

3. 指数函数型

（1）$y = ae^{bx}$．

令 $u = \ln y$，$v = x$，$c = \ln a$，则 $u = c + bv$．

（2）$y = ae^{\frac{b}{x}}$．

令 $u = \ln y$，$v = \dfrac{1}{x}$，$c = \ln a$，则 $u = c + bv$．

4. 对数函数型 $y = a + b\ln x$

令 $u = y$，$v = \ln x$，则 $u = a + bv$．

5. 逻辑斯蒂曲线型 $y = \dfrac{1}{a + be^{-x}}$

令 $u = \dfrac{1}{y}$，$v = e^{-x}$，则 $u = a + bv$．

若在原模型下，对于 (X, Y) 有样本

$$(x_1, y_1), (x_2, y_2), \cdots, (x_n, y_n),$$

就相当于在新模型下有样本

$$(u_1, v_1), (u_2, v_2), \cdots, (u_n, v_n).$$

因而就能利用一元线性回归的方法进行估计、检验和预测，在得到 V 关于 U 的回归方程后，再将原变量代回，就得到 Y 关于 X 的回归方程，它的图形是一条曲线，也称为**曲线回归方程**.

下面的例子说明曲线回归的一般计算方法.

例1 炼钢厂出钢用的钢包在使用过程中，由于钢液及炉渣对耐火材料的侵蚀，其容积不断增大. 钢包的容积（用盛满钢水的重量 kg 表示）与相应的使用次数列于表 9 – 3 中. 首先按实测数据做散点图，如图 9 – 4 所示.

表 9 – 3　　　　　　　　　　　　　试验数据

使用次数 x	2	3	4	5	7	8	10
容积 y	106.42	108.20	109.58	109.50	110.00	109.93	110.49

使用次数 x	11	14	15	16	18	19
容积 y	110.59	110.60	110.90	110.76	111.00	111.20

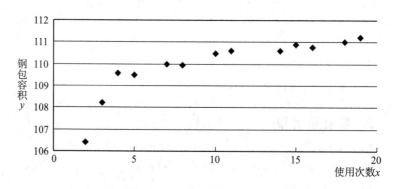

图 9 – 4　钢包容积与使用次数之间的关系散点图

由图 9 – 4 的散点图分析可知，最初钢包容积增加很快，以后减慢并趋于稳定. 这个图与双曲线很相近，所以选用双曲线：

$$\frac{1}{y} = a + \frac{b}{x}$$

来表示容积 y 与使用次数 x 的关系. 若令 $u = \dfrac{1}{y}$，　$v = \dfrac{1}{x}$，则上式可以改写成

$$u = a + bv \qquad\qquad (9.2.22)$$

对新变量 u、v 而言，式（9.2.22）是一个直线方程，因而可用最小二乘法进行拟合计算，求出回归系数 b 和常数项 a. 首先对数据进行回归计算，结果见表 9 - 4.

表 9 - 4

编号	x	y	$v=\dfrac{1}{x}$	$u=\dfrac{1}{y}$	v^2	u^2	uv
1	2	106.42	0.500000	0.009397	0.2500000	8.829853E - 05	4.698365E - 03
2	3	108.20	0.333333	0.009242	0.1111111	8.541723E - 05	3.080715E - 03
3	4	109.58	0.250000	0.009126	0.0625000	8.327937E - 05	2.281438E - 03
4	5	109.50	0.200000	0.009132	0.0400000	8.340110E - 05	1.826484E - 03
5	7	110.00	0.142857	0.009091	0.0204082	8.264463E - 05	1.298701E - 03
6	8	109.93	0.125000	0.009097	0.0156250	8.274991E - 05	1.137087E - 03
7	10	110.49	0.100000	0.009051	0.0100000	8.191323E - 05	9.050593E - 04
8	11	110.59	0.090909	0.009042	0.0082645	8.176516E - 05	8.220372E - 04
9	14	110.60	0.071429	0.009042	0.0051020	8.175037E - 05	6.458280E - 04
10	15	110.90	0.066667	0.009017	0.0044444	8.130868E - 05	6.011422E - 04
11	16	110.76	0.062500	0.009029	0.0039063	8.151436E - 05	5.642831E - 04
12	18	111.00	0.055556	0.009009	0.0030864	8.116224E - 05	5.005005E - 04
13	19	111.20	0.052632	0.008993	0.0027701	8.087056E - 05	4.733056E - 04
$\sum$			2.050882	0.118267	0.537218	1.076075E - 03	1.883495E - 02

注：符号"$E-n$"表示 10^{-n}. 如 $4.698365E-03 = 4.698365 \times 10^{-3}$.

根据表 9 - 4，由式（9.2.10）、式（9.2.11），可以求出

$$b = \frac{L_{uv}}{L_{vv}} = 8.291744 \times 10^{-4}, \quad a = \bar{u} - b\bar{v} = 0.00896663$$

得变换后的回归直线方程式为

$$\hat{u} = 8.96663 \times 10^{-3} + 8.291744 \times 10^{-4} v$$

变换回原始曲线方程为

$$\frac{1}{\hat{y}} = 8.96663 \times 10^{-3} + 8.291744 \times 10^{-4} \frac{1}{x}.$$

习题 9 - 2

1. 什么是最小二乘法？最小二乘法在回归分析中起什么作用？

2. 对回归模型 $Y_i = \beta_0 + \beta_1 X_i + \mathbf{e}_i$，$i = 1, 2, \cdots, n$ 作如下变换：令 $Z_i = X_i - \bar{X}$，其中 $\bar{X} = \dfrac{1}{n}\sum\limits_{i=1}^{n} X_i$，这称作将模型中心化. 此时自然有 $\sum\limits_{i=1}^{n} Z_i = 0$. 若把中心

化后的模型记作：$Y_i = b_0 + b_1 Z_i + e_i$，$i = 1, 2, \cdots, n$. 求（1）$b_0$，$b_1$ 与 β_0，β_1 之间的关系；（2）b_0，b_1 的最小二乘估计.

3. 通过原点的一元线性回归模型为
$$Y = \beta x + e, \quad e \sim N(0, \sigma^2),$$
试由独立观察值 $(x_i, y_i)(i = 1, 2, \cdots, n)$，用最小二乘法估计 β.

4. 调查某商品的价格 P 与供给量 S 之间的关系，得数据如下：

P	2	3	4	5	6	8	10	12	14	16
S	15	20	25	30	35	45	60	80	80	110

给出散点图，建立 S 与 P 的经验直线回归方程并进行显著性检验（$\alpha = 0.05$）.

5. 在硝酸钠（$NaNO_3$）的溶解度试验中，测得在不同温度 x（℃）下，溶解于 100 份水中的硝酸钠份数 y 的数据如下：

x_i	0	4	10	15	21	29	36	61	68
y_i	66.7	71.0	76.3	80.6	85.7	92.9	99.4	113.6	125.1

给出散点图，建立 y 与 x 的经验直线回归方程并进行显著性检验（$\alpha = 0.05$）.

6. 某银行某年各月存款平均增加额 $\bar{x} = 165$ 万元，各月放款平均增加额为 $\bar{y} = 124$ 万元. 又各月存款、放款增加额的标准差分别为 $\frac{1}{n} l_{xx} = 25$ 万元与 $\frac{1}{n} l_{yy} = 16$ 万元，存款放款增加额两样本的相关系数 $r = 0.8$. 试求放款 y 与存款 x 增加额的直线回归方程及误差方差的估计.

7. 已知 $\frac{1}{n} l_{xx} = 25$，$\frac{1}{n} l_{yy} = 36$，$r = 0.9$，$\hat{\beta}_0 = 2.8$，求一元线性经验回归方程.

8. 试根据下列资料求经验直线回归方程 $Y = \beta_0 + \beta_1 x$，并计算相关系数：
$$\overline{xy} = 146.5, \ \bar{x} = 12.6, \ \bar{y} = 11.3, \ \frac{1}{n} \sum_{i=1}^{n} x_i^2 = 164.2, \ \frac{1}{n} \sum_{i=1}^{n} y_i^2 = 134.1, \ \hat{\beta}_0 = 1.7575.$$

9. 从某大学中随机选取 8 名女大学生，其身高和体重数据如下表.

编号	1	2	3	4	5	6	7	8
身高/cm	165	165	157	170	175	165	155	170
体重/kg	48	57	50	54	64	61	43	59

求根据女大学生的身高预报体重的回归方程，并预报一名身高为 172cm 的女大学生的体重.

10. 设在一定条件下施肥量与收获量之间存在着线性相关关系，现有如下资料：

施肥量 x（千克）	2	3	4	5	6
收获量 y（百公斤）	7	9	10	14	15

试估计施肥量为 7 千克时的收获量, 并计算误差方差的估计.

11. 给出变换方法, 将下列非线性回归方程线性化.

(1) $y = \dfrac{x}{ax+b}$,   (2) $y = a\mathrm{e}^{\frac{b}{x}}$,

(3) $y = a + b\sqrt{x}$,   (4) $y - 6 = a\mathrm{e}^{bx}$.

§9.3 多元线性回归

在许多实际问题中, 常常会遇到要研究因变量与多个自变量之间的线性相关关系, 研究这种关系的主要方法是多元回归分析. 多元线性回归分析是一元线性回归分析的自然推广形式, 除计算比一元线性回归复杂外, 两者在参数估计、显著性检验等方面非常类似.

9.3.1 多元线性回归模型

设因变量 Y 与自变量 X_1, X_2, $\cdots$, $X_p(p \geqslant 2)$ 之间存在线性相关关系, 则回归模型为

$$Y = \beta_0 + \beta_1 X_1 + \cdots + \beta_p X_p + \mathbf{e}. \qquad (9.3.1)$$

其中 β_0 为常数项, β_k 为 Y 对 X_k 的回归系数, 或称**偏回归系数**, $\mathbf{e}$ 为随机误差. 关于 $\mathbf{e}$ 的假定是

$$E\mathbf{e} = 0, \ D\mathbf{e} = \sigma^2, \ 0 < \sigma^2 < +\infty. \qquad (9.3.2)$$

现在对 X_1, X_2, $\cdots$, X_p 和 Y 进行 n 次观测. 记第 i 次观测的结果为

$$(X_{i1}, X_{i2}, \cdots, X_{ip}; Y_i), \ i = 1, 2, \cdots, n.$$

则数据模型为

$$Y_i = \beta_0 + \beta_1 X_{i1} + \cdots + \beta_p X_{ip} + \mathbf{e}_i, \ i = 1, 2, \cdots, n. \quad (9.3.3)$$

其中 $\mathbf{e}_1$, $\mathbf{e}_2$, $\cdots$, $\mathbf{e}_n$ 相互独立, 与 $\mathbf{e}$ 有相同分布, 即

$$E\mathbf{e}_i = 0, D\mathbf{e}_i = \sigma^2, 0 < \sigma^2 < +\infty, i = 1, 2, \cdots, n. \quad (9.3.4)$$

令

$$Y = \begin{pmatrix} Y_1 \\ Y_2 \\ \vdots \\ Y_n \end{pmatrix}, \ X = \begin{pmatrix} 1 & X_{11} & X_{12} & \cdots & X_{1p} \\ 1 & X_{21} & X_{22} & \cdots & X_{2p} \\ \cdots & \cdots & \cdots & \cdots & \cdots \\ 1 & X_{n1} & X_{n2} & \cdots & X_{np} \end{pmatrix}, \ \beta = \begin{pmatrix} \beta_0 \\ \beta_1 \\ \vdots \\ \beta_p \end{pmatrix}, \ \mathbf{e} = \begin{pmatrix} \mathbf{e}_1 \\ \mathbf{e}_2 \\ \vdots \\ \mathbf{e}_n \end{pmatrix}.$$

注意, 这里的 Y 和 $\mathbf{e}$ 用了与模型 (9.3.1) 相同的字符, 并不致引起混乱, 它们的意义可以从上下文看清. 使用这些记号, 数据模型 (9.3.3) 和 (9.3.4) 可以写为

$$Y = X\beta + \mathbf{e}, \qquad (9.3.5)$$

267

$$Ee = 0, \quad \text{Cov}(e, e) = \sigma^2 I. \tag{9.3.6}$$

其中，0 为 n 维零向量，I 为 n 阶单位矩阵.

矩阵 X 称为**设计矩阵**，假定 X 是列满秩的，即其秩 $r(X) = p + 1$. 当 X 列满秩时，矩阵 $X^T X$ 是可逆的，其中 X^T 表示 X 的转置矩阵.

类似于一元线性回归分析，多元线性回归分析考虑的统计推断问题也是基于模型（9.3.1）估计未知参数 β_0，β_1，$\cdots$，β_p 和 σ^2，检验回归方程的显著性和利用回归方程进行预测.

9.3.2 参数 β_0，β_1，$\cdots$，β_p 和 σ^2 的估计

1. 参数 β_0，β_1，$\cdots$，β_p 的最小二乘估计

与一元线性回归类似，利用最小二乘法估计参数 β_0，β_1，$\cdots$，β_p，即是求 $\hat{\beta}_0$，$\hat{\beta}_1$，$\cdots$，$\hat{\beta}_p$ 使

$$Q(\beta_0, \beta_1, \cdots, \beta_p) = \sum_{i=1}^{n} (Y_i - \beta_0 - \beta_1 X_{i1} - \cdots - \beta_p X_{ip})^2$$

达到最小. 即

$$Q(\hat{\beta}_0, \hat{\beta}_1, \cdots, \hat{\beta}_p) = \min_{\beta_0, \beta_1, \cdots, \beta_p} Q(\beta_0, \beta_1, \cdots, \beta_p).$$

由多元函数微积分学可知，Q 在 $(\hat{\beta}_0, \hat{\beta}_1, \cdots, \hat{\beta}_p)$ 点的各一阶偏导数均为零，即 $\hat{\beta}_0$，$\hat{\beta}_1$，$\cdots$，$\hat{\beta}_p$ 满足

$$\begin{cases} -2 \sum_{i=1}^{n} (Y_i - \hat{\beta}_0 - \hat{\beta}_1 X_{i1} - \cdots - \hat{\beta}_p X_{ip}) = 0, \\ -2 \sum_{i=1}^{n} (Y_i - \hat{\beta}_0 - \hat{\beta}_1 X_{i1} - \cdots - \hat{\beta}_p X_{ip}) X_{ik} = 0, \quad k = 1, 2, \cdots, p. \end{cases}$$

整理得

$$\begin{cases} n\hat{\beta}_0 + \sum_{i=1}^{n} X_{i1} \hat{\beta}_1 + \cdots + \sum_{i=1}^{n} X_{ip} \hat{\beta}_p = \sum_{i=1}^{n} Y_i, \\ \sum_{i=1}^{n} X_{ik} \hat{\beta}_0 + \sum_{i=1}^{n} X_{i1} X_{ik} \hat{\beta}_1 + \cdots + \sum_{i=1}^{n} X_{ip} X_{ik} \hat{\beta}_p = \sum_{i=1}^{n} X_{ik} Y_i, \quad k = 1, 2, \cdots, p. \end{cases}$$

上面方程组又称为**正规方程组**，其矩阵形式表示为

$$(X^T X) \hat{\beta} = X^T Y,$$

其中 $\hat{\beta} = (\hat{\beta}_0, \hat{\beta}_1, \cdots, \hat{\beta}_p)^T$. 于是

$$\hat{\beta} = (X^T X)^{-1} X^T Y.$$

此即为 $\beta = (\beta_0, \beta_1, \cdots, \beta_p)^T$ 的最小二乘估计.

于是，Y 对 X_1，X_2，$\cdots$，X_p 的经验线性回归方程为

$$\hat{y} = \hat{\beta}_0 + \hat{\beta}_1 x_1 + \hat{\beta}_2 x_2 + \cdots + \hat{\beta}_p x_p. \tag{9.3.7}$$

还可以证明，$\hat{\beta}$ 是 β 的无偏估计. 事实上

$$E\hat{\beta} = E[(X^T X)^{-1} X^T Y] = (X^T X)^{-1} X^T X \beta = \beta.$$

2. 误差方差 σ^2 的估计

类似一元情形，我们取

$$\hat{\sigma}^2 = \frac{S_E}{n-p-1}$$

作为 σ^2 的估计，其中 $S_E = \sum\limits_{i=1}^{n} \delta_i^2$ 称为**残差平方和**，$\delta_i = Y_i - (\hat{\beta}_0 + \hat{\beta}_1 X_{i1} + \cdots + \hat{\beta}_p X_{ip})$ 称为**残差**，$i = 1,\ 2,\ \cdots,\ n$.

可以证明

$$\hat{\sigma}^2 = \frac{S_E}{n-p-1}.$$

是 σ^2 的无偏估计. 当 $\mathbf{e}_1$，$\mathbf{e}_2$，$\cdots$，$\mathbf{e}_n$ 相互独立且都服从正态分布 $N(0,\ \sigma^2)$ 时，有

$$\frac{S_E}{\sigma^2} \sim \chi^2(n-p-1). \tag{9.3.8}$$

9.3.3　线性回归显著性检验

在实际问题中，往往事先并不能断定因变量 Y 与自变量 X_1，X_2，$\cdots$，X_p 之间是否确有线性相关关系. 在求经验线性回归方程之前，线性回归模型（9.3.1）只是一种假设. 尽管这种假设常常不是没有根据的，但在求出经验回归方程之后，还是要对 Y 与 X_1，X_2，$\cdots$，X_p 的线性相关关系进行显著性检验. 与一元情形类似，如果它们没有线性相关关系，则应有 $\beta_i = 0 (i = 1,\ 2,\ \cdots,\ p)$；反之则不全为零. 这样，判断 Y 与 X_1，X_2，$\cdots$，X_p 之间线性相关关系是否显著等价于检验

$$H_0: \beta_1 = \beta_2 = \cdots = \beta_p = 0.$$

当接受 H_0 时，认为自变量 X_1，X_2，$\cdots$，X_p 对因变量 Y 无影响或影响很小，所配出的经验回归方程无实际意义. 当 H_0 被否定时，认为 X_1，X_2，$\cdots$，X_p 对 Y 的影响显著，进而认为所配经验回归方程成立，可以有效地使用.

下面研究检验方法.

当 H_0 成立时，模型（9.3.3）变为一个新的模型：

$$Y_i = \beta_0 + \mathbf{e}_i,\ i = 1,\ 2,\ \cdots,\ n. \tag{9.3.9}$$

由 $Q(\beta_0) = \sum\limits_{i=1}^{n} (Y_i - \beta_0)^2$ 可知 β_0 的最小二乘估计为 $\bar{Y}$，所以新模型（9.3.9）下的残差平方和为

$$S_T = \sum_{i=1}^{n} (Y_i - \bar{Y})^2.$$

残差平方和能反映数据对模型的拟合程度，其值越小，数据对模型的拟合越好. 就模型对参数的适应范围而言，模型 (9.3.9) 在模型 (9.3.3) 之内，所以一组数据对 (9.3.9) 的拟合程度不会优于 (9.3.3)，从而有 $S_E \leqslant S_T$. 当 H_0 成立时，模型 (9.3.3) 与模型 (9.3.9) 一样，$S_T - S_E$ 应该很小，这就为检验 H_0 提供了直观上的依据.

设 $\mathbf{e}_1$，$\mathbf{e}_2$，$\cdots$，$\mathbf{e}_n$ 相互独立，同服从 $N(0, \sigma^2)$. 可以证明，若 H_0 成立，则 $\dfrac{1}{\sigma^2}(S_T - S_E) \sim \chi^2(p)$，$S_T - S_E$ 与 S_E 独立.

利用式 (9.3.8) 可以得

当 H_0 成立时，$F = \dfrac{(S_T - S_E)/p}{S_E/(n-p-1)} \sim F(p, n-p-1)$　　(9.3.10)

且 F 取值有偏小的趋势. 于是对于给定的检验水平 α，H_0 的拒绝域为

$$W = \{F > F_\alpha(p, n-p-1)\}$$

其中 $F_\alpha(p, n-p-1)$ 为 F 分布 $F(p, n-p-1)$ 的上 α 分位数.

根据试验数据计算 F 的值 f，当 $f > F_\alpha(p, n-p-1)$ 时，拒绝 H_0；否则接受 H_0.

由于回归方程显著并不意味着每个回归变量 X_1，X_2，$\cdots$，X_p 对因变量 Y 的影响都是显著的，即不能排除 β_0，β_1，$\cdots$，β_p 这 p 个回归系数中有某些为零的可能性. 因此在不否定线性回归模型的基础上，有必要对各个回归系数逐一进行检验，以剔除那些次要的可有可无的自变量，只保留那些起重要作用的自变量，重新建立更为简单的线性回归方程. 这时提出假设

$$H_{0i}: \beta_i = 0, i = 1, 2, \cdots, p$$

当假设 $H_{0i}: \beta_i = 0$ 为真时，检验统计量为

$$F_i = \dfrac{\hat{\beta}_i^2/c_{ii}}{S_E/(n-p-1)} \sim F(1, n-p-1), i = 1, 2, \cdots, p$$

其中 c_{ii} 为 $(X^TX)^{-1}$ 主对角线上第 $i+1$ 个元素.

由给定显著性水平 α，查附表五得 $F_\alpha(1, n-p-1)$，根据试验数据计算 F_i 的值 f_i，若 $f_i > F_\alpha(1, n-p-1)$ 时，拒绝 H_{0i}，认为回归变量 X_i 对 Y 影响显著；若 $f_i \leqslant F_\alpha(1, n-p-1)$ 时，接受 H_{0i}，认为回归变量 X_i 对 Y 不显著，应将其从回归方程中剔除，重新建立只包含对 Y 影响显著的自变量的线性回归方程.

注意，实际应用中，因多元线性回归所涉及的数据量较大，相关分析与计算较复杂，通常采用统计分析软件完成，有兴趣的读者可进一步参考相关资料.

例1 为了研究某种商品需求量 Y 与其价格 X_1 及消费者收入 X_2 之间的关系，现收集了一个容量为 10 的样本，数据如下：

y	75	80	70	50	65	90	100	60	110	100
x_1	7	6	6	8	7	5	4	9	3	5
x_2	600	1200	500	300	400	1300	1100	300	1300	1000

假定 Y 与 X_1，X_2 之间的关系为

$$Y = \beta_0 + \beta_1 X_1 + \beta_2 X_2 + \mathbf{e}, \quad \mathbf{e} \sim N(0, \sigma^2),$$

求商品需求量 Y 关于价格 X_1 及收入 X_2 的线性经验回归方程，并对回归方程和回归系数进行显著性检验，检验水平 $\alpha = 0.05$.

解 由题给条件知，样本容量 $n = 10$，回归变量个数 $p = 2$，设计矩阵 X 和因变量的观测向量 Y 分别为

$$X^T = \begin{bmatrix} 1 & 1 & 1 & 1 & 1 & 1 & 1 & 1 & 1 & 1 \\ 7 & 6 & 6 & 8 & 7 & 5 & 4 & 9 & 3 & 5 \\ 600 & 1200 & 500 & 300 & 400 & 1300 & 1100 & 300 & 1300 & 1000 \end{bmatrix},$$

$$Y^T = \begin{bmatrix} 75 & 80 & 70 & 50 & 65 & 90 & 100 & 60 & 110 & 100 \end{bmatrix}.$$

计算得 $\beta = (\beta_0, \beta_1, \beta_2)^T$ 的最小二乘估计为

$$\hat{\beta} = \begin{pmatrix} \hat{\beta}_0 \\ \hat{\beta}_1 \\ \hat{\beta}_2 \end{pmatrix} = (X^T X)^{-1} X^T Y = \begin{pmatrix} 111.6925 \\ -7.1882 \\ 0.0143 \end{pmatrix}.$$

故经验回归方程为

$$\hat{y} = 111.6925 - 7.1882 x_1 + 0.0143 x_2.$$

下面对回归方程和回归系数进行显著性检验.

在 $H_0: \beta_1 = \beta_2 = 0$ 成立下，$F = \dfrac{(S_T - S_E)/2}{S_E/7} \sim F(2, 7)$，对于给定检验水平 $\alpha = 0.05$，查附表五的临界值 $F_{0.05}(2, 7) = 4.74$. 经计算得

$$s_T = l_{yy} = \sum_{i=1}^{10} y_i^2 - \frac{1}{10} \left(\sum_{i=1}^{10} y_i \right)^2 = 3450,$$

$$s_E = \sum_{i=1}^{10} (y_i - \hat{y}_i)^2 = 364.2176,$$

$$s_T - s_E = 3085.782.$$

再将所得数据代入检验统计量得 $f = 29.65$. 因为 $f = 29.65 > F_{0.05}(2, 7) = 4.74$，所以拒绝 H_0，认为商品需求量 Y 关于价格 X_1 及收入 X_2 具有显著的线性回归关系.

另由

$$F_1 = \frac{\hat{\beta}_1^2 / c_{11}}{S_E/(n - p - 1)} = 7.975, \qquad F_2 = \frac{\hat{\beta}_2^2 / c_{22}}{S_E/(n - p - 1)} = 1.662$$

查附表五得 $F_{0.05}(1, 7) = 5.59$. 显然 $F_1 > F_{0.05}(1, 7)$，$F_2 < F_{0.05}(1,$

7），故拒绝 H_{01}：$\beta_1 = 0$，认为价格对需求量有显著影响；接受 H_{02}：$\beta_2 = 0$，认为收入对需求量没有显著的线性影响关系．这时应该从模型中剔除收入变量 X_2，重新建立需求量 Y 关于价格 X_1 的线性回归方程．

习题 9－3

1. 设 $\hat{\beta} = (X^T X)^{-1} X^T Y$ 为最小二乘估计，$\hat{Y} = X\hat{\beta}$，令 $\tilde{Y} = Y - \hat{Y}$ 为残差向量，证明：$\mathrm{Cov}(\tilde{Y}, \hat{\beta}) = 0$．

2. 设有四个物体 A、B、C、D，其重量分别为 β_1、β_2、β_3、β_4，四次在天平上称重得：

$$y_1 = \beta_1 + \beta_2 + \beta_3 + \beta_4 + e_1,$$
$$y_2 = \beta_1 + \beta_2 - \beta_3 - \beta_4 + e_2,$$
$$y_3 = \beta_1 - \beta_2 + \beta_3 - \beta_4 + e_3,$$
$$y_4 = \beta_1 - \beta_2 - \beta_3 + \beta_4 + e_4;$$

其中 e_1、e_2、e_3、e_4 分别表示称重时发生的随机误差．求 β_1、β_2、β_3、β_4 最小二乘估计．

3. 为了研究某种商品的需求量 Y 与该商品的价格 x_1 及消费者的收入 x_2 之间的关系，有统计资料如下：

价格 x_{1t}	5	7	6	6	8	7	5	4	3	9
收入 x_{2t}	1000	600	1200	500	300	400	1300	1100	1300	300
需求量 y_t	100	75	80	70	50	65	90	100	110	60

假设 Y 与 x_1，x_2 之间有线性关系

$$Y = b_0 + b_1 x_1 + b_2 x_2 + \mathbf{e},$$

其中 $\mathbf{e} \sim N(0, \sigma^2)$，试求 Y 关于 x_1，x_2 的经验回归方程．

4. 设 Y 关于 X 的回归方程为抛物线型，观测数据如下：

X	2	3	4	5	6	7	8	9	10	11
Y	5.6	8	10.4	12.8	15.3	17.8	19.9	21.4	22.4	23.2

求经验回归方程．

习 题 九

1. 填空题．

（1）回归分析是根据变量观测数据分析变量间_____关系的最常用的统计分析方法．

（2）依据所得的经验回归直线方程，当确定 X 的某一取值 x_0 时，对随机变量 Y 的取值情况进行估计属于_____问题；当随机变量 Y 在给定范围内取值时，找到自变量 X 所需的取值范围，属于_____问题．

（3）在一元经验回归直线方程的相关系数检验法中，对给定的显著性水平 α，查相关系数表得 $r_\alpha(n-2)$，根据试验数据 (x_1, y_1)，(x_2, y_2)，$\cdots$，(x_n, y_n)，计算 R 的值，当 $|r| > r_\alpha(n-2)$ 时，_____ H_0，表明回归效果_____；当 $|r| \leqslant r_\alpha(n-2)$ 时，_____ H_0，表明回归效果_____.

2. 选择题.

（1）对于一元线性回归模型 $Y = \beta_0 + \beta_1 X + \mathbf{e}$，$E\mathbf{e} = 0$，$0 < D\mathbf{e} = \sigma^2 < +\infty$，$\hat{\beta}_0$，$\hat{\beta}_1$ 是 β_0，β_1 的最小二乘估计，则（　　）.

（A）$\hat{\beta}_0$ 是 β_0 的无偏估计

（B）$\hat{\beta}_1$ 是 β_1 的无偏估计

（C）$\dfrac{S_E}{n-2}$ 是 σ^2 的无偏估计（S_E 为残差平方和）

（D）S_E 是 σ^2 的无偏估计

（2）对于一元线性回归模型 $Y = \beta_0 + \beta_1 X + \mathbf{e}$，$E\mathbf{e} = 0$，$0 < D\mathbf{e} = \sigma^2 < +\infty$，$\hat{\beta}_0$，$\hat{\beta}_1$ 是 β_0，β_1 的最小二乘估计，则（　　）.

（A）$D\hat{\beta}_0 = \left(\dfrac{1}{n} + \dfrac{\bar{X}^2}{L_{XX}}\right)\sigma^2$　　　　（B）$D\hat{\beta}_1 = \dfrac{\sigma^2}{L_{XX}}$

（C）$\hat{\beta}_0 \sim N\left(\beta_0, \left(\dfrac{1}{n} + \dfrac{\bar{X}^2}{L_{XX}}\right)\sigma^2\right)$　　　　（D）$\hat{\beta}_1 \sim N\left(\beta_1, \dfrac{\sigma^2}{L_{XX}}\right)$

（3）设 X 表示人的体重，Y 表示人的身高，(X_1, Y_1)，(X_2, Y_2)，$\cdots$，(X_n, Y_n) 是一样本，可用最小二乘法做出 Y 关于 X 的回归直线和 X 关于 Y 的回归直线 $Y = \hat{\beta}_0 + \hat{\beta}_1 X$ 和 $X = \hat{a}_0 + \hat{a}_1 Y$，则结论（　　）正确.

（A）两条直线相同　　　　（B）由体重预测身高只能用 $Y = \hat{\beta}_0 + \hat{\beta}_1 X$

（C）两条直线未必相同　　　　（D）两式都不能用于控制

3. 考察温度对得率的影响，测得下列 10 组数据：

温度 x（℃）	100	110	120	130	140	150	160	170	180	190
得率 y（%）	45	51	54	61	66	70	74	78	85	89

求（1）变量 Y 关于 x 的线性回归方程；（2）σ^2 的无偏估计；（3）检验回归方程的回归效果是否显著（$\alpha = 0.05$）.

4. 对某地区生产同一产品的 8 个不同规模的乡镇企业进行生产费用调查，得产量 x（万件）和生产费用 Y（万元）的数据如下：

x（万件）	1.5	2	3	4.5	7.5	9.1	10.5	12
Y（万元）	5.6	6.6	7.2	7.8	10.1	10.8	13.5	16.5

试据此建立 Y 关于 x 的回归方程.

5. 以家庭为单位，某种商品年需求量与该商品价格之间的一组调查数据如下表：

价格 x（元）	5	2	2	2.3	2.5	2.6	2.8	3	3.3	3.5
需求量 y（kg）	1	3.5	3	2.7	2.4	2.5	2	1.5	1.2	1.2

（1）求经验回归方程 $\hat{y} = \hat{\beta}_0 + \hat{\beta}_1 x$；

（2）检验线性关系的显著性（$\alpha = 0.05$）.

6. 北京市 1986～1991 年协议离婚的对数如下：

年份	1986	1987	1988	1989	1990	1991
对数	2474	3218	4188	5121	5740	6467

问离婚的对数是呈线性增长趋势吗？求相应的回归方程，并由此预测 1992 年的离婚对数.

7. 炼钢基本上是一个氧化脱碳过程，设某平炉的熔毕碳（全部炉料熔化完毕时，钢液含碳量）X 与精炼时间 Y 的生产记录如下：

X	134	150	180	104	190	163	200	121	154	177
Y	135	170	200	100	215	175	220	125	150	185

（1）求 Y 对 X 的一元线性回归方程；

（2）对回归方程进行显著性检验（$\alpha = 0.05$）；

（3）当 $X_0 = 185$ 时，求 Y_0 的 95％ 的预测空间.

8. 设由同一资料计算的以 x 为自变量与以 y 为自变量的回归方程分别为 $y = 10 + x$，与 $x = 5 + 0.5y$，且 $\sum y_i^2 = 10000$，$n = 10$，试求回归方程 $y = 10 + x$ 的误差标准差的估计.

9. 设 $\begin{cases} y_1 = \beta_0 + \varepsilon_1 \\ y_2 = \beta_0 - 0.5\beta_1 + \varepsilon_2 \\ y_3 = \beta_0 + 2\beta_1 + \varepsilon_3 \end{cases}$，其中 ε_1，ε_2，ε_3 相互独立，且 $E\varepsilon_i = 0$，$D\varepsilon_i = \sigma^2$，$i = 1$，2，3，试求 β_0 和 β_1 的最小二乘估计.

10. 在某个地区随机抽查 9 个家庭，调查得到每个家庭每月人均收入与食品消费支出的数据如下表所示（单位：元）：

编号	1	2	3	4	5	6	7	8	9
人均收入	102	124	156	182	194	229	272	342	495
食品支出	87	92	90	124	150	160	182	216	220

根据上面数据，试求：

（1）建立食品支出 Y 与人均收入 x 的一元线性回归模型，并对模型的显著性进行检验；

（2）根据以上建立的模型，试求该地区一个人均收入为每月 300 元的家庭人均食品支出的概率为 95% 的预测区间.

11. 考虑过原点的线性回归模型:
$$Y_i = \beta X_i + \mathbf{e}_i, \quad i = 1, 2, \cdots, n.$$
误差 $\mathbf{e}_1$, $\mathbf{e}_2$, $\cdots$, $\mathbf{e}_n$ 相互独立, $E\mathbf{e}_i = 0$, $D\mathbf{e}_i = \sigma^2$, $0 < \sigma^2 < +\infty$.

（1）求出 β 的最小二乘估计;

（2）证明残差平方和
$$S_E = \sum_{i=1}^{n} (Y_i - \hat{Y}_i)^2 = \sum_{i=1}^{n} Y_i^2 - \frac{\left(\sum\limits_{i=1}^{n} X_i Y_i \right)^2}{\sum\limits_{i=1}^{n} X_i^2};$$

（3）证明 $\dfrac{S_E}{n-1}$ 是 σ^2 的无偏估计.

习题参考答案

习题 1-1

1. 略.

2. 略.

3. (1) $\Omega = \{(T, T, T), (T, T, H), (T, H, T), (H, T, T), (T, H, H), (H, T, H), (H, H, T), (H, H, H)\}$,其中 T 表示反面,H 表示正面.

(2) $\Omega = \{(H), (T, H), (T, T, H), (T, T, T, H), \cdots\}$,含可列个样本点,其中 T 表示反面,H 表示正面.

(3) $\Omega = \{BB, BW, BR, WB, WW, WR, RB, RW, RR\}$,其中 B 表示黑球,W 表示白球,R 表示红球.

(4) $\Omega = \{BW, BR, WB, WR, RB, RW\}$,其中 B 表示黑球,W 表示白球,R 表示红球.

4. (1) w_1,w_2,w_3 表示三件合格品,w_4,w_5 表示两件不合格品,A 表示两件中有一件不合格品,则

$\Omega = \{(w_i, w_j) \mid i < j; \ i, j = 1, 2, 3, 4, 5\}$,$A = \{(w_i, w_j) \mid i = 1, 2, 3; \ j = 4, 5\}$;

(2) H 表示正面,T 表示反面;用"i"表示"出现点数为 i",A 表示硬币出现正面时,骰子出现偶数点,则

$\Omega = \{(x, y) \mid x \in \{H, T\}, y = 1, 2, 3, 4, 5, 6\}$,$A = \{(H, 2), (H, 4), (H, 6)\}$.

(3) $\Omega = \{(H, H), (H, T), (T, H), (T, T)\}$;$A = \{(H, H), (H, T)\}$;$B = \{(H, H), (T, T)\}$;$C = \{(H, H), (H, T), (T, H)\}$. 其中 T 表示反面,H 表示正面.

5. (1) $\bar{A}_1 = $"掷两枚硬币,至少有一反面";

(2) $\bar{A}_2 = $"射击三次,至少有一次未命中目标";

(3) $\bar{A}_3 = $"加工 4 个零件,全为不合格品";

(4) $\bar{A}_4 = $"甲产品滞销或乙产品畅销".

6. 略.

7. (1) 1) $\bar{A}_1 \bar{A}_2 \bar{A}_3$;

2) $A_1 A_2 \bar{A}_3$;

3) $A_1 + A_2 + A_3$;

4) $A_1 \bar{A}_2 \bar{A}_3 + \bar{A}_1 A_2 \bar{A}_3 + \bar{A}_1 \bar{A}_2 A_3$;

5) $A_1 A_2 \bar{A}_3 + A_1 \bar{A}_2 A_3 + \bar{A}_1 A_2 A_3$;

6）$A_1 A_2 \bar{A}_3 + A_1 \bar{A}_2 A_3 + \bar{A}_1 A_2 A_3 + A_1 A_2 A_3$ 或 $A_1 A_2 + A_1 A_3 + A_2 A_3$；

7）$A_1 A_2 A_3$；

8）$A_1 \bar{A}_2 \bar{A}_3 + \bar{A}_1 A_2 \bar{A}_3 + \bar{A}_1 \bar{A}_2 A_3 + \bar{A}_1 \bar{A}_2 \bar{A}_3$ 或 $\bar{A}_2 \bar{A}_3 + \bar{A}_1 \bar{A}_3 + \bar{A}_1 \bar{A}_2$；

9）$A_1 \bar{A}_2 \bar{A}_3 + \bar{A}_1 A_2 \bar{A}_3 + \bar{A}_1 \bar{A}_2 A_3 + \bar{A}_1 \bar{A}_2 \bar{A}_3$.

（2）1）至少有一次没投中；

2）前两次投篮，都没投中；

3）恰好连续两次投中.

8. $A = \{ (x, y) \mid x + y$ 是奇数；$x, y = 1, 2, 3, 4, 5, 6 \}$；

$B = \{ (x, y) \mid x - y = 0; x, y = 1, 2, 3, 4, 5, 6 \}$；

$C = \{ (x, y) \mid xy \leqslant 20; x, y = 1, 2, 3, 4, 5, 6 \}$；

$B - A = B$；

$BC = \{ (1, 1), (2, 2), (3, 3), (4, 4) \}$；

$B + \bar{C} = \{ (1, 1), (2, 2), (3, 3), (4, 4), (5, 5), (6, 6), (4, 6),$
    $(5, 6), (6, 4), (6, 5) \}$.

9. $\bar{A} = C$ 表示三件产品都是正品；

$\bar{B}$ 表示三件产品中至多有一件废品；

$A \cup B = A$ 表示三件产品中至少有一件废品；

$AB = B$ 表示三件产品中至少有两件废品；

$A \cup C = \Omega$ 为必然事件；

$AC = \Phi$ 为不可能事件；

$A - B$ 表示三件产品中恰好有一件废品.

10. （1）正确；（2）错误；（3）错误；（4）错误；（5）错误；（6）正确；
（7）错误.

11. （1）B；（2）A；（3）Φ；（4）$A(B \cup C)$.

12. 略.

习题 1 - 2

1. 略.

2. 略.

3. $\dfrac{8}{15}$.

4. $\dfrac{1}{10^5}$.

5. $\dfrac{3！ \times 3！ \times 2！}{10！} = \dfrac{1}{50400}$.

6. $\dfrac{C_{N_1}^k \cdot C_{N - N_1}^{n - k}}{C_N^n}$.

7. $\dfrac{C_5^1 \cdot C_3^1 \cdot C_2^1}{C_{10}^3} = 0.25$.

8. $\dfrac{23}{35}$.

9. （1）$\dfrac{n！}{N^n}$；（2）$\dfrac{C_N^n n！}{N^n}$；（3）$\dfrac{C_n^m (N - 1)^{n - m}}{N^n}$.

10. 0.06048.

11. $\dfrac{1}{15}$.

12. $\dfrac{2}{15}$.

13. $\dfrac{2}{5}$.

14. 0.918.

15. 0.5.

16. 0.2255.

17. 0.8.

18. 0.3，0.1.

19. （1）0.5；（2）0.25；（3）0.85.

20. $e^{0.2} \leqslant a \leqslant e$.

21. $\dfrac{7}{8}$.

22. （1）$1 - \dfrac{P_{365}^{10}}{365^{10}}$；（2）$1 - \dfrac{364^{10}}{365^{10}}$.

习题 1 − 3

1. $\dfrac{6}{7}$.

2. $P(A) = \dfrac{69}{98}$，$P(B) = \dfrac{95}{98}$，$P(AB) = \dfrac{67}{98}$，$P(A \mid B) = \dfrac{67}{95}$，$P(B \mid A) = \dfrac{67}{69}$，

$P(\bar{A} \mid AB) = \dfrac{0}{67} = 0$.

3. （1）0.3；（2）0.6；

4. 0.625.

5. （1）0.837；（2）0.91；（3）0.983；（4）0.017.

6. （1）$\dfrac{28}{45}$；（2）$\dfrac{1}{45}$；（3）$\dfrac{16}{45}$.

7. 0.4，0.3.

8. （1）0.5；（2）0.3；（3）0.375；（4）0.9.

习题 1 − 4

1. 0.025.

2. $\dfrac{7}{144}$.

3. $\dfrac{5}{12}$.

4. 白色球的可能性大.

5. 0.5.

6. 0.9544.

7. （1）$\dfrac{p}{2}(3-p)$；（2）$\dfrac{2p}{p+1}$.

8. 0.923.

习题 1-5

1. （1）0.7，0；（2）0.58，0.12.

2. $\dfrac{2}{3}$，$\dfrac{2}{3}$.

3. （1）0.42；（2）0.28；（3）0.18；（4）0.12；（5）0.88.

4. 0.316.

5. 0.6.

6. （1）0.2048；（2）0.05792；（3）0.94208.

7. （1）0.402；（2）0.938.

8. 0.9885.

9. 0.874.

10. 略.

习 题 一

1. （1）$\dfrac{1}{4}$；（2）$\dfrac{3}{5}$；（3）$\dfrac{3}{8}$；（4）$\dfrac{1}{4}$；（5）$\dfrac{1}{3}$；（6）$\dfrac{1}{5}$；（7）0.5；

（8）0.0395.

2. （1）A，C；（2）A，D；（3）D；（4）A，B，C，D；（5）A，D；（6）A，D；（7）B；（8）C；（9）A；（10）D.

3. （1）$\dfrac{C_{13}^5 C_4^1}{C_{52}^5}\approx0.00198$；（2）$\dfrac{C_{13}^1 C_4^3 C_{12}^1 C_4^2}{C_{52}^5}\approx0.00144$；

（3）$\dfrac{C_{13}^2 C_4^2 C_4^2 C_{44}^1}{C_{52}^5}\approx0.0475$；（4）$\dfrac{C_{13}^1 C_4^4 C_{48}^1}{C_{52}^5}\approx0.00024$.

4. $\dfrac{3}{5}$.

5. （1）$\dfrac{C_N^n n!}{N^n}$；（2）$\dfrac{C_n^k (N-1)^{n-k}}{N^n}$.

6. $\dfrac{13}{21}$.

7. （1）$\dfrac{39}{64}$；（2）$\dfrac{15}{32}$.

8. 甲 750 元，乙 250 元.

9. 0.75.

10. 最大值为 0.6；最小值为 0.3.

11. $1-\left(1-\dfrac{1}{N}\right)^{k-1}\dfrac{1}{N}$.

12. 略.

13. 0.8125.

14. （1）0.175；（2）$\dfrac{2}{35}$.

15. 0.678；0.497.

16. 0.458.

17. 0.5328.

18. 五局三胜制.

19. "一颗骰子连续掷 4 次至少出现一次 6 点"的概率约为 0.518，"两颗骰子连掷 24 次至少出现一次双 6 点"的概率约为 0.491.

20. （1）0.514；（2）0.224.

习题 2 - 1

1. （1）用 X 表示取到白球的个数，则 X 是随机变量，其可能取值为 0，1，2，3；

（2）用 X 表示每天收到呼叫次数，则 X 是随机变量，其可能值为任意自然数；

（3）用 X，Y 分别表示投掷一次后甲、乙两人的赌本，则 $X = \begin{cases} 40, & \text{正面} \\ 20, & \text{反面} \end{cases}$，

$Y = \begin{cases} 10, & \text{正面} \\ 30, & \text{反面} \end{cases}$.

2. 可能出现的结果有（正，正），（正，反），（反，正），（反，反）. 对应的 X 的取值分别为 5，0，0，-5. $P\{X = 0\} = \dfrac{1}{2}$，$P\{X \leqslant 1\} = \dfrac{3}{4}$，$P\{X > 5\} = 0$.

3. 用 X 表示取到球的编号，则 X 是随机变量，且事件"小于 5"，"等于 5"，"大于 5"可分别表示为 $\{X < 5\}$，$\{X = 5\}$，$\{X > 5\}$. $P\{X = i\} = \dfrac{1}{10}$，$(i = 0$，1，2，$\cdots$，9).

4. 略.

习题 2 - 2

1. （1）不是；（2）是.

2. $\dfrac{27}{38}$.

3.

X	3	4	5
P	$\dfrac{1}{10}$	$\dfrac{3}{10}$	$\dfrac{3}{5}$

4. （1）$\dfrac{1}{5}$；（2）$\dfrac{1}{5}$；（3）$\dfrac{1}{5}$，$\dfrac{2}{15}$.

5.

X	0	1	2	3	4
P	$\dfrac{1}{14}$	$\dfrac{8}{21}$	$\dfrac{3}{7}$	$\dfrac{4}{35}$	$\dfrac{1}{210}$

6.

X	0	1	2	3
P	$\dfrac{7}{10}$	$\dfrac{7}{30}$	$\dfrac{7}{120}$	$\dfrac{1}{120}$

7. $e^{\lambda\alpha}$，$1 - e^{-\lambda}$.

8. 是.

9. $F(x) = \begin{cases} 0, & x < 1 \\ 0.3, & 1 \leqslant x < 3 \\ 0.8, & 3 \leqslant x < 5 \\ 1, & x \geqslant 5 \end{cases}$.

10. (1)

X	-1	1	3
P	0.4	0.4	0.2

; (2) $\dfrac{2}{3}$.

11. (1) 2; (2) $F(x) = \begin{cases} 0, & x \leqslant 0; \\ \sqrt{x}, & 0 < x \leqslant 1; \\ 1, & x > 1. \end{cases}$ (3) $\dfrac{\sqrt{2}}{2}$, 0, $\dfrac{\sqrt{2}}{2}$.

12. (1) $a = \dfrac{1}{2}$, $b = \dfrac{1}{\pi}$; (2) $f(x) = \begin{cases} \dfrac{1}{\pi}\dfrac{1}{\sqrt{1-x^2}}, & -1 < x < 1; \\ 0, & 其他. \end{cases}$

13. (1) $\ln 2$, 1, $\ln\dfrac{5}{4}$; (2) $f(x) = \begin{cases} \dfrac{1}{x}, & 1 \leqslant x \leqslant e, \\ 0, & 其他. \end{cases}$

习题 2 - 3

1.

X	0	1
P	$\dfrac{1}{3}$	$\dfrac{2}{3}$

, $F(x) = \begin{cases} 0, & x < 0; \\ \dfrac{1}{3}, & 0 \leqslant x < 1; \\ 1, & x \geqslant 1. \end{cases}$

2. $P(X=k) = \dfrac{3}{4^k}$, $k = 1, 2, \cdots$; $\dfrac{1}{5}$.

3. $P(X=k) = (1-p)^{k-1}p$, $k = 1, 2, \cdots$, 其中 $p = 0.02$.

4. (1) 0.009; (2) 0.9984.

5. 0.8670.

6. $P(X=k) = \dfrac{2^k}{k!}e^{-2}$, $k = 0, 1, 2, \cdots$; 0.090224.

7. 0.084224; 0.124652.

8. 0.6.

9. $e^{-0.1}$.

10. (1) 0.3679; (2) 0.2325, 不变.

11. $\dfrac{2}{3}$; $\dfrac{2}{3}$.

12. (1) 0.482097; 0.81864; 0.5; (2) 0.4750; 0.025; 0; 0.974998172.

13. (1) 0.9885929; (2) 111.84; (3) 57.495.

14. 0.483.

15. (1) 12.1%; (2) 53.4%.

16. 是.

习题 2 - 4

1.

Y	π	$\dfrac{4\pi}{3}$	$\dfrac{5\pi}{3}$
P	$\dfrac{1}{4}$	$\dfrac{1}{2}$	$\dfrac{1}{4}$

,

Z	0	1
P	$\dfrac{1}{2}$	$\dfrac{1}{2}$

.

2.

Y	-1	0	3
P	0.432	0.504	0.064

.

3. $f_Y(y) = \begin{cases} \dfrac{1}{y}, & 1 < y < e \\ 0, & \text{其他} \end{cases}$.

4. (1) $f_Y(y) = \begin{cases} \dfrac{y-1}{8}, & 1 < y < 5 \\ 0, & \text{其他} \end{cases}$;　(2) $f_Y(y) = \begin{cases} \dfrac{1}{4}, & 0 < y < 4 \\ 0, & \text{其他} \end{cases}$.

5. $f_{|X|}(x) = \begin{cases} \dfrac{2}{\sqrt{2\pi}} e^{-\frac{x^2}{2}}, & x \geqslant 0 \\ 0, & x < 0 \end{cases}$.

习　题　二

1. (1) e^{λ} ;　(2) $\dfrac{32}{3} e^{-4}$;　(3) 0.3, 0;　(4) $f(x) = \dfrac{1}{\pi(1+x^2)}$;

(5)

Y	0	1
P	$\dfrac{1}{3}$	$\dfrac{2}{3}$

;

(6) $f_{2X}(x) = \dfrac{2}{\pi(4+x^2)}$.

2. (1) C;　(2) A, C;　(3) C;　(4) A;　(5) B, D;　(6) C;　(7) C;　(8) C;
(9) B;　(10) A.

3.

Y	0	1	2	3
P	$\dfrac{1}{2}$	$\dfrac{1}{4}$	$\dfrac{1}{8}$	$\dfrac{1}{8}$

.

4. (1)

X	1	2	3	4
P	$\dfrac{7}{10}$	$\dfrac{7}{30}$	$\dfrac{7}{120}$	$\dfrac{1}{120}$

;

(2) $P(X = k) = \left(\dfrac{3}{10}\right)^{k-1} \dfrac{7}{10}$, $k = 1, 2, \cdots$;

（3）

X	1	2	3	4
P	$\dfrac{7}{10}$	$\dfrac{6}{25}$	$\dfrac{27}{500}$	$\dfrac{3}{500}$

.

5. （1）$\dfrac{1}{2}$；（2）$\dfrac{1}{2}(1-\mathrm{e}^{-1})$，$1-\mathrm{e}^{-1}$；（3）$F(x)=\begin{cases} \dfrac{1}{2}\mathrm{e}^{x}, & x\leqslant 0; \\[2mm] 1-\dfrac{1}{2}\mathrm{e}^{-x}, & x>0. \end{cases}$

6. 15.

7. 0.352.

8. $Y\sim B(5,\ \mathrm{e}^{-2})$，$1-(1-\mathrm{e}^{-2})^{5}$.

9. 183.98.

10. $1\leqslant k\leqslant 3$.

11. $f_{Y}(x)=\dfrac{2\mathrm{e}^{x}}{\pi(1+\mathrm{e}^{2x})}$.

12. （1）0.0642；（2）0.009.

13. 略.

14. （1）$f_{Y}(x)=\begin{cases} \dfrac{1}{\pi\ \sqrt{1-x^{2}}}, & -1<x<1 \\[2mm] 0, & \text{其他} \end{cases}$；

（2）$f_{Y}(x)=\begin{cases} \dfrac{2}{\pi\ \sqrt{1-x^{2}}}, & 0<x<1 \\[2mm] 0, & \text{其他} \end{cases}$.

习题 3 – 1

1. 略.

2. （1）$F_{X}(x)=\begin{cases} 1-2^{-x}, & x\geqslant 0 \\ 0, & x<0 \end{cases}$，$F_{Y}(y)=\begin{cases} 1-2^{-y}, & y\geqslant 0 \\ 0, & y<0 \end{cases}$；（2）$\dfrac{1}{16}$.

3. 不是.

4. $a=0.1$，$b=0.2$，$c=0.6$，$d=0.3$，$e=0.3$，$f=0.4$.

5.

X \ Y	1	2	3
1	0	$\dfrac{1}{6}$	$\dfrac{1}{12}$
2	$\dfrac{1}{6}$	$\dfrac{1}{6}$	$\dfrac{1}{6}$
3	$\dfrac{1}{12}$	$\dfrac{1}{6}$	0

6. （1）

X \ Y	0	1	2
0	$\dfrac{1}{9}$	$\dfrac{2}{9}$	$\dfrac{1}{9}$
1	$\dfrac{2}{9}$	$\dfrac{2}{9}$	0
2	$\dfrac{1}{9}$	0	0

（2）

X	0	1	2
P	$\dfrac{4}{9}$	$\dfrac{4}{9}$	$\dfrac{1}{9}$

，

Y	0	1	2
P	$\dfrac{4}{9}$	$\dfrac{4}{9}$	$\dfrac{1}{9}$

；

（3）$F_X(x)=\begin{cases}0, & x<0 \\ \dfrac{4}{9}, & 0\leqslant x<1 \\ \dfrac{8}{9}, & 1\leqslant x<2 \\ 1, & x\geqslant 2\end{cases}$，$F_Y(y)=\begin{cases}0, & y<0 \\ \dfrac{4}{9}, & 0\leqslant y<1 \\ \dfrac{8}{9}, & 1\leqslant y<2 \\ 1, & y\geqslant 2\end{cases}$；

（4）$\dfrac{7}{9}$；（5）$\dfrac{1}{3}$.

7. $\dfrac{1}{16}$.

8. （1）$\dfrac{1}{\pi^2}$，$\dfrac{\pi}{2}$；

（2）$F_X(x)=\dfrac{1}{2}+\dfrac{1}{\pi}\arctan\dfrac{x}{2}$，$F_Y(y)=\dfrac{1}{2}+\dfrac{1}{\pi}\arctan y$；

（3）$\dfrac{1}{4}$.

9. （1）4；（2）$F(x,y)=\begin{cases}(1-e^{-2x})(1-e^{-2y}), & x>0,\ y>0 \\ 0, & 其他\end{cases}$；

（3）$f_X(x)=\begin{cases}2e^{-2x}, & x>0 \\ 0, & 其他\end{cases}$，$f_Y(y)=\begin{cases}2e^{-2y}, & y>0 \\ 0, & 其他\end{cases}$；

（4）$1-3e^{-2}$.

10. 不一定.

习题 3－2

1. （1）

X\Y	1	2	3	4
1	$\frac{1}{4}$	0	0	0
2	$\frac{1}{8}$	$\frac{1}{8}$	0	0
3	$\frac{1}{12}$	$\frac{1}{12}$	$\frac{1}{12}$	0
4	$\frac{1}{16}$	$\frac{1}{16}$	$\frac{1}{16}$	$\frac{1}{16}$

X	1	2	3	4
P	$\frac{1}{4}$	$\frac{1}{4}$	$\frac{1}{4}$	$\frac{1}{4}$

，

Y	1	2	3	4
P	$\frac{25}{48}$	$\frac{13}{48}$	$\frac{7}{48}$	$\frac{1}{16}$

；

（2）

Y	1	2	3
$P(Y \mid X=3)$	$\frac{1}{3}$	$\frac{1}{3}$	$\frac{1}{3}$

.

2.

X\Y	1	2	3	4	5	6
1	$\frac{1}{36}$	$\frac{1}{36}$	$\frac{1}{36}$	$\frac{1}{36}$	$\frac{1}{36}$	$\frac{1}{36}$
2	0	$\frac{2}{36}$	$\frac{1}{36}$	$\frac{1}{36}$	$\frac{1}{36}$	$\frac{1}{36}$
3	0	0	$\frac{3}{36}$	$\frac{1}{36}$	$\frac{1}{36}$	$\frac{1}{36}$
4	0	0	0	$\frac{4}{36}$	$\frac{1}{36}$	$\frac{1}{36}$
5	0	0	0	0	$\frac{5}{36}$	$\frac{1}{36}$
6	0	0	0	0	0	$\frac{6}{36}$

不独立．

3. $\alpha = \dfrac{2}{9}$, $\beta = \dfrac{1}{9}$.

4. 不独立.

5. $\dfrac{1}{2}$.

6. (1) $f_X(x)f(y\,|\,x)$; (2) $\displaystyle\int_{-\infty}^{+\infty} f_X(x)f(y\,|\,x)\,\mathrm{d}x$; (3) $\dfrac{f_X(x)f(y\,|\,x)}{\displaystyle\int_{-\infty}^{+\infty} f_X(x)f(y\,|\,x)\,\mathrm{d}x}$.

7. (1) $\sqrt{2}+1$;

(2) $f_X(x) = \begin{cases} (\sqrt{2}+1)\left[\cos x - \cos\left(\dfrac{\pi}{4}+x\right)\right], & 0\leqslant x\leqslant \dfrac{\pi}{4}, \\ 0, & \text{其他} \end{cases}$,

$f_Y(y) = \begin{cases} (\sqrt{2}+1)\left[\cos y - \cos\left(\dfrac{\pi}{4}+y\right)\right], & 0\leqslant y\leqslant \dfrac{\pi}{4} \\ 0, & \text{其他} \end{cases}$;

(3) 不独立.

8. (1) $F(x,\,y) = \begin{cases} (1-xe^{-x}-e^{-x})(1-e^{-y}), & x>0,\ y>0 \\ 0, & \text{其他} \end{cases}$;

(2) $(1-2e^{-1})(1-e^{-2})$;

(3) $f_X(x) = \begin{cases} xe^{-x}, & x>0 \\ 0, & \text{其他} \end{cases}$, $f_Y(y) = \begin{cases} e^{-y}, & y>0 \\ 0, & \text{其他} \end{cases}$, 独立.

9. 不独立.

10. (1) 0.68; (2) $\dfrac{1}{4}+\dfrac{\ln 2}{2}$.

11. $\dfrac{1}{4}(3+e^{-4})$.

习题 3-3

1.

$X+Y$	0	1	2	3	4
P	$\dfrac{1}{6}$	$\dfrac{11}{24}$	$\dfrac{1}{4}$	$\dfrac{1}{24}$	$\dfrac{1}{12}$

2. (1)

Z	−1	1
P	0.4	0.6

(2)

Z	−6	−3	−2	−1	0	2	4
P	0.15	0.05	0.1	0.1	0.3	0.2	0.1

(3)

Z	1	2
P	0.2	0.8

3. $f_Z(z) = \begin{cases} 1+z, & -1 \leqslant z < 0 \\ 1-z, & 0 \leqslant z < 1 \\ 0, & \text{其他} \end{cases}$.

4. $F_M(z) = \begin{cases} 0, & z < 0 \\ \dfrac{z^2}{2}, & 0 \leqslant z < 1 \\ \dfrac{z}{2}, & 1 \leqslant z < 2 \\ 1, & z \geqslant 2 \end{cases}$, $f_M(z) = \begin{cases} z, & 0 \leqslant z < 1 \\ \dfrac{1}{2}, & 1 \leqslant z < 2 \\ 0, & \text{其他} \end{cases}$,

$F_N(z) = \begin{cases} 0, & z < 0 \\ \dfrac{3z}{2} - \dfrac{z^2}{2}, & 0 \leqslant z < 1, \\ 1, & z \geqslant 1 \end{cases}$ $f_N(z) = \begin{cases} \dfrac{3}{2} - z, & 0 \leqslant z < 1 \\ 0, & \text{其他} \end{cases}$.

5. $f_Z(z) = \begin{cases} z\mathrm{e}^{-z}, & z > 0 \\ 0, & z \leqslant 0 \end{cases}$.

习　题　三

1. （1）

X \ Y	0	1
0	$\dfrac{1}{4}$	$\dfrac{1}{4}$
1	$\dfrac{1}{4}$	$\dfrac{1}{4}$

（2）$\dfrac{19}{36}$，$\dfrac{1}{18}$；（3）0；（4）$\dfrac{1}{8}$，$\dfrac{2}{3}$；

（5）$N\left(\dfrac{2}{3}, \dfrac{13}{4}\right)$；（6）0.4，0.1.

2. （1）B；（2）A；（3）C；（4）B；（5）C；（6）A.

3. （1）

Y	0	1
$P(Y \mid X = 1)$	$\dfrac{4}{7}$	$\dfrac{3}{7}$

；

（2）

X	0	1	2
$P(Y \mid X = 0)$	$\dfrac{6}{15}$	$\dfrac{8}{15}$	$\dfrac{1}{15}$

；

（3）

X	0	1
$P(Y \mid X + Y = 1)$	$\dfrac{3}{5}$	$\dfrac{2}{5}$

；

（4）

Z	0	1	2
P	$\dfrac{1}{6}$	$\dfrac{5}{9}$	$\dfrac{5}{18}$

.

4. $f_Y(y) = \begin{cases} \lambda e^{-\lambda y}, & y > 0 \\ 0, & y \leqslant 0 \end{cases}$.

5. （1）不独立；（2）$\dfrac{1}{3}$.

6.

U \ V	0	1
0	$\dfrac{1}{4}$	0
1	$\dfrac{1}{4}$	$\dfrac{1}{2}$

7. $f_X(x) = \dfrac{1}{\sqrt{2\pi}} e^{-\frac{(x-3)^2}{2}}$, $f_Y(y) = \dfrac{1}{\sqrt{2\pi}} e^{-\frac{(y-1)^2}{2}}$.

8. （1）$F(x, y) = \begin{cases} 0, & x < 0 \text{ 或 } y < 0 \\ x^2 y^2, & 0 \leqslant x < 1 \text{ 且 } 0 \leqslant y < 1 \\ x^2, & 0 \leqslant x < 1 \text{ 且 } y \geqslant 1 \\ y^2, & x \geqslant 1 \text{ 且 } 0 \leqslant y < 1 \\ 1, & x \geqslant 1 \text{ 且 } y \geqslant 1 \end{cases}$；（2）$\dfrac{15}{64}$；（3）$\dfrac{1}{2}$.

9. 略.

10.

X	1	2	3
P	$\dfrac{1}{9}$	$\dfrac{1}{3}$	$\dfrac{5}{9}$

；

Y	1	2	3
P	$\dfrac{5}{9}$	$\dfrac{1}{3}$	$\dfrac{1}{9}$

；

$\dfrac{1}{3}$.

11. （1）$f(x, y) = \begin{cases} 2y, & 0 \leqslant x \leqslant 1, 0 \leqslant y \leqslant 1 \\ 0, & \text{其他} \end{cases}$；（2）$f_Z(z) = \begin{cases} z^2, & 0 \leqslant z < 1 \\ 2z - z^2, & 1 \leqslant z < 2 \\ 0, & \text{其他} \end{cases}$

习题 4-1

1. 否.

2. 否.

3. $\dfrac{1}{3}(2n+1)$.

4. 2.

5. 1.1666（元）.

6. 33.64（元）.

7. θ.

8. $k = 3$；$a = 2$.

9. $\dfrac{11}{4}$；1.

10. $\dfrac{1}{2}$；0；$\dfrac{3}{4}$.

11. （1）2；（2）$\dfrac{1}{3}$.

12. $\dfrac{2}{3}$；$\dfrac{1}{3}$.

13. $E(X+Y) = 7$，$E(XY) = 6$.

14. 800000（元）.

15. 8.784（次）.

16. $\dfrac{1}{3}$.

17. $\dfrac{7}{12}$.

习题 4－2

1. 1.

2. 9.

3. 略.

4. 10.37；0.0201.

5. $DX > DY$，乙厂生产的灯泡质量较好.

6. 1.6；10.1；1.61.

7. 1；$\dfrac{1}{6}$.

8. μ；$2\lambda^2$.

9. 7；37.25.

10. $\dfrac{20}{3}$；-10；4；$\dfrac{19}{18}$.

11. μ；$\dfrac{1}{n}\sigma^2$；σ^2.

习题 4－3

1. 0.75.

2. $0.06n$；$0.0564n$.

3. 18.4.

4. 2；2.

5. $\dfrac{7}{5}$；$\dfrac{14}{25}$.

6. 2.

7. 1；$\dfrac{1}{2}$.

8. 1.

9. $\dfrac{3}{4}$，$\dfrac{5}{16}$.

习题 4 - 4

1. 0.

2. 0；0.

3. 0；0；X 与 Y 不独立.

4. -0.5；3.6；-0.16；0.5819；X 与 Y 不独立.

5. 96；85；37；568.

6. $\dfrac{a}{|a|}$.

7. $\dfrac{ac}{|ac|}\rho$.

8. 13；4；$\dfrac{5}{2\sqrt{13}}$.

9. $f(x,\ y) = \dfrac{1}{3\sqrt{5}\pi}e^{-\frac{8}{15}\left(\frac{x^2}{3}+\frac{xy}{4\sqrt{3}}+\frac{y^2}{4}\right)}$.

10. 50.

习题 4 - 5

1. $\nu_k = \dfrac{1}{k+1}\ (a^k + a^{k-1}b + \cdots + ab^{k-1} + b^k)$；$\mu_3 = 0$.

2. 原点矩：$\dfrac{4}{3}$，2，$\dfrac{16}{5}$；中心矩：0，$\dfrac{2}{9}$，$-\dfrac{8}{135}$.

3. $\mu_3 = v_3 - 3v_2v_1 + 2v_1^3$，其中 v_1，v_2，v_3 分别是 X 的一阶、二阶、三阶原点矩；$\dfrac{2}{\lambda^3}$.

习 题 四

1. (1) 7.8；(2) 15；0.4；(3) 2；$2e^{-2}$；(4) -5；$\dfrac{16}{3}$；(5) 4；(6) $\dfrac{4}{3}$；(7) 44；(8) 0.1；(9) -0.02；(10) 0.9；(11) 20.2.

2. (1) D；(2) A，B；(3) A；(4) B，D；(5) A，B；(6) B；(7) C；(8) B，D；(9) B；(10) D；(11) A，B，C，D.

3. 0.6；0.46.

4. 0；$\dfrac{\pi^2 - 6}{12}$.

5. 3；11；27；2.

6. 0.

7. （1）$a = \dfrac{1}{4}$，$b = 1$，$c = -\dfrac{1}{4}$；（2）$\dfrac{1}{4}(e^2 - 1)^2$，$\dfrac{1}{4}e^2(e^2 - 1)^2$.

8. 略.

9. 略.

10. 略.

11. $\dfrac{5}{3}$.

12. （1）X 与 Y 的边缘分布为

X	1	2		Y	-1	0	1	2
P	0.5	0.5		P	0.1	0.2	0.3	0.4

（2）因为 $P(X=1, Y=1) \neq P(X=1)P(Y=1)$，所以 X 与 Y 不独立；

（3）$\mathrm{Cov}(X, Y) = 0.2$.

13. （1）$\dfrac{1}{2}$；（2）$13x^2 - 6x + 9$；

（3）$x = \dfrac{3}{13}$ 时，Dr_p 最小；$0 \leqslant x \leqslant \dfrac{6}{13}$ 时，$Dr_p \leqslant \min\{Dr_A, Dr_B\}$.

14. 若 $\rho_{A,B} = 1$，且 $\sigma_A \neq \sigma_B$，取 $x_A = \dfrac{\sigma_B}{\sigma_B - \sigma_A}$ 时，P 无风险；若 $\rho_{A,B} = -1$，取

$x_A = \dfrac{\sigma_B}{\sigma_A + \sigma_B}$ 时，P 无风险.

15. （1）2.755%；（2）3%.

16. $\dfrac{1}{36}$；$\dfrac{1}{2}$.

17. $\dfrac{4}{225}$；$\dfrac{4}{\sqrt{66}}$

18. （1）$\dfrac{1}{3}$，3；（2）0.

19. $\dfrac{1}{\sqrt{3}}$.

习题 5 - 1

1. $\leqslant \dfrac{1}{2}$.

2. $\leqslant \dfrac{1}{n}$.

3. 0.9456.

4. $\geqslant 0.9475$.

5. $\geqslant 0.9$.

6. 略.

7. 不适用；适用.

8. 不适用.

习题 5 - 2

1. 0.02275.

2. 0.43822.

3. 0.5.

4. 147.

5. 0.9521.

6. 0.0062.

7. 841.

8. (1) 0; (2) 0.5.

9. 9604.

习 题 五

1. (1) $\dfrac{1}{12}$; (2) $\dfrac{1}{9}$; (3) $\dfrac{1}{\lambda}$; (4) $N\left(\dfrac{\alpha}{2}, \dfrac{\alpha^2}{12n}\right)$; (5) 0.7357.

2. (1) D; (2) B, D; (3) A; (4) B, D; (5) B; (6) C, D; (7) D.

3. 0.87.

4. 略.

5. 5074.

6. 切比雪夫不等式 $n \geqslant 250$，中心极限定理 $n \geqslant 68$.

7. 0.927.

8. 643.

9. 16.

10. 0.1814.

11. 0.958.

12. 0.3745.

13. (1) 0.18024；(2) 444.

14. 103.

15. 略.

16. 略.

习题 6 - 1

1. （1）总体是该地区 2011 年毕业的统计学专业本科生实习期满后的月薪；

（2）样本是被调查的 30 名 2011 年毕业的统计学专业本科生实习期满后的月薪；样本量为 30.

2. 略.

3. 总体是该厂生产的所有产品每盒的不合格品数，总体 X 服从二项分布 $B(m, p)$；样本是任意抽取到的 n 盒产品每盒的不合格品数.

$(X_1, X_2, \cdots, X_n)$, $X_i \sim B(m, p)$, $i = 1, 2, \cdots, n$；

样本的分布为

$$P(x_1, \cdots, x_n) = \prod_{i=1}^{n} C_m^{x_i} p^{x_i} (1-p)^{m-x_i}$$

$$= (\prod_{i=1}^{n} C_m^{x_i}) p^{\sum\limits_{i=1}^{n} x_i} (1-p)^{nm-\sum\limits_{i=1}^{n} x_i}, \quad x_i = 0, 1, \cdots, m.$$

4. $P(x_1, \cdots, x_n) = \prod_{i=1}^{n} p(1-p)^{x_i-1} = p^n (1-p)^{\sum\limits_{i=1}^{n} x_i - n}, \quad x_i = 1, 2, \cdots.$

5. 总体是该厂生产的所有电容器的使用寿命, 总体 X 服从指数分布 $\text{Exp}(\lambda)$;

样本是抽取到的 n 件电容器的使用寿命 $(X_1, X_2, \cdots, X_n)$, $X_i \sim \text{Exp}(\lambda)$, $i = 1, 2, \cdots, n$;

样本的分布为 $f(x_1, x_2, \cdots, x_n) = \begin{cases} \lambda^n e^{-\lambda \sum\limits_{i=1}^{n} x_i}, & x_i > 0 \\ 0, & \text{其他} \end{cases}.$

6. $P(x_1, \cdots, x_m) = \prod_{i=1}^{m} C_n^{x_i} p^{x_i} (1-p)^{n-x_i} = (\prod_{i=1}^{m} C_n^{x_i}) p^{\sum\limits_{i=1}^{m} x_i} (1-p)^{nm-\sum\limits_{i=1}^{m} x_i},$

$x_i = 0, 1, \cdots, n; \quad i = 1, \cdots, m.$

7. $P(x_1, \cdots, x_n) = \dfrac{1}{(\theta_2 - \theta_1)^n}, \quad \theta_1 \leqslant x_i \leqslant \theta_2; \quad i = 1, 2, \cdots, n.$

8. 若以 p 记运动员打靶命中的概率, 并以 "1" 记打靶命中, 记 "0" 记打靶未命中, 则总体为运动员打靶命中与否, 该总体可由 $0-1$ 分布表示:

X	0	1
P	$1-p$	p

样本为由 0 或 1 组成的 N 元数组, 若记 X_i 为第 i 次打靶命中情况, 则 $X_i \sim B(1, p)$, $i = 1, 2, \cdots$, 样本 $(X_1, X_2, \cdots, X_n)$ 的分布为 $\prod_{i=1}^{n} p^{x_i} (1-p)^{1-x_i} = p^t (1-p)^{n-t}$, 其中 $t = x_1 + \cdots + x_n.$

9. 略.

习题 6 - 2

1. (1) (2) (4) (5) (6) 是统计量, (3) 不是统计量.

2. 略.

3. (1) mp, $\dfrac{mp(1-p)}{n}$; (2) λ, $\dfrac{\lambda}{n}$; (3) $\dfrac{1}{\lambda}$, $\dfrac{1}{n\lambda^2}$.

4. $E\bar{X} = \dfrac{a+b}{2}$, $D\bar{X} = \dfrac{(b-a)^2}{12n}$, $ES^2 = \dfrac{(b-a)^2}{12}$.

5. $E \sum_{i=1}^{100} (X_i - \bar{X})^2 = 10 \times 99 = 990.$

6. 3, 3.78, 1.94.

7. 3180, 112736.8, 335.763, 107100.

8. 略.

习题 6 - 3

1. (1) 15.507, 2.733;

(2) 1.725, -1.753;

(3) 2.28, 1/2.54, 1/2.28.

2. 6.87.

3. 0. 6318.

4. 12. 59.

5. $C = \dfrac{1}{3\sigma^2}$.

6. $t(9)$.

7. （1）0. 98；（2）0. 97.

8. 14.

9. （1）0. 909；（2）0. 95.

10. 略.

11. 略.

习题 6 - 4

1. $\dfrac{19}{27}$，$\dfrac{7}{27}$.

2.

$X_{(1)}$	1	2	3
P	$\dfrac{211}{243}$	$\dfrac{31}{243}$	$\dfrac{1}{243}$

$X_{(5)}$	1	2	3
P	$\dfrac{1}{243}$	$\dfrac{31}{243}$	$\dfrac{211}{243}$

3. $F_{X_{(1)}}(x) = \begin{cases} 1 - e^{-n\lambda x} & x > 0 \\ 0 & \text{其他} \end{cases}$，$F_{X_{(n)}}(x) = \begin{cases} (1 - e^{-\lambda x})^n & x > 0 \\ 0 & \text{其他} \end{cases}$，

$e^{-n\lambda a}$，$(1 - e^{-\lambda b})^n$.

4. $F_6(x) = \begin{cases} 0 & x < 0.75 \\ \dfrac{1}{6} & 0.75 \leqslant x < 1.86 \\ \dfrac{1}{3} & 1.86 \leqslant x < 1.98 \\ \dfrac{1}{2} & 1.98 \leqslant x < 2.45 \\ \dfrac{2}{3} & 2.45 \leqslant x < 3.21 \\ \dfrac{5}{6} & 3.21 \leqslant x < 4.12 \\ 1 & 4.12 \leqslant x \end{cases}$

习 题 六

1. （1）总体是 2015 年毕业的统计学专业本科生实习期满后的月薪；
样本是被调查的 36 名 2015 年毕业的统计学专业本科生实习期满后的月薪；

（2）$\dfrac{a+b}{2}$，$\dfrac{(b-a)^2}{360}$，$\dfrac{(b-a)^2}{12}$；

（3）0. 99865；

（4）$\dfrac{1}{4}$；

（5）1. 3067；

（6）$t(n-1)$；

（7）$n \geqslant 40$；

（8）0.8；

（9）26.133；

（10）$\dfrac{x}{2}$，$\dfrac{1}{n} \cdot \dfrac{x}{2}\left(1 - \dfrac{x}{2}\right)$.

2.（1）A，D；（2）B；（3）B，C；（4）A；（5）C；（6）D；（7）C；
（8）C；（9）A；（10）C；（11）C；（12）A.

3. 0.7642.

4. 0.025.

5. 略.

6. $\dfrac{1}{20}$，$\dfrac{1}{100}$；2.

7. 略.

8. 0.8.

9. $F(10, 5)$.

10. 略.

11.（1）$n \geqslant 1537$；（2）$n \geqslant 40$.

12. $f_{X_{(5)}}(x) = \begin{cases} 30x(3x^2 - 2x^3)^4(1 - x), & x \in (0, 1) \\ 0, & 其他 \end{cases}$.

13. 0.9370, 0.3308.

14. $\chi^2(n-1)$，$F(1, n-1)$.

15. $F(3n, n)$.

16. 0.99.

17. $F(1, 1)$，提示：先证明 $X_1 + X_2$ 与 $X_1 - X_2$ 都服从正态分布，且协方差为 0，说明二者独立.

18. $\dfrac{1}{8}$，$\dfrac{1}{12}$，$\dfrac{1}{16}$；自由度为 3.

19. $\sigma^2 + \mu^2$.

20. $t(2)$.

21. 0.05.

习题 7－1

1. 1143.75, 96.056

2. 矩估计 $\overline{X}$，极大似然估计 $\overline{X}$.

3. $\dfrac{1}{\overline{X}}$.

4. 矩估计 $\dfrac{\overline{X}}{n}$，极大似然估计 $\dfrac{\overline{X}}{n}$.

5. $\hat{n} = \dfrac{\overline{X}^2}{\overline{X} - B_2} = \dfrac{\overline{X}^2}{\overline{X} - \dfrac{n-1}{n}s^2}$，$\hat{p} = \dfrac{\overline{X} - B_2}{\overline{X}}$.

6. $\overline{X}$.

7. $\dfrac{1}{n} \displaystyle\sum_{i=1}^{n} X_i^2$.

8. 1.9.

9. 15000.

习题 7 - 2

1. （1）略；（2）$DZ_1 = \sigma^2$，$DZ_2 = \dfrac{5}{9}\sigma^2$，$DZ_3 = \dfrac{1}{3}\sigma^2$，$DZ_4 = \dfrac{1}{4}\sigma^2$，$Z_4$ 最有效．

2. 略．

3. $C = \dfrac{1}{2(n-1)}$．

4. 略．

5. 略．

6. 证明略；当 $c = \dfrac{\sigma_2^2}{\sigma_1^2 + \sigma_2^2}$ 时，$D\hat{\theta}$ 最小．

7. $\min(X_1, X_2, \cdots, X_n)$，不是．

8. 略．

习题 7 - 3

1. 略．

2. 略．

3. $[493.0, 525.6]$．

4. $[68.2, 71.8]$．

5. （1）$[119.8, 138.4]$；（2）$[117.14, 141.06]$．

6. $[70.36, 77.3]$．

7. 666.

8. $[2.60, 6.56]$．

9. $[0.021, 0.479]$．

10. （1）$[1096.5, 1197.5]$；（2）$[4031.6, 20514.3]$．

11. $[-0.899, 0.019]$．

12. $[9.23, 50.77]$．

13. $[0.28, 2.84]$．

习 题 七

1. (1) 34, 2178；(2) $\dfrac{1}{2}$；(3) $\max\{X_1, X_2, \cdots, X_n\}$；(4) $[4.226, 5.774]$．

2. (1) C；(2) D；(3) A, B, C, D；(4) A, B, C, D；(5) D；(6) A；(7) C；(8) C.

3. p 和 n 的矩估计分别为 $\hat{p} = \dfrac{\bar{X} - B_2}{\bar{X}}$，$\hat{n} = \dfrac{\bar{X}^2}{\bar{X} - B_2}$．

4. $\hat{\theta} = 3\bar{X}$．

5. 矩估计 $\hat{\theta} = \bar{X} - 1$．

6. $-\dfrac{n}{\sum\limits_{i=1}^{n} \ln X_i}$．

7. （1）略；（2）矩估计 $\hat{\theta} = \bar{X} - \dfrac{1}{2}$，证明略．

8. 0.089.

9. （1）矩估计 $\hat{\mu} = \bar{x} = 3140$，$\hat{\sigma}^2 = B_2 = 178320$；

（2）无偏估计 $\hat{\sigma}^2 = S^2 = 198133$.

10. （1）$\hat{\theta}_1 = \dfrac{2n_1 + n_2}{2n}$；（2）$\hat{\theta}_2 = \dfrac{1}{2}(3 - \bar{X})$；（3）$\dfrac{2}{3}$，$\dfrac{2}{3}$.

11. 略．

12. 极大似然估计量 $\hat{\theta} = \dfrac{1}{2n} \displaystyle\sum_{i=1}^{n} X_i^2$，且是 θ 的无偏估计．

13. 矩估计 $\hat{\theta} = \dfrac{3}{2} - \bar{X}$；极大似然估计 $\hat{\theta} = \dfrac{N}{n}$.

14. （1）$[2.1201, 2.1299]$；（2）$[2.116, 2.134]$.

15. （1）$[0.193, 0.777]$；（2）$[0.206, 0.886]$.

16. （1）$[1498.265, 1501.735]$；（2）121；（3）0.9996.

17. （1）$e^{\mu + \frac{1}{2}}$；（2）$[-0.98, 0.98]$；（3）$(e^{-0.48}, e^{1.48})$.

18. $[3.44, 6.56]$.

19. $[0.014, 0.202]$.

20. $[0.142, 4.369]$.

21. $\left[\dfrac{1}{n + u_{\frac{\alpha}{2}}} \left(\xi_n + \dfrac{u_{\frac{\alpha}{2}}^2}{2} - u_{\frac{\alpha}{2}} \sqrt{\dfrac{u_{\frac{\alpha}{2}}}{4} + \xi_n - \dfrac{1}{n} \xi_n^2} \right), \right.$

$\left. \dfrac{1}{n + u_{\frac{\alpha}{2}}} \left(\xi_n + \dfrac{u_{\frac{\alpha}{2}}^2}{2} + u_{\frac{\alpha}{2}} \sqrt{\dfrac{u_{\frac{\alpha}{2}}}{4} + \xi_n - \dfrac{1}{n} \xi_n^2} \right) \right]$.

习题 8 - 1

1. 略．

2. 略．

3. 略．

4. 略．

5. $H_0: \mu = 32.0$，$H_1: \mu \neq 32.0$.

6. $H_0: \mu = 10$，$H_1: \mu \neq 10$.

7. $H_0: p \leqslant 30\%$，$H_1: p > 30\%$.

8. $\alpha = 0.0328$，$\beta = 0.6331$.

习题 8 - 2

1. 接受原假设 H_0，认为这批袋装面粉的平均重量合乎标准．

2. 认为这批电子元件的平均使用寿命不低于 2000 小时成立．

3. （1）接受原假设 H_0，认为这批钢管内直径 $\mu = 100$；

（2）接受原假设 H_0，认为这批钢管内直径 $\mu = 100$.

4. 认为该厂排放工业废水中有害物质的平均含量超过规定标准．

5. 认为检测结果能认定金店出售的产品存在质量问题．

6. 可以认为这次考试全体考生的平均成绩为 70 分.

7. 拒绝原假设 H_0，认为 B 公司交货日期较 A 公司为短.

8. 接受原假设 H_0，认为学生成绩的差距没有改变.

9. （1）认为发动机部件的直径标准差不是 0.048 厘米.

（2）不认为 $\sigma^2 \leqslant 0.048^2$.

10. （1）认为该乡年人均收入提高了.

（2）认为贫富差距扩大了.

习题 8－3

1. 认为两批灯泡的平均寿命相同.

2. 认为甲的酒精度不比乙高.

3. 认为处理后平均含脂率有显著降低.

4. （1）认为两个总体的方差相等；

（2）认为两个总体的均值相等.

5. 不能认为甲、乙两校学生体重方差 σ_1^2 与 σ_2^2 无显著差异.

6. （1）拒绝原假设，认为两厂生产的电阻阻值的方差不同；

（2）接受原假设，认为甲厂生产的电阻阻值的方差较小.

7. 认为体重的方差相同；体重无显著差异.

习题 8－4

1. 认为黄绿色豌豆数目之比为 3∶1.

2. 认为总体服从参数为 4 的泊松分布.

3. 认为羊羔体重服从正态分布 $N(1.406, 0.0023)$.

习 题 八

1. （1）第一类；（2）0.05，0.1492；（3）$T = \dfrac{\overline{X} - \mu_0}{S / \sqrt{n}} \sim t(n-1)$，接受；

（4）$\sigma^2 = \sigma_0^2$，$\sigma^2 \leqslant \sigma_0^2$；（5）方差；（6）$p = 5\%$，0.01.

2. （1）A，C；（2）B；（3）A，D；（4）B；（5）B；（6）A；（7）C.

3. （1）$\alpha_0 = \alpha$；

（2）$\beta = P\left\{ |u| \leqslant u_{\frac{\alpha}{2}} \right\} = \Phi_0\left(u_{\frac{\alpha}{2}} - \sqrt{n}\mu \right) - \Phi_0\left(-u_{\frac{\alpha}{2}} - \sqrt{n}\mu \right)$

4. 可以认为现在生产的铁水含碳量仍为 4.55.

5. 可以认为现在女婴体重与过去无显著差别.

6. （1）商店：H_0：$\mu < 50$，接受原假设 H_0；

（2）糖厂：H_0：$\mu \geqslant 50$，认为合格；

（3）质检：H_0：$\mu = 50$，认为合格.

7. 拒绝原假设，认为该厂排放工业废水中该有害物质的平均含量显著超过规定标准.

8. 认为金属丝的折断力的方差未变大.

9. 可以认为标准差变大.

10. 甲、乙两个城市前五年的房价月环比上涨百分比的平均值可以看作一样.

11. 可以认为新、老两种过程中形成的 NDMA 平均含量差大于 2.

12. 可以认为两台车床生产的零件长度的方差没有明显差异.

13. 接受原假设.

14. 接受原假设，认为 A，B 两种提炼方法的收得率方差无显著差异.

15. 可以认为早晨的身高比晚上的身高要高.

16. 认为硬币不均匀.

17. 认为不服从二项分布 $B(5, p)$.

18. 认为服从泊松分布.

习题 9 – 1

1. 略.

2. 略.

3. 略.

习题 9 – 2

1. 略.

2. （1） $\beta_1 = b_1$，$\beta_0 = b_0 - b_1 \bar{X}$；（2） $\hat{b}_1 = \dfrac{\sum\limits_{i=1}^{n} Z_i (Y_i - \bar{Y})}{\sum\limits_{i=1}^{n} Z_i^2}$，$\hat{b}_0 = \bar{Y}$.

3. $\hat{\beta} = \dfrac{\sum\limits_{i=1}^{n} x_i y_i}{\sum\limits_{i=1}^{n} x_i^2}$.

4. 经验线性回归方程为 $\hat{y} = -1.42857 + 6.428571x$，认为经验线性回归方程显著.

5. 经验线性回归方程为 $\hat{y} = 67.5078 + 0.8706x$，认为经验线性回归方程显著.

6. 直线回归方程为 $\hat{y} = 18.4 + 0.64x$，误差方差的估计为 $\hat{\sigma}^2 = \dfrac{S_E}{n-2} = 6.912$.

7. 线性经验回归方程为 $\hat{y} = 2.8 + 1.08x$.

8. 经验直线回归方程为 $\hat{y} = 1.7575 + 0.7573x$，

相关系数为 $r = \dfrac{l_{xy}}{\sqrt{l_{xx}} \sqrt{l_{yy}}} = 0.6977$.

9. 回归方程为 $\hat{y} = 0.849x - 85.712$.

对于身高 172cm 的女大学生，其预报体重为 $\hat{y} = 60.316$ （kg）.

10. 直线回归方程为 $\hat{y} = 2.6 + 2.1x$.

当 $x = 7$ 时，$y = 17.30$.

误差方差的估计为 $\hat{\sigma}^2 = \dfrac{S_E}{n-2} = 0.6333$

11. （1） 令 $y' = \dfrac{1}{y}$，$x' = \dfrac{1}{x}$，则可转化为一元线性方程 $y' = a + bx'$；

（2） 令 $y' = \ln y$，$a' = \ln a$，$x' = \dfrac{1}{x}$，则可转化为一元线性方程 $y' = a' + bx'$；

（3） 令 $y' = y$，$x' = \sqrt{x}$，则可转化为一元线性方程 $y' = a + bx'$；

（4）令 $y' = \ln(y - 6)$，$a' = \ln a$，则可转化为一元线性方程 $y' = a' + bx$.

习题 9-3

1. 略.

2. $\hat{\beta} = \begin{pmatrix} \hat{\beta}_1 \\ \hat{\beta}_2 \\ \hat{\beta}_3 \\ \hat{\beta}_4 \end{pmatrix} = \begin{bmatrix} \dfrac{1}{4}(y_1 + y_2 + y_3 + y_4) \\ \dfrac{1}{4}(y_1 + y_2 - y_3 - y_4) \\ \dfrac{1}{4}(y_1 - y_2 + y_3 - y_4) \\ \dfrac{1}{4}(y_1 - y_2 - y_3 + y_4) \end{bmatrix}$.

3. 经验回归方程为 $\hat{y} = 111.7 - 7.188x_1 + 0.0143x_2$.

4. 经验回归方程为 $\hat{y} = -1.33 + 3.46x - 0.11x^2$.

习 题 九

1. （1）相关；（2）预测，控制；

（3）当 $|r| > r_\alpha(n-2)$ 时，拒绝 H_0，表明回归效果显著；当 $|r| \leqslant r_\alpha(n-2)$ 时，接受 H_0，表明回归效果不显著.

2. （1）A，B，C；（2）A，B；（3）B，C

3. （1）回归直线方程为 $\hat{y} = -2.73935 + 0.48303x$；

（2）σ^2 的无偏估计为 $\hat{\sigma}^2 = \dfrac{S_E}{n-2} = \dfrac{7.23}{8} = 0.90$；

（3）拒绝 H_0：$\hat{\beta}_1 = 0$，认为回归效果是显著的.

4. 回归直线方程为 $\hat{y} = 4.157499 + 0.89501x$.

5. （1）回归直线方程为 $y = 4.495 - 0.8259x$；

（2）拒绝 H_0，认为经验线性回归方程显著.

6. 是；$r = 0.9972948 > r_{0.001}(4) = 0.97406$，认为经验线性回归方程显著；

回归直线方程为 $\hat{y} = -1612175 + 813.0297x$；

当 $x = 1992$ 时，$\hat{y} = 7380$.

7. （1）回归直线方程为 $\hat{y} = -31.228 + 1.263x$；

（2）拒绝 H_0，认为经验线性回归方程显著；

（3）（187.80，217.05）.

8. $\hat{\sigma} = \sqrt{\dfrac{S_E}{n-2}} = 7.9057$.

9. $\hat{\beta} = \begin{bmatrix} \hat{\beta}_0 \\ \hat{\beta}_1 \end{bmatrix} = (X^T X)^{-1} X^T Y = \begin{bmatrix} -2.75y_1 - 6.5y_2 - 0.25y_3 \\ 1.5y_1 + 3y_2 + 0.5y_3 \end{bmatrix}$.

10. （1）回归直线方程为 $\hat{y} = 55.95 + 0.39x$，认为经验线性回归方程显著；

（2）（255.66，344.34）.

11. （1）β 的最小二乘估计 $\hat{\beta} = \dfrac{\sum\limits_{i=1}^{n} X_i Y_i}{\sum\limits_{i=1}^{n} X_i^2}$；（2）略；（3）略.

附表

附表一　泊松分布表

$$P(X=k) = \frac{\lambda^k}{k!}e^{-\lambda}, \quad k=0, 1, 2, \cdots$$

k \ λ	0.1	0.2	0.3	0.4	0.5	0.6	0.7	0.8
0	0.904837	0.818731	0.740818	0.670320	0.606531	0.548812	0.496585	0.449329
1	0.090484	0.163746	0.222245	0.268128	0.303265	0.329287	0.347610	0.359463
2	0.004524	0.016375	0.033337	0.053626	0.075816	0.098786	0.121663	0.143785
3	0.000151	0.001092	0.003334	0.007150	0.012636	0.019757	0.028388	0.038343
4	0.000004	0.000055	0.000250	0.000175	0.001580	0.002964	0.004968	0.007669
5		0.000002	0.000015	0.000057	0.000158	0.000356	0.000696	0.001227
6			0.000001	0.000004	0.000013	0.000036	0.000081	0.000164
7					0.000001	0.000003	0.000008	0.000019
8							0.000001	0.000002
9								
10								
11								
12								
13								
14								
15								
16								
17								

续表

0.9	1.0	1.5	2.0	2.5	3.0	3.5	4.0
0.406570	0.367879	0.223130	0.135335	0.082085	0.049787	0.030197	0.018316
0.365913	0.367879	0.334695	0.270671	0.205212	0.149361	0.105691	0.073263
0.164661	0.183940	0.251021	0.270671	0.256516	0.224042	0.184959	0.146525
0.049398	0.061313	0.125510	0.180447	0.213763	0.224042	0.215785	0.195367
0.011115	0.015328	0.047067	0.090224	0.133602	0.168031	0.188812	0.195367
0.002001	0.003066	0.014120	0.036089	0.066801	0.100819	0.132169	0.156293
0.000300	0.000511	0.003530	0.012030	0.027834	0.050409	0.077098	0.104196
0.000039	0.000073	0.000756	0.003437	0.009941	0.021604	0.038549	0.059540
0.000004	0.000009	0.000142	0.000859	0.003106	0.008102	0.016865	0.029770
	0.000001	0.000024	0.000191	0.000863	0.002701	0.006559	0.013231
		0.000004	0.000038	0.000216	0.000810	0.002296	0.005292
			0.000007	0.000049	0.000221	0.000730	0.001925
			0.000001	0.000010	0.000055	0.000213	0.000642
				0.000002	0.000013	0.000057	0.000197
					0.000003	0.000014	0.000056
					0.000001	0.000003	0.000015
						0.000001	0.000004
							0.000001

续表

λ k	4.5	5.0	5.5	6.0	6.5	7.0	7.5	8.0
0	0.011109	0.006738	0.004087	0.002479	0.001503	0.000912	0.000553	0.000335
1	0.049990	0.033690	0.022477	0.014873	0.009773	0.006383	0.004148	0.002684
2	0.112479	0.084224	0.061812	0.044618	0.031760	0.022341	0.015556	0.010735
3	0.168718	0.140374	0.113323	0.089235	0.068814	0.052129	0.038888	0.028626
4	0.189808	0.175467	0.155819	0.133853	0.111822	0.091226	0.072917	0.057252
5	0.170827	0.175467	0.171401	0.160623	0.145369	0.127717	0.109374	0.091604
6	0.128120	0.146223	0.157117	0.160623	0.157483	0.149003	0.136719	0.122138
7	0.082363	0.104445	0.123449	0.137677	0.146234	0.149003	0.146484	0.139587
8	0.046329	0.065278	0.084872	0.103258	0.118815	0.130377	0.137328	0.139587
9	0.023165	0.036266	0.051866	0.068838	0.085811	0.101405	0.114441	0.124077
10	0.010424	0.018133	0.028526	0.041303	0.055777	0.070983	0.085830	0.099262
11	0.004264	0.008242	0.014263	0.022529	0.032959	0.045171	0.058521	0.072190
12	0.001599	0.003434	0.006537	0.011264	0.017853	0.026350	0.036575	0.048127
13	0.000554	0.001321	0.002766	0.005199	0.008927	0.014188	0.021101	0.029616
14	0.000178	0.000472	0.001086	0.002228	0.004144	0.007094	0.011305	0.016924
15	0.000053	0.000157	0.000399	0.000891	0.001796	0.003311	0.005652	0.009026
16	0.000015	0.000049	0.000137	0.000334	0.000730	0.001448	0.002649	0.004513
17	0.000004	0.000014	0.000044	0.000118	0.000279	0.000596	0.001169	0.002124
18	0.000001	0.000004	0.000014	0.000039	0.000100	0.000232	0.000487	0.000944
19		0.000001	0.000004	0.000012	0.000035	0.000085	0.000192	0.000397
20			0.000001	0.000004	0.000011	0.000030	0.000072	0.000159
21				0.000001	0.000004	0.000010	0.000026	0.000061
22					0.000001	0.000003	0.000009	0.000022
23						0.000001	0.000003	0.000008
24							0.000001	0.000003
25								0.000001
26								
27								
28								
29								

续表

8.5	9.0	9.5	10.0	λ / k	20	λ / k	30
0.000203	0.000123	0.000075	0.000045	5	0.0001	12	0.0001
0.001730	0.001111	0.000711	0.000454	6	0.0002	13	0.0002
0.007350	0.004998	0.003378	0.002270	7	0.0005	14	0.0005
0.020826	0.014994	0.010696	0.007567	8	0.0013	15	0.0010
0.044255	0.033737	0.025403	0.018917	9	0.0029	16	0.0019
0.075233	0.060727	0.048265	0.037833	10	0.0058	17	0.0034
0.106581	0.091090	0.076421	0.063055	11	0.0106	18	0.0057
0.129419	0.117116	0.103714	0.090079	12	0.0176	19	0.0089
0.137508	0.131756	0.123160	0.112599	13	0.0271	20	0.0134
0.129869	0.131756	0.130003	0.125110	14	0.0387	21	0.0192
0.110303	0.118580	0.123502	0.125110	15	0.0517	22	0.0261
0.085300	0.097020	0.106662	0.113736	16	0.0646	23	0.0341
0.060421	0.072765	0.084440	0.094780	17	0.0760	24	0.0426
0.039506	0.050376	0.061706	0.072908	18	0.0844	25	0.0511
0.023986	0.032384	0.041872	0.052077	19	0.0888	26	0.0590
0.013592	0.019431	0.026519	0.034718	20	0.0888	27	0.0655
0.007220	0.010930	0.015746	0.021699	21	0.0846	28	0.0702
0.003611	0.005786	0.008799	0.012764	22	0.0769	29	0.0726
0.001705	0.002893	0.004644	0.007091	23	0.0669	30	0.0726
0.000762	0.001370	0.002322	0.003732	24	0.0557	31	0.0703
0.000324	0.000617	0.001103	0.001866	25	0.0446	32	0.0659
0.000132	0.000264	0.000499	0.000889	26	0.0343	33	0.0599
0.000050	0.000108	0.000216	0.000404	27	0.0254	34	0.0529
0.000019	0.000042	0.000089	0.000176	28	0.0182	35	0.0453
0.000007	0.000016	0.000035	0.000073	29	0.0125	36	0.0378
0.000002	0.000006	0.000014	0.000029	30	0.0083	37	0.0306
0.000001	0.000002	0.000004	0.000011	31	0.0054	38	0.0242
	0.000001	0.000002	0.000004	32	0.0034	39	0.0186
		0.000001	0.000001	33	0.0020	40	0.0139
			0.000001	34	0.0012	41	0.0102
						42	0.0073
						43	0.0051
				35	0.0007	44	0.0035
				36	0.0004	45	0.0023
				37	0.0002	46	0.0015
				38	0.0001	47	0.0010
				39	0.0001	48	0.0006

附表二 标准正态分布密度函数值表

$$\varphi_0(x) = \frac{1}{\sqrt{2\pi}} e^{-\frac{x^2}{2}}$$

x	0.00	0.01	0.02	0.03	0.04	0.05	0.06	0.07	0.08	0.09
0.0	0.3989	0.3989	0.3989	0.3988	0.3986	0.3984	0.3982	0.3980	0.3977	0.3973
0.1	0.3970	0.3965	0.3961	0.3956	0.3951	0.3945	0.3939	0.3932	0.3925	0.3918
0.2	0.3910	0.3902	0.3894	0.3885	0.3876	0.3867	0.3857	0.3847	0.3836	0.3825
0.3	0.3814	0.3802	0.3790	0.3778	0.3765	0.3752	0.3739	0.3725	0.3712	0.3697
0.4	0.3683	0.3668	0.3653	0.3637	0.3621	0.3605	0.3589	0.3572	0.3555	0.3538
0.5	0.3521	0.3503	0.3485	0.3467	0.3448	0.3429	0.3410	0.3391	0.3372	0.3352
0.6	0.3332	0.3312	0.3292	0.3271	0.3251	0.3230	0.3209	0.3187	0.3166	0.3144
0.7	0.3123	0.3101	0.3079	0.3056	0.3034	0.3011	0.2989	0.2966	0.2943	0.2920
0.8	0.2897	0.2874	0.2850	0.2827	0.2803	0.2780	0.2756	0.2732	0.2709	0.2685
0.9	0.2661	0.2637	0.2613	0.2589	0.2565	0.2541	0.2516	0.2492	0.2468	0.2444
1.0	0.2420	0.2396	0.2371	0.2347	0.2323	0.2299	0.2275	0.2251	0.2227	0.2203
1.1	0.2179	0.2155	0.2131	0.2107	0.2083	0.2056	0.2036	0.2012	0.1989	0.1965
1.2	0.1942	0.1919	0.1895	0.1872	0.1849	0.1826	0.1804	0.1781	0.1758	0.1736
1.3	0.1714	0.1691	0.1669	0.1647	0.1626	0.1604	0.1582	0.1561	0.1539	0.1518
1.4	0.1497	0.1476	0.1456	0.1435	0.1415	0.1394	0.1374	0.1354	0.1334	0.1315
1.5	0.1295	0.1276	0.1257	0.1238	0.1219	0.1200	0.1182	0.1163	0.1145	0.1127
1.6	0.1109	0.1092	0.1074	0.1057	0.1040	0.1023	0.1006	0.09893	0.09728	0.09566
1.7	0.09405	0.09246	0.09089	0.08933	0.08780	0.08628	0.08478	0.08329	0.08183	0.08038
1.8	0.07895	0.07754	0.07614	0.07477	0.07341	0.07206	0.07074	0.06943	0.06814	0.06687
1.9	0.06562	0.06438	0.06316	0.06195	0.06077	0.05959	0.05844	0.05730	0.05618	0.05508

续表

x	0.00	0.01	0.02	0.03	0.04	0.05	0.06	0.07	0.08	0.09
2.0	0.05399	0.05292	0.05186	0.05082	0.04980	0.04879	0.04780	0.04682	0.04586	0.04491
2.1	0.04398	0.04307	0.04217	0.04128	0.04041	0.03959	0.03871	0.03788	0.03706	0.03626
2.2	0.03547	0.03470	0.03394	0.03319	0.03246	0.03174	0.03103	0.03034	0.02965	0.02898
2.3	0.02833	0.02768	0.02705	0.02643	0.02582	0.02522	0.02463	0.02406	0.02349	0.02294
2.4	0.02239	0.02186	0.02134	0.02083	0.02033	0.01984	0.01936	0.01888	0.01842	0.01797
2.5	0.01753	0.01709	0.01667	0.01625	0.01585	0.01545	0.01506	0.01468	0.01431	0.01394
2.6	0.01358	0.01323	0.01287	0.01256	0.01223	0.01191	0.01160	0.01130	0.01100	0.01071
2.7	0.01042	0.01014	$0.0^2 9871$	$0.0^2 9606$	$0.0^2 9347$	$0.0^2 9094$	$0.0^2 8846$	$0.0^2 8605$	$0.0^2 8370$	$0.0^2 8140$
2.8	$0.0^2 7915$	$0.0^2 7697$	$0.0^2 7483$	$0.0^2 7274$	$0.0^2 7071$	$0.0^2 6873$	$0.0^2 6679$	$0.0^2 6491$	$0.0^2 6307$	$0.0^2 6127$
2.9	$0.0^2 5953$	$0.0^2 5782$	$0.0^2 5616$	$0.0^2 5454$	$0.0^2 5296$	$0.0^2 5143$	$0.0^2 4993$	$0.0^2 4847$	$0.0^2 4705$	$0.0^2 4567$
3.0	$0.0^2 4432$	$0.0^2 4301$	$0.0^2 4173$	$0.0^2 4049$	$0.0^2 3928$	$0.0^2 3810$	$0.0^2 3695$	$0.0^2 3584$	$0.0^2 3475$	$0.0^2 3370$
3.1	$0.0^2 3267$	$0.0^2 3167$	$0.0^2 3070$	$0.0^2 2975$	$0.0^2 2884$	$0.0^2 2794$	$0.0^2 2707$	$0.0^2 2623$	$0.0^2 2541$	$0.0^2 2461$
3.2	$0.0^2 2384$	$0.0^2 2309$	$0.0^2 2236$	$0.0^2 2165$	$0.0^2 2096$	$0.0^2 2029$	$0.0^2 1964$	$0.0^2 1901$	$0.0^2 1840$	$0.0^2 1780$
3.3	$0.0^2 1723$	$0.0^2 1667$	$0.0^2 1612$	$0.0^2 1560$	$0.0^2 1508$	$0.0^2 1459$	$0.0^2 1411$	$0.0^2 1364$	$0.0^2 1319$	$0.0^2 1275$
3.4	$0.0^2 1232$	$0.0^2 1191$	$0.0^2 1151$	$0.0^2 1112$	$0.0^2 1075$	$0.0^2 1033$	$0.0^2 1003$	$0.0^3 9689$	$0.0^3 9358$	$0.0^3 9037$
3.5	$0.0^3 8727$	$0.0^3 8426$	$0.0^3 8135$	$0.0^3 7853$	$0.0^3 7581$	$0.0^3 7317$	$0.0^3 7061$	$0.0^3 6814$	$0.0^3 6575$	$0.0^3 6343$
3.6	$0.0^3 6119$	$0.0^3 5902$	$0.0^3 5693$	$0.0^3 5490$	$0.0^3 5294$	$0.0^3 5105$	$0.0^3 4921$	$0.0^3 4744$	$0.0^3 4573$	$0.0^3 4408$
3.7	$0.0^3 4248$	$0.0^3 4093$	$0.0^3 3944$	$0.0^3 3800$	$0.0^3 3661$	$0.0^3 3526$	$0.0^3 3396$	$0.0^3 3271$	$0.0^3 3149$	$0.0^3 3032$
3.8	$0.0^3 2919$	$0.0^3 2810$	$0.0^3 2705$	$0.0^3 2604$	$0.0^3 2506$	$0.0^3 2411$	$0.0^3 2320$	$0.0^3 2232$	$0.0^3 2147$	$0.0^3 2065$
3.9	$0.0^3 1987$	$0.0^3 1910$	$0.0^3 1837$	$0.0^3 1766$	$0.0^3 1693$	$0.0^3 1633$	$0.0^3 1569$	$0.0^3 1508$	$0.0^3 1449$	$0.0^3 1393$
4.0	$0.0^3 1333$	$0.0^3 1286$	$0.0^3 1235$	$0.0^3 1186$	$0.0^3 1140$	$0.0^3 1094$	$0.0^3 1051$	$0.0^3 1009$	$0.0^4 9687$	$0.0^4 9299$
4.1	$0.0^4 8926$	$0.0^4 8567$	$0.0^4 8222$	$0.0^4 7890$	$0.0^4 7570$	$0.0^4 7263$	$0.0^4 6967$	$0.0^4 6683$	$0.0^4 6410$	$0.0^4 6147$
4.2	$0.0^4 5894$	$0.0^4 5652$	$0.0^4 5418$	$0.0^4 5194$	$0.0^4 4979$	$0.0^4 4772$	$0.0^4 4573$	$0.0^4 4382$	$0.0^4 4199$	$0.0^4 4023$
4.3	$0.0^4 3854$	$0.0^4 3691$	$0.0^4 3535$	$0.0^4 3386$	$0.0^4 3242$	$0.0^4 3104$	$0.0^4 2972$	$0.0^4 2845$	$0.0^4 2723$	$0.0^4 2606$
4.4	$0.0^4 2494$	$0.0^4 2387$	$0.0^4 2284$	$0.0^4 2185$	$0.0^4 2090$	$0.0^4 1999$	$0.0^4 1912$	$0.0^4 1829$	$0.0^4 1749$	$0.0^4 1672$
4.5	$0.0^4 1593$	$0.0^4 1528$	$0.0^4 1461$	$0.0^4 1396$	$0.0^4 1334$	$0.0^4 1275$	$0.0^4 1218$	$0.0^4 1164$	$0.0^4 1112$	$0.0^4 1062$
4.6	$0.0^4 1014$	$0.0^5 9684$	$0.0^5 9248$	$0.0^5 8830$	$0.0^5 8430$	$0.0^5 8047$	$0.0^5 7681$	$0.0^5 7331$	$0.0^5 6996$	$0.0^5 6676$
4.7	$0.0^5 6370$	$0.0^5 6077$	$0.0^5 5797$	$0.0^5 5530$	$0.0^5 5274$	$0.0^5 5030$	$0.0^5 4796$	$0.0^5 4573$	$0.0^5 4360$	$0.0^5 4156$
4.8	$0.0^5 3961$	$0.0^5 3775$	$0.0^5 3593$	$0.0^5 3428$	$0.0^5 3267$	$0.0^5 3112$	$0.0^5 2965$	$0.0^5 2824$	$0.0^5 2690$	$0.0^5 2561$
4.9	$0.0^5 2439$	$0.0^5 2322$	$0.0^5 2211$	$0.0^5 2105$	$0.0^5 2003$	$0.0^5 1907$	$0.0^5 1814$	$0.0^5 1727$	$0.0^5 1643$	$0.0^5 1563$

附表三　标准正态分布函数值表

$$\Phi_0(x) = \frac{1}{\sqrt{2\pi}} \int_{-\infty}^{x} e^{-\frac{t^2}{2}} dt$$

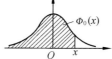

x	0.00	0.01	0.02	0.03	0.04	0.05	0.06	0.07	0.08	0.09
0.0	0.5000	0.5040	0.5080	0.5120	0.5160	0.5199	0.5239	0.5279	0.5319	0.5359
0.1	0.5398	0.5438	0.5478	0.5517	0.5557	0.5596	0.5636	0.5675	0.5714	0.5753
0.2	0.5793	0.5832	0.5871	0.5910	0.5948	0.5987	0.6026	0.6064	0.6103	0.6141
0.3	0.6179	0.6217	0.6255	0.6293	0.6331	0.6368	0.6404	0.6443	0.6480	0.6517
0.4	0.6554	0.6591	0.6628	0.6664	0.6700	0.6736	0.6772	0.6808	0.6844	0.6879
0.5	0.6915	0.6950	0.6985	0.7019	0.7054	0.7088	0.7123	0.7157	0.7190	0.7224
0.6	0.7257	0.7291	0.7324	0.7357	0.7389	0.7422	0.7454	0.7486	0.7517	0.7549
0.7	0.7580	0.7611	0.7642	0.7673	0.7703	0.7734	0.7764	0.7794	0.7823	0.7852
0.8	0.7881	0.7910	0.7939	0.7967	0.7995	0.8023	0.8051	0.8078	0.8106	0.8133
0.9	0.8159	0.8186	0.8212	0.8238	0.8264	0.8289	0.8315	0.8340	0.8365	0.8389
1.0	0.8413	0.8438	0.8461	0.8485	0.8508	0.8531	0.8554	0.8577	0.8599	0.8621
1.1	0.8643	0.8665	0.8686	0.8708	0.8729	0.8749	0.8770	0.8790	0.8810	0.8830
1.2	0.8849	0.8869	0.8888	0.8907	0.8925	0.8944	0.8962	0.8980	0.8997	0.90147
1.3	0.90320	0.90490	0.90658	0.90824	0.90988	0.91149	0.91309	0.91466	0.91621	0.91774
1.4	0.91924	0.92073	0.92220	0.92364	0.92507	0.92647	0.92785	0.92922	0.93056	0.93189
1.5	0.93319	0.93448	0.93574	0.93699	0.93822	0.93943	0.94062	0.94179	0.94295	0.94408
1.6	0.94520	0.94630	0.94738	0.94845	0.94950	0.95053	0.95154	0.95254	0.95352	0.95449
1.7	0.95543	0.95637	0.95728	0.95818	0.95907	0.95994	0.96080	0.96164	0.96246	0.96327
1.8	0.96407	0.96485	0.96562	0.96638	0.96721	0.96784	0.96856	0.96926	0.96995	0.97062
1.9	0.97128	0.97193	0.97257	0.97320	0.97381	0.97441	0.97500	0.97558	0.97615	0.97670

续表

x	0.00	0.01	0.02	0.03	0.04	0.05	0.06	0.07	0.08	0.09
2.0	0.97725	0.97778	0.97831	0.97882	0.97932	0.97982	0.98030	0.98077	0.98124	0.98169
2.1	0.98214	0.98257	0.98300	0.98341	0.98382	0.98422	0.98461	0.98500	0.98537	0.98574
2.2	0.98610	0.98645	0.98679	0.98713	0.98745	0.98778	0.98809	0.98840	0.98870	0.98899
2.3	0.98928	0.98956	0.98983	$0.9^2 0097$	$0.9^2 0358$	$0.9^2 0613$	$0.9^2 0863$	$0.9^2 1106$	$0.9^2 1344$	$0.9^2 1576$
2.4	$0.9^2 1802$	$0.9^2 2024$	$0.9^2 2240$	$0.9^2 2451$	$0.9^2 2656$	$0.9^2 2857$	$0.9^2 3053$	$0.9^2 3244$	$0.9^2 3431$	$0.9^2 3613$
2.5	$0.9^2 3790$	$0.9^2 3963$	$0.9^2 4132$	$0.9^2 4297$	$0.9^2 4457$	$0.9^2 4614$	$0.9^2 4766$	$0.9^2 4915$	$0.9^2 5060$	$0.9^2 5201$
2.6	$0.9^2 5339$	$0.9^2 5473$	$0.9^2 5604$	$0.9^2 5731$	$0.9^2 5855$	$0.9^2 5975$	$0.9^2 6093$	$0.9^2 6207$	$0.9^2 6319$	$0.9^2 6427$
2.7	$0.9^2 6533$	$0.9^2 6636$	$0.9^2 6736$	$0.9^2 6833$	$0.9^2 6928$	$0.9^2 7020$	$0.9^2 7110$	$0.9^2 7197$	$0.9^2 7282$	$0.9^2 7365$
2.8	$0.9^2 7445$	$0.9^2 7523$	$0.9^2 7599$	$0.9^2 7673$	$0.9^2 7744$	$0.9^2 7814$	$0.9^2 7882$	$0.9^2 7948$	$0.9^2 8012$	$0.9^2 8074$
2.9	$0.9^2 8134$	$0.9^2 8193$	$0.9^2 8250$	$0.9^2 8305$	$0.9^2 8359$	$0.9^2 8411$	$0.9^2 8462$	$0.9^2 8511$	$0.9^2 8559$	$0.9^2 8605$
3.0	$0.9^2 8650$	$0.9^2 8694$	$0.9^2 8736$	$0.9^2 8777$	$0.9^2 8817$	$0.9^2 8856$	$0.9^2 8893$	$0.9^2 8930$	$0.9^2 8965$	$0.9^2 8999$
3.1	$0.9^3 0324$	$0.9^3 0646$	$0.9^3 0957$	$0.9^3 1260$	$0.9^3 1553$	$0.9^3 1836$	$0.9^3 2112$	$0.9^3 2378$	$0.9^3 2636$	$0.9^3 2886$
3.2	$0.9^3 3129$	$0.9^3 3363$	$0.9^3 3590$	$0.6^3 3810$	$0.9^3 4024$	$0.9^3 4230$	$0.9^3 4429$	$0.9^3 4623$	$0.9^3 4810$	$0.9^3 4911$
3.3	$0.9^3 5166$	$0.9^3 5335$	$0.9^3 5499$	$0.9^3 5658$	$0.9^3 5811$	$0.9^3 5959$	$0.9^3 6103$	$0.9^3 6242$	$0.9^3 6376$	$0.9^3 6505$
3.4	$0.9^3 6633$	$0.9^3 6752$	$0.9^3 6869$	$0.9^3 6982$	$0.9^3 7091$	$0.9^3 7197$	$0.9^3 7299$	$0.9^3 7398$	$0.9^3 7493$	$0.9^3 7585$
3.5	$0.9^3 7674$	$0.9^3 7759$	$0.9^3 7842$	$0.9^3 7922$	$0.9^3 7999$	$0.9^3 8074$	$0.9^3 8146$	$0.9^3 8215$	$0.9^3 8282$	$0.9^3 8347$
3.6	$0.9^3 8409$	$0.9^3 8469$	$0.9^3 8527$	$0.9^3 8583$	$0.9^3 8637$	$0.9^3 8689$	$0.9^3 8739$	$0.9^3 8787$	$0.9^3 8834$	$0.9^3 8879$
3.7	$0.9^3 8922$	$0.9^3 8964$	$0.9^4 0039$	$0.9^4 0426$	$0.9^4 0799$	$0.9^4 1158$	$0.9^4 1504$	$0.9^4 1838$	$0.9^4 2159$	$0.9^4 2468$
3.8	$0.9^4 2765$	$0.9^4 3052$	$0.9^4 3327$	$0.9^4 3593$	$0.9^4 3848$	$0.9^4 4094$	$0.9^4 4331$	$0.9^4 4558$	$0.9^4 4777$	$0.9^4 4988$
3.9	$0.9^4 5190$	$0.9^4 5385$	$0.9^4 5573$	$0.9^4 5753$	$0.9^4 5926$	$0.9^4 6092$	$0.9^4 6253$	$0.9^4 6406$	$0.9^4 6554$	$0.9^4 6696$
4.0	$0.9^4 6833$	$0.9^4 6964$	$0.9^4 7090$	$0.9^4 7211$	$0.9^4 7327$	$0.9^4 7439$	$0.9^4 7546$	$0.9^4 7649$	$0.9^4 7748$	$0.9^4 7843$
4.1	$0.9^4 7934$	$0.9^4 8022$	$0.9^4 8106$	$0.9^4 8186$	$0.9^4 8263$	$0.9^4 8338$	$0.9^4 8409$	$0.9^4 8477$	$0.9^4 8542$	$0.9^4 8605$
4.2	$0.9^4 8665$	$0.9^4 8723$	$0.9^4 8778$	$0.9^4 8832$	$0.9^4 8882$	$0.9^4 8931$	$0.9^4 8978$	$0.9^5 0226$	$0.9^5 0655$	$0.9^5 1066$
4.3	$0.9^5 1460$	$0.9^5 1837$	$0.9^5 2199$	$0.9^5 2545$	$0.9^5 2876$	$0.9^5 3193$	$0.9^5 3497$	$0.9^5 3788$	$0.9^5 4066$	$0.9^5 4332$
4.4	$0.9^5 4587$	$0.9^5 4831$	$0.9^5 5065$	$0.9^5 5288$	$0.9^5 5502$	$0.9^5 5706$	$0.9^5 5902$	$0.39^5 6089$	$0.9^5 6268$	$0.9^5 6439$
4.5	$0.9^5 6602$	$0.9^5 6759$	$0.9^5 6908$	$0.9^5 7051$	$0.9^5 7187$	$0.9^5 7318$	$0.9^5 7442$	$0.9^5 7561$	$0.9^5 7675$	$0.9^5 7784$
4.6	$0.9^5 7888$	$0.9^5 7987$	$0.9^5 8081$	$0.9^5 8172$	$0.9^5 8258$	$0.9^5 8340$	$0.9^5 8419$	$0.9^5 8494$	$0.9^5 8566$	$0.9^5 8634$
4.7	$0.9^5 8699$	$0.9^5 8761$	$0.9^5 8821$	$0.9^5 8877$	$0.9^5 8931$	$0.9^5 8983$	$0.9^6 0320$	$0.9^6 0789$	$0.9^6 1235$	$0.9^6 1661$
4.8	$0.9^6 2067$	$0.9^6 2453$	$0.9^6 2822$	$0.9^6 3173$	$0.9^6 3508$	$0.9^6 3827$	$0.9^6 4131$	$0.9^6 4420$	$0.9^6 4696$	$0.9^6 4958$
4.9	$0.9^6 5208$	$0.9^6 5446$	$0.9^6 5673$	$0.9^6 5889$	$0.9^6 6094$	$0.9^6 6289$	$0.9^6 6475$	$0.9^6 6652$	$0.9^6 6821$	$0.9^6 6981$

附表四　χ^2 分布的上分位数表

$$P(\chi^2(n) > \chi^2_\alpha(n)) = \alpha$$

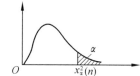

n \ α	0.995	0.99	0.98	0.975	0.95	0.90	0.10	0.05	0.025	0.02	0.01	0.005
1	0.0^4393	0.0^3157	0.0^3628	0.0^3982	0.0^2393	0.0158	2.71	3.84	5.02	5.41	6.63	7.88
2	0.0100	0.0201	0.0404	0.0506	0.103	0.211	4.61	5.99	7.38	7.82	9.21	10.6
3	0.0717	0.115	0.185	0.216	0.352	0.584	6.25	7.81	9.35	9.84	11.3	12.8
4	0.2070	0.297	0.429	0.484	0.711	1.06	7.78	9.49	11.1	11.7	13.3	14.9
5	0.4120	0.554	0.752	0.831	1.145	1.61	9.24	11.1	12.8	13.4	15.1	16.7
6	0.676	0.872	1.13	1.24	1.64	2.20	10.6	12.6	14.4	15.0	16.8	18.5
7	0.989	1.24	1.56	1.69	2.17	2.83	12.0	14.1	16.0	16.6	18.5	20.3
8	1.344	1.65	2.03	2.18	2.73	3.49	13.4	15.5	17.5	18.2	20.1	22.0
9	1.735	2.09	2.53	2.70	3.33	4.17	14.7	16.9	19.0	19.7	21.7	23.6
10	2.156	2.56	3.06	3.25	3.94	4.87	16.0	18.3	20.5	21.2	23.2	25.2
11	2.60	3.05	3.61	3.82	4.57	5.58	17.3	19.7	21.9	22.6	24.7	26.8
12	3.07	3.57	4.18	4.40	5.23	6.30	18.5	21.0	23.3	24.0	26.2	28.3
13	3.57	4.11	4.77	5.01	5.89	7.04	19.8	22.4	24.7	25.5	27.7	29.8
14	4.07	4.66	5.37	5.63	6.57	7.79	21.10	23.7	26.1	26.9	29.1	31.3
15	4.60	5.23	5.99	6.26	7.26	8.55	22.3	25.0	27.5	28.3	30.6	32.8

α / n	0.995	0.99	0.98	0.975	0.95	0.90	0.10	0.05	0.025	0.02	0.01	0.005
16	5.14	5.81	6.61	6.91	7.96	9.31	23.5	26.3	28.8	29.6	32.0	34.3
17	5.70	6.41	7.26	7.56	8.67	10.1	24.8	27.6	30.2	31.0	33.4	35.7
18	6.26	7.01	7.91	8.23	9.39	10.9	26.0	28.9	31.5	32.3	34.8	37.2
19	6.84	7.63	8.57	8.91	10.1	11.7	27.2	30.1	32.9	33.7	36.2	38.6
20	7.43	8.26	9.24	9.59	10.9	12.4	28.4	31.4	34.2	35.0	37.6	40.0
21	8.03	8.90	9.92	10.3	11.6	13.2	29.6	32.7	35.5	36.3	38.9	41.4
22	8.64	9.54	10.6	11.0	12.3	14.0	30.8	33.9	36.8	37.7	40.3	42.8
23	9.26	10.2	11.3	11.7	13.1	14.8	32.0	35.2	38.1	39.0	41.6	44.2
24	9.89	10.9	12.0	12.4	13.8	15.7	33.2	36.4	39.4	40.3	43.0	45.6
25	10.5	11.5	12.7	13.1	14.6	16.5	34.4	37.7	40.6	41.6	44.3	46.9
26	11.2	12.2	13.4	13.8	15.4	17.3	35.6	38.9	41.9	42.9	45.6	48.3
27	11.8	12.9	14.1	14.6	16.2	18.1	36.7	40.1	43.2	44.1	47.0	49.6
28	12.5	13.6	14.8	15.3	16.9	18.9	37.9	41.3	44.5	45.4	48.3	51.0
29	13.1	14.3	15.6	16.0	17.7	19.8	39.1	42.6	45.7	46.7	49.6	52.3
30	13.8	15.0	16.3	16.8	18.5	20.6	40.3	43.8	47.0	48.0	50.9	53.7

附表五 **F** 分布的上分位数表

$$P(F(n_1,n_2) > F_\alpha(n_1,n_2)) = \alpha$$

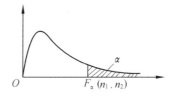

n_2 \ n_1	1	2	3	4	5	6	7	8	9
1	161.4	199.5	215.7	224.6	230.2	234.0	236.8	238.9	240.5
2	18.51	19.0	19.16	19.25	19.30	19.33	19.35	19.37	19.38
3	10.13	9.55	9.28	9.12	9.01	8.94	8.89	8.85	8.81
4	7.71	6.94	6.59	6.39	6.26	6.16	6.09	6.04	6.00
5	6.61	5.79	5.41	5.19	5.05	4.95	4.88	4.82	4.77
6	5.99	5.14	4.76	4.53	4.39	4.28	4.21	4.15	4.10
7	5.59	4.74	4.35	4.12	3.97	3.87	3.79	3.73	3.68
8	5.32	4.46	4.07	3.84	3.69	3.58	3.50	3.44	3.39
9	5.12	4.26	3.86	3.63	3.48	3.37	3.29	3.23	3.18
10	4.96	4.10	3.71	3.48	3.33	3.22	3.14	3.07	3.02
11	4.84	3.98	3.59	3.36	3.20	3.07	3.01	2.95	2.90
12	4.75	3.89	3.49	3.26	3.11	3.00	2.91	2.85	2.80
13	4.67	3.81	3.41	3.18	3.03	2.92	2.85	2.77	2.71
14	4.60	3.74	3.34	3.11	2.96	2.85	2.76	2.70	2.65
15	4.54	3.68	3.29	3.06	2.90	2.79	2.71	2.64	2.59
16	4.49	3.63	3.24	3.01	2.85	2.74	2.66	2.59	2.54
17	4.45	3.59	3.20	2.96	2.81	2.70	2.61	2.55	2.49
18	4.41	3.55	3.16	2.93	2.77	2.66	2.58	2.51	2.46
19	4.38	3.52	3.13	2.90	2.74	2.63	2.54	2.48	2.42
20	4.35	3.49	3.10	2.87	2.71	2.60	2.51	2.45	2.39
21	4.32	3.47	3.07	2.84	2.68	2.57	2.49	2.42	2.37
22	4.30	3.44	3.05	2.82	2.66	2.55	2.46	2.40	2.34
23	4.28	3.42	3.03	2.80	2.64	2.53	2.44	2.37	2.32
24	4.26	3.40	3.01	2.78	2.62	2.51	2.42	2.36	2.30
25	4.24	3.39	2.99	2.76	2.60	2.49	2.40	2.34	2.28
26	4.23	3.37	2.98	2.74	2.59	2.47	2.39	2.32	2.27
27	4.21	3.35	2.96	2.73	2.57	2.46	2.37	2.31	2.25
28	4.20	3.34	2.95	2.71	2.56	2.45	2.36	2.29	2.24
29	4.18	3.33	2.93	2.70	2.55	2.43	2.35	2.28	2.22
30	4.17	3.32	2.92	2.69	2.53	2.42	2.33	2.27	2.21
40	4.08	3.23	2.84	2.61	2.45	2.34	2.25	2.18	2.12
60	4.00	3.15	2.76	2.53	2.37	2.25	2.17	2.10	2.04
120	3.92	3.07	2.68	2.45	2.29	2.17	2.09	2.02	1.96
∞	3.84	3.00	2.60	2.37	2.21	2.10	2.01	1.94	1.88

$(\alpha = 0.05)$

10	12	15	20	24	30	40	60	120	∞
241.9	243.9	245.9	248.0	249.1	250.1	251.1	252.2	253.3	254.3
19.40	19.41	19.43	19.45	19.45	19.46	19.47	19.48	19.49	19.30
8.79	8.74	8.70	8.66	8.64	8.62	8.59	8.57	8.55	8.53
5.96	5.91	5.86	5.80	5.77	5.75	5.72	5.69	5.66	5.63
4.74	4.68	4.62	4.56	4.53	4.50	4.46	4.43	4.40	4.36
4.06	4.00	3.94	3.87	3.84	3.81	3.77	3.74	3.70	3.67
3.64	3.57	3.51	3.44	3.41	3.38	3.34	3.30	3.27	3.23
3.35	3.28	3.22	3.15	3.12	3.08	3.04	3.01	2.97	2.93
3.14	3.07	3.01	2.94	2.90	2.86	2.83	2.79	2.75	2.71
2.98	2.91	2.85	2.77	2.74	2.70	2.66	2.62	2.58	2.54
2.85	2.79	2.72	2.65	2.61	2.57	2.53	2.49	2.45	2.40
2.75	2.69	2.62	2.54	2.51	2.47	2.43	2.38	2.34	2.30
2.67	2.60	2.53	2.46	2.42	2.38	2.34	2.30	2.25	2.21
2.60	2.53	2.46	2.39	2.35	2.31	2.27	2.22	2.18	2.13
2.54	2.48	2.40	2.33	2.29	2.25	2.20	2.16	2.11	2.07
2.49	2.42	2.35	2.28	2.24	2.19	2.15	2.11	2.06	2.01
2.45	2.38	2.31	2.23	2.19	2.15	2.10	2.06	2.01	1.96
2.41	2.34	2.27	2.19	2.15	2.11	2.06	2.02	1.97	1.92
2.38	2.31	2.23	2.16	2.11	2.07	2.03	1.98	1.93	1.88
2.35	2.28	2.20	2.12	2.08	2.04	1.99	1.95	1.90	1.84
2.32	2.25	2.18	2.10	2.05	2.01	1.96	1.92	1.87	1.81
2.30	2.23	2.15	2.07	2.03	1.98	1.94	1.89	1.84	1.78
2.27	2.20	2.13	2.05	2.01	1.96	1.91	1.86	1.81	1.76
2.25	2.18	2.11	2.03	1.98	1.94	1.89	1.84	1.79	1.73
2.24	2.16	2.09	2.01	1.96	1.92	1.87	1.82	1.77	1.71
2.22	2.15	2.07	1.99	1.95	1.90	1.85	1.80	1.75	1.69
2.20	2.13	2.06	1.97	1.93	1.88	1.84	1.79	1.73	1.67
2.19	2.12	2.04	1.96	1.91	1.87	1.82	1.77	1.71	1.65
2.18	2.10	2.03	1.94	1.90	1.85	1.81	1.75	1.70	1.64
2.16	2.09	2.01	1.93	1.89	1.84	1.79	1.74	1.68	1.62
2.08	2.00	1.92	1.84	1.79	1.74	1.69	1.64	1.58	1.51
1.99	1.92	1.84	1.75	1.70	1.65	1.59	1.53	1.47	1.39
1.91	1.83	1.75	1.66	1.61	1.55	1.50	1.43	1.35	1.25
1.83	1.75	1.67	1.57	1.52	1.46	1.39	1.32	1.22	1.00

n_1 n_2	1	2	3	4	5	6	7	8	9	10
1	647. 8	799. 5	864. 2	899. 6	921. 8	937. 1	948. 2	956. 7	963. 3	968. 6
2	38. 51	39. 00	39. 17	39. 25	39. 30	39. 33	39. 36	39. 37	39. 39	39. 40
3	17. 44	16. 04	15. 44	15. 10	14. 88	14. 73	14. 62	14. 54	14. 47	14. 42
4	12. 22	10. 65	9. 98	9. 60	9. 36	9. 20	9. 07	8. 98	8. 90	8. 84
5	10. 01	8. 43	7. 76	7. 39	7. 15	6. 98	6. 85	6. 76	6. 68	6. 62
6	8. 31	7. 26	6. 60	6. 23	5. 99	5. 82	5. 70	5. 60	5. 52	5. 46
7	8. 07	6. 54	5. 89	5. 52	5. 29	5. 12	4. 99	4. 90	4. 82	4. 76
8	7. 75	6. 06	5. 42	5. 05	4. 82	4. 65	4. 53	4. 43	4. 36	4. 30
9	7. 21	5. 71	5. 08	4. 72	4. 48	4. 32	4. 20	4. 10	4. 03	3. 96
10	6. 94	5. 46	4. 83	4. 47	4. 24	4. 07	3. 95	3. 85	3. 78	3. 72
11	6. 72	5. 26	4. 63	4. 28	4. 04	3. 88	3. 76	3. 66	3. 59	3. 53
12	6. 55	5. 10	4. 47	4. 12	3. 89	3. 73	3. 61	3. 51	3. 44	3. 37
13	6. 41	4. 97	4. 35	4. 00	3. 77	3. 60	3. 48	3. 39	3. 31	3. 25
14	6. 30	4. 86	4. 24	3. 89	3. 66	3. 50	3. 38	3. 29	3. 21	3. 15
15	6. 20	4. 77	4. 15	3. 80	3. 58	3. 41	3. 29	3. 20	3. 12	3. 06
16	6. 12	4. 69	4. 08	3. 73	3. 50	3. 34	3. 22	3. 12	3. 05	2. 99
17	6. 04	4. 62	4. 01	3. 66	3. 44	3. 28	3. 16	3. 06	2. 98	2. 92
18	5. 98	4. 56	3. 95	3. 61	3. 38	3. 22	3. 10	3. 01	2. 93	2. 87
19	5. 92	4. 51	3. 90	3. 56	3. 33	3. 17	3. 05	2. 96	2. 88	2. 82
20	5. 87	4. 46	3. 86	3. 51	3. 29	3. 13	3. 01	2. 91	2. 84	2. 77
21	5. 83	4. 42	3. 82	3. 48	3. 25	3. 09	2. 97	2. 87	2. 80	2. 73
22	5. 79	4. 38	3. 78	3. 44	3. 22	3. 05	2. 93	2. 84	2. 76	2. 70
23	5. 75	4. 35	3. 75	3. 41	3. 18	3. 02	2. 90	2. 81	2. 73	2. 67
24	5. 72	4. 32	3. 72	3. 38	3. 15	2. 99	2. 87	2. 78	2. 70	2. 64
25	5. 69	4. 29	3. 69	3. 35	3. 13	2. 97	2. 85	2. 75	2. 68	2. 61
26	5. 66	4. 27	3. 67	3. 33	3. 10	2. 94	2. 82	2. 73	2. 65	2. 59
27	5. 63	4. 24	3. 65	3. 31	3. 08	2. 92	2. 80	2. 71	2. 63	2. 57
28	5. 61	4. 22	3. 63	3. 29	3. 06	2. 90	2. 78	2. 69	2. 61	2. 55
29	5. 59	4. 20	3. 61	3. 27	3. 04	2. 88	2. 76	2. 67	2. 59	2. 53
30	5. 57	4. 18	3. 59	3. 25	3. 03	2. 87	2. 75	2. 65	2. 57	2. 51
40	5. 42	4. 05	3. 46	3. 13	2. 90	2. 74	2. 62	2. 53	2. 45	2. 39
60	5. 29	3. 93	3. 34	3. 01	2. 79	2. 63	2. 51	2. 41	2. 33	2. 27
120	5. 15	3. 80	3. 23	2. 89	2. 67	2. 52	2. 39	2. 30	2. 22	2. 16
∞	5. 02	3. 69	3. 12	2. 79	2. 57	2. 41	2. 29	2. 19	2. 11	2. 05

$(\alpha = 0.025)$

12	15	20	24	30	40	60	120	∞
976. 7	984. 9	993. 1	997. 2	1001	1006	1010	1014	1018
39. 41	39. 43	39. 45	39. 46	39. 46	39. 47	39. 48	39. 49	39. 50
14. 34	14. 25	14. 17	14. 12	14. 08	14. 04	13. 99	13. 95	13. 90
8. 75	8. 66	8. 56	8. 51	8. 46	8. 41	8. 36	8. 31	8. 26
6. 52	6. 43	6. 33	6. 28	6. 23	6. 18	6. 12	6. 07	6. 02
5. 37	5. 27	5. 17	5. 12	5. 07	5. 01	4. 96	4. 90	4. 85
4. 67	4. 57	4. 47	4. 42	4. 36	4. 31	4. 25	4. 20	4. 14
4. 20	4. 10	4. 00	3. 95	3. 89	3. 84	3. 78	3. 73	3. 67
3. 87	3. 77	3. 67	3. 61	3. 56	3. 51	3. 45	3. 39	3. 33
3. 62	3. 52	3. 42	3. 37	3. 31	3. 26	3. 20	3. 14	3. 08
3. 43	3. 33	3. 23	3. 17	3. 12	3. 06	3. 00	2. 94	2. 88
3. 28	3. 18	3. 07	3. 02	2. 96	2. 91	2. 85	2. 79	2. 72
3. 15	3. 05	2. 95	2. 89	2. 84	2. 78	2. 72	2. 66	2. 60
3. 05	2. 95	2. 84	2. 79	2. 73	2. 67	2. 61	2. 55	2. 49
2. 96	2. 86	2. 76	2. 70	2. 64	2. 59	2. 52	2. 46	2. 40
2. 89	2. 79	2. 68	2. 63	2. 57	2. 51	2. 45	2. 38	2. 32
2. 82	2. 72	2. 62	2. 56	2. 50	2. 44	2. 38	2. 32	2. 25
2. 77	2. 67	2. 56	2. 50	2. 44	2. 38	2. 32	2. 26	2. 19
2. 72	2. 62	2. 51	2. 45	2. 39	2. 33	2. 27	2. 20	2. 13
2. 68	2. 57	2. 46	2. 41	2. 35	2. 29	2. 22	2. 16	2. 09
2. 64	2. 53	2. 42	2. 37	2. 31	2. 25	2. 18	2. 11	2. 04
2. 60	2. 50	2. 39	2. 33	2. 27	2. 21	2. 14	2. 08	2. 00
2. 57	2. 47	2. 36	2. 30	2. 24	2. 18	2. 11	2. 04	1. 97
2. 54	2. 44	2. 33	2. 27	2. 21	2. 15	2. 08	2. 01	1. 94
2. 51	2. 41	2. 30	2. 24	2. 18	2. 12	2. 05	1. 98	1. 91
2. 49	2. 39	2. 28	2. 22	2. 16	2. 09	2. 03	1. 95	1. 88
2. 47	2. 36	2. 25	2. 19	2. 13	2. 07	2. 00	1. 93	1. 85
2. 45	2. 34	2. 23	2. 17	2. 11	2. 05	1. 98	1. 91	1. 83
2. 43	2. 32	2. 21	2. 15	2. 09	2. 03	1. 96	1. 89	1. 81
2. 41	2. 31	2. 20	2. 14	2. 07	2. 01	1. 94	1. 87	1. 79
2. 29	2. 18	2. 07	2. 01	1. 94	1. 88	1. 80	1. 72	1. 64
2. 17	2. 06	1. 94	1. 88	1. 82	1. 74	1. 67	1. 58	1. 48
2. 05	1. 94	1. 82	1. 76	1. 69	1. 61	1. 53	1. 43	1. 31
1. 94	1. 83	1. 71	1. 64	1. 57	1. 48	1. 39	1. 27	1. 00

n_1 / n_2	1	2	3	4	5	6	7	8	9	10
1	4052	4999.5	5403	5625	5764	5859	5928	5981	6022	6056
2	98.50	99.00	99.17	99.25	99.30	99.33	99.36	99.37	99.39	99.40
3	34.12	30.82	29.46	28.71	28.24	27.91	27.67	27.49	27.35	27.23
4	21.20	18.00	16.69	15.98	15.52	15.21	14.98	14.80	14.66	14.55
5	16.26	13.27	12.06	11.39	10.97	10.67	10.46	10.29	10.16	10.05
6	13.75	10.92	9.78	9.15	8.75	8.47	8.26	8.10	7.98	7.87
7	12.25	9.55	8.45	7.85	7.46	7.19	6.99	6.84	6.72	6.62
8	11.26	8.65	7.59	7.01	6.63	6.37	6.18	6.03	5.91	5.81
9	10.56	8.02	6.99	6.42	6.06	5.80	5.61	5.47	5.35	5.26
10	10.04	7.56	6.55	5.99	5.64	5.39	5.20	5.06	4.94	4.85
11	9.65	7.21	6.22	5.67	5.32	5.07	4.89	4.74	4.63	4.54
12	9.33	6.93	5.95	5.41	5.06	4.82	4.64	4.50	4.39	4.30
13	9.07	6.70	5.74	5.21	4.86	4.62	4.44	4.30	4.19	4.10
14	8.86	6.51	5.56	5.04	4.69	4.46	4.28	4.14	4.03	3.94
15	8.68	6.36	5.42	4.89	4.56	4.32	4.14	4.00	3.89	3.80
16	8.53	6.23	5.29	4.77	4.44	4.20	4.03	3.89	3.78	3.69
17	8.40	6.11	5.18	4.67	4.34	4.10	3.93	3.79	3.68	3.59
18	8.29	6.01	5.09	4.58	4.25	4.01	3.84	3.71	3.60	3.51
19	8.18	5.93	5.01	4.50	4.17	3.94	3.77	3.63	3.52	3.43
20	8.10	5.85	4.94	4.43	4.10	3.87	3.70	3.56	3.46	3.37
21	8.02	5.78	4.87	4.37	4.04	3.81	3.64	3.51	3.40	3.31
22	7.95	5.72	4.82	4.31	3.99	3.76	3.59	3.45	3.35	3.26
23	7.88	5.66	4.76	4.26	3.94	3.71	3.54	3.41	3.30	3.21
24	7.82	5.61	4.72	4.22	3.90	3.67	3.50	3.36	3.26	3.17
25	7.77	5.57	4.68	4.18	3.85	3.63	3.46	3.32	3.22	3.13
26	7.72	5.53	4.64	4.14	3.82	3.59	3.42	3.29	3.18	3.09
27	7.68	5.49	4.60	4.11	3.78	3.56	3.39	3.26	3.15	3.06
28	7.64	5.45	4.57	4.07	3.75	3.53	3.36	3.23	3.12	3.03
29	7.60	5.42	4.54	4.04	3.73	3.50	3.33	3.20	3.09	3.00
30	7.56	5.39	4.51	4.02	3.70	3.47	3.30	3.17	3.07	2.98
40	7.31	5.18	4.31	3.83	3.51	3.29	3.12	2.99	2.89	2.80
60	7.08	4.98	4.13	3.65	3.34	3.12	2.95	2.82	2.72	2.63
120	6.85	4.79	3.95	3.48	3.17	2.96	2.79	2.66	2.56	2.47
∞	6.63	4.61	3.78	3.32	3.02	2.80	2.64	2.51	2.41	2.32

$(\alpha = 0.01)$

12	15	20	24	30	40	60	120	∞
6106	6157	6209	6235	6261	6287	6313	6339	6366
99.42	99.43	99.45	99.46	99.47	99.47	99.48	99.49	99.50
27.05	26.87	26.69	26.60	26.50	26.41	26.32	26.22	26.13
14.37	14.20	14.02	13.93	13.84	13.75	13.65	13.56	13.46
9.89	9.72	9.55	9.47	9.38	9.29	9.20	9.11	9.02
7.72	7.56	7.40	7.31	7.23	7.14	7.06	6.97	6.88
6.47	6.31	6.16	6.07	5.99	5.91	5.82	5.74	5.65
5.67	5.52	5.36	5.28	5.20	5.12	5.03	4.95	4.86
5.11	4.96	4.81	4.73	4.65	4.57	4.48	4.40	4.31
4.71	4.56	4.41	4.33	4.25	4.17	4.08	4.00	3.91
4.40	4.25	4.10	4.02	3.94	3.86	3.78	3.69	3.60
4.16	4.01	3.86	3.78	3.70	3.62	3.54	3.45	3.36
3.96	3.82	3.66	3.59	3.51	3.43	3.34	3.25	3.17
3.80	3.66	3.51	3.43	3.35	3.27	3.18	3.09	3.00
3.67	3.52	3.37	3.29	3.21	3.13	3.05	2.96	2.87
3.55	3.41	3.26	3.18	3.10	3.02	2.93	2.84	2.75
3.46	3.31	3.16	3.08	3.00	2.92	2.83	2.75	2.65
3.37	3.23	3.08	3.00	2.92	2.84	2.75	2.66	2.57
3.30	3.15	3.00	2.92	2.84	2.76	2.67	2.58	2.49
3.23	3.09	2.94	2.86	2.78	2.69	2.61	2.52	2.42
3.17	3.03	2.88	2.80	2.72	2.64	2.55	2.46	2.36
3.12	2.98	2.83	2.75	2.67	2.58	2.50	2.40	2.31
3.07	2.93	2.78	2.70	2.62	2.54	2.45	2.35	2.26
3.03	2.89	2.74	2.66	2.58	2.49	2.40	2.31	2.21
2.99	2.85	2.70	2.62	2.54	2.45	2.36	2.27	2.17
2.96	2.81	2.66	2.58	2.50	2.42	2.33	2.23	2.13
2.93	2.78	2.63	2.55	2.47	2.38	2.29	2.20	2.10
2.90	2.75	2.60	2.52	2.44	2.35	2.26	2.17	2.06
2.87	2.73	2.57	2.49	2.41	2.33	2.23	2.14	2.03
2.84	2.70	2.55	2.47	2.39	2.30	2.21	2.11	2.01
2.66	2.52	2.37	2.29	2.20	2.11	2.02	1.92	1.80
2.50	2.35	2.20	2.12	2.03	1.94	1.84	1.73	1.60
2.34	2.19	2.03	1.95	1.86	1.76	1.66	1.53	1.38
2.18	2.04	1.88	1.79	1.70	1.59	1.47	1.32	1.00

n_1 n_2	1	2	3	4	5	6	7	8	9	10
1	16211	20000	21615	22300	23056	23437	23715	23925	24091	24224
2	198.5	199.0	199.2	199.2	199.3	199.3	199.4	199.4	199.4	199.4
3	55.55	49.80	47.47	46.19	45.39	44.84	44.43	44.13	43.88	43.69
4	31.33	26.28	24.26	23.15	22.46	21.97	21.62	21.35	21.14	20.97
5	22.78	18.31	16.53	15.56	14.94	14.51	14.20	13.96	13.77	13.62
6	18.63	14.54	12.92	12.03	11.46	11.07	10.79	10.57	10.39	10.25
7	16.24	12.40	10.88	10.05	9.52	9.16	8.89	8.68	8.51	8.38
8	14.69	11.04	9.60	8.81	8.30	7.95	7.69	7.50	7.34	7.21
9	13.61	10.11	8.72	7.96	7.47	7.13	6.88	6.69	6.54	6.42
10	12.83	9.43	8.08	7.34	6.87	6.54	6.30	6.12	5.97	5.85
11	12.23	8.91	7.60	6.88	6.42	6.10	5.86	5.68	5.54	5.42
12	11.75	8.51	7.23	6.52	6.07	5.76	5.52	5.35	5.20	5.09
13	11.37	8.19	6.93	6.23	5.79	5.48	5.25	5.08	4.94	4.82
14	11.06	7.92	6.68	6.00	5.56	5.26	5.03	4.86	4.72	4.60
15	10.80	7.70	6.48	5.80	5.37	5.07	4.85	4.67	4.54	4.42
16	10.58	7.51	6.30	5.64	5.21	4.91	4.69	4.52	4.38	4.27
17	10.38	7.35	6.16	5.50	5.07	4.78	4.56	4.39	4.25	4.14
18	10.22	7.21	6.03	5.37	4.96	4.66	4.44	4.28	4.14	4.03
19	10.07	7.09	5.92	5.27	4.85	4.56	4.34	4.18	4.04	3.93
20	9.94	6.99	5.82	5.17	4.76	4.47	4.26	4.09	3.96	3.85
21	9.83	6.89	5.73	5.09	4.68	4.39	4.18	4.01	3.88	3.77
22	9.73	6.81	5.65	5.02	4.61	4.32	4.11	3.94	3.81	3.70
23	9.63	6.73	5.58	4.95	4.54	4.26	4.05	3.88	3.75	3.64
24	9.55	6.66	5.52	4.89	4.49	4.20	3.99	3.83	3.69	3.59
25	9.48	6.60	5.46	4.84	4.43	4.15	3.94	3.78	3.64	3.54
26	9.41	6.54	5.41	4.79	4.38	4.10	3.89	3.73	3.60	3.49
27	9.34	6.49	5.36	4.74	4.34	4.06	3.85	3.69	3.56	3.45
28	9.28	6.44	5.32	4.70	4.30	4.02	3.81	3.65	3.52	3.41
29	9.23	6.40	5.28	4.66	4.26	3.98	3.77	3.61	3.48	3.38
30	9.18	6.35	5.24	4.62	4.23	3.95	3.74	3.58	3.45	3.34
40	8.83	6.07	4.98	4.37	3.99	3.71	3.51	3.35	3.22	3.12
60	8.49	5.79	4.73	4.14	3.76	3.49	3.29	3.13	3.01	2.90
120	8.18	5.54	4.50	3.92	3.55	3.28	3.09	2.93	2.81	2.71
∞	7.88	5.30	4.28	3.72	3.35	3.09	2.90	2.74	2.62	2.52

$(\alpha = 0.005)$

12	15	20	24	30	40	60	120	∞
24426	24630	24836	24940	25044	25148	25253	25359	25464
199.4	199.4	199.4	199.5	199.5	199.5	199.5	199.5	199.5
43.39	43.08	42.78	42.62	42.47	42.31	42.15	41.99	41.83
20.70	20.44	20.17	20.03	19.89	19.75	19.61	19.47	19.32
13.38	13.15	12.90	12.78	12.66	12.53	12.40	12.27	12.14
10.03	9.81	9.59	9.47	9.36	9.24	9.12	9.00	8.88
8.18	7.97	7.75	7.65	7.53	7.42	7.31	7.19	7.08
7.01	6.81	6.61	6.50	6.40	6.29	6.18	6.06	5.95
6.23	6.03	5.83	5.73	5.62	5.52	5.41	5.30	5.19
5.66	5.47	5.27	5.17	5.07	4.97	4.86	4.75	4.64
5.24	5.05	4.86	4.76	4.65	4.55	4.44	4.34	4.23
4.91	4.72	4.53	4.43	4.33	4.23	4.12	4.01	3.90
4.64	4.46	4.27	4.17	4.07	3.97	3.87	3.76	3.65
4.43	4.25	4.06	3.96	3.86	3.76	3.66	3.55	3.44
4.25	4.07	3.88	3.79	3.69	3.48	3.48	3.37	3.26
4.10	3.92	3.73	3.64	3.54	3.44	3.33	3.22	3.11
3.97	3.79	3.61	3.51	3.41	3.31	3.21	3.10	2.98
3.86	3.68	3.50	3.40	3.30	3.20	3.10	2.99	2.87
3.76	3.59	3.40	3.31	3.21	3.11	3.00	2.89	2.78
3.68	3.50	3.32	3.22	3.12	3.02	2.92	2.81	2.69
3.60	3.43	3.24	3.15	3.05	2.95	2.84	2.73	2.61
3.54	3.36	3.18	3.08	2.98	2.88	2.77	2.66	2.55
3.47	3.30	3.12	3.02	2.92	2.82	2.71	2.60	2.48
3.42	3.25	3.06	2.97	2.87	2.77	2.66	2.55	2.43
3.37	3.20	3.01	2.92	2.82	2.72	2.61	2.50	2.38
3.33	3.15	2.97	2.87	2.77	2.67	2.56	2.45	2.33
3.28	3.11	2.93	2.83	2.73	2.63	2.52	2.41	2.29
3.25	3.07	2.89	2.79	2.69	2.59	2.48	2.37	2.25
3.21	3.04	2.86	2.76	2.66	2.56	2.45	2.33	2.21
3.18	3.01	2.82	2.73	2.63	2.52	2.42	2.30	2.18
2.95	2.78	2.60	2.50	2.40	2.30	2.18	2.06	1.93
2.74	2.57	2.39	2.29	2.19	2.08	1.96	1.83	1.69
2.54	2.37	2.19	2.09	1.98	1.87	1.75	1.61	1.43
2.36	2.19	2.00	1.90	1.79	1.67	1.53	1.36	1.00

附表六　*t*分布的上分位数表

$$P(t(n) > t_\alpha(n)) = \alpha$$

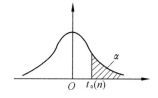

n \ *α*	0.10	0.05	0.025	0.01	0.005
1	3.078	6.314	12.706	31.821	63.657
2	1.886	2.920	4.303	6.965	9.925
3	1.638	2.353	3.182	4.541	5.841
4	1.533	2.132	2.776	3.747	4.604
5	1.476	2.015	2.571	3.365	4.032
6	1.440	1.943	2.447	3.143	3.707
7	1.415	1.895	2.365	2.998	3.499
8	1.397	1.860	2.306	2.896	3.355
9	1.383	1.833	2.262	2.821	3.250
10	1.372	1.812	2.228	2.764	3.169
11	1.363	1.796	2.201	2.718	3.106
12	1.356	1.782	2.179	2.681	3.055
13	1.350	1.771	2.160	2.650	3.012
14	1.345	1.761	2.145	2.624	2.977
15	1.341	1.753	2.131	2.602	2.947
16	1.337	1.746	2.120	2.583	2.921
17	1.338	1.740	2.110	2.567	2.898
18	1.330	1.734	2.101	2.552	2.878
19	1.328	1.729	2.093	2.539	2.861
20	1.325	1.725	2.086	2.528	2.845
21	1.323	1.721	2.080	2.518	2.831
22	1.321	1.717	2.074	2.508	2.819
23	1.319	1.714	2.069	2.500	2.807
24	1.318	1.711	2.064	2.492	2.797
25	1.316	1.708	2.060	2.485	2.787
26	1.315	1.706	2.056	2.479	2.779
27	1.314	1.703	2.052	2.473	2.771
28	1.313	1.701	2.048	2.467	2.763
29	1.311	1.699	2.045	2.462	2.756
30	1.310	1.697	2.042	2.457	2.750
40	1.303	1.684	2.021	2.423	2.704
60	1.296	1.671	2.000	2.390	2.660
120	1.289	1.658	1.980	2.358	2.617
∞	1.282	1.645	1.960	2.326	2.576

附表七　检验相关系数的临界值表

$$P(\mid R \mid > r_\alpha(n)) = \alpha$$

n \ α	0.10	0.05	0.02	0.01	0.001
1	0.98769	0.99692	0.999507	0.999877	0.9999988
2	0.90000	0.95000	0.98000	0.99000	0.99900
3	0.8054	0.8783	0.93433	0.95873	0.99116
4	0.7293	0.8114	0.8822	0.91720	0.97406
5	0.6694	0.7545	0.8329	0.8745	0.95074
6	0.6215	0.7067	0.7887	0.8343	0.92493
7	0.5822	0.6664	0.7498	0.7977	0.8982
8	0.5494	0.6319	0.7155	0.7646	0.8721
9	0.5214	0.6021	0.6851	0.7348	0.8471
10	0.4933	0.5760	0.6581	0.7079	0.8233
11	0.4762	0.5529	0.6339	0.6835	0.8010
12	0.4575	0.5324	0.6120	0.6614	0.7800
13	0.4409	0.5139	0.5923	0.6411	0.7603
14	0.4259	0.4973	0.5742	0.6226	0.7420
15	0.4124	0.4821	0.5577	0.6055	0.7246
16	0.4000	0.4683	0.5425	0.5897	0.7084
17	0.3887	0.4555	0.5285	0.5751	0.6932
18	0.3783	0.4438	0.5155	0.5614	0.6787
19	0.3687	0.4329	0.5034	0.5487	0.6652
20	0.3598	0.4227	0.4921	0.5368	0.6524
25	0.3233	0.3809	0.4451	0.4869	0.5974
30	0.2960	0.3494	0.4093	0.4487	0.5541
35	0.2746	0.3246	0.3810	0.4182	0.5189
40	0.2573	0.3044	0.3578	0.3932	0.4896
45	0.2428	0.2875	0.3384	0.3721	0.4648
50	0.2306	0.2732	0.3218	0.3541	0.4433
60	0.2108	0.2500	0.2948	0.3248	0.4078
70	0.1954	0.2319	0.2737	0.3017	0.3799
80	0.1829	0.2172	0.2565	0.2830	0.3568
99	0.1726	0.2050	0.2422	0.2673	0.3375
100	0.1638	0.1946	0.2301	0.2540	0.3211

参 考 文 献

［1］刘贵基、黄秋灵：《应用概率统计》，北京：经济科学出版社，2013 年版。

［2］茆诗松、濮晓龙、程依明：《概率论与数理统计简明教程》，北京：高等教育出版社，2012 年版。

［3］吴赣昌：《概率论与数理统计（经管类）》（第五版），北京：中国人民大学出版社，2017 年版。

［4］魏振军：《概率论与数理统计三十三讲》，北京：中国统计出版社，2000 年版。

［5］吴传生等：《概率论与数理统计》，北京：高等教育出版社，2004 年版。

［6］陈希孺：《概率论与数理统计》，合肥：中国科技大学出版社，2009 年版。

［7］V. K. 洛哈吉著，高尚华译：《概率论与数理统计导论》（上册），北京：高等教育出版社，1983 年版。

［8］DeGroot M. H.，Schervish M. J.：《概率统计》，北京：机械工业出版社，2012 年版。

［9］蔡海鸥等：《概率论与数理统计》，北京：北京大学出版社，2010 年版。

［10］周概容：《概率论与数理统计》，北京：高等教育出版社，1986 年版。

［11］陈晓兰、马玉林：《概率论与数理统计》，北京：经济科学出版社，2012 年版。

［12］龙永红：《概率论与数理统计》，北京：高等教育出版社，2003 年版。

［13］白淑敏：《概率论与数理统计教程》，成都：西南财经大学出版社，2012 年版。

［14］盛骤等：《概率论与数理统计》（第四版），北京：高等教育出版社，2008 年版。

［15］Sheldon M. Ross 著，童行伟、梁宝生译：《概率论基础教程》，北京：机械工业出版社，2014 年版。